Thomas Ax,
Daniel Heiduk

Mängelansprüche nach VOB und BGB

Aus dem Programm
Bauwesen

Handkommentar zur VOB
von W. Heiermann, R. Riedl und M. Rusam

VOB-Musterbriefe für Auftragnehmer
von W. Heiermann und L. Linke

VOB-Musterbriefe für Auftraggeber
von W. Heiermann und L. Linke

Risiken im Bauvertrag
von T. Ax, P. v. Amsberg und M. Schneider

Mängelansprüche nach VOB und BGB
von T. Ax und D. Heiduk

(Bau)Leistungen VOB-gerecht beschreiben
von T. Ax, P. v. Amsberg und M. Schneider

VOB-Gesamtkommentar
von P. J. Fröhlich

Hochbaukosten – Flächen – Rauminhalte
von P. J. Fröhlich

Wirksame und unwirksame Klauseln im VOB-Vertrag
von U. Diehr (Hrsg.) und M. Knipper (Hrsg.)

Praktisches Baustellen Controlling
von G. Seyfferth

vieweg

Thomas Ax
Daniel Heiduk

Mängelansprüche nach VOB und BGB

Erkennen und erfolgreich durchsetzen

Bibliografische Information Der Deutschen Bibliothek
Die Deutsche Bibliothek verzeichnet diese Publikation in der Deutschen Nationalbibliografie; detaillierte bibliografische Daten sind im Internet über <http://dnb.ddb.de> abrufbar.

1. Auflage Juni 2004

Der Vieweg Verlag ist ein Unternehmen von Springer Science+Business Media.
www.vieweg.de

Technische Redaktion: Annette Prenzer, Wiesbaden
Umschlaggestaltung: Ulrike Weigel, www.CorporateDesignGroup.de

Gedruckt auf säurefreiem und chlorfrei gebleichtem Papier.

ISBN 978-3-528-01763-7 ISBN 978-3-322-91581-8 (eBook)
DOI 10.1007/978-3-322-91581-8

Vorwort

In einer Zeit knapper Mittel und hoher Streitlust gerade auch in Bausachen, soll dieses Werk helfen, Mängelansprüche zu erkennen und richtig mit ihnen umzugehen.

Baumängel und Bauschäden lösen nicht nur Ratlosigkeit über die technischen Ursachen, sondern auch über die fristgerechte Sicherung und Durchsetzung der Mängelansprüche aus.

Oft werden zum Leidwesen aller Beteiligten am Bauobjekt Mängel festgestellt. Dieses Buch führt in die Problematik ein, erläutert das Wesen des Bauvertrages und listet die möglichen Mängelansprüche und -rechte am Bau oder am Architektenwerk auch vor dem Hintergrund der Schuldrechtsreform und dem Schuldrechtsmodernisierungsgesetz auf. Es befasst sich darüber hinaus mit vergleichenden Fragen zu den Mängelansprüchen nach BGB-Werkvertragsgesetz und denen nach der VOB Teil B.

In einem weiteren Teil des Werkes wird – dicht an der Praxis – auf wirksame und unwirksame Vertragsklauseln eingegangen. Ein Anhang, in dem die Änderungen der VOB/B 2002 ausführlich erläutert und dargestellt werden, rundet die Materie ab.

Das Buch ist konzipiert als Praxishandbuch gerade für den Bauherrn und den Praktiker, der sich mit der juristischen Begriffswelt schwer tut. Es führt ihn allgemein verständlich anhand von konkreten Fallbeispielen durch die Problematik.

Mit erläuternden Beispielen aus der Praxis, einschlägigen Vorschriften, verständlichen Übersichten, aktuellen Entscheidungen und einem ausführlichen Sachwortverzeichnis wird der Zugang zu der (zugegebenermaßen komplexen) Materie erleichtert.

Dr. Thomas Ax Neckargemünd im April 2004

Inhaltsverzeichnis

Teil I Einführung und Rechtsgrundlagen

1 Die Schuldrechtsreform 2002

Am 01.01.2002 trat das Gesetz zur Modernisierung des Schuldrechts in Kraft. Anlass waren vom deutschen Gesetzgeber, in inländisches Recht umzusetzende EG-Richtlinien. Des Weiteren sollte die Kritik an der Konzeption des Leistungsstörungsrecht, die bereits in den 70er Jahren zu Reformbestrebungen führte, umgesetzt werden.

Die Schuldrechtsreform brachte eine Vielzahl an geänderten Vorschriften mit sich. Das Recht der Leistungsstörungen wurde von Grund auf systematisch erneuert. Dabei wurden die besonderen Vorschriften zur Leistungsstörung im Kaufrecht durch eine Anhebung der Gewährleistungsfristen auf zwei Jahre angepasst.

Schuldrechtsreform 2002	
Umsetzung von EG-Richtlinien	Umsetzung dreier EG-Richtlinien in nationales Recht innerhalb einer bestimmten Frist: - Verbrauchsgüterkaufrichtlinie (bis 31.12.2001) - Zahlungsverzugrichtlinie (bis 07.08.2002) - E-Commerce-Richtlinie (bis 17.01.2002)
Modernisierungs-bedarf	Umfassende Reform des "modernisierungsbedürftigen" Schuldrechts und Neugestaltung - des Verjährungsrechts - des Gewährleistungsrechts - des allgemeinen Leistungsstörungsrechts
Integration der Verbraucher-schutzgesetze	- AGB-Gesetz - Verbraucherkreditgesetz - Haustürwiderrufsgesetz - Fernabsatzgesetz - Teilzeitwohnrechtegesetz
Was heißt Schuldrecht?	
Antwort auf die Frage: Welche Ansprüche stehen einer Vertragspartei zu, wenn der andere Teil eine vertraglich vereinbarte Leistung - gar nicht (Unmöglichkeit der Leistung), - nicht vollständig, - nicht richtig, - nicht rechtzeitig (Verzug), - nicht am rechten Ort oder auf sonstige Weise fehlerhaft erfüllt hat?	

Bild 1-1 Schuldrechtsreform 2002

Die werkvertraglichen Verjährungsfristen blieben ob der geringen Unterschiede zum allgemeinen Leistungsstörungsrecht in wesentlichen Punkten bestehen, wohingegen das gesamte Verjährungsrecht durchgreifende Veränderungen erfahren hat. Die 30jährige regelmäßige Verjährungsfrist wurde auf 3 Jahre ab Kenntnis bzw. grob fahrlässiger Unkenntnis des Anspruchs reduziert. Dabei kann diese nur noch in Ausnahmefällen 30 Jahre ansonsten höchstens 10 Jahre betragen.

Gem. §286 BGB begründet mit der Neuerung schon eine Mahnung vor Ablauf der 30-Tage-Frist den Verzug. Im Übrigen wurden die Verzugszinsen angehoben.

Im Rahmen der Schuldrechtsreform wurden die verschiedenen Regelungen zum Verbraucherschutz in das BGB integriert.

Das AGB-Gesetz ist nun Bestandteil des BGB (§§ 305 ff.). Inhaltlich haben sich durch die Einfügung in das BGB jedoch keine Änderungen ergeben.

Neben dem AGB-Gesetz wurden auch das Haustürwiderrufsgesetz, das Fernabsatzgesetz, das Teilzeit-Wohnrechtegesetz und das Verbraucherkreditgesetz in das BGB übernommen.

Entsprechend den Überleitungsvorschriften findet das Gesetz zur Modernisierung des Schuldrechts grundsätzlich auf sämtliche Schuldverhältnisse Anwendung, die ab dem 01.01.2002 entstanden sind.

Die neuen Verjährungsregeln fanden unabhängig von der Art des Schuldverhältnisses auf alle am 01.01.2002 bestandenen und noch nicht verjährten Ansprüche Anwendung. Allerdings mit Ausnahmen. So gilt im Falle, dass die neue Verjährungsfrist länger als die alte Verjährungsfrist ist, die alte Verjährungsfrist und im umgekehrten Fall läuft seit dem 01.01.2002 die neue Verjährungsfrist. Endet die alte Frist vor der neuen, so gilt die alte Frist.

2 Rechtsbeziehung der am Bau Beteiligten

Für die Rechtsbeziehungen der am Bau Beteiligten sind die geschlossenen Verträge maßgeblich. Regelung finden die Bau-, Architekten-, Ingenieur-, oder Sonderfachmannverträge im Bürgerlichen Gesetzbuch, dem BGB. Dabei spielt die eigentliche Bezeichnung, eben ob es sich um einen Architekten, Ingenieur, ... handelt, keine Rolle. Ausschlaggebend für die Art des Vertrags ist die Art der vertraglichen Leistung. Die im BGB geregelten Vertragsformen tragen keine Praxisbezeichnungen, sondern beschreiben diese in abstrahierter Form. Dazu zählen z. B. der Kaufvertrag, der Dienstvertrag und der Werkvertrag. Verträge der oben benannten Personen sind im Allgemeinen Werkverträge. Die Art des Vertrags muss nicht im Vertrag selbst geregelt werden, sondern sie ergibt sich allein durch die vertraglich geschuldete Leistung.

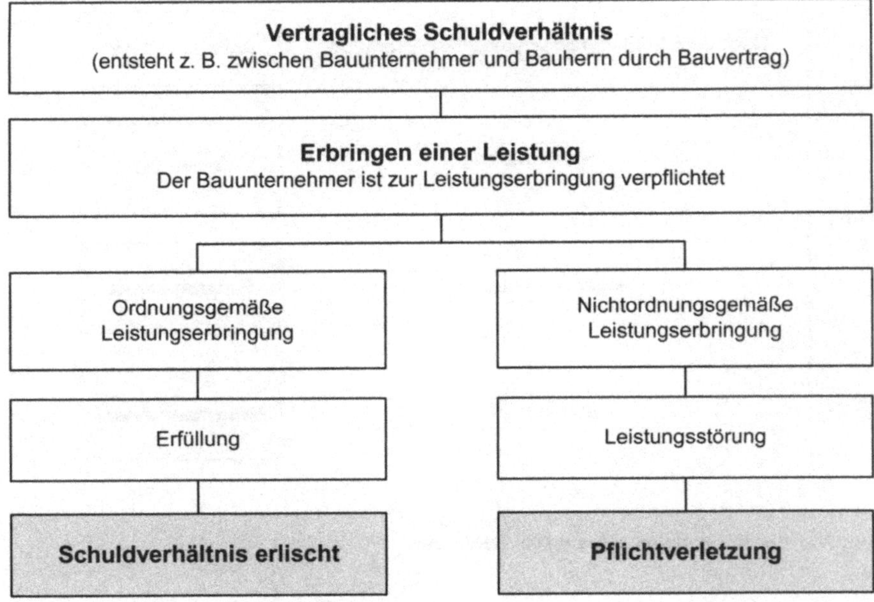

Bild 1-2 Schuldverhältnis und Rechtsfolgen

Auch das BGB-Recht findet, ohne explizite Nennung, Anwendung, es sei denn, die Parteien haben im Vertrag abweichende Regelungen getroffen.

Für das Zustandekommen eines Vertrages ist im Allgemeinen keine Schriftform erforderlich. Die Vertragsfreiheit des BGB lässt es den Vertragsparteien offen, Verträge schriftlich, mündlich oder durch konkludentes Verhalten zu schließen. Ausnahmen von dieser Vertragsfreiheit bestehen z. B. für die Vereinbarung einer Honorarvereinbarung über dem Mindestsatz der HOAI innerhalb eines Architekten- oder Ingenieurvertrages. Die HOAI schreibt hierfür die gesetzliche Schriftform nach § 126 BGB vor.

Im Allgemeinen Teil des BGB finden sich die Regelungen über das Zustandekommen eines Vertrages, nämlich in den §§ 145 ff. BGB unter der Verlagsüberschrift „Vertrag". Dort heißt es:

Wer einem anderen die Schließung eines Vertrages anträgt, ist an den Antrag gebunden, es sei denn, dass er die Gebundenheit ausgeschlossen hat.

Wird ein solcher Antrag angenommen, so ist ein vertragliches Verhältnis entstanden. Die rechtlichen Voraussetzungen für das Zustandekommen eines Vertrages, nämlich zwei übereinstimmende Willenserklärungen, die sich aus Abgabe eines Angebotes und Annahme des Angebotes zusammensetzen, sind erfüllt.

Durch die Möglichkeit, Verträge selbst durch schlüssiges Verhalten zu schließen, sind Vertragsabschlüsse häufig nicht auf den ersten Blick zu erkennen.

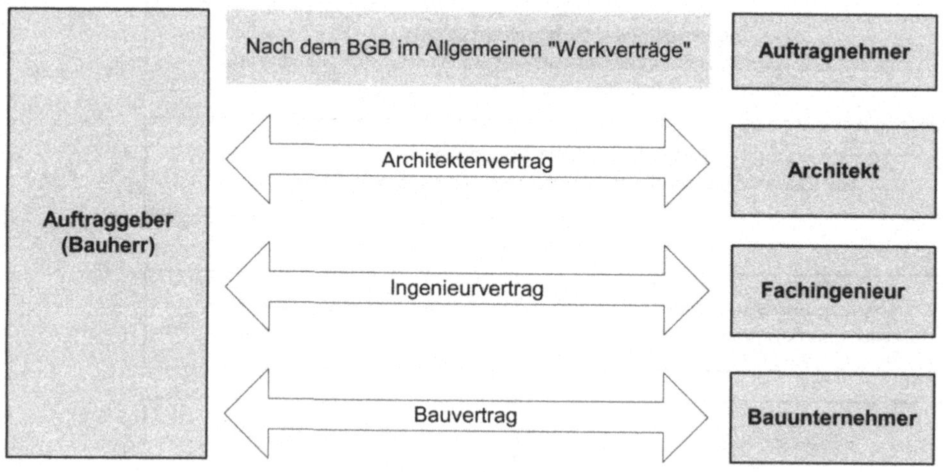

Bild 1-3 Wichtige Vertragsbeziehungen der am Bau Beteiligten

Fallbeispiel – Handschriftliche Unterzeichnung des Landrats fehlt: Keine wirksame Beauftragung!

Werden die landesrechtlichen Formvorschriften für eine Beauftragung durch den Landkreis nicht eingehalten – hier Schriftform und Unterzeichnung durch den Landrat –, so kommt ein wirksamer Vertrag nicht zustande.

Beispiel OLG Stuttgart, Urt. v. 15.02.2000 - 10 U 118/99

Ein Landkreis wollte ein Heizkraftwerk zu kalkulierten Gesamtaufwendungen von DM 781 Mio. bauen. Der Landkreis beauftragte einen Baubetreuer in einem Rahmenvertrag mit entsprechenden Betreuungsleistungen. In dem Vertrag waren verschiedene Stufen vorgesehen, die von dem Landkreis abgerufen werden konnten. Im Verlaufe der Durchführung des Projekts fasste der Kreistag (das Beschlussorgan des Landkreises) nach einer Stillstandsphase einen Beschluss über die Fortführung der Planung; Gegenstand des Beschlusses waren auch Arbeiten, die möglicherweise der Leistungsstufe IV. des Baubetreuungsvertrages zuzuordnen waren.

Später kommt es zu einer Kündigung des Baubetreuungsvertrages. Der Baubetreuer ist der Ansicht, er sei mit der Leistungsstufe IV. beauftragt worden und macht insoweit Honorar für nicht erbrachte Leistungen von rund 1,3 Mio. geltend.

Das Gericht weist die Honorarklage des Baubetreuers ab. Eine Beauftragung des Baubetreuers mit einer weiteren Leistungsstufe bedürfe gem. § 44 Landkreisordnung Baden-Württemberg der Schriftform sowie der Unterzeichnung durch den Landrat. An beiden Voraussetzungen fehle es vorliegend unstreitig. Entsprechend könne sich der Baubetreuer auch nicht auf den Beschluss des Kreistages berufen, der lediglich ein politisches Organ sei. Auch könne der Architekt nicht geltend machen, dass sich der Landkreis im Hinblick auf den Beschluss des Kreistages nach Treu und Glauben nicht auf eine Formnichtigkeit des Vertrages berufen dürfe. Richtig sei zwar, dass bei Vorliegen besonderer Voraussetzungen öffentlich-rechtliche Körperschaften einen Verstoß gegen Formvorschriften nach Treu und Glauben nicht geltend machen dürfen. Ein solcher Ausnahmefall liege aber hier nicht vor. Dies insbesondere schon deshalb nicht, weil der Beschluss des Kreistages seinem Wortlaut nach keine ausdrückliche Beauftragung des Baubetreuers mit der Leistungsstufe IV beinhalte.

Hinweis:
Das besprochene Urteil zeigt, dass Architekten bei Verträgen mit öffentlich-rechtlichen Körperschaften besonders aufmerksam darauf achten müssen, dass sämtliche, von Land zu Land verschiedenen Formvorschriften eingehalten werden. Nach der Rechtsprechung kann sich ein Architekt nicht darauf berufen, er habe die Formvorschriften nicht gekannt und nicht kennen müssen; vielmehr ist es nach der Rechtsprechung die Pflicht des Architekten, sich im Einzelfall nach den einschlägigen Formvorschriften zu erkundigen.

Eine weitere Schwierigkeit neben der Frage, ob ein Vertrag geschlossen wurde, ist, wann ein Vertrag geschlossen wurde. Angebot und Annahme werden häufig schriftlich als Brief, Fax, Telex oder E-Mail übermittelt und es ist unklar, wann sie der Empfänger liest. Es handelt sich dabei um ausreichende Willenserklärungen. Allerdings ist darauf zu achten, dass eine schriftliche Willenserklärung nicht mit einer Willenserklärung nach Schriftformerfordernis (§ 126 BGB) zu verwechseln ist.

Eine Erklärung gilt unabhängig von dem Zeitpunkt, an dem sie gelesen wurde, als zugegangen, wenn sie in den Machtbereich des Empfängers gelangt, und mit dessen Kenntnisnahme gerechnet werden kann.

Im Falle eines Briefes ist dies der Zeitpunkt des Einwurfes in den Briefkasten. Wird der Brief allerdings persönlich, nach der täglichen Leerung, eingeworfen, so kann erst nach der nächsten regulären Leerung mit der Kenntnisnahme gerechnet werden. Anders verhält es sich, wird der Empfänger z. B. telefonisch über den Einwurf informiert.

Für den Zugang von Faxen und E-Mails außerhalb der Geschäftszeiten gilt Vergleichbares.

Wird ein Angebot durch den Vertragspartner abgeändert, so handelt es sich nicht mehr um übereinstimmende Willenserklärungen und es kommt kein Vertrag zustande. Vielmehr liegt dann nach § 150 Abs. 2 BGB ein neues Angebot vor, dass vom anderen Vertragspartner angenommen werden muss.

Denkbar ist folgende Situation: Das Angebotsschreiben enthält den Passus: „Wenn nicht innerhalb von x-Tagen nach Eingang des Angebotes eine Ablehnung Ihrerseits erfolgt, gilt das Angebot als angenommen.“ Trotz des Ausbleibens einer Ablehnung ist kein Vertrag zustande gekommen. Schweigen ist im Rechtsverkehr keine Willenserklärung und damit keine Annahme eines Angebotes. Ebenso würde hier der eigentliche Wille des Erklärenden fehlen.

Ohne Erklärung durch Reden, Schreiben oder sonstiges Verhalten liegt keine Annahme vor.

Ein weiteres Feld für Streitigkeiten ergibt sich aus der Frage, wer der Vertragspartner ist. Der Verhandlungspartner muss nicht notgedrungen auch der Vertragspartner werden. Hier kommt es wesentlich auf die Vertretungsbefugnisse der handelnden Person an (§§ 167 ff. BGB).

Am eindeutigsten ist die Bestimmung des Vertragspartners bei Privatmann oder -frau.

Bei Verträgen mit Ehepartnern wird die Bestimmung schwieriger. Es ist oft unklar, inwieweit sich die beiden Ehepartner gegenseitig vertreten. Vor Vertragsschluss sollte diese Frage geklärt werden. Vorteilhaft ist die Unterzeichnung des Vertrages durch beide Ehepartner, da dadurch zwei Schuldner in Anspruch genommen werden können.

Wird der Vertrag mit einem Gesellschafter einer Gesellschaft Bürgerlichen Rechts abgeschlossen, so wird die GbR Vertragspartner, da jeder Gesellschafter die GbR verpflichten kann. Sowohl Gesellschaft, als auch Gesellschafter haften mit ihrem Vermögen.

Da kein Eintrag im Handelsregister vorliegt und zur Gründung bzw. zur Auflösung einer GbR kein Gesellschaftsvertrag notwendig ist, bleibt häufig unklar, wer alles zu den Vertragspartnern zählt. Ein Festhalten der Vertragspartner im Vertrag bietet sich an.

Bei einem Vertragsabschluss mit einer GmbH ist der Geschäftsführer und/oder der Prokurist oder der Handlungsbevollmächtigte vertretungsbefugt.

Der Handlungsbevollmächtigte erhält seine Vertretungsbefugnisse aus der Vollmachtserklärung der Geschäftsführung. Der Umfang der Vertretungsbefugnis des Geschäftsführers/Prokuristen ergibt sich aus dem Handelsregister.

Bei Verträgen mit Aktien- und Kommanditgesellschaften ergibt sich der Umfang der Vertretungsbefugnis aus dem Handelsgesetzbuch (HGB).

Handelt ein Vertreter ohne Vertretungsbefugnis für die von ihm vorgegebene Gesellschaft, dann kommt der Vertrag mit ihm als Privatmann zustande. Er handelt als sog. „Vertreter ohne Vertretungsmacht“.

3 Dienst- und Werkvertragsrecht

Die Frage eines Mangels hängt unmittelbar mit dem Inhalt des eigentlichen Vertrages zusammen. Zum einen werden im Vertrag die zu erbringenden Leistungen beschrieben. Stimmen beschriebene und ausgeführte Leistungen nicht überein, so stellt sich die Frage, ob es sich um einen Mangel handelt. Aber neben den vertraglichen Leistungen spielt die Art des Vertrages eine wesentliche Rolle. Zu unterscheiden sind dabei unter anderem der Dienst- und der Werkvertrag. Wie bereits erwähnt, hängt die Art des Vertrages von der zu erbringenden Leistung ab und kann nicht separat im Vertrag vereinbart werden.

So sind Planungs- und Überwachungsleistungen eines Ingenieurs dem Werkvertragsrecht zuzuordnen. Werden einzelne Teilleistungen vereinbart, z. B. reine Beratungsleistungen, so haben diese dienstvertraglichen Charakter und unterliegen somit dem Dienstvertragsrecht.

Verträge, die die Erbringung von Bauleistungen zum Inhalt haben, unterliegen dem Werkvertragsrecht.

3.1 Der Dienstvertrag

§ 611 Vertragstypische Pflichten beim Dienstvertrag.

(1) Durch den Dienstvertrag wird derjenige, welcher Dienste zusagt, zur Leistung der versprochenen Dienste, der andere Teil zur Gewährung der vereinbarten Vergütung verpflichtet.

(2) Gegenstand des Dienstvertrags können Dienste jeder Art sein.

Der Dienstvertrag regelt die Erbringung der vertraglich festgelegten Dienste. Nach §§ 611 ff. BGB ist der Auftragnehmer verpflichtet, versprochene Dienste zu leisten. Dabei kommt es nicht auf den Erfolg, sondern lediglich auf das bloße Bewirken der Leistung an.

Der Auftragnehmer, als der Dienstberechtigte, hat dem Auftraggeber zur Seite zu stehen.

Wurden keine anderen Vereinbarungen getroffen, so hat der Auftragnehmer die Dienste in Person zu leisten. Eine Übertragung auf andere Personen ist nicht möglich.

Durch die Festlegung des Dienstes als vertragliche Leistung ist auch dieser zu vergüten und nicht etwa ein eintretender Erfolg, wie im Werkvertrag. Die Vergütung ist nach Leistung der Dienste zu entrichten.

Der Auftraggeber kann den Dienstvertrag, soweit nicht nach Zeitabschnitten bemessen, jederzeit kündigen. Nimmt das Dienstverhältnis die Erwerbstätigkeit des Verpflichteten vollständig oder hauptsächlich in Anspruch, so ist auf eine 14-tägige Kündigungsfrist zu achten. Während beim Werkvertrag eine Kündigung des Auftraggebers zwar jederzeit möglich ist, jedoch nur unter bestimmten Voraussetzungen ohne finanzielle Folgen geschehen kann, ist beim Dienstvertrag lediglich eine etwaige Kündigungsfrist zu beachten.

3.2 Der Werkvertrag

§ 631 Vertragstypische Pflichten beim Werkvertrag.

(1) Durch den Werkvertrag wird der Unternehmer zur Herstellung des versprochenen Werkes, der Besteller zur Entrichtung der vereinbarten Vergütung verpflichtet.

(2) Gegenstand des Werkvertrags kann sowohl die Herstellung oder Veränderung einer Sache als auch ein anderer durch Arbeit oder Dienstleistung herbeizuführender Erfolg sein.

Für einen Werkvertrag ist die Vereinbarung der Leistungsziele wesentliches Kriterium. Der Auftraggeber wird im Allgemeinen weniger daran interessiert sein, wie der Auftragnehmer das vereinbarte Ziel erreicht. Sein Interesse gilt dem Resultat, dem vereinbarten Erfolg, so z. B. der Erstellung eines mangelfreien und funktionsgerechten Bauwerks.

Solange das Ergebnis als handwerkliche Leistung vorliegt, ist der werkvertragliche Charakter eindeutig. Schwieriger verhält es sich in Fällen, in denen das Ergebnis in einer geistigen Leistung, so z. B. die Überwachungsleistungen eines Architekten, besteht.

Der Auftraggeber ist an dem funktionstüchtigen und mängelfreien Bauwerk interessiert. Da die Objektüberwachung der Herstellung eines solchen Bauwerks dienen soll, ist auch deren Erfolg an die Herstellung des mängelfreien Bauwerks geknüpft.

Bei einer isolierten Vergabe der Leistungsphase 8 aus dem Leistungsbereich der Architekten geht der Bundesgerichtshof seit Jahren von einem Werkvertrag aus.

3.3 Unterschiede zwischen Werk- und Dienstvertrag

Die Unterschiede betreffen hauptsächlich den Vertragsgegenstand und die Haftungs-/Gewährleistungs- und Kündigungsfolgen.

Beim Werkvertrag steht der Erfolg der Leistung im Vordergrund, wohingegen beim Dienstvertrag die Leistung selbst geschuldet wird. Der Werkvertrag kann durchaus auch dienstvertragliche Elemente beinhalten. Lieg jedoch der Schwerpunkt des Vertrages auf werkvertraglichen Leistungen, so wird der gesamte Vertrag dem Werkvertragsrecht untergeordnet.

Wird der vertraglich geschuldete Erfolg nicht erreicht, so sind die werkvertraglichen Leistungen als mangelhaft anzusehen. Eine nicht erteilte Baugenehmigung beispielsweise führt zur Mangelhaftigkeit der vom Architekten zu erbringenden Leistungen. Dieser wäre nach §§ 633, 634 BGB verpflichtet den Mangel, nach Aufforderung durch den Auftraggeber, zu beseitigen.

Bis zur Beseitigung der Mängel ist der Auftraggeber berechtigt, den Werklohn einzubehalten. Mit der Abnahme der Leistung wird diese Nachbesserungsverpflichtung/ Gewährleistung durch die Gewährleistungsfristen nach § 633 Abs.2 BGB beschränkt. Nach § 633 Abs. 2 BGB sind die Gewährleistungsansprüche des Auftraggebers verschuldensunabhängig. Der Auftragnehmer haftet selbst dann, wenn er den auftretenden Mangel nicht zu vertreten hat.

Für Geltendmachung weitere Ansprüche des Auftraggebers, speziell von Schadensersatzansprüchen, ist dahingegen das Verschulden des Auftragnehmers notwendig.

Da beim Dienstvertrag die Tätigkeit im Vordergrund steht, stellt sich nicht die Frage wie geleistet wurde, sondern ob geleistet wurde. Mangelhafte oder nicht ausreichende Beratungsleistungen können nur dann Ansprüche nach sich ziehen, wenn sie zu Schäden beim Auftraggeber geführt haben, die der Auftragnehmer auch zu vertreten hat.

Während es beim Dienstvertrag nur die Anspruchsgrundlage aus pVV (positiver Vertragsverletzung) für Schadensersatzansprüche gibt, sind beim Werkvertrag auch Schadensersatzansprüche nach § 635 BGB möglich.

Unterschiede gibt es auch bei den oben bereits erwähnten Möglichkeiten einer Kündigung des Vertrages. Beim Dienstvertrag kann der Auftraggeber gem. § 627 BGB ohne finanzielle Folgen kündigen. Dem Auftragnehmer steht die Möglichkeit einer Folgenlosen Kündigung nach § 627 Abs.1 BGB dann zu, wenn sich der Auftragnehmer die Dienste anderweitig besorgen kann.

Der Werkvertrag kann von Seiten des Auftraggebers jederzeit, vom Auftragnehmer nur aus wichtigem Grund gekündigt werden. Bei einer Kündigung durch den Auftraggeber ohne wichtigen Grund, muss dieser dem Auftragnehmer gem. §649 BGB das volle Honorar abzüglich ersparter Aufwendungen bezahlen.

Fallbeispiel – Beleidigung des Bauherrn: Kündigung aus wichtigem Grund zulässig?
Der Bauherr ist zur Kündigung des Architektenvertrages aus wichtigem Grund berechtigt, wenn er vom Architekten beleidigt wird.

Beispiel OLG Saarbrücken, Urt. v. 23.04.1998 - 8 U 612/97
Ein Architekt wurde mit Planungsleistungen beauftragt. Auf Veranlassung des Bauherrn wurden die Pläne mehrfach geändert. Auch die schließlich vorgelegten Pläne des Architekten gefielen dem Bauherrn nicht. Daraufhin bezeichnete der Architekt in einem Schreiben Äußerungen des Bauherrn als „unqualifiziert" und „von Dilettantismus" geprägt. In einem weiteren Schreiben wurden vom Architekt Bezeichnungen wie „unverschämte und verlogene Art und Weise des Bauherrn", „Lüge" und „Unverschämtheit" gewählt. Daraufhin kündigte der Bauherr den Vertrag. Das Bauvorhaben wurde auf der Grundlage der Planung eines anderen Architekten durchgeführt. Der zunächst beauftragte Architekt klagt auf Honorar für bis zur Kündigung des Vertrages erbrachte Leistungen.

Die Klage wird abgewiesen. Das Gericht stellt zunächst fest, das vorliegend der Bauherr berechtigt war, den Vertrag aus wichtigem Grund zu kündigen. Die Beleidigungen des Architekten seien als Pflichtverletzungen des Architektenvertrages zu werten. Das Gericht kommt weiter zu der Auffassung, dass dem Architekten vorliegend nicht nur das Honorar für nicht erbrachte Leistungen, sondern auch das Honorar für erbrachte Leistungen (welches grundsätzlich bei einer Kündigung aus wichtigem Grund zu zahlen wäre) zu verwehren ist. Denn der Bauherr sei hier auf Grund der genannten Pflichtverletzung durch den Architekten von einem Honoraranspruch des Architekten für erbrachte Leistungen freizustellen. Die Architektenleistungen seien für den Bauherrn unbrauchbar gewesen. Er habe einen anderen Architekten beauftragen müssen. Die Planung des ersten Architekten habe keinen Niederschlag in der Planung des späteren Architekten gefunden.

Hinweis:
Die Grenze zwischen zumutbarer Kritik (kein wichtiger Grund) und Beleidigung (wichtiger Grund) ist schwer zu ziehen. Der Architekt wird jedenfalls eine Kritik seines Werkes u. U. hinnehmen müssen. Was der Bauherr hinnehmen muss, ist gerichtlich nicht geklärt. Die in oben besprochenem Fall vom Architekten gewählten Bezeichnungen überschreiten klar das zumutbare Maß. Die Tatsache, dass der Architekt seine – möglicherweise nicht einmal unbe-

rechtigte - Erregung meinte schriftlich festhalten zu müssen, stellte lediglich den letzten Nagel für den Sarg dar, in dem er seine Honoraransprüche begraben konnte.

Fallbeispiel – Der Bauherr beschäftigt Schwarzarbeiter: wichtiger Grund zur Kündigung?

Es ist zweifelhaft, ob der Architekt allein deshalb den Vertrag mit dem Bauherrn aus wichtigem Grund kündigen kann, weil der Bauherr auf der Baustelle Schwarzarbeiter beschäftigt.

Beispiel

Während der Bauausführung stellt der objektüberwachende Architekt fest, dass der Bauherr wissentlich Schwarzarbeiter auf der Baustelle beschäftigt. Er fragt sich, ob er aus wichtigem Grund kündigen bzw. seine Arbeiten einstellen kann oder sogar muss.

Eine gerichtliche Entscheidung über diese Frage ist nicht bekannt. Die Ansichten der Literatur gehen auseinander. Teilweise wird vertreten, dass die Beschäftigung von Schwarzarbeitern auf der Baustelle durch den Bauherrn einen wichtigen Kündigungsgrund für den Architekten darstellen kann. Eine andere Ansicht gewährt dem Architekten bei Schwarzarbeit auf der Baustelle nicht ohne weiteres ein Kündigungsrecht aus wichtigem Grund; durch die Schwarzarbeit seien die Interessen des Architekten nicht im besonderen Maße tangiert, solange der Schwarzarbeiter fachkundig sei und deshalb die Gewähr für eine ordnungsgemäße Auftragsausführung biete. Aufgabe des Architekten ist nicht, die Einhaltung von allen den Bauherrn treffenden öffentlich-rechtlichen Vorschriften zu überwachen, sondern die mangelfreie Erstellung des Bauwerks zu gewährleisten. Soweit die Missachtung der öffentlich-rechtlichen Vorschriften zwingend das Ziel der mangelfreien Erstellung des Bauwerks gefährdet, muss der Architekt eingreifen, ggfs. seine eigene Arbeit einstellen. Soweit die mangelfreie Erstellung des Bauwerks auch bei gleichzeitiger Missachtung von öffentlich-rechtlichen Vorschriften möglich ist, muss der Architekt im Einzelfall prüfen, ob eine Gefährdung der ordnungsgemäßen Errichtung vorliegt.

Hinweis:

Architekten sollten äußerst vorsichtig sein, vorschnell Kündigungen auszusprechen. Bestehen Zweifel, ob mit einem potentiellen Auftraggeber länger friedlich zusammengearbeitet werden kann, so sollte der Architekt ggfs. von vorneherein nur eine stufenweise Beauftragung vereinbaren, bei welcher er nicht zu Übernahme von weiteren Leistungen auf Abruf verpflichtet ist.

Fallbeispiel – Der Bauherrenvertreter verweist den Architekt der Baustelle: Wichtiger Kündigungsgrund?

Verweist ein Bauherrenvertreter den Architekten nach einer Streitigkeit von der Baustelle, so steht dem Architekten noch nicht in jedem Fall ein wichtiger Grund zur Kündigung des Architektenvertrages zu.

Beispiel BGH, Urt. v. 06.12.1984 - VII ZR 305/83

Im Rahmen von Umbau- und Sanierungsarbeiten kam es auf der Baustelle zu einer Auseinandersetzung zwischen dem Bauherrenvertreter und dem Polier eines ausführenden Unternehmens. Nachdem der Architekt sich schlichtend einschalten wollte, wurde er vom Bauherrenvertreter der Baustelle verwiesen. 12 Tage später kündigte der Architekt den Architektenvertrag unter Berufung auf nicht geleistete Abschlagszahlungen und ungesicherte Finanzierung des Bauvorhabens. Später stellten sich Mängel heraus, hinsichtlich derer allerdings nicht festgestellt werden konnte, ob sie vor oder kurz nach dem Baustellenverbot verursacht wurden. Der Bauherr nimmt den Architekten wegen mangelhafter Bauleitung in Anspruch.

Die Vorinstanz hatte die Klage gegen den Architekten abgewiesen. Es sei nicht bewiesen worden, dass der Mangel noch während der Tätigkeit des Architekten als Bauleiter verursacht wurde. Der BGH hob das Urteil auf. Zu Unrecht sei die Vorinstanz davon ausgegangen, dass der Architekt in Folge des Baustellenverweises von der Bauaufsicht freigestellt oder zur Kündigung berechtigt war. Nur in einem schwerwiegenden Fall könne angenommen werden, dass ein Architekt von der ihm übertragenen Bauaufsichtspflicht nach Treu und Glauben befreit und zur Kündigung berechtigt sei. An einem solchen schwerwiegenden Fall fehle es hier. Ein Angriff des Bauherrenvertreters auf den Architekten oder auch nur eine Bedrohung des Architekten habe nicht stattgefunden. Bei der gegebenen Sachlage dürfte der Architekt nicht stillschweigend einfach die Bauaufsicht einstellen. Vielmehr hätte der Architekt ausdrücklich und unmissverständlich mit dem Bauherrn klären müssen, wie die Bauaufsicht und das Vertragsverhältnis weiter geführt werden sollten. Bezeichnenderweise habe der Architekt auch nicht sofort aus wichtigem Grund gekündigt, seine erst 12 Tage später ausgesprochene Kündigung habe er nicht einmal auf das Baustellenverbot gestützt. Schließlich habe er es auch unterlassen, ausdrücklich und unmissverständlich gegenüber dem Bauherrn klarzustellen, dass er auf Grund des gegen ihn ausgesprochenen Baustellenverweises auf keinen Fall mehr zur Ausübung der Bauaufsicht bereit sei. Eine dahingehende ausdrückliche Erklärung sei von ihm um so mehr zu erwarten gewesen, als eine ordnungsgemäße Bauüberwachung im damaligen Zeitpunkt dringlich war.

Hinweis:
Für eine Kündigung des Architekten aus wichtigem Grund ist gesetzlich eine Frist nicht bestimmt. Allerdings bestimmt das Dienstvertragsrecht, dass eine Kündigung aus wichtigem Grund innerhalb von 2 Wochen ausgesprochen werden muss. Diese Frist wird entsprechend auch in anderen Rechtsgebieten als Richtschnur verwandt. Im Übrigen ergibt sich auch aus der Natur der Sache, dass eine Kündigung aus wichtigem Grund unmittelbar zu erfolgen hat. Dass sich in oben besprochenem Fall der Architekt 12 Tage mit seiner Kündigung Zeit ließ, gereichte ihm nicht zum Vorteil.

Fallbeispiel – Ist der Ausschluss des freien Kündigungsrecht des Auftraggebers in AGB's: wirksam?
Ein Ausschluss des freien Kündigungsrechts des Bauherrn gem. § 649 I BGB in den Allgemeinen Geschäftsbedingungen des Architekten ist unwirksam.

Beispiel in Anlehnung an BGH, Urt. v. 08.07.1999 - VII ZR 237/98
Ein Architekt erbringt Planungsleistungen für ein Einfamilienhaus. In dem zwischen Architekten und Bauherrn geschlossenen Vertrag befindet sich folgende Klausel:

„Die Kündigung des Vertrages ist nur aus wichtigem Grund möglich."

Kurz vor Fertigstellung der Leistungen kündigt der Bauherr und beruft sich hierfür auf einen seiner Ansicht nach vorliegenden wichtigen Grund. Das Gericht stellt fest, dass ein wichtiger Grund für die Kündigung des Bauherren nicht vorlag. Es stellt sich die Frage, ob der Vertrag gleichwohl durch einfache Kündigung des Bauherrn beendigt wurde.

Das Gericht entscheidet, der Annahme, dass der Vertrag hier durch einfache Kündigung des Bauherrn beendet worden sei, stände nicht die - oben zitierte - Klausel entgegen. Die Klausel sei nach dem AGB-Gesetz unwirksam. Sie benachteilige den Bauherrn unangemessen, weil sie mit dem wesentlichen Grundgedanken der gesetzlichen Regelung des § 649 I BGB nicht zu vereinbaren sei. Nach § 649 I BGB habe der Auftraggeber jederzeit das Recht, einen Werkvertrag zu kündigen. Dieser hat vorzugsweise Interesse an der Ausführung des Werks und sollte deshalb die Möglichkeit einer Lösung vom Vertrag für den Fall erhalten, dass das Interesse wegfällt. Diese grundsätzliche Wertung des Gesetzgebers hat vor allem auch bei langfristig angelegten Werkverträgen, wie bei Bau- und Architektenverträge, ihre Berechtigung. Denn es können sich insbesondere bei diesen Vertragstypen nachträgliche Umstände ergeben, die die ursprüngliche Entscheidung des Auftraggebers, dass Werk in Auftrag zu geben, in Frage stellen. Der Auftragnehmer ist nach der Wertung des Gesetzes durch die Regelung des § 649 II BGB ausreichend geschützt.

Hinweis:
Über die Frage, ob man das freie Kündigungsrecht des Auftraggebers in Allgemeinen Geschäftsbedingungen ausschließen könne oder nicht, wurde lange diskutiert. Der BGH hat nunmehr entschieden, dass ein solcher Ausschluss mindestens für Bau- und Architektenverträge in AGB's nicht möglich sei. Da die entsprechende Klausel fast in allen Musterverträgen für Architekten enthalten ist, sollte Architekten bewusst sein, dass sie sich auf diese Klausel nicht werden berufen können (jedenfalls nicht, wenn die AGB's von ihnen gestellt wurden).

4 Die VOB/B

Die VOB/B ist kein Gesetz sondern eine Sammlung von Vertragsbedingungen.

Während die VOB/B für die öffentliche Hand verpflichtend ist, bleibt es dem privaten Unternehmer offen, die VOB/B als Vertragsgrundlage zu vereinbaren. Soll die VOB/B Vertragsgrundlage werden, so muss dieses ausdrücklich im Vertrag vereinbart sein.

Die VOB/B erfüllt alle Bedingungen des § 305 BGB. Sie ist eine Art „Allgemeine Geschäftsbedingung für die am Bau Beteiligten."

In ihr wurden die Interessen beider Vertragsparteien in ausgewogener Weise berücksichtigt. Die VOB/B gilt als privilegiertes Werk, wenn sie als Ganzes vereinbart wird. Somit entfällt die Anwendung der gesetzlichen Regelung für AGB (§§ 305ff BGB, vormals AGBG). Es dürfen jedoch keine Eingriffe in den Kernbereich der VOB vorgenommen werden. Die VOB darf nicht in ihrem, als ausgewogen geltenden, Gerechtigkeitsgehalt verändert werden.

Ist die VOB nicht als Ganzes vereinbart, so ist jede Regelung auf ihre Wirksamkeit nach dem AGBG zu überprüfen, d. h. alle VOB-Regelungen verlieren ihr Privileg.

Fallbeispiel – Gilt die Vereinbarung der VOB/B auch für Architektenleistungen?
Die Geltung der VOB/B für Architektenleistungen kann in AVA's nicht wirksam vereinbart werden.

Beispiel BGH, Urt. v. 17.09.1987 - VII ZR 166/86
Eine GmbH wurde mit der Errichtung einer Lagerhalle einschließlich Erstellung der Planung und der verantwortlichen Bauleitung gem. Landesbauordnung zu einem Pauschalpreis beauftragt. Die Geltung der VOB/B war vereinbart, u. a. ausdrücklich § 13 VOB/B. Mehr als 2 Jahre nach Fertigstellung machte der Auftraggeber Haftungsansprüche gegen die GmbH geltend. Die Haftungsansprüche gründeten sich auf die Mangelhaftigkeit der vereinbarten Architektenleistungen. Die GmbH berief sich u. a. auf die 2-jährige Verjährung gem. § 13 Nr. 4 VOB/B.

Der Bundesgerichtshof stellte fest, dass sich die GmbH hinsichtlich der mangelhaften Architektenleistungen nicht auf die 2-jährige Verjährung gem. VOB/B berufen könne; es gelte vielmehr die gesetzliche 5-Jahresfrist gem. § 638 I 1 BGB. Die Regelungen der VOB/B seien ihrem Rechtscharakter nach Allgemeine Geschäftsbedingungen. Grundsätzlich könne aufgrund der besonderen Privilegierung im AGBG (jetzt §§ 305 ff BGB die 2-Jahresverjährung wirksam vereinbart werden, wenn für vertraglichen Werkleistungen die VOB/B als Ganzes zugrunde gelegt werde; dies gelte jedoch nur für Bauleistungen, für Architektenleistungen könne hingegen die VOB/B nicht vereinbart werden.

Hinweis:
Die Regelungen der VOB/B sind Allgemeine Geschäftsbedingungen und unterliegen dem AGBG (jetzt §§ 305 BGB [vgl. zum neuen Recht Schuldrechtsreform 2002]. Da einige Regelungen der VOB/B nicht unerheblich von den gesetzlichen Vorschriften abweichen (z. B. die Verjährungsfrist gem. § 13 Nr.4 VOB/B, die Abnahmefiktion § 12 Nr.5 VOB/B), müssten diese eigentlich nach dem AGBG unwirksam sein, wenn die Geltung der VOB/B vereinbart wird; allerdings ist die VOB/B durch das AGBG (jetzt §§ 305 BGB) privilegiert, wenn sie „als Ganzes" vereinbart wird. Grund hierfür ist, dass die VOB/B eine insgesamt ausgewogene Regelung darstellt, allerdings nur für Bau-, nicht für Architektenleistungen. Nach der Recht-

sprechung kann die VOB/B deshalb nicht wirksam für Architektenleistungen vereinbart werden.

Die Entscheidung des Bundesgerichtshofs ist wichtig vor allem auch für Unternehmen, die Bau- und Architektenleistungen zusammen anbieten (sog. Totalübernehmer). Auch in Bauträgerverträgen wird nicht selten die VOB/B vereinbart; während - wie dargestellt - die VOB/B dann für erbrachte Architektenleistungen keinesfalls gilt, ist bei Bauträgerverträgen weiter umstritten, ob die VOB/B überhaupt wirksam für die Leistungen des Bauträgers vereinbart werden kann.

5 Anwendungsbereich des neuen Rechts

Seit dem 01.01.2002 finden die Verjährungsregeln auf alle zu diesem Zeitpunkt bestandenen Ansprüche Anwendung. Dabei ist zu beachten, dass die Regeln nicht nur auf seither entstandene Ansprüche anzuwenden sind, sondern ebenso auf davor entstandene. Somit müssen alle Ansprüche aus alten Bauverträgen und sonstigen Schuldverhältnissen überprüft werden. Sie werden entsprechend der neuen Verjährungsregelungen angepasst, dass heißt, sie sind nicht etwa am 31.12.2001 ausgelaufen. Mit Ausnahme der Regelungen zum Dauerschuldverhältnis finden die weiteren Regelungen des neuen Rechts auf Schuldverhältnisse, die vor Inkrafttreten des neuen Rechts geschlossen wurden, keine Anwendung.

Für Verträge, die seit dem 01.01.2002 entstanden sind, sind die gesamten Regeln des neuen Rechts anwendbar.

Für die bereits erwähnte Ausnahme des Dauerschuldverhältnisses verhält es sich folgendermaßen: Wurden die Verträge bis zum 31.12.2001 geschlossen, so sind die Regelungen des neuen Rechts erst ab dem 01.01.2003 anzuwenden.

Wenngleich europäische Vorgaben zur Modernisierung des Schuldrechts geführt haben, bleibt der örtliche Anwendungsbereich auf die Bundesrepublik Deutschland begrenzt. Die Frage, ob ein ausländisches Unternehmen, das in Deutschland tätig wird, den entsprechenden deutschen Paragraphen unterliegt bedarf genauerer Betrachtung.

Fallbeispiel – Ein österreichischer Architekt plant in Deutschland: Welches Recht ist anwendbar?

Wird ein ausländischer Architekt mit der Planung eines Bauvorhabens in Deutschland beauftragt, kommt für das Vertragsverhältnis im Zweifel das am Sitz des Architekten geltende Schuldrecht zur Anwendung.

Beispiel OLG Brandenburg, Urt. v. 25.05.2000 - 12 U 159/99 -, BGH, Beschluss vom 11.10.2001 – VII ZR 267/00

Ein österreichischer Architekt wurde gebeten, Planungsleistungen für ein größeres Projekt in Deutschland zu erbringen. Später wurde das Projekt nicht weiter verfolgt. Der Architekt verlangt daraufhin Honorar für seine erbrachten Leistungen. Vor Ablauf der Verjährungsfrist für seinen Honoraranspruch stellt er bei dem für Ausländer zuständigen Amtsgericht Berlin-Schöneberg einen Mahnbescheid. In dem darauf folgenden Gerichtsverfahren erhebt der Bauherr die Einrede der Verjährung.

Sämtliche Instanzen weisen die Klageforderung als verjährt ab. Die Einlegung des Mahnbescheides beim AG Schöneberg habe nicht zu einer Verjährungsunterbrechung geführt. Denn für vorliegenden Fall sei nicht das deutsche, sondern das österreichische Recht anwendbar. Nach österreichischem Recht führe aber das deutsche Mahnverfahren nicht zu einer Verjährungsunterbrechung. Das österreichische Recht sei anwendbar, da die Parteien eine Vereinbarung über das anwendbare Recht nicht getroffen hätten und sich somit das anwendbare Recht nach dem deutschen internationalen Privatrecht richte. Nach diesem unterlag der Architekten vertrag dem Recht des Staates, mit dem er die engste Verbindung aufweist (Artikel 28 I EGBGB); nach Artikel 28 II EGBGB wird vermutet, dass der Vertrag die engste Verbindung mit dem Staat aufweist, in dem die Partei, die die charakteristische Leistung zu erbringen hat, zum Zeitpunkt des Vertragsschlusses den gewöhnlichen Aufenthalt hat. Danach gilt für Architektenverträge, jedenfalls soweit sie sich auf Planungsleistungen beschränken, dass das Recht des Landes Anwendung findet, in welchem der Architekt seinen Aufenthalt hat.

6 Formularverträge

Das Gesetz zur Regelung der Allgemeinen Geschäftsbedingungen wurde in das BGB übernommen. Durch die §§ 305 ff. BGB werden die Vertragsparteien in ihrer Vertragsfreiheit grundsätzlich und nachhaltig eingeschränkt. Von den Einschränkungen können die vertraglichen Regelungen z. B. bei Kauf-, Liefer- und Werkverträgen betroffen sein. Bei Verträgen des privaten Baurechts wird das AGBG seit Jahren thematisierten.

Übergeordnet dienen die §§ 305ff dem Schutz des wirtschaftlich schwächeren Vertragspartners vor der für ihn benachteiligenden inhaltlichen Ausgestaltung eines Vertrages durch die andere, wirtschaftlich mächtigere Vertragspartei. Der mächtigere Vertragspartner versucht in der Regel, durch die Verwendung Allgemeiner Geschäftsbedingungen den Vertragsinhalt zu seinen Gunsten entscheidend zu gestalten. Daher enthalten Allgemeine Geschäftsbedingungen durchaus wesentliche und auch finanziell ausschlaggebende Regelungen. Zur Erfüllung des Schutzzweckgedankens werden zahlreiche Beschränkungen für den Verwender geregelt. Neben der Einbeziehung allgemeiner Geschäftsbedingungen in den Verträgen und der Auslegung Allgemeiner Geschäftsbedingungen in Zweifelsfällen steht die Wirksamkeit bestimmter Vertragsklauseln im Vordergrund. Diese restriktiven Regelungen wirken sich aber nur dann auf einen Vertrag aus, wenn das Gesetz im konkreten Fall überhaupt zur Anwendung kommt. Die Definition dessen, was der Gesetzgeber unter Allgemeinen Geschäftsbedingungen versteht, findet sich in § 305 BGB. Zudem wird festgelegt, auf welche Arten von Vertragsklauseln das Gesetz anwendbar ist. Dabei wesentlichstes Kriterium ist, dass die Vertragsbedingungen für eine Vielzahl von Verträgen formuliert sind. Werden Vereinbarungen zwischen den Vertragsparteien einzeln ausgehandelt, so liegen keine Allgemeinen Geschäftsbedingungen vor. Dass eine Vertragsvereinbarung im Einzelnen ausgehandelt ist, wird nur angenommen, wenn der Verwender die Klausel ernsthaft zur Disposition stellt und dem Vertragspartner Gestaltungsfreiheit zur Wahrung eigener Interessen einräumt.

Liegt eine Allgemeine Geschäftsbedingung vor, so ist sie auf ihre Wirksamkeit nach den Vorschriften der §§ 305 ff BGB zu überprüfen. Wird der Vertragspartner im Vergleich zur gesetzlichen Regelung, die ohne die Vertragsklauseln angewendet würde, unangemessen benachteiligt, so sind diese Klauseln nach den Vorschriften der §§ 305 ff unwirksam. Dabei ist zu beachten, dass gegenüber Kaufleuten ein strengerer Maßstab anzulegen ist.

Bei der Einbeziehung von allgemeinen Geschäftsbedingungen in den Vertrag sollte darauf geachtet werden, dass diese eindeutig formuliert werden. Ergeben sich Unklarheiten bei der Auslegung von inhaltlich nicht eindeutigen Geschäftsbedingungen, so werden diese zu Lasten des Verwenders ausgelegt. Wenn die Klausel nicht eindeutig gefasst ist und daher mehrere Auslegungsmöglichkeiten bleiben, wählt das Gericht bei einem Rechtsstreit im Zweifel diejenige Auslegung, die für die andere Vertragspartei am günstigsten, für den Verwender also am ungünstigsten ist.

Vertragsbedingungen: Vertragsbedingungen sind Bestimmungen, die den Inhalt eines Vertrages regeln sollen. Zumeist handelt es sich um Bestimmungen, die das Kleingedruckte, nicht die Hauptleistungspflichten der Vertragsparteien sondern die Abwicklung des Vertrages zum Gegenstand haben, etwa durch die Gewährung von Rücktrittsrechten einer Vertragspartei, die Regelung von Vertragsstrafen, die Festlegung der Höhe von Verzugszinsen etc..

Vorformuliert: Von vorformuliert spricht man dann, wenn die Vertragsbedingungen bereits vor Abschluss des Vertrages vorgelegen haben, um in künftige Verträge einbezogen zu werden. Dabei müssen die Vertragsbedingungen nicht gänzlich fertig gestellt sein. Auch bei Klauseln mit noch auszufüllenden Leerräumen, z. B. um die Laufzeit des Vertrages einzutragen, kann es sich um Allgemeine Geschäftsbedingungen handeln.

Weiteres Kriterium für die Einordnung als Allgemeine Geschäftsbedingung ist, dass die Klauseln für eine Vielzahl künftiger Verträge vorgesehen sind. Bereits bei drei bis fünf geplanten Verwendungen finden die Paragraphen Anwendung. Und dies bereits für die erste Verwendung. Werden die Klausel entgegen ursprünglicher Planung lediglich ein einziges Mal verwendet, so finden trotzdem die entsprechenden Paragraphen Anwendung. Eine wichtige Ausnahme vom Gebot der mehrfachen Verwendung gilt für Verträge, die zwischen einer Person, die in Ausübung ihrer gewerblichen oder beruflichen Tätigkeit handelt und einer natürlichen Personen, die den Vertrag zu einen Zweck abschließt, der weder einer gewerblichen noch einer selbstständigen beruflichen Tätigkeit zugerechnet werden kann. Hiernach handelt es sich um vorformulierte Vertragsbedingungen unter anderem auch dann, wenn diese nur zur einmaligen Verwendung bestimmt sind.

Fallbeispiel – Ist die Verkürzung der Gewährleistungsverjährung durch Teilabnahme nach Leistungsphase 8 in AGB zulässig?

Eine in allgemeinen Geschäftsbedingungen eines Architektenvertrages formularmäßig vereinbarte Verpflichtung des Bauherrn zu einer Teilabnahme nach Leistungsphase 8 ist wirksam. Der Architekt kann danach bei entsprechender Vertragsgestaltung grundsätzlich die Leistungsphase 9 übernehmen, ohne Gefahr einer überlangen Gewährleistung zu laufen.

Beispiel nach OLG Naumburg, Urt. v. 01.03.2000 - 12 U 63/98; BGH, Beschluss vom 05.04.2001 – VII ZR 161/00 (Revision nicht angenommen)

Ein Architekt war mit Architektenleistungen gem. § 15 II HOAI mit den Leistungsphasen 1-9 beauftragt worden. Nach Abwicklung des Bauvorhabens machte der Bauherr Schadensersatzansprüche gegen den Architekten geltend. Dieser berief sich u. a. auf eine Verjährung der Schadensersatzansprüche und wies insoweit auf Regelungen in den allgemeinen Geschäftsbedingungen des zwischen den Parteien abgeschlossenen Vertrages hin. Diese Regelungen bestimmten für die Leistungsphasen 1-8 einerseits und 9 andererseits einen unterschiedlichen Verjährungsbeginn in Folge unterschiedlicher Abnahmezeitpunkte.

Das über die Schadensersatzansprüche erkennende Gericht sah in diesen Regelungen die formularmäßige Vereinbarung einer Teilabnahme und stellte klar, dass – wäre diese formularmäßige Vereinbarung der Teilabnahme wirksam – die Schadensersatzansprüche des Bauherrn ggf. tatsächlich verjährt gewesen wären. Allerdings stellt das erkennende Gericht fest, dass die formularmäßige Bestimmung einer Teilabnahme eine mittelbare Verkürzung der Verjährungsfrist darstelle und deshalb unwirksam sei.

Im Rahmen der gegen das Gerichtsurteil eingelegten Revision des Architekten stellt der BGH klar, dass entgegen der Ansicht des in der Vorinstanz erkennenden Gerichts eine Teilabnahme nach Leistungsphase 8 auch formularmäßig wirksam vereinbart werden könne. Der BGH fügt allerdings an, dass die in dem streitgegenständlichen Vertrag befindlichen Regelungen gar keine Teilabnahme zum Inhalt gehabt hätten.

Fallbeispiel – 60:40 Klausel: Ist eine wirksame Vereinbarung möglich?

Hintergrund: Haben Architekt und Bauherr einen Vertrag geschlossen, prägt dieser wesentlich das Rechtsverhältnis zwischen den Vertragsparteien.

Werden in einem Vertrag Allgemeine Geschäftsbedingungen (AGB's) verwendet, so richtet sich die Wirksamkeit dieser Bedingungen wesentlich nach den §§ 305 ff BGB.

Auch die von Architekten in ihren Verträgen verwendeten AVA's stellen grundsätzlich Allgemeine Geschäftsbedingungen dar.

Beispiel OLG Düsseldorf, Urt. v. 30.04.2002 - 23 U 182/01
Ein Architekt macht nach vorzeitiger Vertragsbeendigung gegen den Bauherren unter anderem Honorar für nicht erbrachte Leistungen geltend. Er ersetzt dieses Honorar für nicht erbrachte Leistungen mit einer 60 %-Pauschale desjenigen Honorars an, welches auf die nicht erbrachten Leistungen entfällt. Hierbei beruft er sich auf § 9 I des zwischen ihm und dem Bauherrn geschlossenen Vertrages (EAV-Vertrag, Fassung 1994):

„§ 9 vorzeitige Auflösung des Vertrages

Der Vertrag ist nur aus wichtigem Grund kündbar. Hatte der Architekt die Kündigung zu vertreten, so hat er nur Anspruch auf Vergütung der bis dahin erbrachten Leistungen. In allen anderen Fällen steht dem Architekten das vertraglich vereinbarte Honorar zu; er muss sich jedoch dasjenige anrechnen lassen, was er in Folge der Aufhebung des Vertrages an Aufwendungen erspart oder durch anderweitige Verwendung seiner Arbeitskraft erwirbt oder zu erwerben böswillig unterlässt. Sofern der Bauherr im Einzelfall keinen höheren Anteil an ersparten Aufwendungen nachweist, wird dieser mit 40 % des Honorars für die vom Architekten noch nicht erbrachten Leistungen vereinbart.

Will der Bauherr einen Abzug wegen Erwerbs durch anderweitiger Verwendung der Arbeitskraft des Architekten oder böswilliger Unterlassung anderweitigen Erwerbs vornehmen, so trägt er insoweit dem Grunde und der Höhe nach die Beweislast."

Der Bauherr hält die Klausel für unwirksam und beruft sich auf die einschlägige BGH Rechtsprechung.

Das OLG Düsseldorf gesteht dem Architekten die Abrechnung der nicht erbrachten Leistungen mit einer 60 %- Pauschale zu. Die entsprechende Klausel im Vertrag sei wirksam. Sie sei auch mit Blick auf die bisherige Rechtsprechung des BGH nicht anders zu bewerten sei. Die hier zu beurteilende Klausel sei bislang – soweit ersichtlich – noch nicht Gegenstand einer Entscheidung des BGH gewesen. In seiner Entscheidung habe der BGH sich auf zwei Gesichtspunkte gestützt, die aber durch die vorliegende Klausel berücksichtigt seien.

Fallbeispiel – Honoraranspruch für nicht erbrachte Leistungen bei Kündigung: AGB-fest?
Der Anspruch des Architekten im Falle einer einfachen Kündigung des Bauherrn auf Honorar für nicht erbrachte Leistungen gem. § 649 Satz 2 BGB kann in allgemeinen Geschäftsbedingungen des Bauherrn nicht wirksam auf den Ersatz nachgewiesener notwendiger Aufwendungen beschränkt werden.

Beispiel OLG Frankfurt, Urt. v. 02.04.1998 - 1 U 82/96 -, BGH, Beschluss vom 15.06.2000 - VII ZR 186/98 - (Revision nicht angenommen)
Ein Architekt wird durch einen öffentlichen Auftraggeber mit Architektenleistungen für den Umbau und die Erweiterung eines Gerichtsgebäudes beauftragt. In den „allgemeinen Vertragsbedingungen" heißt es unter § 8.2:

„Wird aus einem Grund gekündigt, den der Auftraggeber zu vertreten hat, erhält der Auftragnehmer für die ihm übertragenen Leistungen (mit Ausnahme der Objektüberwachung) die vereinbarte Vergütung unter Abzug der ersparten Aufwendungen; diese werden auf 40 von Hundert der Vergütung für die noch nicht erbrachten Leistungen festgelegt. Für noch nicht

erbrachte Leistungen der Objektüberwachung erhält der Auftragnehmer Ersatz für die nachgewiesenen notwendigen Aufwendungen.“

Es kommt zur vorzeitigen Vertragsbeendigung, die Objektüberwachung wird durch den Architekten nicht mehr erbracht. Der Architekt verlangt nunmehr Honorar für die nicht erbrachten Leistungen abzüglich ersparter Aufwendungen. Der Bauherr stellt sich auf den Standpunkt, der Architekt könne nach vorgenannter Klausel nur Ersatz der nachgewiesenen notwendigen Aufwendungen verlangen.

Das Gericht erkennt einen Honoraranspruch des Architekten für nicht erbrachte Leistungen abzüglich ersparter Aufwendungen an. Der Bauherr könne sich nicht auf § 8.2 seiner AVB berufen. Diese Klausel verstoße gegen § 9 AGB-Gesetz [jetzt §§ 305 ff BGB] und sei deshalb unwirksam. § 8.2 AVB benachteilige den Architekten unbillig, da er mit dem wesentlichen Grundgedanken der Vorschrift des § 649 Satz 2 BGB nicht zu vereinbaren sei. § 649 Satz 2 BGB sei das notwendige Äquivalent dafür, dass der Auftraggeber eines Werks - anders als bei sonstigen Schuldverhältnissen - das Vertragsverhältnis nach Belieben kündigen könne.

Individualvereinbarungen: Handelt es sich jedoch um Individualvereinbarung, so fallen diese nicht unter den Anwendungsbereich der §§ 305 ff BGB. Die Abgrenzung zeigt sich in der Praxis allerdings als äußerst schwierigen. Nur dann, wenn die einzelnen Vertragsregelungen, jede einzelne, ausgehandelt sind, liegt eine Individualvereinbarung vor. Bei der Beurteilung, wann eine Regelung ausgehandelt wurde, ist aber zu beachten, dass nach der maßgeblichen Rechtsprechung der Begriff „Aushandeln“ mehr bedeutet als ein bloßes „Verhandeln“. Auch reicht es nicht, wenn der Verwender seine Vertragsbedingungen mit der anderen Partei erörtert oder sie dieser im Einzelnen erläutert. Nur wenn der Verwender den Inhalt der Klausel ernsthaft zur Disposition stellt, sich also deutlich und ernsthaft zur Änderung einzelner Klauseln bereit erklärt, kann von Aushandeln gesprochen werden.

Fallbeispiel – Ist eine Vereinbarung unwirksam, da nicht individuell „ausgehandelt“?

Eine Klausel, die möglicherweise gegen das AGBG (jetzt §§ 305 ff BGB) verstoßen würde, ist ungeachtet dessen grundsätzlich wirksam, wenn sie individuell ausgehandelt worden ist.

Ein individuelles Aushandeln i. S. d. AGBG kann aber nicht schon deshalb angenommen werden, weil der Architekt die Klausel erörtert und dies den Vorstellungen des Bauherrn entspricht.

Beispiel nach BGH, Urt. v. 25.06.1992 - VII ZR 128/91

Der Architekt war mit der Planung und Bauleitung für ein Haus beauftragt worden. In dem zwischen den Parteien geschlossenen Vertrag heißt es unter § 12: *„Als Verjährungsfrist für die Haftung des Architekten wird folgendes vereinbart: 2 Jahre“.* Während der Haupttext der Klausel im zugrunde gelegten Vertragsformular abgedruckt stand, war die Ergänzung „2 Jahre“ maschinenschriftlich von den Parteien bei Vertragsschluss eingefügt worden. Vorher hatte der Architekt dem Bauherrn seine Gründe erläutert, warum eine Verkürzung der Verjährungsfrist auf 2 Jahre gerechtfertigt sei; der Bauherr akzeptierte angesichts der (vermeintlich zutreffenden) Erläuterungen die Verkürzung der Verjährung. Lange nach Fertigstellung des Gebäudes nahm der Bauherr den Architekten auf Schadensersatz in Anspruch. Der Architekt berief sich auf Verjährung, der Bauherr auf die Unwirksamkeit der Klausel wegen Verstoßes gegen das AGB-Gesetz (jetzt §§ 305 ff BGB [vgl. zum neuen Recht Schuldrechtsreform 2002]). Hiergegen wendete der Architekt ein, die Klausel sei ausgehandelt und unterliege nicht einer Prüfung durch das AGB-Gesetz.

Die Vorinstanz hatte die Klausel als wirksam erachtet. Hier läge keine AGB vor, die Vereinbarung unterfalle daher nicht einer Prüfung durch das AGB-Gesetz. Denn die Klausel sei individuell ausgehandelt worden, der Architekt habe die Klausel erörtert und der Bauherr sie akzeptiert. Der BGH hob das Urteil auf. Für ein „Aushandeln“ im Sinne des Gesetzes genüge es nicht, wenn der Verwender den Inhalt einer Klausel lediglich erläutere und dies den Vorstellungen des Vertragspartners entspricht.

Hinweis:
Die vom BGH gestellten Anforderungen an ein „Aushandeln“ im Sinne des AGB-Gesetzes sind sehr hoch; selbst wenn der Verwender sich bemüht, die Voraussetzungen für „Aushandeln“ zu schaffen, wird ihm dies selten gelingen, es sei denn, er stellt seine Vorstellungen tatsächlich zur Disposition. Will er dies nicht, sollte er die Vereinbarung immer auf eine Vereinbarkeit mit dem AGBG (jetzt §§ 305 ff BGB) überprüfen (lassen).

Teil II Mängelansprüche nach BGB-Werkvertragsrecht

1 Einleitung

Durch das Schuldrechtsmodernisierungsgesetz wurde die gesamte Systematik des Leistungsstörungs- und Gewährleistungsrechts verändert. Komplett geändert wurde auch der Wortlaut des **§ 633** BGB, in dessen altem Abs. I geregelt war, wann ein Werk mangelfrei ist. Es stellt sich daher die Frage nach den Auswirkungen dieser Veränderungen von Gesetzeswortlaut- und Systematik auf den Mängelbegriff, wie er bisher im privaten Baurecht zu Grunde gelegt wurde. Soweit man Veränderungen bejaht, stellt sich die weitere Frage, ob auch der in § 13 Nr. 1 VOB/B der VOB 2000 zu Grunde gelegte Mängelbegriff von diesen Veränderungen berührt wird. Immerhin baut § 13 Nr. 1 VOB/B seiner Terminologie nach weitgehend auf dem alten Gesetzeswortlaut auf. Ebenso ist fraglich, ob Besonderheiten des Mängelbegriffs des Kaufrechts auf das Werkvertragsrecht übertragen werden können.

Nach der Gesetzesbegründung der Bundesregierung entspricht der Sachmangel des neuen Rechts „im Großen und Ganzen“ dem subjektiven Fehlerbegriff der bisher herrschenden Meinung. Die Abänderung des Wortlauts soll in der Sache keine Änderung mit sich bringen. Für zahlreiche Fälle mag dies zutreffen. In bestimmten Grenzfällen, die nachfolgend behandelt werden, ist dies jedoch durchaus zweifelhaft. Bei der Auslegung des neuen § 633 BGB darf nicht vergessen werden, dass dieser den §§ 434 , 435 BGB n. F. des Kaufrechts nachempfunden wurde. Diese Regelungen des Kaufrechts gehen auf die EU-Verbrauchsgüterkauf-Richtlinie zurück. Der Gesetzgeber beabsichtigte eine Vereinheitlichung des kauf- und werkvertraglichen Mängelbegriffs. Der kauf- und der werkvertragliche Mängelbegriff sollen weitgehend inhaltsgleich sein. Daraus folgt, dass auch für die Auslegung der gesetzlichen Werkmangeldefinition im Kern die Europarechtlichen Vorgaben zu beachten sind. Anderenfalls käme es zu einer wenig wünschenswerten und auch vom Gesetzgeber nicht gewollten Zersplitterung von Rechtsbegriffen.

2 Der Baumangel nach altem BGB-Werkvertragsrecht

Das BGB in seiner alten Fassung kannte zwei Mängelkategorien. Es wurde zwischen Fehlern und dem Fehlen zugesicherter Eigenschaft unterschieden. Die anerkannten Regeln der Technik fanden erst mit dem Gesetz zur Beschleunigung fälliger Zahlungen in den Gesetzeswortlaut Eingang, allerdings nicht unmittelbar zur näheren Definition des Werkmangels, sondern im Zusammenhang mit der Fertigstellungsbescheinigung.

2.1 Fehler

Einen Fehler nahm man an, wenn der tatsächliche Zustand des Werks von dem Zustand des Werks abwich, den die Parteien bei Abschluss des Werkvertrags vorausgesetzt hatten. Darüber hinaus musste diese Abweichung den Wert des Werks oder dessen Eignung zum vertraglich vorausgesetzten oder gewöhnlichen Gebrauch herabsetzen oder mindern. Die Ist-Beschaffenheit musste also von der Sollbeschaffenheit abweichen und den Wert und die Gebrauchstauglichkeit des Werks negativ beeinflussen. Die h. M. ging bei der Bestimmung der Sollbeschaffenheit vom so genannten konkreten Fehlerbegriff aus, der subjektive und objektive Elemente aufwies. Danach ist der jeweils vertraglich vorausgesetzte besondere Zweck, Gebrauch oder Zustand für die Beurteilung maßgebend. Sind vertragliche Regelungen im Einzelfall nicht feststellbar, so sollte es auf den gewöhnlichen Zustand derartiger Werke ankommen, also die allgemeinen Anforderungen, die an Werke dieser Art gestellt werden.

2.2 Zugesicherte Eigenschaft

Die zweite Mängelkategorie des alten Werkvertragsrechts - neben dem Fehler - war die zugesicherte Eigenschaft. Anders als beim Fehler begründete nicht ihre Existenz den Mangel, sondern ihr Fehlen. Unter Eigenschaft i. S. des § 633 I BGB a. F. verstand man die physische Beschaffenheit der Werkleistung, aber auch alle anderen tatsächlichen, wirtschaftlichen und rechtlichen Beziehungen zur Umwelt, die einen Einfluss auf die Wertschätzung der Leistung ausüben und die von einer gewissen Dauer sind. Sehr präzise vertragliche Festlegungen von Eigenschaften und Verwendungszwecken deuteten auf das Vorliegen einer zugesicherten Eigenschaft hin. Bei Angaben im Leistungsverzeichnis eines Bauvertrags sollte es sich nur dann um zugesicherte Eigenschaften handeln, wenn der Auftraggeber erkennbar Wert auf eine bestimmte Ausführungsweise legte. Dem Wortlaut des § 633 I BGB a. F. ließ sich entnehmen, dass es beim Fehlen zugesicherter Eigenschaften - anders als beim Fehler - nicht darauf ankam, ob der Wert oder die Tauglichkeit des Werks gemindert waren. Dieser Unterschied machte die eigentliche Bedeutung der zugesicherten Eigenschaft im Werkvertragsrecht aus.

2.3 Die anerkannten Regeln der Technik

Unter „anerkannten Regeln der Technik" werden im Anschluss an die Rechtsprechung des Reichsgerichts in Strafsachen zu den „Regeln der Baukunst" solche technischen Regeln verstanden, die in der Wissenschaft als theoretisch richtig angesehen werden, und sich in der Praxis bewährt haben. Die anerkannten Regeln der Technik wurden im BGB-Werkvertragsrecht bis zum In-Kraft-Treten des Gesetzes zur Beschleunigung fälliger Zahlungen am 1.5.2000 nicht ausdrücklich erwähnt. Nun findet sich auch in § 641 a III 4 BGB der

Begriff der anerkannten Regeln der Technik. Aus dem Vergleich zwischen § 631 I BGB a. F. und §§ 4 Nr. 2 und 13 Nr. 1 VOB/B schloss die h. M. vor der Gesetzesänderung durch das Gesetz zur Beschleunigung fälliger Zahlungen, dass der Verstoß gegen die „anerkannten Regeln der Technik“ beim BGB-Bauvertrag unter die dort genannten Mängelkategorien Fehler oder zugesicherte Eigenschaft zu subsumieren sei, während man beim VOB-Bauvertrag überwiegend eine dritte, eigenständige Erscheinungsform des Mangels annahm[17]. Demzufolge konnten die anerkannten Regeln der Technik als zugesicherte Eigenschaften zum Tragen kommen oder einfach nur vertraglich zu Grunde gelegt werden. In letzterem Fall lag bei ihrer Nichtbeachtung ein Fehler vor, der sich aus dem subjektiven Element des konkreten Fehlerbegriffs herleiten ließ. Aber auch ohne besondere Vereinbarung mussten die anerkannten Regeln der Technik beachtet werden. Dies folgte aus dem objektiven Element des konkreten Fehlerbegriffs, weil unter anderem die Regeln der Technik die Anforderungen an den „gewöhnlichen Gebrauch“ des Werks festlegten.

2.4 Erheblichkeitsschwelle

Damit ein Fehler Gewährleistungsansprüche auslösen sollte, musste er grundsätzlich kein besonderes Gewicht aufweisen. Ausnahmen ließ man aus Treu und Glauben zu. Hinzu traten besondere Anforderungen im Hinblick auf die Schwere des Mangels, wenn die Wandelung begehrt wurde. Die Wandelung war ausgeschlossen, wenn der Mangel den Wert oder die Tauglichkeit des Werks nur unerheblich gemindert hat, § 634 III BGB a. F. Indirekte Bedeutung kam der Schwere des Mangels bei der Bestimmung der unverhältnismäßigen Aufwendungen nach § 633 II BGB a. F. und damit beim Nachbesserungsanspruch zu.

3 Der Baumangel nach In-Kraft-Treten des Schuldrechtsmodernisierungsgesetzes

Nach In-Kraft-Treten des Schuldrechtsmodernisierungsgesetzes ist beim Werkvertrag nunmehr zwischen zwei Mängelkategorien zu unterscheiden. Es gibt den Sachmangel und den Rechtsmangel. Einem Rechtsmangel steht es gleich, wenn ein anderes als das bestellte Werk oder das Werk in zu geringer Menge hergestellt wird.

3.1 Sachmangel

Aus dem Wortlaut und der Systematik des § 633 II BGB n. F. ergibt sich, dass die Prüfung, ob ein Sachmangel gegeben ist, in drei Stufen abläuft. An erster Stelle ist das Werk auf die vertragliche Beschaffenheit hin zu untersuchen. Sodann ist zu prüfen, ob das Werk den nach dem Vertrag vereinbarten Verwendungszweck erfüllt. An letzter Stelle ist das Werk darauf zu untersuchen, ob es dem gewöhnlichen Verwendungszweck gerecht wird und es eine Beschaffenheit aufweist, die bei Werken der gleichen Art üblich ist und die der Besteller nach der Art des Werks erwarten kann.

a) Die Beschaffenheitsvereinbarung

Ein Sachmangel liegt zunächst dann vor, wenn das Werk nicht die vereinbarte Beschaffenheit hat. Der Gesetzgeber legt sich nicht auf eine Definition des Begriffs „Beschaffenheit“ fest. Richtigerweise kommen für eine Beschaffenheitsangabe nur Eigenschaften in Frage, die dem Werk unmittelbar physisch anhaften. Bei einer weiter gefassten Definition der Beschaffenheit bliebe für § 633 II 2 Nr. 2 BGB n. F. kein eigener Anwendungsbereich. Eigenschaften, die dem Werk nicht physisch anhaften, fallen möglicherweise unter den vertraglichen Verwendungszweck oder sind als Rechtsmangel zu bewerten. Sie können auch Gegenstand einer besonderen Garantie sein.

Für den Bauvertrag stellt sich in Zusammenhang mit der Beschaffenheitsvereinbarung die praktische Frage, ob jede Angabe in Baubeschreibung und Leistungsverzeichnis eine Beschaffenheitsangabe ist und damit jedes Abweichen von Baubeschreibung oder Leistungsverzeichnis einen Sachmangel begründen würde, unabhängig davon, ob dies eine Minderung des Werts oder der Gebrauchstauglichkeit der Sache zur Folge hätte.

Ein Beispiel: Bei einer Brücke über einen Fluss müssen tragende Stahlseile besonders gegen Korrosion geschützt werden. In der Ausschreibung ist vorgesehen, dass dieser Schutz durch eine Verzinkung und einen Farbanstrich der Seile zu erfolgen hat. Die Seile werden durch besondere Klemmteller gehalten. Der Auftragnehmer meint, dass im Bereich der Klemmteller ein Farbanstrich nichts bringe, weil dieser ohnehin durch den Anpressdruck der Klemmteller zerstört werde. Er versiegelt daher die Klemmteller mit einer besonderen Dichtungsmasse und sorgt so dafür, dass die aggressive feuchte Luft im Bereich der Klemmteller nicht an die Seile gerät. Den Farbanstrich trägt er im Bereich der Klemmteller aber nicht auf. Ein Gutachter bestätigt die Ansicht des Auftragnehmers und die Richtigkeit seines Handelns. Liegt ein Sachmangel vor?

Das ist zu bejahen. Der Wortlaut des Gesetzes spricht dafür, jede Angabe im Leistungsverzeichnis als Beschaffenheitsangabe zu werten. Eine Vorschrift wie § 633 IBGB a. F., die für das Vorliegen eines Fehlers gerade eine Minderung des Werts oder der Gebrauchstauglichkeit vorausgesetzt hat, kennt § 633 BGB n. F. nicht. Besondere Voraussetzungen, die früher für die

Bejahung einer zugesicherten Eigenschaft verlangt wurden, bei der es ebenfalls nicht auf eine Minderung des Werts oder der Gebrauchstauglichkeit des Werks bei deren Fehlen ankam, sind für die Beschaffenheitsvereinbarung weder dem Gesetzeswortlaut noch der Gesetzesbegründung zu entnehmen. Dies entspräche zudem nicht der Systematik, weil die Beschaffenheitsangabe das zentrale Kriterium für das Vorliegen eines Sachmangels sein soll. Die anderen Kriterien des § 633 II BGB n. F. sind subsidiär zu prüfen. Es wäre daher nicht folgerichtig, für den Grundtatbestand besondere Voraussetzungen, wie etwa früher bei der zugesicherten Eigenschaft, zu verlangen.

Die Auswirkungen dieser Erkenntnis für die Praxis sind nicht so erheblich, wie es auf den ersten Blick scheinen mag. Betrachtet man die einzelnen Mängelansprüche des Auftraggebers in einem Fall, in dem der Wert oder die Gebrauchstauglichkeit des Werks nicht beeinträchtigt wird, so ergibt sich folgendes Bild: Der Nacherfüllungsanspruch des Auftraggebers wird wohl nahezu immer an der in den §§ 635 III, 275 II BGB n. F. geregelten Unverhältnismäßigkeit der Nacherfüllung scheitern, wenn der Auftraggeber kein nachvollziehbares Interesse an der Einhaltung der Vorgaben der Leistungsbeschreibung und des Leistungsverzeichnisses hat.

Im oben genannten Beispielsfall, muss sich der Auftraggeber daher mit der Versiegelung der Klemmteller begnügen. Er kann nicht verlangen, dass der Auftragnehmer die gesamte tragende Seilkonstruktion abbaut, um an den Seilen im Bereich der Klemmteller einen im Ergebnis nutzlosen Farbanstrich anzubringen.

Aus den gleichen Gründen scheitert auch regelmäßig ein Anspruch auf Kostenvorschuss und auf Ersatz der Selbstvornahmekosten. Ein Rücktritt ist auf Grund der §§ 634 Nr. 3, 323 V 2 BGB n. F. ebenfalls regelmäßig ausgeschlossen, weil die Pflichtverletzung des Auftragnehmers als unerheblich anzusehen ist. Schadensersatz und Minderung scheitern daran, dass dem Auftraggeber in diesen Fällen weder ein Schaden entstanden ist noch ein minderwertigeres Werk verschafft wurde.

b) Der vertraglich vereinbarte Verwendungszweck

Ist keine Beschaffenheit vereinbart, dann muss das Werk sich für die nach dem Vertrag vereinbarte Verwendung eignen, § 633 II 2 Nr. 1 BGB n. F. Mit Verwendung ist genau genommen der Verwendungszweck gemeint, wie ein Blick in die Verbrauchsgüterkaufrichtlinie zeigt. Der Verwendungszweck bezieht sich auf die Funktion des Werks und ist losgelöst von seiner konkreten körperlichen Beschaffenheit. Ein Dach muss demnach dicht sein, eine Lagerhalle muss sich zur Lagerung von Gegenständen eignen, was regelmäßig die Befahrbarkeit des Fußbodens mit gewissen Geräten voraussetzt. Eine Brücke muss eine bestimmte Belastungsfähigkeit aufweisen.

Mit der Aufnahme des Tatbestandsmerkmals „Verwendungszweck" hat der Gesetzgeber das funktionale Mängelverständnis der Rechtsprechung in den Gesetzestext aufgenommen. Danach muss ein Auftragnehmer nicht nur die ihm vom Auftraggeber vorgegeben Pläne exakt mit seiner Werkleistung umsetzen. Das Werk muss auch brauchbar sein. Lässt sich die Brauchbarkeit nicht mittels der vom Auftraggeber gemachten Vorgaben erreichen, so muss der Auftragnehmer Bedenken anmelden, wenn er später nicht Mängelansprüchen ausgesetzt sein will. Unterlässt er die Bedenkenanmeldung, kann er im Rahmen der Mängelbeseitigung möglicherweise später Sowieso-Kosten anmelden.

Die vorstehenden Ausführungen zur vereinbarten Beschaffenheit und zum vereinbarten Verwendungszweck zeigen, dass sich jeder werkvertragliche Erfolg sowohl über die Vereinbarung bestimmter Beschaffenheiten als auch über die Vereinbarung bestimmter Verwendungszwecke beschreiben lässt. Es handelt sich gleichsam um zwei Seiten der gleichen Medaille. Bei einer rein funktionalen Leistungsbeschreibung wird das Werk ausschließlich über seinen Verwendungszweck definiert. Bei einer bis ins kleinste Detail ausgeformten Baubeschreibung mit Leistungsverzeichnis definiert der Auftraggeber den gewünschten Erfolg hauptsächlich über Beschaffenheitsangaben. Hauptsächlich deshalb, weil bei auch nur halbwegs komplexen Bauleistungen eine unter jedem Gesichtspunkt vollständige Baubeschreibung kaum zu erstellen sein dürfte. Bei der detaillierten Beschreibung des Werks über Beschaffenheitsangaben bürdet sich der Auftraggeber ein Planungsrisiko auf, das bei einer Definition der Werkleistung allein über den Verwendungszweck beim Auftragnehmer läge.

Der vereinbarte Verwendungszweck muss sich schließlich allein mittels der Werkleistung in ihrer körperlichen oder nichtkörperlichen Ausprägung erreichen lassen. Ist dies nicht der Fall, ist kein Verwendungszweck vereinbart, sondern eine selbstständige Garantie.

c) Der gewöhnliche Verwendungszweck und die übliche Beschaffenheit.

Im Übrigen muss sich das Werk für die gewöhnliche Verwendung eignen und eine Beschaffenheit aufweisen, die bei Werken der gleichen Art üblich ist und die der Auftrageber nach der Art der Sache erwarten kann, § 633 II 2 Nr. 2 BGB n. F. Problematisch ist hier das Tatbestandsmerkmal „bei Werken gleicher Art üblich". Zwei Beispiele mögen dies verdeutlichen:

Es wird ein Putz geliefert, der schneller verschmutzt als anderer, marktüblicher Putz. Ist dieser Putz nun mangelhaft? Ein weiteres anschauliches Beispiel aus dem Kaufvertragsrecht: Heutzutage werden Fernseher üblicherweise mit Fernbedienung verkauft, was man als Käufer auch erwarten kann. Ist nun ein Fernseher, der ohne Fernbedienung verkauft wird, mangelhaft?

Die Beispiele zeigen, dass ein Abweichen vom technischen Standard künftig zu Problemen führen könnte. Die Entwicklung der Rechtsprechung zu diesem Punkt bleibt abzuwarten. Für die Auftragnehmerseite besteht die Gefahr, dass zukünftig nicht nur die anerkannten Regeln der Technik zu beachten sind, sondern auch der Stand der Technik.

§ 633 II 2 Nr. 2 BGB n. F. enthält neben den beiden objektiven Elementen „gewöhnliche Verwendung" und „übliche Beschaffenheit" auch ein subjektives, genauer ein verobjektiviertes subjektives Tatbestandsmerkmal. Es kommt nämlich auch auf die Erwartung des Bestellers des Werks an. Dabei ist auf den Erwartungshorizont eines Durchschnittsbestellers abzustellen. Trotz des nicht ganz eindeutigen Wortlauts des Gesetzes muss sich dieses Tatbestandsmerkmal sowohl auf die „gewöhnliche Verwendung" als auch auf die „übliche Beschaffenheit" beziehen.

Eine große eigenständige praktische Bedeutung dürfte diesem verobjektivierten subjektiven Tatbestandsmerkmal nicht zukommen. Für den Kaufvertrag findet sich in der Gesetzesbegründung das Beispiel des Gebrauchtwagenkaufs. Der Käufer könne beim Kauf eines Gebrauchtwagens an diesen nicht die gleichen Anforderungen stellen wie beim Kauf eines Neuwagens. Dieses Beispiel ist bereits für den Kaufvertrag nicht passend, weil man den Umstand, ob eine Sache gebraucht oder neu erworben wird, bereits zwanglos beim Merkmal „übliche Beschaffenheit" berücksichtigen könnte. Üblicherweise weisen Gebrauchtwagen eine andere Beschaffenheit als Neuwagen auf. Auf den Werk- bzw. Bauvertrag ist das Beispiel nicht übertragbar, weil dieser nie die Herstellung und Verschaffung gebrauchter Sachen zum Gegenstand hat.

Vorstellbar wäre, dass zukünftig der Werklohn bei der Ausfüllung dieses Tatbestandsmerkmals eine Rolle spielen könnte. Wer den preisgünstigsten Handwerker auswählt, kann, was die Sorgfältigkeit der Arbeit angeht, sicher weniger verlangen als derjenige, der den teuersten beauftragt. Sicherlich wird aber auch dieser Gesichtspunkt nur in Ausnahmefällen eine Rolle spielen.

d) Das Verhältnis von Beschaffenheitsangabe, vertraglichem Verwendungszweck und verobjektivierten subjektiven Kriterien.

Der Wortlaut des Gesetzes legt es nahe, in einer Stufenprüfung zu ermitteln, ob ein Werk einen Sachmangel aufweist. Als erste Stufe ist zu prüfen, ob das Werk den Beschaffenheitsvereinbarungen der Parteien genügt; als zweite Stufe, ob der vereinbarte Verwendungszweck erfüllt wird. Als letzte Stufe wäre zu prüfen, ob der gewöhnliche Verwendungszweck und andere verobjektivierte Kriterien eingehalten wurden. Dabei würde nach dem Wortlaut die vorgehende Stufe einen Mangel nach der nachfolgenden Stufe ausschließen. Wenn also beispielsweise das Werk nicht die vertraglich vereinbarte Beschaffenheit aufwiese, wäre nicht mehr zu prüfen, ob es auch dem vertraglich vereinbarten Verwendungszweck genügt.

Dieses Ergebnis ist aber offensichtlich nicht beabsichtigt gewesen. Aus diesem Grunde kann man den Wortlaut des § 633 II 2 BGB n. F. als missglückt bezeichnen. Die vereinbarte Beschaffenheit und der vertragliche Verwendungszweck eines Werks sind gleichrangig nebeneinander zu prüfen. Hierfür spricht auch § 633 II 2 Nr. 2 BGB, der die Mängelfreiheit eines Werks nur dann festlegt, wenn ein Werk sich für die gewöhnliche Verwendung eignet und die übliche Beschaffenheit aufweist. Ebenso wird die Anwendbarkeit des § 633 II 2 Nr. 2 BGB nicht komplett ausgeschlossen, wenn die Parteien konkrete Vereinbarungen über Verwendungszweck und Beschaffenheit des Werks getroffen haben. Die Anwendbarkeit ist nur ausgeschlossen, soweit die Vereinbarungen reichen.

Beispiel:
Der Auftragnehmer hat einen Estrich in eine Lagerhalle zu legen. Der Estrich ist nach seiner Art genauestens vertraglich beschrieben. Als Verwendungszweck ist „Estrich für eine Lagerhalle“ vereinbart. Obwohl sowohl die Beschaffenheit als auch der Verwendungszweck des Estrichs vereinbart ist, kann der Auftraggeber nach § 633 II 2 Nr. 2 BGB eine gewisse Lebensdauer des Estrichs erwarten und Mängelansprüche – vorbehaltlich der Verjährungseinrede – geltend machen, wenn diese Erwartungen enttäuscht werden.

3.2 Aliud oder Mengenabweichung

Einem Sachmangel steht es gleich, wenn ein anderes als das bestellte Werk geliefert wird oder das Werk in zu geringer Menge hergestellt wird. Für den Kaufvertrag findet sich in der Gesetzesbegründung als Beispiel für eine Falschlieferung, dass Fliesen in der falschen Farbe geliefert werden. Dieses Beispiel lässt sich zwanglos auf den Werkvertrag übertragen: Es werden Fliesen in der falschen Farbe eingebaut. Nach hier vertretener Auffassung ergibt sich ein Sachmangel bereits daraus, dass die vereinbarte Beschaffenheit, nämlich die Verlegung von Fliesen einer bestimmten Farbe, nicht gegeben ist.

Dass ein Werk in zu geringer Menge hergestellt wird, ist im Bauvertragsrecht in der Praxis schwer vorstellbar, weil die Gesamtheit der vom Auftragnehmer geschuldeten Leistungen das Werk darstellen, welches regelmäßig nur einmal erbracht werden muss. Ausnahmen sind denkbar, etwa wenn sich ein Auftragnehmer verpflichtet, für einen Bauherrn in einem Wohngebiet mehre identische Wohnhäuser zu bauen und eines komplett nicht errichtet.

Daraus, dass einerseits § 636 BGB a. F. ersatzlos weggefallen ist und andererseits durch das Schuldrechtsmodernisierungsgesetz nicht die Rechte des Bestellers bei Schlechtleistung des

Unternehmers eingeschränkt werden sollten, ist zu folgern, dass es auch als Sachmangel zu behandeln ist, wenn das Werk zum vorgesehenen Fertigstellungszeitpunkt nicht vollständig erbracht ist.

Beispiel:
Bei einem Dach fehlt zum vorgesehenen Fertigstellungszeitpunkt eine Reihe Dachziegel.

3.3 Abgrenzung von Sachmangel und selbstständiger, unselbstständiger oder Beschaffenheitsgarantie des Auftragnehmers

Bei dem neuen Mängelkonzept des gesetzlichen Werkvertragsrechts muss erörtert werden, welche Bedeutung es nun hat, wenn der Auftragnehmer dem Auftraggeber bestimmte Eigenschaften seines Werks besonders garantiert, also ein „mehr" gegenüber einer bloßen Beschaffenheitsvereinbarung oder der Vereinbarung eines Verwendungszwecks von den Parteien gewollt ist.

Nach alter Rechtslage konnte in diesem Fall eine zugesicherte Eigenschaft oder eine selbstständige oder unselbstständige Garantie angenommen werden, wobei es kaum möglich war, sinnvoll zwischen zugesicherter Eigenschaft und unselbstständiger Garantie abzugrenzen. Bei der unselbstständigen Garantie gibt der Auftragnehmer zu erkennen, dass er unabhängig von seinem Verschulden bei Auftreten eines Werkmangels auf Schadensersatz haften wolle. Mit der selbstständigen Garantie will der Auftragnehmer für Umstände einstehen, die über die Erbringung einer ordnungsgemäßen Werkleistung hinausgehen.

Nachdem es nach neuem Recht die zugesicherte Eigenschaft nicht mehr gibt, scheidet eine Einordnung als zugesicherte Eigenschaft aus. Neu eingeführt hat der Gesetzgeber indes die Begriffe der Beschaffenheits- und Haltbarkeitsgarantie. Es bleibt also für die Fälle, in denen die Vertragsparteien gewissen Umständen eine besondere Bedeutung beimessen wollen nach neuem Recht die Annahme einer unselbstständigen oder selbstständigen Garantie bzw. einer Beschaffenheits- oder Haltbarkeitsgarantie.

a) Abgrenzung von vereinbartem Verwendungszweck und selbstständiger Garantie

Da als Verwendungszweck in Abgrenzung zur Beschaffenheitsvereinbarung auch Umstände vereinbart werden können, die dem Werk nicht unmittelbar physisch anhaften, stellt sich in den Fällen der Vereinbarung eines Verwendungszwecks die Frage nach der Abgrenzung zur Vereinbarung einer selbstständigen Garantie. Man denke hier etwa an einen bestimmten Mietertrag für das vom Bauunternehmer herzustellende Haus oder andere Fälle, bei denen man bisher die Vereinbarung einer selbstständigen Garantie erörterte.

Nach der Rechtsprechung des BGH liegt eine selbstständige Garantie vor, wenn der Garant erklärt, er stehe auch für Gegebenheiten ein, deren Eintritt auch noch von anderen, zum Beispiel wirtschaftlichen Faktoren abhängt, und nicht von der Erbringung der eigentlichen Werkleistung, also zum Beispiel dem Erbauen eines Hauses. Diese Rechtsprechung ist auch nach In-Kraft-Treten des Schuldrechtsmodernisierungsgesetzes noch richtig. In den einschlägigen Fällen ist nach wie vor von dem Vorliegen einer Vereinbarung einer selbstständigen Garantie auszugehen, und nicht etwa von einem Sachmangel des Werks. Immer dann, wenn der versprochene Umstand nicht allein durch ordnungsgemäße Nacherfüllung des Auftragnehmers verwirklicht werden kann, handelt es sich bei dem versprochenen Umstand um eine selbstständige Garantie und nicht um einen Sachmangel, so dass beispielsweise nicht gemindert werden kann.

b) Unselbstständige Garantie und Beschaffenheitsgarantie

Liegt eine unselbstständige Garantie vor, so stellt sich die Frage, ob damit immer auch eine Beschaffenheitsgarantie im Sinne des BGB vorliegt, mithin, ob die Begriffe unselbstständige Garantie und Beschaffenheitsgarantie inhaltsgleich sind. Ein Haftungsausschluss ist hinsichtlich einer Beschaffenheitsgarantie nicht möglich, § 639 BGB n. F.

Nachdem der Wortlaut des § 633 BGB n. F. klar zwischen vereinbarter Beschaffenheit und vereinbartem Verwendungszweck unterscheidet, kann auch beides besonders garantiert werden. Das bedeutet, dass die Eignung des Werks für einen besonderen Verwendungszweck im Wege einer unselbstständigen Garantie zwischen den Parteien vereinbart werden kann. Bezieht sich die Vereinbarung hingegen auf eine Beschaffenheit des Werks, so ist stets von einer Beschaffenheitsgarantie auszugehen. Unselbstständige Garantien für eine Beschaffenheit des Werks sind daher nicht mehr möglich. Orientiert man sich - wie hier aufgezeigt - an Gesetzeswortlaut- und Systematik, so hat dies zur Folge, dass für unselbstständige Garantien im Hinblick auf den Verwendungszweck des Werks § 639 BGB nicht anwendbar ist. Mängelansprüche können insoweit also vertraglich eingeschränkt werden.

3.4 Rechtsmängel

Der Rechtsmangel wurde in das Werkvertragsrecht als Mängelkategorie neu eingeführt. Ein Werk ist frei von Rechtsmängeln, wenn Dritte in Bezug auf das Werk keine oder nur die im Vertrag übernommenen Rechte gegen den Auftraggeber geltend machen können, § 633 III BGB n. F. Dabei wird man das Gesetz nicht so eng verstehen dürfen, dass nur solche Rechte erfasst werden, die dem Dritten gegenüber dem Auftraggeber einen unmittelbaren Anspruch einräumen. Ausreichend ist vielmehr, wenn das Recht des Dritten die Verwendung des Werks zu dem nach dem Vertrag vorausgesetzten Zweck ausschließt oder einschränkt.

Der Gesetzgeber hatte beim Rechtsmangel vor allem den Bereich des Urheberrechts und des gewerblichen Rechtsschutzes vor Augen. Für die baurechtliche Praxis ist hier vor allem das Urheberrecht des Architekten von Interesse. Hat der Auftraggeber mit dem Architekten einen Vertrag über die Planung eines Bauvorhabens abgeschlossen, ist das möglicherweise bestehende Urheberrecht des Architekten am Bauwerk kein Rechtsmangel. Der Architekt ist dann nicht Dritter im Sinne des Gesetzes. Anders kann es liegen, wenn der Auftragnehmer einen Architekten einschaltet und diesem später Urheberrechte gegen den Auftraggeber zustehen. Fraglich ist in diesem Zusammenhang, wie Fälle zu behandeln sind, in denen bestehende Urheberrechte des Architekten die spätere Veränderung des Bauwerks erschweren. Hier ist ein Rechtsmangel zu bejahen, wenn keine entsprechende vertragliche Regelung vorhanden ist. Eine Anwendung des Rechtsgedankens aus § 633 II 2 Nr. 2 BGB n. F. scheidet auf Grund des eindeutigen Gesetzeswortlauts des § 633 III BGB n. F. aus. Das bedeutet, dass es nicht darauf ankommt, ob derartige Beeinträchtigungen bei vergleichbaren Bauwerken üblich sind oder der Auftraggeber hiermit rechnen musste.

Als Rechtsmängel kommen auch öffentlich-rechtliche Benutzungsbeschränkungen des Werks in Frage. Da hinsichtlich der Rechtsfolgen nicht zwischen Sach- und Rechtsmängeln differenziert wird, ist eine Abgrenzung in der Praxis nicht notwendig.

Auf Grund der Fassung von § 633 I BGB n. F. stellt sich die Frage, ob ein Rechtsmangel auch vorliegt, wenn der Auftraggeber nicht das Eigentum am Werk erhält. § 633 I BGB n. F. lautet: „Der Unternehmer hat dem Besteller das Werk frei von Sach- und Rechtsmängeln zu verschaffen“. Nach der Gesetzesbegründung soll diese Vorschrift der kaufvertraglichen Regelung entsprechen. Im Kaufvertragsrecht muss der Verkäufer dem Käufer das Eigentum an der Kaufsache verschaffen. Für das Bauvertragsrecht würde dieses Verständnis des § 633 I BGB n. F. bedeuten, dass in allen Fälle, in denen der Auftraggeber nicht Eigentümer des zu bebauenden Grundstücks ist, der Werkvertrag nicht erfüllt würde oder das Werk zumindest mit einem Rechtsmangel, dem Eigentum eines Dritten am Werk, behaftet wäre. Das kann nicht gewollt sein. Deshalb muss dass „verschaffen" in § 633 I BGB n. F. anders als beim Kaufvertragsrecht dahingehend ausgelegt werden, dass der Auftragnehmer dem Auftraggeber das abnahmereife Werk zur tatsächlichen Verfügung freizugeben hat.

Abschließend ist noch anzumerken, dass die ausdrückliche Regelung der Rechtsmängel durch das Schuldrechtsmodernisierungsgesetz es nahe legt, dass ein Gutachter im Verfahren zur Erstellung einer Fertigstellungsbescheinigung nach § 641a BGB auch zu prüfen hat, ob das Werk frei von Rechtsmängeln ist. Dies ist ein Umstand, der die Arbeit des Sachverständigen nicht gerade erleichtert und kaum dazu beitragen wird, dass der Vorschrift des § 641a BGB zukünftig in der Praxis eine größere Bedeutung zukommen wird.

3.5 Die anerkannten Regeln der Technik

Obwohl der Gesetzgeber den Begriff der anerkannten Regeln der Technik mit dem Gesetz zur Beschleunigung fälliger Zahlungen auch in den Wortlaut des BGB aufnahm, verzichtete er darauf, ihn in § 633 BGB n. F., in dem definiert ist, wann ein Werk Sach- und Rechtsmängel aufweist, ausdrücklich zu nennen.

Nach der Gesetzesbegründung ist es selbstverständlich, dass ein Werk den anerkannten Regeln der Technik zu entsprechen hat. Die anerkannten Regeln der Technik wurden nicht aufgenommen, um das Missverständnis zu vermeiden, dass mit Einhaltung der anerkannten Regeln der Technik bereits der geschuldete Werkerfolg eintrete, auch wenn die vertragsgemäße Beschaffenheit des Werks nicht erreicht wurde.

Demnach finden die Frage, ob die anerkannten Regeln der Technik eingehalten wurden, im neuen gesetzlichen Werkvertragsrecht spätestens bei der Prüfung der Frage Eingang, ob das Werk die übliche Beschaffenheit aufweist und sich für den gewöhnlichen Verwendungszweck eignet, § 633 II 2 Nr. 2 BGB n. F. Natürlich kann die Einhaltung der anerkannten Regeln der Technik auch ausdrücklich vereinbart werden.

Nachdem der Gesetzgeber mit dem Schuldrechtsmodernisierungsgesetz Rechtsinstitute wie den Wegfall der Geschäftsgrundlage und die culpa in contrahendo im Wortlaut des Gesetzes verankert hat, ist nicht ganz einsichtig, warum der Begriff der anerkannten Regeln der Technik nicht bei der Definition des Sachmangels eingearbeitet wurde.

3.6 Der Einfluss des Mangelbegriffs des Kaufrechts

Es war Absicht des Gesetzgebers, den Mangelbegriff des Kaufrechts und des Werkvertragsrechts einander anzugleichen. Daher finden sich bei § 434 BGB n. F. und § 633 BGB n. F. teilweise wörtliche Übereinstimmungen. § 434 I 3 BGB definiert, dass zur Beschaffenheit i. S. des § 434 I Nr. 2 BGB auch Werbeaussagen und Kennzeichnungen gehören. Ebenso kann sich im Kaufrecht die Mangelhaftigkeit der Kaufsache aus einer fehlerhaften Montage oder Montageanleitung ergeben.

Es stellt sich die Frage, ob die Regelungen des Kaufrechts über Werbeaussagen, Kennzeichnungen und Montage bzw. Montageanleitungen auch auf das Werkvertragsrecht analog angewendet werden können, obwohl der Gesetzeswortlaut Entsprechendes gerade nicht regelt.

Der Gesetzgeber spricht sich zumindest hinsichtlich der Werbeaussagen ausdrücklich gegen eine Anwendung dieser Regelungen für das Werkvertragsrecht aus. Die kaufvertragliche Regelung sei auf den Verkauf von Massenwaren zugeschnitten. Diese seien typischerweise Gegenstand von Werbung. Die Werbung werde dort überwiegend von Herstellern, die vom Verkäufer verschieden sind, gemacht. Beim Werkvertrag bestehe eine vergleichbare Aufteilung in Hersteller und Verkäufer nicht, was eine andere Behandlung rechtfertige. Diese Argumentation des Gesetzgebers ist überzeugend. Deshalb lassen sich über allgemeine Werbeaussagen von Bauunternehmen grundsätzlich keine Baumängel ableiten. Anderes kann gelten, wenn eine Werbeaussage des Bauunternehmens, zum Beispiel aus einem Prospekt, zum Inhalt eines **konkreten** Vertrags gemacht wird.

Eine besondere Sachmängelhaftung des Werkunternehmers wegen fehlerhafter Montage oder einer fehlerhaften Montageanleitung erscheint auf den ersten Blick von der Sache her fern liegend. Die Montage an sich ist gerade Gegenstand des Werkvertrags. Insoweit ist klar, dass bei fehlerhafter Montage auch ein Werkmangel vorliegt. Einer besonderen Regelung wie im Kaufrecht bedarf es nicht.

Weil die Montage gerade Gegenstand des Werkvertrags ist, kann man sich im Bereich des Werkvertrags auch schwerlich Montageanleitungen vorstellen. Andererseits werden im Anlagenbau oder Fassadenbau oftmals Bedienungsanleitungen erstellt und dem Kunden übergeben. In diesen Anleitungen wird mitunter auch aufgeführt, wie zum Beispiel eine Fassade zu warten ist. Insoweit wird der Bereich einer bloßen Gebrauchsanleitung verlassen. Es bleibt abzuwarten, ob die Rechtsprechung hier in Ausnahmefällen in analoger Anwendung des Kaufrechts bei einer fehlerhaften Wartungsanweisung einen Sachmangel bejahen wird.

3.7 Erheblichkeitsschwelle

Der Rücktritt wegen eines Sach- oder Rechtsmangels ist nur möglich, wenn der Mangel nicht unerheblich ist. Dies folgt aus §§ 634 Nr. 3, 323 V BGB n. F. Damit muss der Mangel - ähnlich wie nach altem Recht bei der Wandelung - nur beim Rücktritt ein besonderes Gewicht aufweisen. Alle anderen Mängelansprüche bestehen auch in den Grenzen von Treu und Glauben bei geringfügigen Mängeln. Bei der Nacherfüllung kann die Bedeutung des Mangels, wie auch schon nach altem Recht, im Rahmen der Verhältnismäßigkeit eine Rolle spielen. Zu prüfen sind hier die §§ 275 II, III und 635 III BGB n. F.

4 Die Beweislastverteilung für Baumängel

Nach altem Recht galt hinsichtlich der Beweislast bei Baumängeln, dass der Unternehmer vor der Abnahme die Mängelfreiheit seiner Werkleistung beweisen musste. Nach der Abnahme musste hingegen der Auftraggeber die Mängel der Werkleistung beweisen. Diese mit der Abnahme eintretende Beweislastumkehr sollte nach der Rechtsprechung des BGH nicht für bei der Abnahme vorbehaltene Mängel gelten. Grundlage für diese Beweislastverteilung war § 363 BGB.

Nach der neuen Konzeption des BGB wird nicht mehr zwischen Erfüllungs- und Gewährleistungsansprüchen unterschieden. Es gibt nur noch die Schlechterfüllung, die darin bestehen kann, dass zu wenig, Falsches oder Mangelhaftes geschaffen wurde. Hieraus folgt, dass der bisher gängige Ausspruch, dass die Abnahme den Übergang zwischen Erfüllungsstadium und Gewährleistungsstadium markiere, nicht mehr aufrechterhalten werden kann. Muss hieraus, insbesondere auf Grund des neuen § 280 I 2 BGB, eine Änderung der dargestellten Beweislastregeln abgeleitet werden?

Dies ist zu verneinen. Die Vorschrift des § 363 BGB, aus der die Beweislastverteilung vor und nach der Abnahme abgeleitet wurde, ist durch das Schuldrechtsmodernisierungsgesetz nicht geändert worden. Über § 634 Nr. 4 BGB n. F. findet zwar § 280 I 2 BGB n. F. Anwendung. Aus dem Wortlaut dieser Vorschrift ergibt sich, dass der Schuldner, beim Bauvertrag also der Auftragnehmer, soweit es um Schadensersatz wegen Baumängeln geht, beweisen muss, dass er den Mangel nicht zu vertreten hat. Dies gilt auch vor der Abnahme. Das bedeutet aber auch nicht mehr, als das § 280 I 2 BGB nur den Spezialfall der Beweislast für das Verschulden betrifft, wenn Schadensersatz verlangt wird.

5 Auswirkungen der neuen Mängeldefinition des § 633 BGB auf § 13 Nr. 1 VOB/B

Im Zusammenhang mit dem Schuldrechtsmodernisierungsgesetz und der VOB/B stellen sich insbesondere zwei Fragen. Zum einen ist offen, ob die Rechtsprechung des BGH, dass die VOB/B unter AGB-rechtlichen Gesichtspunkten unbedenklich ist, wenn sie „als Ganzes" vereinbart ist, aufrechterhalten bleiben kann. Da die VOB/B in der Praxis selten wirklich „als Ganzes" vereinbart ist, ist die Folgefrage spannender: Welche Klauseln der VOB/B, die der BGH bisher auch als wirksam betrachtete, wenn die VOB/B nicht als Ganzes vereinbart war, könnten nun unwirksam sein? Im Hinblick auf das Thema dieses Beitrags stellt sich vor allem die Frage nach der Wirksamkeit des § 13 Nr. 1 VOB/B, Fassung 2000.

Die VOB/B, Fassung 2000, orientiert sich bei der Regelung der Gewährleistungsansprüche an der alten Fassung des § 633 I BGB. Die Gewährleistungsansprüche sind ein ganz wesentlicher Teil des Werkvertragsrechts. Nach dem Schuldrechtsmodernisierungsgesetz gibt es nicht einmal mehr den Begriff der Gewährleistungsansprüche. Daher widerspricht nunmehr schon die Überschrift des § 13 VOB/B, Fassung 2000, den gesetzlichen Regelungen. Wie oben bereits dargestellt wurde, ist der neue Mängelbegriff des BGB in Grenzbereichen weiter als der nach früherem Recht. Daraus folgt, dass jedenfalls § 13 Nr. 1 VOB/B, Fassung 2000, nicht mehr mit AGB-Recht vereinbar ist, weil er gegen wesentliche Grundgedanken der geltenden gesetzlichen Regelung verstößt. Außerdem würde § 13 Nr. 1 VOB/B, Fassung 2000, auch gegen dass Transparenzgebot verstoßen, weil dort, nun vollkommen abweichend vom geltenden Gesetzeswortlaut, zumindest indirekt definiert wird, wann ein Bauwerk mangelfrei ist.

Der Verdingungsausschuss hat bereits reagiert und für die neue VOB 2002 den Wortlaut des § 13 Nr. 1 VOB/B und auch die Überschrift des § 13 VOB/B dem neuen Gesetzeswortlaut angepasst. AGB-rechtliche Probleme können also nur auftreten, wenn nicht die VOB Fassung 2002 vereinbart wird.

6 § 633 BGB (Sach- und Rechtsmangel)

(1) Der Unternehmer hat dem Besteller das Werk frei von Sach- und Rechtsmängeln zu verschaffen.

(2) Das Werk ist frei von Sachmängeln, wenn es die vereinbarte Beschaffenheit hat. Soweit die Beschaffenheit nicht vereinbart ist, ist das Werk frei von Sachmängeln,

1. wenn es sich für die nach dem Vertrag vorausgesetzte, sonst

2. für die gewöhnliche Verwendung eignet und eine Beschaffenheit aufweist, die bei Werken der gleichen Art üblich ist und die der Besteller nach der Art des Werkes erwarten kann.

Einem Sachmangel steht es gleich, wenn der Unternehmer ein anderes als das bestellte Werk oder das Werk in zu geringer Menge herstellt.

(3) Das Werk ist frei von Rechtsmängeln, wenn Dritte in Bezug auf das Werk keine oder nur die im Vertrag übernommenen Rechte gegen den Besteller geltend machen können.

6.1 Verschaffungspflicht des Unternehmers

§ 633 Abs. 1 enthält seinem Wortlaut nach eine Verpflichtung des Unternehmers, dem Besteller das Werk zu „verschaffen". Nach altem Recht war der Unternehmer verpflichtet, das Werk frei von Mängeln „herzustellen". Nach der Gesetzesbegründung ist unklar, ob mit der Verwendung des Begriffes „verschaffen" eine inhaltliche Änderung der Leistungspflicht des Unternehmers beabsichtigt ist. Dazu wird lediglich darauf hingewiesen, dass § 633 Abs. 1 der Regelung zum Kaufvertrag in § 433 Abs. 1 Satz 2 entspricht. In der Tat enthält die kaufvertragliche Regelung immer schon eine Verschaffungspflicht des Verkäufers. Diese ist dem Kaufvertrag immanent. Sie gehört dagegen nicht zu den wesentlichen Elementen des Werkvertrags. Das Werk wird nicht verschafft, sondern hergestellt. So ist es in § 631 geregelt, der unverändert geblieben ist. Es wird einstweilen davon ausgegangen werden müssen, dass sich die mangelnde Sorgfalt des Gesetzgebers bei der Anpassung des Werkvertragsrechts auch hier nachteilig ausgewirkt hat, er aber in der Sache die Leistungspflichten des Unternehmers aus § 631 Abs. 1 BGB nicht verändern wollte. Auf dieser Grundlage kann nicht angenommen werden, dass nach neuem Recht die Abnahme im Bauträgervertrag verweigert werden kann, wenn der Bauträger noch kein Eigentum verschafft hat, wie das für möglich gehalten wird (Thode, NZBau 2002, 297, 301). Abgenommen wird das Bauwerk. Die Verpflichtung zur Eigentumsübertragung wird nach Kaufrecht beurteilt (Pause, NZBau 2002, 648, 652).

6.2 Sachmangel

Nach der sprachlich nicht klaren Bestimmung des § 633 Abs. 2 bietet das Gesetz drei Alternativen des Sachmangels. Die erste Alternative ist in § 633 Abs. 2 Satz 1 geregelt. Danach liegt ein Sachmangel vor, wenn das Werk die vereinbarte Beschaffenheit nicht hat. Die anderen beiden Alternativen betreffen ausschließlich den Fall, dass der Vertrag keine Vereinbarung zur Beschaffenheit enthält. Für diesen Fall differenziert das Gesetz danach, ob das Werk sich für die nach dem Vertrag vorausgesetzte oder für den Fall, dass nach dem Vertrag eine Verwendung nicht vorausgesetzt ist, die gewöhnliche Verwendung eignet. In letzterem Fall muss das

Werk auch die übliche Beschaffenheit haben. Diese gesetzliche Regelung entspricht der Regelung des § 434 Abs. 1 zum Kaufrecht (vgl. RegEntw. S. 498 ff). Mit ihr soll Art. 2 Abs. 1 der Verbrauchsgüterkaufrichtlinie umgesetzt werden. Ob dies richtig geschehen ist, ist allerdings zweifelhaft.

Artikel 2 lautet:

Art. 2 Verbrauchsgüterkaufrichtlinie (Vertragsmäßigkeit)

(1) Der Verkäufer ist verpflichtet, dem Verbraucher dem Kaufvertrag gemäße Güter zu liefern.

(2) Es wird vermutet, dass Verbrauchsgüter vertragsgemäß sind, wenn sie

a) mit der vom Verkäufer gegebenen Beschreibung übereinstimmen und die Eigenschaften des Gutes besitzen, das der Verkäufer dem Verbraucher als Probe oder Muster vorgelegt hat;

b) sich für einen bestimmten vom Verbraucher angestrebten Zweck eignen, den der Verbraucher dem Verkäufer bei Vertragsschluss zur Kenntnis gebracht hat und dem der Verkäufer zugestimmt hat;

c) sich für die Zwecke eignen, für die Güter der gleichen Art gewöhnlich gebraucht werden;

d) eine Qualität und Leistungen aufweisen, die bei Gütern der gleichen Art üblich sind und die der Verbraucher vernünftigerweise erwarten kann, wenn die Beschaffenheit des Gutes und gegebenenfalls die insbesondere in der Werbung oder bei der Etikettierung gemachten öffentlichen Äußerungen des Verkäufers, des Herstellers oder dessen Vertreters über die konkreten Eigenschaften des Gutes in Betracht gezogen werden.

(3) ...

(4) ...

(5) ...

Aus Nr. 8 der Erwägungsgründe zu dieser Richtlinie geht hervor, dass diese verschiedenen Alternativen des Sachmangels „kumulativ" gelten und ein Element nur dann ausscheidet, wenn es aufgrund der Umstände des betreffenden Falles offenkundig unanwendbar ist. Das bedeutet, dass die Regelungen über den Verwendungszweck und die Beschaffenheit grundsätzlich kumulativ anzuwenden sind, denn sie schließen sich grundsätzlich nicht aus. Während die Verwendung das funktionale Element betrifft, betrifft die Beschaffenheit das Element der Qualität und Leistungen.

Diese klare Unterteilung findet sich in der Umsetzung in den §§ 434 und 633 nicht mehr. Vielmehr stellt das Gesetz einmal nur auf die Beschaffenheit (1. Alternative), ein anderes Mal nur auf die Verwendung (2. Alternative) und ein weiteres Mal auf beides ab (3. Alternative). Man wird gespannt sein, wie dieser offensichtliche Konflikt mit der Verbrauchsgüterkaufrichtlinie gelöst wird. Die problematische Umsetzung der Verbrauchsgüterkaufrichtlinie wirkt sich auch auf die Folgeregelung des § 633 Abs. 2 in einer Weise aus, die zu erheblichen Konflikten mit den überkommenen Grundsätzen des Werkvertragsrechts führen kann. Indem die 1. Alternative allein auf die vereinbarte Beschaffenheit abstellt, scheint es bei ihr nicht darauf anzukommen, ob sich das Werk auch für die nach dem Vertrag vorausgesetzte Verwendung eignet. Danach scheint es so zu sein, dass ein Werk bereits dann fehlerfrei ist, wenn allein die nach dem Vertrag vereinbarten Leistungsschritte erfüllt worden sind, z. B. die Positionen einen Leistungsverzeichnisses abgearbeitet wurden. Das steht in krassem Widerspruch zu dem von der Rechtsprechung für das Werkvertragsrecht entwickelten funktionalen Mangelbegriff. Danach muss ein Werk ungeachtet der Einzelheiten der Leistungsbeschreibung dem vertraglich vorausgesetzten Zweck erfüllen und funktionsgerecht sein (BGH, Urteil vom 19.1.1995 - VII ZR 131/93 = BauR 1995, 230; Urteil vom 16.7.1998 - VII ZR 350/96 = BGHZ 139, 244; Urteil vom 11.11.1999 - VII ZR 403/98 = BauR 2000, 411; Urteil vom 14.2.2001 - VII ZR 176/99 = BauR 2001, 823; BGH, Urteil vom 9. Juli 2002 - X ZR 242/99*; Urteil vom 15.10.2002 - X ZR 69/01*). Umgekehrt kann es für den Fall, dass eine vertragliche Beschaffenheit nicht vereinbart ist, nicht ausreichen, allein auf die nach dem Vertrag vorausgesetzte Verwendung abzustellen. Denn diese sagt nichts über die Qualitätsanforderungen, die das Werk sonst haben muss. So ist eine Vereinbarung, wonach eine Treppe gebaut werden soll, hinsichtlich der nach dem Vertrag vorausgesetzten Verwendung klar, jedoch inhaltsleer, soweit es um die Einzelheiten der Beschaffenheit geht. Hier muss ergänzend die Regelung der 3. Alternative herangezogen werden. Es wird deshalb an dieser Stelle dafür plädiert, das Gesetz richtlinienkonform auszulegen (ebenso Vorwerk, BauR 1, 4; i. E. auch Mundt, NZBau, 2003, 73, 77). Das bedeutet, dass in der 1. Alternative das Werk die vereinbarte Beschaffenheit haben muss und daneben auch für die vertraglich vorausgesetzte Verwendung geeignet sein muss. Für den Fall, dass eine Beschaffenheitsvereinbarung nicht getroffen worden ist, kommt es auf die nach dem Vertrag vorausgesetzte Verwendung, sonst auf die gewöhnliche Verwendung an. In beiden Fällen muss das Werk die übliche Beschaffenheit haben.

6.2.1 Vereinbarte Beschaffenheit als vorrangige Alternative (1. Alternative)

In der ersten, vorrangig zu prüfenden Alternative liegt ein Sachmangel vor, wenn das Werk nicht die vereinbarte Beschaffenheit hat.

6.2.1.1 Subjektiver Mangelbegriff

Der Sachmangel definiert sich demnach vorrangig danach, ob das hergestellte Werk von der vereinbarten Beschaffenheit abweicht. Entspricht die Ist-Beschaffenheit nicht der Soll-Beschaffenheit, liegt ein Sachmangel vor. Damit hat das Gesetz den subjektiven Mangelbegriff, der auch nach der alten, sprachlich noch anders lautenden Regelung des § 633 Abs. 1 BGB a. F. maßgeblich war, übernommenen (vgl. Vorwerk, BauR 2003, 1, 3). Insoweit herrscht Übereinstimmung mit dem Kaufrecht. Dort ist der subjektive Fehlerbegriff als maßgeblicher Gesichtspunkt für die Mängelhaftung des Verkäufers gewählt worden, weil er von der Verbrauchsgüterkaufrichtlinie gefordert wird. Die Begründung (RegEntw. S. 495) weist darauf hin, dass auch in anderen Rechtsordnungen es letztlich auf die Beschaffenheitsvereinbarung im Vertrag ankommt und objektive Kriterien nur insoweit heranzuziehen sind, als Vereinbarungen fehlen. Auch das einheitliche Kaufrecht (Art. 3 EKG, Art. 35 UN-Kaufrecht) verwendet den subjektiven Fehlerbegriff.

Nach der Neuregelung ist jede Abweichung von der Soll-Beschaffenheit ein Mangel. Es kommt im Gegensatz zum alten Recht nicht mehr darauf an, ob der Wert oder die Gebrauchstauglichkeit gemindert sind (vgl. dazu unten).

6.2.1.2 Vertragsauslegung

Problemlage

Die nach dem subjektiven Fehlerbegriff erforderliche Ermittlung des Vertragsinhalts bereitet in Bauverträgen häufig große Schwierigkeiten. Die Leistungsbeschreibungen in diesen Verträgen sind immer wieder unvollständig, ungenau, nicht transparent und wenig aussagekräftig. Die mangelhafte Sorgfalt bei der Erstellung der Leistungsbeschreibungen ist die häufigste Quelle von Auseinandersetzungen in Bausachen. Dabei wird es bleiben. Der Gesetzgeber hat davon abgesehen, Grundregeln für Leistungsbeschreibungen im Werkvertragsrecht aufzustellen. Ob es überhaupt möglich ist, solche Grundregeln gesetzlich festzulegen, ist ohnehin zweifelhaft (vgl. Roth, JZ 2001, 543, 545 m.w.N.).

Funktionaler Mangelbegriff

Hinzuweisen ist darauf, dass nach der Rechtsprechung mit dem so genannten subjektiven Fehlerbegriff gleichzeitig ein funktionales Verständnis von der Leistungspflicht des Unternehmers verbunden ist. Danach hat der Unternehmer ungeachtet der Vorgaben, die er durch den Besteller bekommt, ein funktionstaugliches und zweckentsprechendes Werk herzustellen (vgl. z. B. BGH, Urt. v. 11.11.1999 - VII ZR 403/98 = BauR 2000, 411; BGH, Urt. v. 14.2.2001 - VII ZR 176/99 = BauR 2001, 823; BGH, Urteil vom 9. Juli 2002 - X ZR 242/99*; BGH, Urteil vom 15. Oktober 2002 - X ZR 69/01*; vgl. im einzelnen Kniffka/Koeble, Kompendium des Baurechts, 6. Teil, Rdn. 202 ff.). Der Unternehmer hat z. B. nicht mangelfrei geleistet, wenn er eine fehlerhafte Leistungsbeschreibung umsetzt, ohne auf die Bedenken gegen diese Leistungsbeschreibung hinzuweisen. Dieses in § 13 Nr. 3 i. V. m. § 4 Nr. 3 VOB/B verankerte Prinzip gilt auch im BGB-Vertrag.

Der Gesetzgeber hat allerdings scheinbar die Funktionalität und Zweckentsprechung der 2. Alternative in § 633 Abs. 2 Satz 2 Nr. 1 zugeordnet. Dass diese Zuordnung nicht den Vorgaben der Verbrauchsgüterkaufrichtlinie entspricht, ist bereits gesagt worden. Dass der Gesetzgeber an der Rechtsprechung zum funktionalen Mangelbegriff darüber hinaus nichts ändern wollte, ergibt sich daraus, dass eine Regelung, dass die anerkannten Regeln der Technik einzuhalten sind, in das Gesetz bewusst nicht aufgenommen worden ist. Davon wurde abgesehen, weil eine derartige Regelung zu dem Missverständnis führen könnte, dass der Unternehmer seine Leistungspflicht schon dann erfüllt hat, sobald die anerkannten Regeln eingehalten sind, obwohl die vertragsgemäße Beschaffenheit nicht erlangt ist (RegEntw. S. 616; kritisch dazu Siegburg, FS für Jagenburg, S. 839, 842 f.; vgl. auch BGH, Urteil vom 9. Juli 2002 - X ZR 242/99*). Mit dieser Begründung wird klar gestellt, dass die vertragsgemäße Beschaffenheit ungeachtet etwaiger anerkannter Regeln der Technik vorrangig ist und vor allem die Funktionstauglichkeit des Werkes zum Inhalt hat. Damit ist auch klar, dass die anerkannten Regeln der Technik zur Beschaffenheitsvereinbarung, also zur 1. Mängelvariante des Gesetzes gehören und nicht erst bei der üblichen Beschaffenheit eine Rolle spielen (Siegburg, FS für Jagenburg, S. 839, 844).

Irritationen durch die Einschränkung des funktionalen Mangelbegriffs in § 651

Zu beachten ist allerdings die Regelung des § 651, die für die Herstellung beweglicher Sachen gilt. Diese Regelung verweist auf das Kaufrecht und könnte zu einer Einschränkung der Haftung des Unternehmers für funktionale Mängel auf Grund fehlerhaften Vorgaben des Bestellers führen. Nach § 651 Satz 2 findet § 442 Abs. 1 Satz 1 auch Anwendung, wenn der Mangel auf den vom Besteller gelieferten Stoff zurückzuführen ist. Nach dem in Bezug genommenen § 442 Abs. 1 Satz 1 sind die Rechte des Käufers wegen eines Mangels ausgeschlossen, wenn er bei Vertragsschluss den Mangel kennt. Die äußerst unklare Verweisung besagt nicht etwa, dass die Haftung des Unternehmers dann ausgeschlossen ist, wenn der Besteller bei Vertragsschluss den Mangel des Stoffes kennt. Vielmehr bedeutet sie, dass die Haftung in den Fällen ausgeschlossen ist, in denen der Mangel auf den vom Besteller gelieferten Stoff zurückzuführen ist. Diese Auslegung ergibt sich zwingend aus Artikel 2 Abs. 3 der Verbrauchsgüterkaufrichtlinie, der unter diesen Voraussetzungen einen Mangel verneint.

Diese Regelung enthält einen gravierenden Eingriff in das bisherige Gewährleistungsrecht. Danach wird der Unternehmer, der einen gelieferten Stoff zu verarbeiten hat, nur dann von seiner Gewährleistung frei, wenn er auf Bedenken wegen der Lieferung eines ungeeigneten Stoffes hingewiesen hat. Es bleibt abzuwarten, inwieweit sich aus dieser Gesetzesänderung, die allerdings formal nur das neue, erweiterte Kaufrecht betrifft, ein allgemeiner Rechtsgedanke entwickelt, der auch das Werkvertragsrecht beeinflusst. Ob die Befreiung von der Gewährleistungspflicht in den Fällen einer fehlerhafte Stofflieferung ungeachtet der Erkennbarkeit für den Unternehmer Ausdruck einer sinnvollen Risikoabgrenzung im Werkvertrag ist (so Raiser, NZBau 2001, 598, 599; wohl auch Preussner, BauR 2002, 231, 241), scheint sehr zweifelhaft. Dagegen ist das Modell der VOB/B vorzugswürdig. Dies nimmt den Unternehmer in die Verantwortung für seine Leistung und zwar grundsätzlich ungeachtet der Vorgaben durch den Auftraggeber oder anderer. Es sieht jedoch in § 13 Nr. 3 VOB/B eine Befreiung vor, wenn der Unternehmer seiner Bedenkenhinweispflicht aus § 4 Nr. 3 VOB/B nachkommt. Damit wird die Bedenkenhinweispflicht zum Element der geschuldeten Leistung. Das ist für beide Seiten sachgerecht. Denn nur so kann die infolge fehlerhafter Stoffbereitstellung mangelhafte Leistung über die Mängelansprüche abgewickelt werden. War die Fehlerhaftigkeit der Stoffbereitstellung nicht erkennbar, haftet der Unternehmer nicht. War sie erkennbar hat der Besteller Mängelansprüche, denn das Werk ist mangelhaft. Er muss sich an Mängelbeseitigungskosten im Umfang seines Mitverschuldens wegen der fehlerhaften Stoffbereitstellung beteiligen. Der Unternehmer hat als Korrelat auch ein Nacherfüllungsrecht. Wollte man im Werkvertragsrecht dieses bewährte Muster aufgeben, würde der Unternehmer keineswegs entlastet. Vielmehr haftet er wegen der schuldhaften Verletzung seiner Bedenkenshinweispflicht nach § 241 Abs. 2 i. V. m. § 282 ohne die Möglichkeit einer Nacherfüllung, also stets auf Geldersatz. Im Übrigen würden andere Verjährungsfristen gelten, was zu einer komplizierten Vermengung der Verjährung von Mängelansprüchen und Schadensersatzansprüchen aus § 241 Abs. 2 führen würde.

Soweit Vorwerk (BauR 2003, 1, 6 ff.) meint, die Lösung über Schadensersatzansprüche entspräche dem Willen des Gesetzgebers, der keine eigenständiges Gewährleistungsrecht gewollt habe, sondern dessen Einfügung in das Recht der allgemeinen Leistungsstörungen, kann dem nicht gefolgt werden. Der Gesetzgeber hat sehr wohl ein eigenständiges Mängel/Gewährleistungsrecht gewollt, wie sich aus den Regelungen des § 633 und des § 434 ergibt. Die Weiche stellt sich in den Regelungen, die den Sachmangel beschreiben. Auch Vorwerk geht davon aus, dass der Unternehmer ein funktionsgerechtes Werk schuldet, die Herstellung eines nicht funktionierenden Werks also ein Sachmangel ist. Dann stellt sich nicht mehr die Frage, ob der Unternehmer daneben auch noch Aufklärungspflichten verletzt hat. Er haftet bereits nach Mängelrecht. Die Frage kann vielmehr, wie nach altem Recht, nur sein, ob der Unternehmer aus der Mängelhaftung entlassen werden kann, wenn er seine Bedenkenshinweispflicht erfüllt hat.

Auslegungsgrundsätze

Aus allem folgt, dass im Werkvertrag der weit überwiegende Anteil der Gewährleistungsfälle nach der ersten Alternative des § 633 Abs. 2 über den subjektiven Mangelbegriff gelöst werden müssen. Dazu können mehrere Prüfungsschritte notwendig sein:

Zunächst ist die vertraglich vereinbarte Leistung zu bestimmen. Enthält der Vertrag eine detaillierte Leistungsbeschreibung ist diese maßgebend. Soweit die Leistungsbeschreibung nicht zu einer funktionsgerechten und zweckentsprechenden Leistung führt, liegt allerdings ungeachtet der detaillierten Leistungsbeschreibung ein Mangel vor. Denn die Funktionsgerechtigkeit und Zweckentsprechung ist jedenfalls im Regelfall dem vertraglich Vereinbarten zuzuordnen (Merl, FS für Jagenburg, S. 597, 600 f.; Siegburg, FS für Jagenburg, S. 839, 845; i. E. auch Werner/Pastor Rdn. 1457 f.). Es bedarf keiner besonderen Erwähnung, dass ein vom Besteller in Auftrag gegebenes Werk der der Bestellung zugrunde liegenden Funktion und Zweckentsprechung gerecht werden muss. Nur auf dieser Basis ist es auch weiter möglich, den Unternehmer im Falle einer Verletzung der Bedenkenshinweispflicht in die verschuldensunabhängige Gewährleistung zu nehmen. Es bleibt deshalb auch bei dem bekannten Mechanismus, dass in den Fällen, in denen ein Werk zwar detailliert, aber fehlerhaft ausgeschrieben ist, der Besteller die Sowieso-Kosten zu tragen hat und sich im Falle eines Planungsverschuldens an der Gewährleistung zu beteiligen hat.

Liegt nach dem Wortlaut keine eindeutige Beschaffenheitsvereinbarung vor, so muss versucht werden, das von den Parteien Gewollte durch Auslegung zu ermitteln. Der Werkvertrag bietet, möglicherweise anders als der Kaufvertrag, in der Regel genügend Anhaltspunkte für eine derartige Auslegung. Dabei ist vor allem maßgebend, dass der Werkvertrag ohne eine Beschaffenheitsvereinbarung in der Regel überhaupt nicht möglich ist. Für die Auslegung kann weiterhin auf die vom Bundesgerichtshof angewandten Auslegungsgrundsätze zurückgegriffen werden. Diese Auslegung wird umso bedeutungsvoller, je unklarer eine Leistungsbeschreibung ist. Gleichwohl ist es in vielen Fällen möglich unter Berücksichtigung der gesamten Umstände des Vertragsschlusses zu einem eindeutigen Ergebnis des Gewollten zu kommen.

6.2.2 Sachmangel ohne Beschaffenheitsvereinbarung

Die anderen beiden Alternativen des § 633 Abs. 2 kommen nur in Betracht, wenn eine Vereinbarung über die Beschaffenheit nicht vorliegt. Gemeint ist allerdings, „soweit" eine Beschaffenheit nicht vereinbart ist.

Beispiel:
Es wird eine bestimmtes Höhenmaß eines Wohnhauses vereinbart. Dagegen wird nicht vereinbart, welche Dachdeckung das Haus hat. Hinsichtlich des Höhenmaßes liegt eine Beschaffenheitsvereinbarung vor. Hinsichtlich der Dachdeckung nicht. Nur für diesen Punkt kommen die sonstigen Alternativen in Betracht.

Nach dem Gesetz kommt es dann darauf an, ob nach dem Vertrag eine Verwendung vorausgesetzt war, § 633 Abs. 2 Nr. 1 (2. Alternative). Nur wenn das nicht der Fall ist, kommt es auf die gewöhnliche Verwendung und auch nur in dieser Alternative darauf an, ob die übliche Beschaffenheit vorliegt, § 633 Abs. 2 Nr. 2 (3. Alternative). Es ist bereits darauf hingewiesen worden, dass diese Aufteilung nicht den Vorgaben der Verbrauchsgüterkaufrichtlinie entspricht. Vielmehr ist für den Fall, dass eine Vereinbarung über die Beschaffenheit nicht vorliegt, stets auf die übliche Beschaffenheit abzustellen. Daneben muss sich das Werk entweder für die nach dem Vertrag vorausgesetzte Verwendung, sonst für die gewöhnliche Verwendung eignen.

6.2.2.1 Übliche Beschaffenheit

Auf diese Weise wird die fehlende Vereinbarung über die Beschaffenheit stets durch objektive Kriterien der Beschaffenheit ersetzt. Das Werk muss in der Weise hergestellt werden, wie es bei Werken der gleichen Art üblich ist und die der Besteller nach Art des Werkes erwarten kann. Das entspricht annähernd der Rechtsprechung zum alten Recht (BGH, Urt. v. 5. Juli 2001 - VII ZR 399/99). Zutreffend wird darauf hingewiesen, dass es in Bauvertragssachen schwierig sein kann, eine übliche Beschaffenheit ausfindig zu machen (Funke, Jahrbuch 2002, 217, 222). Allerdings betrifft das mehr gestalterische und qualitätsbezogenen Elemente als die technischen. Denn gerade diese sind weitgehend genormt.

Der Zusatz „und die der Besteller nach der Art des Werkes erwarten kann" ist einigermaßen unverständlich (kritisch Grauvogl, Verträge am Bau, S. 430; Siegburg, FS für Jagenburg, 839, 848). Er ist auf eine Angleichung an die entsprechende Regelung des Kaufvertrages § 434 Abs. 1 Nr. 2 zurückzuführen. Diese Regelung ist wiederum auf Art. 2 Abs. 2 c) und d) der Verbrauchsgüterkaufrichtlinie zurückzuführen. In Umsetzung dieser Richtlinie sind die Begriffe „Qualität und Leistung" in § 434 Abs. 1 Nr. 2 zusammengefasst worden in den Begriff „Beschaffenheit". Welche Beschaffenheit erwartet werden kann, bestimmt sich nach dem Erwartungshorizont des Durchschnittskäufers. Dabei müssen Werbeaussagen mitberücksichtigt werden (RegEntw. S. 499). Auszugehen ist danach von der üblichen Beschaffenheit. Diese kann der Besteller in aller Regel nach der Art des Werkes auch erwarten. Inwieweit das durch Werbeaussagen beeinflusst wird, muss im Einzelfall geprüft werden.

6.2.2.2 Bedeutung des Verwendungszwecks

Die Alternativen des § 633 Abs. 2 Satz 2 unterscheiden sich demnach lediglich darin, dass in dem einen Fall eine nach dem Vertrag vorausgesetzte Verwendung vorliegt, in dem anderen nicht. Gibt es keine nach dem Vertrag vorausgesetzte Verwendung, gilt die gewöhnliche Verwendung.

Nach dem Vertrag vorausgesetzte Verwendung

Ob eine nach dem Vertrag vorausgesetzte Verwendung vorliegt, ist anhand der Umstände des Vertragsschlusses und des Vertrages selbst zu ermitteln. Das Ergebnis wird beim Werkvertrag in aller Regel eine nach dem Vertrag vorausgesetzte Verwendung sein. Auch in den Fällen, in denen keine Beschaffenheitsvereinbarung vorliegt, dominiert also der subjektive funktionale Mangelbegriff. Wird z. B. eine Halle gebaut, ohne dass im Detail die Ausführung festgelegt wird, kann es für die Details darauf ankommen, wie die Halle nach den vertraglichen Vereinbarungen genutzt werden soll. Steht z. B. fest, dass das Lager mit schwer beladenen Gabelstaplern befahren werden muss, was gefahrlos nur auf einem Estrich möglich ist, so kann durch diesen Verwendungszweck die Gestaltung des Bodens festgelegt sein, wenn der Pauschalvertrag dazu keine Details enthält.

Gewöhnliche Verwendung

Die Verträge, in denen der Verwendungszweck nicht vertraglich definiert ist, sind selten. Allerdings gilt das nur für die grobe Einordnung. Wird eine Lagerhalle erbaut, so steht nur der Verwendungszweck „Lagerung" fest. Lässt sich dem Vertrag nichts Näheres entnehmen, so greift § 633 Abs. 2 Nr. 2 ein: es kommt auf die übliche Verwendung als Lager an. Gibt es in dem Vertrag keinen Hinweis auf die beabsichtigte Nutzung, kommt es für das obige Beispiel, welchen Boden die Halle haben muss, auf die übliche Verwendung an. An diesem Beispiel zeigt sich, dass es sehr schwierig sein kann, die übliche Verwendung zu ermitteln. Denn in den Fällen, in denen sich aus dem Vertrag kein Verwendungszweck ermitteln lässt, sind die Möglichkeiten der Verwendung in aller Regel so vielfältig, dass eine übliche Verwendung häufig auch nur schwer zu ermitteln ist. Das hat auch der vom BGH entschiedene Fall gezeigt, wonach bestimmte Räumlichkeiten zur Verwendung als Cafe geeignet sein sollten, es jedoch große Schwierigkeiten bereitete, die Kriterien zu bestimmen, nach denen Räume für die gewöhnliche Verwendung als Cafe geeignet sind (vgl. BGH, Urt. v. 5. Juli 2001 - VII ZR 399/99).

6.2.3 Beispiel

Beispiele für den Sachmangel nach § 633 Abs. 2:

1. Fall

Der Vertrag über die schlüsselfertige Errichtung eines Ärztehauses enthält ein Leistungsverzeichnis, in dem die Türen zwischen Behandlungszimmer und Warteraum als Eichentür mit einem bestimmten bewehrten Schalldämmmaß ausgeschrieben ist (45 dB). Der Unternehmer baut eine Eichentür mit einem Schalldämmmaß von 38 dB ein. Das ist ein Sachmangel nach der 1. Alternative, weil gegen die Beschaffenheitsvereinbarung 45 dB verstoßen wurde, § 633 Abs. 2 Satz 1.

2. Fall

Der Unternehmer baut eine Kunststofftür ein, die das ausreichende Dämmmaß hat. Das ist ebenfalls ein Fall des § 633 Abs. 2 Satz 1, weil die vereinbarte Beschaffenheit nicht eingehalten ist, denn geschuldet war eine Eichentür. Es kommt nicht darauf an, ob die Tür für die nach dem Vertrag vorausgesetzte Verwendung geeignet ist.

3. Fall

Der Vertrag enthält die Verpflichtung zur Einbau einer nicht näher beschriebenen Tür, die ein Dämmmaß von 45 dB haben muss. Eingebaut wird eine Kunststofftür mit diesem Dämmmaß. Der Besteller fordert eine Eichetür. Da die Tür sonst nicht näher beschrieben ist, ist der Vertrag auszulegen. Ergibt die Auslegung keine Anforderungen an die Tür in Kunststoff oder Holz, liegt insoweit keine Beschaffenheitsvereinbarung vor. Ein Mangel nach der 1. Alternative des § 633 Abs. 2 Satz 1 liegt nicht vor. Da die Kunststofftür die vereinbarte Verwendung erfüllt, kommt auch ein Mangel nach § 633 Abs. 2 Satz 2 Nr. 1 nicht in Betracht. Entscheidend ist also ob die Kunststofftür die übliche und eine Beschaffenheit aufweist, die der Besteller nach der Art des Werkes erwarten kann. Ergibt sich insoweit die Verpflichtung zum Einbau einer Eichentür liegt ein Fehler nach § 633 Abs. 2 Satz 2 Nr. 2 vor. Es ist darauf hinzuweisen, dass in diesen Fällen häufig bereits die Vertragsauslegung zu demselben Ergebnis führt. Dann liegt auch ein Fehler nach § 633 Abs. 2 Satz 1 vor.

4. Fall

Der Vertrag sieht ausdrücklich vor, dass die Eichentür so gedämmt sein muss, dass das Patientengespräch im Wartezimmer nicht hörbar ist. Es wird aber ein nicht ausreichendes Dämmmaß von 38 dB vorgegeben. Der Unternehmer baut die entsprechende Tür ein, obwohl im bewusst sein musste, dass dieses Dämmmaß nicht ausreichend ist. Die Tür ist mangelhaft, denn sie erfüllt nicht die vertraglich vereinbarte Funktion. Weil die Funktion als Beschaffenheit vereinbart ist, liegt ein Fall des § 633 Abs. 2 Satz 1 vor. Der Unternehmer muss deshalb, da er seiner Bedenkenhinweispflicht nicht nachgekommen ist, Gewähr leisten. Der Besteller muss Sowieso-Kosten übernehmen und sich in Höhe seines Planungsverschuldens an der Gewährleistung beteiligen.

5. Fall

Die Beschreibung sieht überhaupt keine Beschaffenheitsvereinbarungen für die Türen vor. Klar ist jedoch, dass auch Türen zwischen Behandlungszimmer und Wartezimmer eingebaut werden. Der Unternehmer baut eine nicht besonders schallgedämmte Eichentür ein. Diese Tür entspricht nicht dem nach dem Vertrag vorausgesetzten Verwendungszweck, weil sie keine ausreichende Dämmung besitzt, § 633 Abs. 2 Satz 2 Nr. 1. Die Leistung ist deshalb mangelhaft. Dasselbe Ergebnis wird über eine Vertragsauslegung erzielt, die ergeben kann, dass alle Türen zwischen Behandlungszimmer und Wartezimmer besonders gedämmt sein müssen. Dann liegt ein Mangel nach § 633 Abs. 2 Satz 1 vor.

6. Fall

Der Vertrag enthält keine Beschaffenheitsvereinbarungen über die Türen. Er lässt auch nicht erkennen, wo die Türen eingebaut werden soll, weil alle Türen einheitlich ausgeschrieben sind und genaue Pläne, wo sich die Behandlungszimmer befinden, noch nicht vorhanden sind. Der Vertrag enthält auch keine Angaben über die Qualität und sonstigen Eigenschaften der Türen. Der Unternehmer baut überall Kunststofftüren ein. In diesem Fall schuldet der Unternehmer den Einbau einer Tür, die für die gewöhnliche Verwendung geeignet ist und die die übliche und eine Beschaffenheit hat, die der Besteller nach der Art des Werks erwarten kann, § 633 Abs. 2 Satz 2 Nr. 2. Ein Mangel kann deshalb nicht darin liegen, dass die Tür zwischen dem späteren Behandlungszimmer und Wartezimmer keine erhöhte Schalldämmung aufweist. Ob der Einbau der Kunststofftüren mangelhaft ist, richtet sich danach, welche übliche Beschaffenheit Türen in einem Ärztehaus haben.

6.2.4 *Exkurs: Inhaltskontrolle der Beschaffenheitsvereinbarung*

Von besonderer Bedeutung ist im Zusammenhang mit dem neuen Mangelbegriff § 307. § 307 ersetzt § 9 AGBG. Danach sind Bestimmungen in Allgemeinen Geschäftsbedingungen unwirksam, wenn sie den Vertragspartner des Verwenders entgegen den Geboten von Treu und Glauben unangemessen benachteiligen.

6.2.4.1 Transparenzkontrolle von Leistungsvereinbarungen

Neu ist § 307 Abs. 1 Satz 2: „Eine unangemessene Benachteiligung kann sich auch daraus ergeben, dass die Bestimmung nicht klar und verständlich ist." Ergänzt wird das durch § 307 Abs. 3. Danach können auch solche Bestimmungen, durch die keine von Rechtsvorschriften abweichende oder diese ergänzende Regelungen vereinbart werden, nach § 307 Abs. 1 Satz 2 in Verbindung mit Abs. 1 Satz 1 unwirksam sein.

Diese Regelung soll nach dem Willen des Gesetzgebers eine bislang bestehende Lücke bei der Umsetzung von Artikel 4 Abs. 2 und Art. 5 der Richtlinie 93/13/EWG über missbräuchliche Klauseln in Verbraucherverträgen schließen. Danach sind so genannte preisbestimmende und leistungsbestimmende Klauseln lediglich dann von der Inhaltskontrolle befreit, wenn sie „klar und verständlich" abgefasst sind, Art. 4 Abs. 2. Dieses so genannte Transparenzgebot wurde bisher von der Rechtsprechung umgesetzt, wobei bisweilen Defizite auftauchten (zur Transparenzkontrolle im AGB-Recht, vgl. Thode, NZBau 2002, 360, 364; Roenow/Schaffelhuber, ZIP 2001, 2211 m.N. zur aktuellen Rechtsprechung und Literatur; v. Westphalen, NJW 2002, 12, 17). Nach dem Urteil des EuGH in der Rechtssache C-144/99 Niederlande gegen Kommission vom 10. Mai 2001 (NJW 2001, 2244) genügt die Umsetzung einer Richtlinie durch Rechtsprechung nicht den Anforderungen.

Das Neue an dieser Regelung ist, dass die Inhaltskontrolle von Allgemeinen Geschäftsbedingungen auch für Preis- und Leistungsbestimmungen sowie andere so genannte deklaratorische, von Rechtsvorschriften nicht abweichende Bestimmungen eröffnet wird. Diese Inhaltskontrolle findet gemäß § 310 Abs. 3 Nr. 2 auch in Verträgen zwischen einem Unternehmer und einem Verbraucher statt, wenn die vorformulierte Vertragsbedingung nur zur einmaligen Verwendung bestimmt ist und soweit der Verbraucher auf Grund der Vorformulierung auf ihren Inhalt keinen Einfluss nehmen konnte.

Die Inhaltskontrolle von preis- und leistungsbestimmenden Klauseln beschränkt sich nach der Regelung des § 307 Abs. 1 Satz 2 i. V. m. § 307 Abs. 3 Satz 2 darauf, ob die Klausel durch ihre Intransparenz zu einer unangemessenen Benachteiligung des Vertragspartners des Verwenders führt (vgl. dazu Thode, NZBau 2002, 360, 365).

Die Inhaltskontrolle findet gemäß § 310 Abs. 3 Nr. 2 auch in Verträgen zwischen einem Unternehmer und einem Verbraucher statt, wenn die vorformulierte Vertragsbedingung nur zur einmaligen Verwendung bestimmt ist und soweit der Verbraucher auf Grund der Vorformulierung auf ihren Inhalt keinen Einfluss nehmen konnte. Das bedeutet, dass in einem Verbrauchervertrag, den der Unternehmer vorformuliert hat, die Leistungsbeschreibungen und Preisvereinbarungen der Transparenzkontrolle unabhängig davon unterliegen, ob die entsprechenden Klauseln mehrfach verwendet werden oder nur für diesen einen Vertrag.

6.2.4.2 Auswirkungen

Die Neuregelung wird erhebliche Bedeutung in Bauverträgen erlangen. Das Transparenzgebot erfordert, dass eine Klausel für den durchschnittlichen Verbraucher verständlich ist und die wirtschaftlichen Nachteile und Belastungen so weit erkennbar macht, wie dies nach den Umständen gefordert werden kann (BGH, Urt. v. 9.5.2001 - IV ZR 121/00, ZIP 2001, 1052, 1054; Urt. v. 9.5.2001 - IV ZR 138/99 = ZIP 2001, 1061, 1062). Gefordert wird die richtige und vollständige Mitteilung der entscheidungsrelevanten Informationen. Insbesondere die Leistungsbeschreibungen von Generalunternehmern, Generalübernehmern und Bauträgern sind in vielen Punkten nicht so formuliert, dass sie dem Transparenzgebot Stand halten. Nach der Begründung (RegEntw. S. 353) ist das Gebot einer klaren, verständlichen, insbesondere nicht irreführenden Regelung bei leistungsbeschreibenden und leistungsbestimmenden Vertragsklauseln besonders wichtig. Nur wenn der Verbraucher die Preis- und Leistungsbestimmung im Einzelnen verstehen und nachvollziehen kann, hat er die Möglichkeit, eine „informierte" Auswahl unter den verschiedenen Angeboten zu treffen. Die Informationen sollen den Verbraucher in die Lage versetzen, die Äquivalenz von Leistung und Gegenleistung zu beurteilen und die Angebote anderer Anbieter zu vergleichen (Thode, NZBau, 2002, 360, 363). Bedenklich sind insbesondere solche Klauseln in Allgemeinen Geschäftsbedingungen in Bauverträgen über die schlüsselfertige Errichtung von Häusern, die in unklarer Weise versuchen, Leistungselemente aus dem Vertrag herauszunehmen, die zur Schlüsselfertigkeit gehören, wie z. B. den Erdaushub oder den Erdtransport, die Außenanlage oder Teile des Innenausbaus und des Anstrichs. Derartige Herausnahmen von Leistungsteilen aus dem Leistungskatalog müssen klar und verständlich sein. Ist das nicht der Fall, bleibt es bei der Verpflichtung zum Schlüsselfertigbau, also zur Erbringung einer funktionsgerechten und zweckentsprechenden Leistung (Pause, NZBau 2002, 648, 651). Eine Verstoß gegen das Transparenzgebot kann auch durch unzureichende Leistungsbeschreibungen in Bauträgerverträgen begründet werden (Thode,

NZBau 2002, 360, 366). Daran ändert nichts, dass der Bauträger einen Schlüsselfertigbau schuldet (so aber Pause, NZBau 2002, 648, 651). Denn die Einzelheiten sind häufig unklar, insbesondere was Qualitäten angeht. Gerade dazu benötigt der Erwerber klare Angaben, im einen fairen Preisvergleich anstellen zu können. Zu Recht wird in der Fachliteratur der Notare darauf hingewiesen, dass es Aufgabe des Notars ist, eine schwer verständliche Klausel dem juristischen Laien in der Beurkundungsverhandlung zu „übersetzen", um sie verständlich zu machen (Brambring, DNotZ 2001, 904, 908; Wälzholz/Bülow, MittBayNot 2001, 509, 514). Das gilt nicht nur für juristisch schwer verständliche Klauseln, sondern auch für den Laien sachlich schwer verständliche Klauseln.

Das Transparenzgebot kann auch für die Gestaltung von Architekten- und Ingenieurverträgen Bedeutung erlangen. Diese zeichnen sich zurzeit dadurch aus, dass sie entweder überhaupt keine oder nur ganz unzureichende Leistungsbeschreibungen enthalten. Das gilt sowohl für die Beschreibung des Produktes als auch für die Beschreibung der Tätigkeit des Architekten. Die Regelung des § 307 Abs. 1 Satz 2 i. V. m. § 307 Abs. 3 Satz 2 wird möglicherweise dazu beitragen, dass Architekten und Ingenieure die Leistungen so beschreiben, dass der Vertragspartner klar und verständlich darüber informiert ist, was er an Planungserfolg erwarten und an Leistungstätigkeit verlangen kann (vgl. dazu Rauch, Verträge am Bau, S. 133; Eich, BauR 2002, 1021). Dagegen bestehen keine Bedenken gegen die Transparenz der Vergütungsregelung, soweit sie auf die HOAI verweist. Der teilweise schwer zugängliche Honorarermittlungsmodus der HOAI ist nicht intransparent (a. A. Thode, NZBau 2002, 360, 366). Er ermöglicht einen fairen Preisvergleich.

Das Transparenzgebot für Preis- und Leistungsbestimmungen gilt nicht nur in Verbraucherverträgen. Es ist deshalb auch für Leistungsbeschreibungen von Verträgen maßgebend, in denen sich Unternehmer zu den Leistungen verpflichten, so z. B. Subunternehmer, die einen Auftrag vom Generalunternehmer erhalten, aber auch Generalunternehmer, die einen Auftrag z. B. von der öffentlichen Hand erhalten. Es ist deutlich, dass die Regelung des § 307 nicht ohne Auswirkung auf die Beurteilung unklarer, ungenauer, lückenhafter Leistungsbeschreibungen auch im öffentlichen Auftragswesen sein kann (vgl. Thode, NZBau 2002, 360, 366).

Welche Auswirkungen das Transparenzgebot für Leistungsbestimmungen und Preisbestimmungen rechtlich haben wird, lässt sich schwer abschätzen. Es ist jedoch deutlich, dass die Regelung des § 307 nicht ohne Auswirkung auf die Beurteilung unklarer, ungenauer, lückenhafter Leistungsbeschreibungen auch im öffentlichen Auftragswesen sein kann.

6.2.4.3 Rechtsfolgen

Bei der Inhaltskontrolle von intransparenten Regelungen ist zunächst zu prüfen, ob die Intransparenz nicht durch eine dem Gegner des Verwenders freundliche Auslegung beseitigt werden kann. Gerade intransparente Regelungen eröffnen mehrere Auslegungsmöglichkeiten. Nur dann, wenn die Unwirksamkeit der Klausel wegen der Intransparenz dem Gegner des Verwenders günstig ist, kann die Nichtigkeitsfolge gerechtfertigt sein. Ansonsten führt die Anwendung des § 305 c Abs. 2 dazu, dass die dem Gegner des Verwenders günstigste Regelung gilt (vgl. Palandt/Heinrichs, 62. Aufl., § 305 c Rdn. 20). Denn nach § 305 c Abs. 2 BGB gehen Zweifel bei der Auslegung Allgemeiner Geschäftsbedingungen zu Lasten des Verwenders. Im Verbandsprozess gilt allerdings der Grundsatz der kundenfeindlichen Auslegung (vgl. dazu BGH, Urteil vom 19.11.2002 - X ZR 243/01*: Intransparenz einer Preisanpassungsklausel).

Ist eine Leistungsbeschreibung oder Preisbestimmung unwirksam, weil sie den Gegner des Verwenders wegen des Verstoßes gegen das Transparenzgebot unangemessen benachteiligt, tritt an ihre Stelle das Gesetzesrecht, § 306 Abs. 2. Soweit, wie das jedenfalls bei Leistungsbestimmungen in der Regel der Fall sein wird, Gesetzesbestimmungen nicht herangezogen werden können, ist die Leistungsbestimmung möglichst im Wege der ergänzenden Vertragsauslegung mit Inhalt zu erfüllen. Soweit das ebenfalls nicht möglich ist, bleibt es bei der Regelungslücke. Diese Rechtsfolgen dürfen jedoch nicht zu Lasten des Gegners des Verwenders gehen, weil sie sonst dem Schutzzweck der AGB-Kontrolle widersprechen würden.

In den Fällen, in denen eine ergänzende Vertragsauslegung von leistungsbestimmenden Klauseln nicht zu einem Ergebnis führt, stellt sich die Frage, ob der Vertrag aufrechterhalten bleiben kann. Nach § 306 Abs. 1 BGB bleibt der Vertrag wirksam, wenn eine Klausel unwirksam ist.

Das ist dann jedoch nicht der Fall, wenn der Gegenstand der Vertragspflichten nicht mehr hinreichend feststeht (Thode, NZBau 2002, 360, 363). Ist z. B. ein standardisiertes Leistungsverzeichnis für eine Leistung unklar und deshalb unwirksam, kann es sein, dass die Leistung auch durch eine ergänzende Vertragsauslegung nicht bestimmbar ist. Dann hat der Vertrag keinen Leistungsinhalt. Der nur auf diese Leistung bezogene Vertrag ist dann unwirksam. Betrifft die Unwirksamkeit nur einen Leistungsteil, kommt es darauf an, ob die Teilnichtigkeit des Vertrages den gesamten Vertrag erfasst. Das ist nach § 139 BGB der Fall, wenn nicht anzunehmen ist, dass der Vertrag auch ohne den nichtigen Teil geschlossen worden wäre. Inwieweit diese Annahme gerechtfertigt ist, hängt von den Umständen des Einzelfalles, insbesondere dem Gewicht des entfallenen Vertragsteils im gesamten Vertragsgefüge ab.

Nach § 306 Abs. 3 ist der Vertrag auch dann unwirksam, wenn das Festhalten an ihm auch unter Berücksichtigung der nach Absatz 2 vorgesehenen Änderung eine unzumutbare Härte für eine Vertragspartei darstellen würde. Diese Regelung betrifft also den Fall, dass der Vertrag mit der gesetzlichen Regelung oder mit der durch die ergänzende Vertragsauslegung gefundenen Regelung aufrechterhalten werden kann, dann aber für eine Vertragspartei eine unzumutbare Härte darstellen würde. In aller Regel wird das eine unzumutbare Härte für den Verwender darstellen. Wegen des Ausnahmecharakters von § 306 Abs. 3 müssen besondere Gründe vorliegen, wenn die Vorschrift eingreifen soll. Unzumutbar kann das Festhalten am Vertrag sein, wenn infolge der Unwirksamkeit einer AGB-Klausel das Vertragsgleichgewicht grundlegend gestört ist. Erforderlich ist eine einschneidende Störung des Äquivalenzverhältnisses. Diese kann schon dann vorliegen, wenn feststeht, dass der Verwender den Vertrag ohne die Klausel nicht geschlossen hätte (vgl. z. B. BGH, Urteil vom 22. Februar 2002 - V ZR 26/01. ZIP 2002, 1252). Gegen diese Regelung werden Bedenken erhoben, weil die Richtlinie keine Ausnahme für den Fall vorsieht, dass der Fortbestand des Vertrags für eine der Vertragsparteien eine unzumutbare Härte bedeutet. Die Regelung werde nicht durch Art. 8 der Richtlinie gedeckt, weil die unzumutbare Härte und damit die Aufrechterhaltung des Vertrags in erster Linie zu Gunsten des Verwenders und zu Lasten des Verbrauchers in Betracht komme (Thode, NZBau 2002, 360, 364).

6.3 Zugesicherte Eigenschaften

Das Gesetz unterscheidet nicht mehr zwischen der Gewährleistungspflicht für Fehler und zugesicherte Eigenschaften. Diese Unterscheidung hat im Bauvertragsrechts, anders als im Kaufrecht, ohnehin keine besondere Rolle gespielt. Während früher im Kaufrecht Schadensersatz nur gefordert werden konnte, wenn der Verkäufer eine Eigenschaft der Ware zugesichert oder einen Mangel arglistig verschwiegen hatte, § 463 a. F., knüpfte im Werkvertragsrecht die Schadensersatzverpflichtung auch nach altem Recht allein daran an, dass das Werk mangelhaft war, §§ 634, 635 a. F.. Es kam also regelmäßig nicht darauf an, ob der Unternehmer noch eine besondere Zusicherung gegeben hatte. Bedeutung hatte die Zusicherung in den seltenen Fällen, in denen der Wert oder die Gebrauchstauglichkeit nicht gemindert waren, denn dann konnte der Besteller gleichwohl Gewährleistungsansprüche geltend machen.

Die zugesicherten Eigenschaften sollen nun unter dem Begriff der Garantie fallen. Für ihre Einhaltung kann eine Haftung selbst durch individuelle Vereinbarung nicht ausgeschlossen werden, § 639, vgl. dort.

6.4 Beeinträchtigung des Werts und der Gebrauchstauglichkeit

Entfallen ist auch die Verknüpfung des Fehlerbegriffes mit der Beeinträchtigung des Wertes oder der Gebrauchstauglichkeit. Auch solche Mängel lösen die Gewährleistungspflicht aus, die den Wert oder die Gebrauchstauglichkeit nicht beeinträchtigen.

6.4.1 Grundsätzliche Probleme

Im Hinblick darauf, dass danach jede Abweichung von der Beschaffenheitsvereinbarung als Mangel zu werten ist, werden erste Bedenken angemeldet. Denn danach könnte es sogar sein, dass auch solche Beschaffenheitsvereinbarungen als Mangel gewertet werden, die dem Besteller günstig sind.

Beispiel:

Die Putzdicke des Wärmedämmputzes beträgt statt vereinbarter 3 cm 3, 5 cm.

Es wird deshalb zutreffend versucht, diese offenbar unsinnige Ergebnis dadurch zu vermeiden, dass für die Annahme von Beschaffenheitsvereinbarungen Restriktion gefordert wird (Motzke, IBR 2001, 654; ders. in Bauträger-, Bau- und Maklervertrag, Schriftenreihe des evangelischen Siedlungswerkes in Deutschlang e.V., Band 64, S. 32). Nicht jede Abweichung von einem Maß kann als Mangel angesehen werden, wenn dadurch die Funktionstauglichkeit überhaupt nicht berührt wird. Eine derartige restriktive Interpretation einer Beschaffenheitsvereinbarung ist durchaus möglich, wenn die angegebenen Maße als Zirkamaße oder je nach Sachlage als Mindest- oder Höchstmaße interpretiert werden.

Beispiel:

Der Vertrag enthält die Verpflichtung zu einem 3 cm dicken Wärmedämmputz. Das kann als Mindestmaß verstanden werden, so dass 3, 5 cm kein Mangel sind.

Das wird häufig möglich oder sogar nötig sein, jedenfalls dann, wenn die Beschaffenheitsparameter im Dienste der Verwendungseignung stehen. So können Maßvereinbarungen bereits durch die vorgegebenen Parameter an der Baustelle hinfällig werden. Es wäre unsinnig und nicht gewollt, dann bei der notwendigen Abweichung von den vorgegebenen Maßen, in jedem Fall einen Mangel anzunehmen.

Deshalb wird ein Mangel bei einer Beschaffenheitsvereinbarung nur dann angenommen werden können, wenn der Beschaffenheitsvereinbarung unabhängig von dem Verwendungszweck eigenständige Bedeutung zukommt. Inwieweit das der Fall ist, wird der Einzelfall entscheiden.

Jedenfalls muss das angenommen werden, wenn eine bestimmte Eigenschaft derart zugesichert worden ist, dass damit dem Wunsch des Bestellers nach der besonderen Ausführungsart Rechnung getragen wird. Aber auch wenn eine solche Zusicherung nicht vorliegt, kommt die Mängelhaftung ohne Beeinträchtigung des Wert oder der Gebrauchstauglichkeit nach dem neuen Recht in Betracht. Das ist z. B. der Fall, wenn Markenprodukte vereinbart werden, ohne dass insoweit eine Zusicherung festgestellt werden könnte, und so genannte No-Name Produkte eingebaut werden, die technisch identisch sind.

6.4.2 Abwicklung der Mängelansprüche

Abgesehen davon ist die Annahme eines Mangels bei einer Abweichung von der Beschaffenheitsvereinbarung ohne Beeinträchtigung des Werts oder der Gebrauchstauglichkeit des Werkes nicht so dramatisch, wie es sich zunächst anhört. Denn ohne die Beeinträchtigung des Werts oder der Gebrauchstauglichkeit wird der Besteller aus der Mangelhaftigkeit häufig keine Rechte herleiten können.

Denn der Unternehmer wird dem Verlangen nach einer Mängelbeseitigung häufig den Einwand der unverhältnismäßigen Kosten, § 635 Abs. 3 BGB, entgegenhalten können. Die Mängelbeseitigungspflicht entfällt dann. Eine Minderung scheitert häufig daran, dass mangels Beeinträchtigung des Werts kein Minderwert festgestellt werden kann. Eine Minderung dürfte in dem praktisch bedeutsamen Fall regelmäßig vorzunehmen sein, dass ein von der vereinbarten Qualitätsmarke abweichendes baugleiches No-Name-Produkt verwendet wird. In diesen Fällen ist die Gebrauchstauglichkeit zwar regelmäßig nicht gemindert. Jedoch liegt eine Abweichung von der Sollbeschaffenheit und möglicherweise auch eine Wertbeeinträchtigung vor. Es ist gerechtfertigt, die Minderung mindestens in Höhe der Ersparnis des Auftragnehmers vorzunehmen, die er durch die vom Vertrag abweichende Leistung erzielt hat.

Beispiel:
Der Auftragnehmer baut Beton B 25 statt vereinbarter B 30. Lässt sich ein merkantiler oder technischer Minderwert nicht feststellen, muss der Auftragnehmer jedenfalls Minderung in Höhe seiner Ersparnis leisten (BGH, Urteil vom 9.1.2003 - VII ZR 181/00).

Der Rücktritt wird in der Regel ausgeschlossen sein, weil das Verfehlen einer Beschaffenheitsvereinbarung, die nicht zu einer Beeinträchtigung des Werts oder der Gebrauchstauglichkeit führt, in der Regel eine unerhebliche Pflichtverletzung ist, § 323 Abs. 5 Satz 2 BGB. Aus diesem Grund scheidet jedenfalls auch der große Schadensersatzanspruch aus, § 281 Abs. 1 Satz 3 BGB.

Der kleine Schadensersatzanspruch, der auf den Ersatz der Mängelbeseitigungskosten gerichtet ist, ist allerdings grundsätzlich möglich. Denn der Unternehmer kann sich beim Schadensersatzanspruch nicht darauf berufen, dass er die Nacherfüllung wegen der unverhältnismäßigen Kosten verweigern darf. Das galt nach altem Recht und gilt auch nach neuem, wie sich aus § 636 BGB ergibt. Gleichwohl besteht die Möglichkeit des Unternehmers, sich im Hinblick darauf, dass der Wert und die Gebrauchstauglichkeit nicht beeinträchtigt sind, auch beim Schadensersatzanspruch in Höhe der Mängelbeseitigungskosten darauf zu berufen, dass die Geltendmachung dieses Schadensersatzanspruches unverhältnismäßig ist. Denn der unveränderte gebliebene § 251 Abs. 2 Satz 1 BGB wird dahin verstanden, dass ein derart berechneter Schadensersatzanspruch ausscheidet, wenn die Kosten auch unter Berücksichtigung des Umstandes unverhältnismäßig sind, dass der Unternehmer die Abweichung von der Beschaffenheit verschuldet hat. Allerdings soll insoweit ein höherer Maßstab anzulegen sein als bei der

Frage der Unverhältnismäßigkeit nach § 635 Abs. 3 BGB (BGH, Urt. v. 26.10.1972 - VII ZR 181/71, NJW 1973, 138).

6.5 Anerkannte Regeln der Technik

Weiterhin fehlt im Gesetz eine in § 13 Nr. 1 VOB/B enthaltene Regelung der Art, dass der Unternehmer verpflichtet ist, die anerkannten Regeln der Technik einzuhalten. Diese Regelung, wie sie in der VOB/B enthalten ist, hält der Gesetzgeber für entbehrlich. Denn auch ohne diese Regelung sei es nicht zweifelhaft, dass der Unternehmer grundsätzlich verpflichtet ist, die anerkannten Regeln der Technik zu beachten. Es gäbe jedoch Fälle, in denen ein Werk mangelhaft sein kann, obwohl die anerkannten Regeln der Technik eingehalten sind. Das Risiko, dass sich die anerkannten Regeln der Technik als unzulänglich erweisen, trage der Unternehmer. Daran wolle das Gesetz nichts ändern (RegEntw. S. 617). Damit wird leider nur in der Gesetzesbegründung die Rechtsprechung bestätigt, wonach der Unternehmer grundsätzlich nach den anerkannten Regeln zu arbeiten hat und das Gegenstand jeder Beschaffenheitsvereinbarung ist, auch ohne dass das ausdrücklich zum Ausdruck gebracht wird. Die gesetzgeberischen Bedenken für eine entsprechende gesetzliche Regelung sind daraus herzuleiten, dass ein Sachmangel selbst dann vorliegen kann, wenn das Werk den anerkannten Regeln entspricht, sich jedoch nicht für den nach dem Vertrag vorausgesetzten oder gewöhnlichen Verwendungszweck eignet (vgl. dazu BGH, Urteil vom 9. Juli 2002 - X ZR 242/99, ZfBR 2002, 22). Gleiches gilt für den Fall, dass eine Beschaffenheitsvereinbarung getroffen wird, die von den anerkannten Regeln der Technik abweicht. Die Beschaffenheitsvereinbarung ist stets vorrangig und bei Zweifeln durch Auslegung zu ermitteln. Liegt keine Beschaffenheitsvereinbarung vor, kommt es auf die anerkannten Regeln der Technik an, die in der Regel einzuhalten sind, soweit sie die geschuldete Gebrauchstauglichkeit gewährleisten (BGH, Urteil vom 28.10.1999 - VII ZR 115/97, BauR 2000, 261; Urteil vom 9. Juli 2002 - X ZR 242/99,). Der Unternehmer sichert üblicherweise stillschweigend bei Vertragsschluss einen Standard zu, der jedenfalls den anerkannten Regeln der Technik entspricht (BGH, Urteil vom 14.5.1998 - VII ZR 184/97, BauR 1998, 872, 873).

Nach der Rechtsprechung soll sich diese Zusicherung auf den Stand der anerkannten Regeln der Technik zur Zeit der Abnahme beziehen. Das ist jedoch dann zweifelhaft, wenn sich die anerkannten Regeln der Technik zur Zeit der Abnahme in nicht vorhersehbarer Weise gegenüber den anerkannten Regeln der Technik im Zeitpunkt der Ausführung geändert haben. Redlicherweise kann der Besteller nur erwarten, dass der Unternehmer die anerkannten Regeln der Technik bei der Bauausführung einhält. Außerdem kann er je nach Sachlage erwarten, dass der Unternehmer nach den anerkannten Regeln der Technik arbeitet, die zur Zeit der Abnahme voraussichtlich gelten. Er kann jedoch nicht erwarten, dass der Unternehmer auch die Einhaltung solcher anerkannten Regeln der Technik verspricht, die im Zeitpunkt der Bauausführung noch nicht vorhersehbar waren und die dann bei der Abnahme gelten.

6.6 Werbeaussagen

Nicht aufgenommen wurde die Einbeziehung von Werbeaussagen in die Beschaffenheitsvereinbarung, wie sie in § 434 Abs. 1 Nr. 2 für das Kaufrecht verankert wurde. Nach der Begründung spielen Werbeaussagen angeblich bei der Herstellung von Sachen keine Rolle (RegEntw. S. 616). Das ist so nicht richtig. Auch Bauunternehmer bieten in einer Vielzahl von Fällen Produkte aus Werbekatalogen an, die in das Bauwerk eingebaut werden. Richtig ist allerdings der Hinweis darauf, dass in vielen Fällen die Prospektangaben auch Gegenstand der Beschaffenheitsvereinbarung werden, wie das z. B. auch dann der Fall ist, wenn in Bauträger- oder Bauverträgen das Prospekt Detailangaben enthält, die im Vertragsformular und in der Leistungsbeschreibung nicht mehr erwähnt sind (vgl. Westermann/Maifeld, Das Schuldrecht 2002, S. 255). Auch können die Prospektangaben bei der Vertragsauslegung und Lückenfüllung helfen. Das rechtfertigt es aber nicht, den Verbraucherschutz, wie er in der Regelung des § 434 Abs. 1 Nr. 2 Ausdruck gefunden hat, aus dem Werkvertragsrecht auszuklammern. Auch die Zeitungs- und Fernsehwerbung befasst sich mit Bauprodukten. Sie erzeugt beim Besteller eine Erwartungshaltung, die enttäuscht werden kann, wenn sich die in der Werbung versprochenen Eigenschaften nicht erfüllen (kritisch Krebs, DB 2000, Beilage Nr. 14, S. 23; Grauvogl, Verträge am Bau, S. 434).

6.7 Anderes Werk

Klar gestellt wird in § 633 Abs. 2 Satz 3 BGB, dass das Gewährleistungsrecht auch dann Anwendung findet, wenn der Unternehmer ein anderes Werk herstellt. Diese Klarstellung ist begrüßenswert. Denn häufig ist die Abgrenzung, ob eine vom Vertrag abweichende Leistung lediglich mangelhaft ist oder eine dem Vertrag überhaupt nicht entsprechende Leistung darstellt, also ein anderes Werk ist.

Beispiel:
Schuldet der Auftragnehmer einen Mineralputz, bringt er jedoch einen Kunststoffputz an, kann das als mangelhafte Leistung aber auch als andere Leistung angesehen werden.

Die Frage, wie die Leistung einzuordnen ist, hatte nach altem Recht durchaus Bedeutung. Handelt es sich um eine andere Leistung fand ausschließlich das Leistungsstörungsrecht Anwendung. Danach bestand und besteht auch heute noch z. B. kein Minderungsanspruch. Die speziellen Gewährleistungsfristen für die Mängelhaftung fanden keine Anwendung. Auf die Frage ob eine mangelhafte Leistung oder eine andere Leistung vorliegt, kommt es in Zukunft nicht mehr an. Es finden die Gewährleistungsregeln Anwendung. Das bedeutet, dass der Besteller auch in den Fällen der Herstellung eines so genannten aliuds das Selbstvornahmerecht mit dem Anspruch auf Aufwendungsersatz hat bzw. Minderung verlangen kann. Anwendbar sind aber auch die Gewährleistungsfristen des § 634a BGB und nicht die regelmäßige Verjährungsfrist, soweit sie durch § 634a BGB verdrängt wird.

6.8 Werk in zu geringer Menge

Gewährleistungsrecht findet auch Anwendung, wenn der Unternehmer das Werk in zu geringer Menge herstellt. Das war nach geltendem Recht jedenfalls auch ein Gewährleistungsfall. Daneben waren, sofern nur Teilleistungen erbracht wurden, noch § 326 Abs. 1 Satz 3 i. V. m. § 325 Abs. 1 Satz 2 a. F. anwendbar. Diese Regelungen sahen die Möglichkeit eines Teilrücktritts vor. Ein Rücktritt vom gesamten Vertrag kam nur in Betracht, wenn der Gläubiger an der teilweisen Leistung kein Interesse mehr hatte. Das Gewährleistungsrecht sieht ebenfalls die Möglichkeit des Rücktritts vor. Der Gläubiger kann vom ganzen Vertrag aber nur zurücktreten, wenn er an der Teilleistung kein Interesse hat, § 325 Abs. 5. Gleiches gilt für den Schadensersatzanspruch statt der Leistung, § 281 Abs. 1 Satz 2. Ansonsten dürfte ein Teilrücktritt und Teilschadensersatz (kleiner Schadensersatz) zulässig sein, vgl. unten. Insofern hat sich nichts geändert. (a. A. wohl Sienz, BauR 2002, 182 f.)

6.9 Rechtsmangel

Neu ist im Werkvertragsrecht die Verpflichtung des Unternehmers, das Werk frei von Rechtsmängeln zu verschaffen. Diese Regelung ist in Angleichung an das Kaufvertragsrecht aufgenommen worden. Rechtsmängel haben bislang im Werkvertragsrecht nur untergeordnete Bedeutung gehabt.

6.9.1 Begriff des Rechtsmangels

Der Begriff des Rechtsmangels ist in § 633 Abs. 3 definiert.

Daraus ergibt sich, dass die Rechte sich unmittelbar auf das Werk beziehen müssen. Ein Rechtsmangel liegt nicht bereits darin, dass ein Dritter ein Recht geltend macht. Nur ein tatsächlich bestehendes Recht bildet einen Rechtsmangel (RegEntw. S. 509).

6.9.1.1 Urheberrechte

Die Begründung erwähnt Rechte aus dem Bereich des Urheberrechts und des gewerblichen Rechtsschutzes (RegEntw. S. 615). Insoweit ist insbesondere interessant, ob das Urheberrecht des Architekten einen Rechtsmangel im Sinne des § 633 Abs. 1 darstellt. Das ist jedenfalls dann nicht der Fall, wenn der Architekt der Vertragspartner ist. Denn dann ist er kein Dritter im Sinne des Gesetzes.

Ein Rechtsmangel kann vorliegen, wenn der Architekt nicht Vertragspartner ist, jedoch Urheberrechte geltend machen kann. So liegt ein Rechtsmangel sicher vor, wenn der Unternehmer eine Planung verwendet, die er aus urheberschutzrechtlichen Gründen gegen den Willen des Architekten nicht verwenden darf und der Architekt auch nicht einverstanden ist (vgl. Locher/Koeble/Frik, Einl. Rdn. 278). Problematisch sind die Fälle, in denen eine Planung mit dem Willen des Architekten verwendet wird, dieser jedoch Urheberrechte an der Planung hat, die eine spätere Veränderung des Bauwerks erschweren. Inwieweit ein Rechtsmangel vorliegt, muss die Auslegung des Vertrages ergeben.

Fallbeispiel – Urheberrechtsverletzung an Fertighausplanung: Berechnung des Schadensersatzanspruchs ?

Betrifft die Verletzung des Urheberrechts eines Architekten die Planung eines Fertighauses, so sind bei der Berechnung des Schadensersatzanspruches nicht sämtliche Leistungsphasen gemäß § 15 Absatz 2 HOAI zu Grunde zu legen.

Beispiel OLG Nürnberg, Urt. v. 15.07.1997 - 3 U 290/97

Das – unstreitige – Urheberrecht eines Architekten an den Plänen für einen bestimmten Fertighaustyp wurde mindestens fahrlässig verletzt. Der Architekt verlangt Schadensersatz. Er berechnet seinen Schadensersatzanspruch nach der so genannten Lizenzanalogie, d. h. er setzt als Schadensersatz die Gebühr an, die ihm bei Einigung über eine theoretische Urheberrechtsnutzung zugestanden hätte. Zur Berechnung der Lizenzgebühr legte der Architekt das fiktive Honorar für das Fertighaus unter Einbeziehung sämtlicher Leistungsphasen gemäß § 15 Absatz 2 HOAI zu Grunde.

Das Gericht ist entgegen der Auffassung des Architekten der Ansicht, dass bei der Verletzung des Urheberrechts an der Planung eines Fertighauses nicht alle Leistungsphasen nach § 15 Absatz 2 zu Grunde zu legen seien. Zulässiger Weise hätte der Architekt zwar seinen Schaden nach der so genannten Lizenzanalogie berechnet. Hierbei sei zu prüfen, was bei einer vertraglich vereinbarten Nutzungseinräumung ein vernünftiger Lizenzgeber verlangt und ein vernünftiger Lizenznehmer gewährt hätte. Bei Ermittlung dieses Wertes böten die Honorarsätze der HOAI verlässliche Maßstäbe. Ob im Rahmen der Schadensberechnung i. d. R. sämtliche Leistungsphasen des § 15 Absatz 2 herangezogen werden könnten, könne vorliegend aber offen bleiben; denn hier lägen jedenfalls besondere Umstände vor, da es sich um die Verletzung des Urheberrechts an einem Fertighaus handele. Vor allem die Leistungsstufen „Vergabe" und „Objektüberwachung" entfielen bei der Planung eines Fertighaustyps, entsprechend seien vorliegend lediglich die Leistungsphasen 1, 2, 3 und 5 der Schadensberechnung zu Grunde zu legen. Zusätzlich sei zu berücksichtigen, dass sich die Planung auf einen Fertighaustypus beziehe, der schon 8 - 9 Mal gebaut worden sei. Unter Heranziehung von § 22 II 1 HOAI seien die Honorarsätze deshalb nochmals um 60 % zu mindern.

Hinweis:
Insbesondere die unerlaubte Verwertung urheberrechtlich geschützter Werke oder das unzulässige Anbringen von Urheberbezeichnungen kann auch strafrechtlich geahndet werden; Architekten ist - wenn sie mit Werken anderer Architekten (etwa nach vorzeitigen Vertragsbeendigungen) in Berührung kommen - zu raten, sich ggf. hinsichtlich etwaiger Urheberrechte der Vorgänger-Architekten zu erkundigen.

Fallbeispiel – Urheberrechtlich geschützte Umgestaltung als Urheberrechtsverletzung?
Der Urheberrechtsschutz richtet sich auch gegen solche Umgestaltungen des Werks, die für sich genommen als Schaffung eines neuen urheberrechtlich schutzfähigen Werks anzusehen sind.

Beispiel BGH, Urt. v. 01.10.1998 - VII ZR 104/96
Bei dem von einer Kreissparkasse in Auftrag gegebenen Neubau gestaltete der beauftragte Architekt das Treppenhaus in besonderer Weise, u. a. war im Boden des Treppenhauses eine aus verschiedenen Steinen zusammengesetzte Sternrosette eingelassen, das Treppenhaus schloss mit einer Glaskuppel ab. Die Kreissparkasse ließ etwa ein Jahr nach Einweihung des Treppenhauses die Treppe nach einem Entwurf eines Professors umgestalten: u. a. wurde das Treppengeländer nach unter hin um einen schneckenförmigen Geländerauslauf aus Gips verlängert - mit der Folge, dass die Bodenrosette weitgehend überbaut wurde. Nach oben hin wurde das Treppenhaus um eine Spirale aus Gips verlängert, die im freien Raum unter der Kuppel endet. Der Architekt verlangt Beseitigung. Die Kreissparkasse beruft sich für die Umgestaltung auf „ästhetische" Gründe. Im Übrigen - so meint sie - stelle die Umgestaltung ihrerseits ein geschütztes Urheberwerk dar.

Das Gericht hält den Beseitigungsanspruch grundsätzlich für gegeben. Die Umgestaltung des Treppenhauses habe nicht ohne Einwilligung des Architekten erfolgen dürfen. Seine Gestaltung des Treppenhauses sei als urheberrechtlich geschütztes Werk der Baukunst anzuerkennen. Aus dem Urheberrecht leite sich u. a. auch ein Schutz gegen Veränderungen ab (Änderungsverbot). Allerdings seien auch die Eigentümerbelange zu berücksichtigen; im Einzelfall habe eine Abwägung der Interessen stattzufinden. Diese Abwägung falle hier zugunsten des Architekten aus. Es sei ein erheblicher Eingriff in das Werk festzustellen. Ästhetische Interessen berechtigten den Eigentümer schon grundsätzlich nicht zu einer Umgestaltung. Auch die Tatsache, dass die Umgestaltung selbst – unstreitig – ein urheberschutzfähiges Werk darstelle, rechtfertige den Eigentümer nicht; das urheberrechtliche Änderungsverbot richte sich nicht nur gegen künstlerische Verschlechterungen, sondern auch gegen Umgestaltungen, die für sich genommen als Schaffung eines neuen urheberrechtlich schutzfähigen Werks anzusehen sind.

Hinweis:
In dem Architektenvertrag befand sich folgende Klausel:

> ***§ 12 Urheberrecht***
> *Dem Auftragnehmer verbleibt das Urheberrecht an seinen Zeichnungen, Berechnungen und an dem Werk, das nach den Zeichnungen und Angaben ausgeführt wird. Die Auftraggeber sind jedoch befugt, bei späteren Um-, Erweiterungsbauten usw., diese zu nutzen und Änderungen ohne Zustimmung und Mitwirkung des Auftragnehmers vorzunehmen oder durch Dritte vornehmen zu lassen.*

6.9.1.2 Öffentlich-rechtliche Beschränkungen

Problematisch ist auch, inwieweit öffentlich-rechtliche Beschränkungen einen Rechtsmangel darstellen können. Nach der Rechtsprechung liegen bei öffentlich-rechtlichen Beschränkungen, die die Gebrauchstauglichkeit des Werkes beeinträchtigen, grundsätzlich keine Rechtsmängel, sondern Sachmängeln vor. Das betrifft insbesondere öffentlich-rechtliche Beschränkungen aus dem Bauordnungsrecht. So stellt nach ständiger Rechtsprechung der Umstand, dass für das errichtete Werk keine oder nicht die versprochene Baugenehmigung erteilt wird, einen Sachmangel dar (vgl. BGH, Urt. v. 21.12.2000 - VII ZR 17/99, BauR 2001, 785; Urt. v. 24.11.1988 - VII ZR 222/87, BauR 1989, 219). Die Begründung offenbart, dass der Gesetzgeber die Frage, ob öffentlich-rechtliche Beschränkungen einen Rechtsmangel darstellen, nicht entscheiden wollte (RegEntw. S. 509).

Fallbeispiel – Baugenehmigung mit Auflagen: Architekt haftet

Der Architekt schuldet eine genehmigungsfähige Planung; Auflagen, die auf eine vom Vertrag abweichende Bauausführung hinauslaufen, können einen Mangel des Architektenwerks begründen.

Beispiel BGH, Urt. v. 19.02.1998 - VII ZR 236/96

Ein Architekt erstellte auftragsgemäß für den Bauherrn eine Genehmigungsplanung. Die Baugenehmigungsbehörde genehmigte die Planung des Architekten, allerdings mit nicht unerheblichen Auflagen. Der Architekt macht sein Honorar geltend. Der Bauherr hält dem Architekten mangelnde Vertragserfüllung entgegen.

Das OLG als Vorinstanz hatte entschieden, dass die Auflagen nicht die Mangelhaftigkeit der Planung begründeten, der Bauherr habe nunmehr die Planung zu ändern oder zu ergänzen. Der BGH stellt höhere Anforderungen an eine genehmigungsfähige Planung und hebt das Urteil auf. Der Architekt, der sich dazu verpflichtet habe, eine genehmigungsfähige Planung zu erstellen, schulde eine dem Vertrag entsprechende genehmigungsfähige Planung. Auflagen der Genehmigungsbehörde, die auf eine vom Vertrag abweichende Bauausführung hinausliefen, begründeten eine Mangel des Architektenwerks, wenn deshalb eine zugesicherte Eigenschaft fehlt oder der Wert oder die Tauglichkeit zu dem gewöhnlichen oder zu dem nach dem Vertrage vorausgesetzten Gebrauch aufgehoben oder gemindert sei. Der Bauherr sei nicht verpflichtet, seine Planung entsprechend der genehmigten Planung zu ändern.

Hinweis:
Der für das Architektenrecht zuständige Senat des BGH bestätigt hier erstmals, dass die Genehmigungsfähigkeit der Planung zu dem vom Architekten geschuldeten Erfolg gehört. Er geht gleich noch einen Schritt weiter, wenn er feststellt, dass sogar eine erteilte, aber mit Auf-

lagen versehene Baugenehmigung u. U. für eine ordnungsgemäße Erbringung der Leistung nicht ausreichend ist.

Fallbeispiel – Trotz Erteilung der Baugenehmigung haftet der Architekt

Die Tatsache, dass eine Architekturplanung zunächst durch die Behörde genehmigt worden ist, entlastet den A nicht, wenn die Baugenehmigung später wieder zurückgenommen wird. Der A kann gegenüber dem geschädigten Bauherrn nicht einwenden, er brauche nicht klüger zu sein als die Baugenehmigungsbehörde

Beispiel OLG Düsseldorf, Urt. v. 31.05.1997 - 22 U 176/95

Trotz Missachtung nachbarschützender Vorschriften, hier insb. Abstandsflächenvorschriften, war für die Planung des A eine Baugenehmigung erteilt worden. Auf einen Widerspruch des Nachbars hin stellte das Oberverwaltungsgericht die fehlende Genehmigungsfähigkeit der Planung fest, die Baugenehmigung wurde durch die Baugenehmigungsbehörde zurückgenommen. Es wurden Umplanungen und Umbauten erforderlich, welche Kosten von insgesamt 218.150,30 DM verursachten. Der Bauherr nahm den A über diese Summe in Anspruch.

Das Oberlandesgericht Düsseldorf gab der Klage gegen den A statt. Es hielt die Planung des A für mangelhaft, weil sie den Feststellungen des Oberverwaltungsgerichts) nicht genehmigungsfähig war; den A entlaste es nicht, dass auf die Genehmigungsplanung durch die Stadt zunächst eine - später dann zurückgenommene - Baugenehmigung erlassen worden war. Der A schulde einen Entwurf, welcher zu einer dauerhaften und nicht mehr rücknehmbaren Baugenehmigung führen könne.

Hinweis:

Bei Architekten herrscht nicht selten die Auffassung vor, wenn die Baugenehmigungsbehörde erst einmal die Planung genehmigt habe, seien sie von jeder weiteren Verantwortung für die Genehmigungsfähigkeit der Planung frei; die Genehmigungsbehörde „müsse es schließlich wissen". Das besprochene Urteil zeigt deutlich, dass diese Auffassung fehl geht. Insbesondere aufgrund der Tatsache, dass Nachbarn eine erteilte Baugenehmigung durch einen Nachwiderspruch einer nachträglichen gerichtlichen Überprüfung zuführen können, entfällt eine mögliche Haftung des A aufgrund einer nicht genehmigungsfähigen Planung noch nicht mit der Erteilung der Baugenehmigung durch die Behörde.

6.9.1.3 Dingliche Rechte

Zu den Rechtsmängeln gehören auch dingliche Rechte an einem Grundstück, das gleichzeitig mit dem Werk verschafft wird. Ein Vertrag, der sowohl die belastungsfreie Übereignung eines Grundstücks als auch die Errichtung eines Bauwerkes darauf zum Gegenstand hat, unterliegt unabhängig davon, ob ein Kauf- oder Werkvertragsrecht anwendbar ist, der Rechtsmängelgewährleistung, §§ 435, 633. Die Unterscheidung zwischen den Vertragstypen spielt jedoch bei der Verjährung eine Rolle, denn die Ansprüche wegen Rechtsmängeln verjähren beim Kaufvertrag in dreißig Jahren, wenn der Mangel in einem dinglichen Recht eines Dritten, auf Grund dessen Herausgabe der Kaufsache verlangt werden kann, oder in einem sonstigen Recht, das im Grundbuch eingetragen ist, besteht. Beim Bauträgervertrag wird man davon ausgehen müssen, dass wegen der Rechte am Grundstück die kaufvertragliche Komponente des Vertrages zu dieser langen Verjährung führt. Zu Recht wird darauf hingewiesen, dass für die nicht eingetragenen Rechte die lange Verjährung nicht gilt, sondern die zweijährige Verjährungsfrist, § 438 Abs. 1 Nr. 3 (Heinemann, ZfIR 2002, 168).

Ein Rechtsmangel liegt bei einem Bauträgervertrag vor, wenn im Grundbuch vertragswidrig Belastungen eingetragen sind, die beim Eigentumserwerb nicht gelöscht sind. Einem Rechtsmangel steht es gleich, wenn im Grundbuch ein Recht eingetragen ist, das nicht besteht. Buchrechte verschlechtern die Rechtsposition des Erwerbers zwar nicht unmittelbar, können ihn jedoch bei einer Verfügung über das Grundeigentum behindern und bergen die Gefahr, im Wege gutgläubigen Erwerbs zum wirklichen Recht zu erstarken (RegEntw. S. 510). Der Erwerber hat deshalb ein berechtigtes Interesse an der Grundbuchberichtigung. Dem Gesetzgeber erscheint es sachgerecht, dass Buchrechte die gleichen Rechtsfolgen nach sich ziehen wie sonstige Rechtsmängel (RegEntw. S. 510). Die Ansprüche des Erwerbers verjähren gemäß § 438 Abs. 1 Nr. 1 in dreißig Jahren, wenn der Mangel in einem dinglichen Recht eines Dritten, auf Grund dessen Herausgabe der Kaufsache verlangt werden kann, oder in einem sonstigen Recht, das im Grundbuch eingetragen ist, besteht.

Hingewiesen wird von den Notaren darauf, dass die Verjährung der Ansprüche auf Beseitigung von im Grundbuch eingetragenen Belastungen zu kurz sind. Es wird deshalb in Bauträgerverträgen eine Verlängerung der Verjährung für Ansprüche aus Rechtsmängeln empfohlen.

6.9.2 Exkurs: Erschließungsbeiträge

Hinzuweisen ist auf die Regelung des § 436. Danach ist der Verkäufer eines Grundstücks verpflichtet, Erschließungsbeiträge und sonstige Anliegerbeiträge für die Maßnahmen zu tragen, die bis zum Tage des Vertragsschlusses bautechnisch begonnen sind, unabhängig vom Zeitpunkt des Entstehens zu der Beitragsschuld, § 436 Abs. 1. Der Verkäufer eines Grundstücks haftet nicht für die Freiheit des Grundstücks von anderen öffentlichen Abgaben und von anderen öffentlichen Lasten, die zur Eintragung in das Grundbuch nicht geeignet sind, § 436 Abs. 2.

Mit dieser Regelung wollte der Gesetzgeber die Frage, inwieweit ein Grundstück frei von öffentlichen Abgaben und nicht eintragungsfähiger öffentlicher Lasten sein muss, der Rechtsmängelhaftung entziehen. Zu den öffentlichen Lasten im Sinne dieser Vorschrift rechnen auch die Erschließungsbeiträge nach § 127 BauGB und andere öffentlich-rechtliche Anliegerbeiträge, insbesondere nach den Kommunalabgabengesetzen der Länder. Nach § 436 a. F. haftete der Verkäufer eines Grundstücks nicht für die Freiheit des Grundstücks von öffentlichen Abgaben und von anderen öffentlichen Lasten, die zur Eintragung in das Grundbuch nicht geeignet sind. Nach altem Recht hatte deshalb der Käufer alle Anlegerbeiträge zu tragen, die von der Übergabe des Grundstücks an fällig werden, soweit vertraglich nichts anderes vereinbart war. Da Anlegerbeiträge regelmäßig erst einen Monat nach Zustellung des Beitragsbescheids fällig werden, der wiederum die endgültige Herstellung der Erschließungsanlage im Rechtsinn voraussetzt, war es möglich, dass zwar die Erschließungsarbeiten beim Abschluss des Grundstückskaufvertrags längst beendet waren und der Käufer deshalb ein voll erschlossenes Grundstück zu erwerben glaubte, dass er aber die Anlegerbeiträge zu tragen hatte, weil der Beitragsbescheids erst erheblich später erging.

Dieser täuschenden Wirkung will die neue Regelung entgegenwirken. Nunmehr hat der Verkäufer Erschließungsbeiträge und sonstige Anlegerbeiträge für die Maßnahmen zu tragen, die bis zum Tage des Vertragsschlusses bautechnisch begonnen sind. Diese Anknüpfung ist gewählt worden, weil der bautechnische Beginn regelmäßig für den Erwerber leicht feststellbar sein soll (RegEntw. S. 512).

Diese Vorschrift ist zugeschnitten auf den reinen Grundstückserwerb. Sie dürfte jedoch auch auf den Bauträgervertrag anwendbar sein, soweit in diesem nichts anderes vereinbart ist. Das birgt die Gefahr, dass Bauträger eine Vereinbarung unterlassen, weil sei dann nach der gesetzlichen Regelung nur die Erschließungsbeiträge für die Maßnahmen zu tragen hätten, die zur Zeit des Vertragsschlusses bautechnisch begonnen haben. Brambring (NotZ 2001, 590, 614) meint sogar, die Beginnlösung sei nur beim Bauträgervertrag sachgerecht. Dabei wird jedoch offenbar übersehen, dass der Bauträgervertrag regelmäßig die schlüsselfertige Herstellung des Bauwerks zum Gegenstand hat. In diesem Fall ergibt die Vertragsauslegung, dass der Bauträger die vollen Erschließungskosten zu tragen haben. In anderen Fällen ist dringend darauf zu achten, dass die von den Parteien gewollte Verteilung der Lasten einschließlich der Grundstücksanschlusskosten ausdrücklich vereinbart wird.

6.10 Änderungen der VOB/B 2002

Mit der VOB/B 2002 hat eine Angleichung an das neue Mängelrecht stattgefunden. Nach § 13 Nr. 1 VOB/B hat der Auftragnehmer dem Auftraggeber seine Leistung zum Zeitpunkt der Abnahme frei von Sachmängeln zu verschaffen. Die VOB/B hat sodann die Regelung des § 633 Abs. 2 wortgleich übernommen. Die Anknüpfung an vertraglich zugesicherte Eigenschaften ist ebenso wie im BGB entfallen. In § 13 Nr. 2 VOB/B hat das dazu geführt, dass bei Leistungen nach Probe die Eigenschaften der Probe nur als vereinbarte Beschaffenheit gelten. Die Reform der VOB/B hat in § 13 Nr. 3 zu einer redaktionellen Änderung geführt. Mit ihr wird klar gestellt, dass der Auftragnehmer die Beweislast dafür trägt, dass er die ihm nach § 4 Nr. 3 VOB/B obliegende Mitteilung gemacht hat.

Die VOB/B enthält keine Regelung dazu, dass das Werk auch frei von Rechtsmängeln sein muss. Damit ist § 633 Abs. 1 und Abs. 3 unmittelbar anwendbar (Kemper, BauR 2002, 1613, 1614), denn es ist nicht ersichtlich, dass die VOB/B das Gesetz insoweit abändern wollte. Im Gegensatz zum BGB ist in der VOB/B weiterhin ausdrücklich geregelt, dass ein Sachmangel vorliegt, wenn das Werk zur Zeit der Abnahme nicht den anerkannten Regeln der Technik entspricht. Da die Einhaltung der anerkannten Regeln der Technik grundsätzlich zur Beschaffenheitsvereinbarung (Siegburg, FS für Jagenburg, S. 839, 844), jedenfalls aber zur üblichen Beschaffenheit beim BGB-Vertrag gehört, weicht die VOB-Regelung nicht vom Gesetz ab.

7 § 634 BGB (Rechte des Bestellers bei Mängeln)

Ist das Werk mangelhaft, kann der Besteller, wenn die Voraussetzungen der folgenden Vorschriften vorliegen und soweit nicht ein anderes bestimmt ist

1. nach § 635 Nacherfüllung verlangen,
2. nach § 637 den Mangel selbst beseitigen und Ersatz der erforderlichen Aufwendungen verlangen,
3. nach den §§ 636, 323 und 326 Abs. 5 von dem Vertrag zurücktreten oder nach § 638 die Vergütung mindern und
4. nach den §§ 636, 280, 281, 283 und 311a Schadensersatz oder nach § 284 Ersatz vergeblicher Aufwendungen verlangen.

7.1 Systematik des Gewährleistungsrechts

Diese Vorschrift fasst die Ansprüche des Auftraggebers wegen Mängeln des Werkes zusammen (Gewährleistungsansprüche). § 634 belegt die Systematik des Gewährleistungsrechts. Sie hat sich im Wesentlichen nicht verändert. Im Zentrum steht der Nacherfüllungsanspruch des Auftraggebers. Dieser ist seiner Natur nach ein Anspruch auf Erfüllung des Vertrages. Mit der Verwendung des Wortes Nacherfüllung will der Gesetzgeber verdeutlichen, dass es sich um einen Anspruch auf Vertragserfüllung handelt, der auch zur Neuherstellung verpflichten kann (RegEntw. S. 625).

Unsystemtisch ist, dass § 634 Anspruchsnorm hinsichtlich des Nacherfüllungsanspruchs ist (vgl. Vorwerk, BauR 2003, 1, 8), während alle anderen Ansprüche sich aus den folgenden Gesetzen ergeben. § 635 regelt den Anspruch selbst nicht.

Mit dem Nacherfüllungsanspruch des Auftraggebers korrespondiert das Nacherfüllungsrecht des Auftragnehmers. Der Auftraggeber muss dem Auftragnehmer grundsätzlich Gelegenheit geben, etwaige Mängel seines Werkes selbst zu beseitigen. Erst wenn der Auftragnehmer diese Gelegenheit nicht nutzt, kann der Auftraggeber weitere Ansprüche wegen der Mängel geltend machen. Das war auch nach altem Recht so. Das alte Recht sah jedoch eine Aufspaltung der Gewährleistungsansprüche in Primäransprüche und Sekundäransprüche vor. Während die auf Erfüllung gerichteten Ansprüche auf Selbstvornahme (Ersatzvornahme), Kostenerstattung oder Vorschuss davon abhingen, dass der Auftragnehmer mit der Mängelbeseitigung in Verzug geraten war, hingen die Sekundäransprüche wie Wandelung, Minderung oder Schadensersatz grundsätzlich von einer Fristsetzung mit Ablehnungsandrohung und dem fruchtlosen Fristablauf ab. Diese Zweiteilung hat der Praxis Schwierigkeiten bereitet. Sie ist aufgegeben.

Das Sanktionssystem der Gewährleistungsansprüche sieht nun einheitlich eine angemessene Fristsetzung vor. Nach fruchtlosem Fristablauf hat der Auftraggeber die Wahl zwischen allen ihm zur Verfügung stehenden Gewährleistungsansprüchen. Er kann wählen zwischen der Selbstvornahme und Kostenerstattung. beziehungsweise Vorschuss, dem Rücktritt (statt Wandelung), der Minderung oder dem Schadensersatz statt der Leistung. Während alle anderen Gewährleistungsansprüche, wie bisher auch, verschuldensunabhängig sind, kann Schadensersatz nur verlangt werden, wenn der Unternehmer den Mangel zu vertreten hat. Wie auch schon nach altem Recht besteht der Anspruch auf Ersatz von Mangelfolgeschäden, die durch eine Mängelbeseitigung nicht verhindert werden können, unabhängig von einer Fristsetzung.

Es wird darauf hingewiesen, dass der Verzicht auf die Ablehnungsandrohung auch Nachteile hat (Sienz, BauR 2002, 193 f). Die Ablehnungsandrohung hatte eine besondere Warnwirkung, weil sie dem Schuldner vor Augen führte, dass ihm nun eine letzte Chance gewährt wird, den Vertrag zu erfüllen. Diese entfällt. Die bloße Fristsetzung hat zwar auch Warnwirkung, jedoch ist diese vermindert. Im Gesetzgebungsverfahren wollte man dem zunächst mit einer Regelung begegnen, dass Schadensersatz oder Rücktritt nicht gefordert, bzw. vollzogen werden dürfen, wenn der Schuldner trotz der Fristsetzung nicht damit rechnen musste, so in Anspruch genommen zu werden. Das ist nicht Gesetz geworden, denn diese Regelung hätte wegen ihrer Unbestimmtheit mehr Schaden als Nutzen gebracht. Jetzt ist also grundsätzlich die Fristsetzung ausreichend. Das mag zwar den tatsächlichen Gegebenheiten der heutigen Praxis im Einzelfall nicht gerecht werden (worauf Sienz hinweist, BauR 2002, 194). Die Praxis wird sich jedoch umstellen müssen. Auf diese Weise wird auch manche Verzögerungstaktik unterbunden. Jeder Schuldner muss wissen, dass es nach einer Fristsetzung ernst wird und er jedem der möglichen Ansprüche ausgesetzt ist. Nur in seltenen Ausnahmefällen wird man gemäß § 242 einen besonderen Warnhinweis des Gläubigers fordern müssen, dass er nach Fristablauf Schadensersatz statt der Leistung fordern oder vom Vertrag zurücktreten wird. Dazu dürfte jedenfalls nicht der Fall gehören, in dem der Besteller, den Unternehmer mit Fristsetzung mehrmals aufgefordert hat, einen Mangel zu beseitigen und dieser alle Fristen hat verstreichen lassen (a. A. Sienz, BauR 2002, 194). Vielmehr muss dem Unternehmer klar sein, dass der Besteller irgendwann einmal ernst machen wird.

Nach neuem Recht verliert der Auftraggeber seinen Erfüllungsanspruch nicht, wenn er eine Frist gesetzt hat und diese fruchtlos abgelaufen ist. Eine dem § 634 Abs. 1 Satz 3, letzter Halbsatz a. F. vergleichbare Regelung fehlt. Das ist begrüßenswert. Die Fristsetzung ist als Warnung und als Gelegenheit für den Unternehmer zu verstehen, den Mangel zu beseitigen. Sie sollte nicht zu einem Rechtsverlust des Bestellers führen. Vielmehr kann sich der Besteller überlegen, wie er nach fruchtlosen Fristablauf gegen den Unternehmer vorgeht und ob er unter Umständen weiterhin Erfüllung verlangt und den Unternehmer sogar auf Nacherfüllung verklagt (Sienz, BauR 2002, 184) Anderer Ansicht ist wohl Teichmann, (ZfBR 2002, 12, 17), jedoch unter fehlerhaftem Hinweis auf § 362 und ohne Rücksicht darauf, dass § 281 Abs. 4 ausdrücklich eine andere Regelung trifft.

Nicht geregelt ist, wie lange sich der Besteller die Wahl seiner Rechte überlegen darf, ob er also die Rechte nach Fristablauf zeitlich unbeschränkt geltend machen kann. Das Gesetz enthält keine Möglichkeit des Unternehmers, insoweit Klarheit zu schaffen, etwa durch Aufforderung an den Besteller, sich binnen einer bestimmten Frist zu erklären. Das bedeutet aber nicht, dass dem Besteller keine zeitlichen Grenzen gesetzt sind. Vielmehr kann die Ausübung der Rechte nach Treu und Glauben verwirkt sein, wenn nach Fristablauf eine gewisse Zeit abgelaufen ist und die Umstände den Schluss darauf zulassen, dass der Besteller diese Rechte nicht mehr geltend machen wird. So kann z. B. eine Einigung darüber, dass der Unternehmer nochmals eine Mängelbeseitigung versuchen darf, dazu führen, dass der Besteller nach fruchtlosem Versuch eine neue Frist setzen muss. Zwingend ist das jedoch nicht. Es kommt auf die Umstände des Einzelfalles an.

7.2 Anwendbarkeit der §§ 634 ff. vor und nach der Abnahme

Das Gesetz differenziert nicht zwischen Ansprüchen und Rechten vor oder nach der Abnahme. Vielmehr gewährt es dem Besteller die in § 634 benannten Ansprüche für den Fall, dass das Werk mangelhaft ist. Die Rechtsprechung hat die gesetzlichen Gewährleistungsansprüche bisher unabhängig davon gewährt, ob die Abnahme erfolgt ist oder nicht. Der Besteller konnte deshalb unter den Voraussetzungen des Verzuges auch vor der Abnahme die Ersatzvornahme durchführen und Kostenerstattung verlangen oder Vorschuss auf die Mängelbeseitigungskosten geltend machen. Er hatte auch den Schadensersatzanspruch aus § 635 a. F. Insoweit bestand ein Konkurrenzverhältnis zu den Verzugsregelungen des § 326 a. F. Das hat dazu geführt, dass der Besteller wegen Mängeln der Leistung vor der Abnahme den in dreißig Jahren verjährenden Schadensersatzanspruch und den in fünf Jahren nach Verweigerung der Abnahme verjährenden Schadensersatzanspruch aus § 635 a. F. hatte (BGH, Urt. v. 26.9.1999 - X ZR 33/94, NJW 1997, 50; Urt. v. 17.2.1999 - X ZR 8/96, BauR 1999, 760).

Ob es bei dieser Anspruchskonkurrenz bleibt, ist nicht deutlich. Klar dürfte sein, dass vor der Abnahme die Regelungen des allgemeinen Leistungsstörungsrechts der §§ 280, 323 ff. anwendbar sind. Der Besteller kann also nach Ablauf der Fertigstellungsfrist eine Frist zur Mängelbeseitigung setzen und nach fruchtlosem Fristablauf entweder Schadensersatz nach § 281 verlangen oder nach § 323 zurücktreten.

Fraglich ist jedoch, ob der Besteller vor der Abnahme auch die Sonderregelungen über die Selbstvornahme und die Minderung in Anspruch nehmen kann. Dagegen scheint die Systematik des neuen Gewährleistungsrechts zu sprechen. Denn diese geht davon aus, dass der Besteller das Werk frei von Mängeln „verschaffen" muss. Diese Anlehnung an das Kaufrecht wirkt sich bei der Gewährleistung an sich so aus, dass das Gewährleistungsrecht erst mit der Verschaffung eingreift. Die Verschaffung ist mit der Ablieferung der Sache erfolgt. Der Ablieferung entspricht im Werkvertragsrecht die abnahmereife Fertigstellung. Das spricht dafür, dass das Gewährleistungssystem erst mit der Abnahme oder jedenfalls mit einer abnahmereifen Fertigstellung beginnt. Dafür spricht auch, dass § 635 lediglich den Nacherfüllungsanspruch regelt und die Gewährleistungsrechte insgesamt daran knüpfen, dass für die Nacherfüllung eine Frist gesetzt worden ist. Die Nacherfüllung ist schon sprachlich nicht dasselbe wie Erfüllung. Vielmehr bleibt der Erfüllungsanspruch bis zur Abnahme erhalten. Er kann begrifflich nicht durch Nacherfüllung ersetzt werden. Dafür spricht aber vor allem auch die Verjährungsregelung des § 634a. Denn diese lässt die in § 634 Nr. 1, 2, und 4 bezeichneten Ansprüche fünf Jahre nach der Abnahme verjähren. Das deutet deutlich daraufhin, dass der Gesetzgeber davon ausgeht, dass die in § 634 geregelten Rechte des Bestellers vor der Abnahme nicht bestehen, denn sonst hätte eine andere Verjährungsregelung insoweit nahe gelegen.

Andererseits finden sich in der Begründung zum Gesetz und auch in den gesamten gesetzesbegleitenden Materialien keine Anhaltspunkte dafür, dass die bisherige Rechtsprechung zur Anspruchskonkurrenz der Gewährleistungsrechte vor der Abnahme mit dem Recht der Leistungsstörung aufgegeben werden sollte. Es wäre auch nicht unbedingt einsichtig, dass der Besteller, der die Abnahme wegen Mängeln verweigert, kein Selbstvornahmerecht und kein Recht zur Minderung haben soll. Möglicherweise war der Gesetzgeber zu sehr auf die Besonderheiten des Kaufrechts fixiert, so dass er die besondere Problematik des Werkvertragsrechts, insbesondere des Bauvertragsrechts nicht bedacht hat. Diese besteht darin, dass der Bau in der Regel auf dem Grundstück des Bestellers entsteht und deshalb auch verbleibt, wenn er nicht abgenommen wird. Die Anknüpfung an die „Verschaffung" im Sinne von Herstellung einer abnahmereifen Leistung in § 633 Abs. 1 ist deshalb nicht sachgerecht. Vielmehr ist es allein sachgerecht dem Besteller, der wegen der Mängel die Abnahme verweigert, nicht schlechter zu stellen als den Besteller, der die Abnahme erklärt und dann die in § 634 genannten Gewährleistungsrechte hat. Im Ergebnis ist auch Vorwerk unter Bezugnahme auf die Vorarbeiten zur Schuldrechtsmodernisierung der Auffassung, dass sämtliche Rechte aus § 634 BGB von der Abnahme nicht abhängen (Vorwerk, BauR 2003, 1, 8 f.). Er weist zutreffend darauf hin, dass

Nacherfüllung und Erfüllung begrifflich nicht zu trennen sind. Das bedeutet, dass § 635 BGB auch vor der Abnahme anzuwenden ist. Das bedeutet auch, dass die verschiedenen Gestaltungsrechte bereits vor der Abnahme ausgeübt werden können. Dazu gehören auch Minderung und Selbstvornahme (Vorwerk a. a. O., S. 10).

Zu lösen bleibt die Frage, wann die Verjährung der Ansprüche beginnt, wenn es nicht zu einer Abnahme kommt (vgl. dazu § 634a).

7.3 Gewährleistung vor Ablauf des Fertigstellungstermins

Geht man davon aus, dass die Gewährleistungsansprüche und -rechte auch vor der Abnahme geltend gemacht werden können, stellt sich die Frage, ob die Ansprüche wegen Mängeln vor dem vereinbarten Fertigstellungstermin geltend gemacht werden können. Das setzt die Fälligkeit des Anspruchs vor dem Fertigstellungstermin voraus.

Hier konzentriert sich alles auf die Frage, wann der Nacherfüllungsanspruch nach neuem Recht fällig wird. Denn ohne die Fälligkeit des Nacherfüllungsanspruchs können grundsätzlich auch die anderen Ansprüche nicht fällig werden. Das Gesetz enthält keine ausdrückliche Verpflichtung des Unternehmers, einen während der Bauausführung erkannten Mangel auf Anforderung des Bestellers sofort zu beseitigen. Eine dem § 4 Nr. 7 VOB/B vergleichbare Regelung fehlt, wie auch schon in § 633 a. F. (vgl. Grauvogl, Verträge am Bau, S. 439). Das ist leicht erklärbar, denn das Gesetz muss alle Typen des Werkvertrags erfassen. Der besonderen Situation des Bauvertrags als Langzeitvertrag, bei dem sich bereits während des Herstellungsprozesses Mängel zeigen und der Besteller ein Interesse an der sofortigen Beseitigung haben kann, kann es nicht gerecht werden.

Andererseits gibt es auch keine ausdrückliche zeitliche Beschränkung. Das Gesetz enthält keine dem § 634 Abs. 1 Satz 2 a. F. vergleichbare Regelung mehr. Danach konnte der Besteller, wenn sich schon vor der Ablieferung des Werkes ein Mangel zeigte, zwar eine Frist zur Mängelbeseitigung bestimmen, jedoch musste die Frist so bemessen sein, dass sie nicht vor der für die Ablieferung bestimmten Frist abläuft. Aus dieser Regelung war abgeleitet worden, dass in einem BGB-Vertrag der Besteller den Nachbesserungsanspruch nicht vor Ablauf der Fertigstellungsfrist durchsetzen kann, bzw. der Unternehmer nicht vor Ablauf der Fertigstellungsfrist in Verzug geraten kann (Knütel, BauR 2002, 689, 690).

Diese Beschränkung ist entfallen. Gleichwohl dürfte es keine grundlegende Änderung zum bisherigen Rechtszustand geben. Denn der Nacherfüllungsanspruch setzt begrifflich einen Erfüllungsanspruch voraus. Dieser muss fällig sein, bevor der Besteller Nacherfüllung, d. h. Mängelbeseitigung fordern kann. Es kommt also darauf an, welche Fälligkeitsregelung der Vertrag für den Erfüllungsanspruch enthält. Ist lediglich eine Fertigstellungsfrist vereinbart oder ergibt sich der Fertigstellungszeitpunkt nach allgemeinen Grundsätzen des § 271, so kann grundsätzlich vorher keine Erfüllung und damit auch keine Nacherfüllung verlangt werden. Soweit Vorwerk (BauR 2003, 1, 10) unter Bezugnahme auf die Rechtslage nach der Kündigung wohl die Auffassung vertreten will, der Nacherfüllungsanspruch sei jederzeit fällig, kann dem nicht gefolgt werden. Vorwerk lässt unberücksichtigt, dass mit einer Kündigung die bis zur Kündigung erbrachten Leistungen als geschuldete Leistungen behandelt werden und infolge der Kündigung fällig gestellt werden.

Der Grundsatz, dass der Nacherfüllungsanspruch erst mit dem Fertigstellungstermin fällig wird, dürfte allerdings in den Fällen einzuschränken sein, in denen Leistungen mangelhaft sind, auf die andere Leistungen so aufbauen, dass eine Mängelbeseitigung durch die Fortführung der Arbeiten unmöglich oder erheblich erschwert wird. In diesen Fällen kann es nicht angehen, dass der Besteller die Fertigstellungsfrist abwarten muss, um dann letztlich auf die Erfüllungssurrogate verwiesen zu werden. Vielmehr muss ihm nach § 242 die Möglichkeit eingeräumt werden, schon frühzeitig während der Herstellungsphase die Beseitigung des Mangels zu fordern und die Gewährleistungsansprüche geltend zu machen. Ein solcher Fall läge z. B. vor, wenn eine Bodenplatte fehlerhaft gegründet wird und dieser Mangel sofort bemerkt wird. Außerdem folgt aus § 324 Abs. 4, dass jedenfalls der Rücktritt wegen eines Mangels erklärt werden kann, wenn offensichtlich ist, dass die Voraussetzungen des Rücktritts im Zeitpunkt der Fälligkeit eintreten. Ist also offensichtlich, dass der Mangel zum Fertigstellungszeitpunkt fortbesteht, kann der Besteller sofort Rücktritt erklären. Das ist z. B. dann der Fall, wenn der Unternehmer die Mängelbeseitigung endgültig verweigert. Dieser Rechtsgedanke dürfte verallgemeinerungsfähig sein, so dass nicht nur der Rücktritt erklärt, sondern auch die Mängelbeseitigung vorgenommen oder Schadensersatz verlangt werden kann.

In der VOB/B ist dieses Problem anders gelöst. Der Auftraggeber hat das Recht, jederzeit Mängelbeseitigung zu verlangen, § 4 Nr. 7 VOB/B. Auch kann er den Schaden neben der Leistung jederzeit liquidieren, § 4 Nr. 7 VOB/B. Das Selbstvornahmerecht entsteht vor der Abnahme jedoch grundsätzlich erst dann, wenn der Auftraggeber dem Auftragnehmer die Leistung ordnungsgemäß entzogen hat. Dazu ist grundsätzlich die mit der Kündigungsandrohung verbundene Fristsetzung zur Mängelbeseitigung erforderlich. Die VOB/B 2002 hat davon abgesehen, diese Regelung zu ändern. Sie hat den Vorzug, dass es bei ihrer Einhaltung zu keiner Konfliktsituation auf der Baustelle kommt, die dadurch entstehen kann, dass der Auftragnehmer seine Leistung fortsetzen will, der vom Auftraggeber eingesetzte Drittunternehmer jedoch diese Leistung behindert oder auch umgekehrt. Sie hat jedoch den Nachteil, dass ein Auftraggeber kündigen muss, bevor er die Ersatzvornahme zu Lasten des mangelhaft leistenden Auftragnehmers vornehmen darf.

Die Rechtsprechung hat unbillige Härten, die bei rigoroser Anwendung des § 8 Nr. 3 i. V. m. § 4 Nr. 7 VOB/B entstehen können, durch eine am Schutzzweck der Regelung orientierten Interpretation entgegengewirkt (BGH, Urteil vom 20. April 2000 - VII ZR 164/99, BauR 2000, 1479 = NZBau 2000, 421; BGH, Versäumnisurteile vom 5. Juli 2001 - VII ZR 201/99 und VII ZR 202/99, BauR 2001, 1577 = NZBau 2001, 623). Gleichwohl bestehen Bedenken gegen die VOB-Regelung, weil sie den Auftraggeber zwingt, dem Auftragnehmer zum Zweck der Ersatzvornahme zu kündigen und dadurch weitere Nachteile in Kauf zu nehmen. Denn die Kündigung kann nur für in sich abgeschlossene Teilleistungen erfolgen, die häufig hinsichtlich eines Mangels nicht vorliegen. Dann muss dem Auftragnehmer auch wegen eines Teils gekündigt werden, der eigentlich bei ihm verbleiben könnte, was zudem zusätzliche Probleme bei der Ersatzvornahme aufwirft und unnötig zusätzliche Kosten und Zeit produziert. Zudem gibt es Situationen, bei denen der Auftraggeber die Kündigung nachvollziehbar nicht für nötig hält, nach der VOB-Regelung in der Auslegung, wie sie die Rechtsprechung vornimmt, eine solche Kündigung noch nötig ist. Das ist insbesondere dann der Fall, wenn der Auftragnehmer die Abnahme verlangt hat, der Auftraggeber diese jedoch wegen Mängeln verweigert und dem Auftragnehmer eine Frist zur Mängelbeseitigung setzt. Aus der Sicht des Auftraggebers scheint eine Kündigung nicht mehr notwendig, weil der Vertrag an sich abgewickelt ist und es nur noch um die Mängelbeseitigung geht (vgl. Langen, Jahrbuch BauR 2003, 198 f.). Das sieht die Rechtsprechung jedoch anders, denn vor der Abnahme ist der Vertrag noch nicht erfüllt und damit auch noch kündbar. Verweigert der Auftragnehmer die Mängelbeseitigung nicht, so muss der Auftraggeber den Vertrag kündigen (BGH, Urt. v. 15.5.1986 - VII ZR 176/85, BauR 1986, 573; Urt. v. 2.10.1997 - VII ZR 44/97, BauR 1997, 1027).

Schadensersatz neben der Leistung gemäß § 280 kann selbstverständlich auch vor Ablauf der Fertigstellungsfrist gefordert werden, denn dieser Anspruch wird mit der Entstehung des Schadens fällig.

7.4 Nacherfüllungsrecht des Unternehmers

Das Gesetz regelt nicht die Frage, ob der Unternehmer sein Nacherfüllungsrecht mit Ablauf der vom Besteller gesetzten Frist verliert. Der Bundesgerichtshof hat dazu sowohl für die alte als auch für die neue Rechtslage entschieden (BGH, Urt. v. 27.2.2003 - VII ZR 338/01*). Danach muss der Auftraggeber ein Nacherfüllungsangebot des Auftragnehmers nicht mehr annehmen, wenn der Auftragnehmer eine ihm zur Nacherfüllung gesetzte Frist fruchtlos hat verstreichen lassen (VOB-Vertrag und neues BGB) oder mit der Nachbesserung in Verzug geraten ist (altes BGB). Diese Meinung wurde ohnehin bereits zum VOB-Vertrag vertreten. Ein Nachbesserungsrecht des Unternehmers nach fruchtlosem Fristablauf ist nicht damit zu vereinbaren, dass der Auftraggeber das Recht hat, das Vertragsverhältnis nach seinem Willen zu gestalten (vgl. Vorwerk, BauR 2002, 173; Palandt/Sprau, 61. Aufl., ErgBd. § 634 Rdn. 2; § 637 Rdn. 4). Aus der Entscheidung des Bundesgerichtshofs (Urteil vom 16.9.1999 - VII ZR 456/98 - VII ZR 456/98 = BauR 2000, 98) kann nichts anderes entnommen werden. Hier hat der BGH entschieden, dass für den Fall, dass der Unternehmer die Mängelbeseitigung endgültig verweigert, das Abwicklungsverhältnis aus § 634 BGB a. F. nicht automatisch, sondern erst mit der Wahl des Bestellers eingeleitet wird. In diesem Zusammenhang hat er zwar erwähnt, dass das Nachbesserungsrecht des Unternehmers bis zu dieser Wahl nicht erlischt (a. a. O., S. 100). Damit hat er aber nicht zum Ausdruck bringen wollen, dass das Nachbesserungsrecht nicht unter den Voraussetzungen des § 633 Abs. 1 BGB a. F. zuvor erlöschen kann. Das hat der BGH später (Urteil vom 20.4.2000 - VII ZR 164/99, BauR 2000, 1479) deutlich gemacht. Danach erlischt das Nachbesserungsrecht des Unternehmers, wenn er die Mängelbeseitigung endgültig verweigert hat. Das ist zwar für einen VOB-Vertrag entschieden worden, gilt gleichermaßen aber auch für den BGB-Vertrag.

Damit erübrigen sich auch die Überlegungen, wie der Auftraggeber geschützt werden kann, wenn der Unternehmer nach Fristablauf die Nachbesserung anbietet, der Auftraggeber jedoch schon einen Drittunternehmer eingeschaltet hatte. Insoweit wurde teilweise vertreten, dass der Auftraggeber dem Drittunternehmer frei kündigen müsse (Sienz, BauR 2002, 188). Diese Lösung war ersichtlich unangemessen. Angemessen ist es, dem Auftraggeber das Recht einzuräumen, das Angebot des doppelt vertragsuntreuen Auftragnehmers zurückzuweisen.

Wie jedes Recht steht auch das Recht des Auftraggebers, das Nachbesserungsangebot des Auftragnehmers nach Fristablauf zurückweisen zu können unter dem Vorbehalt, dass seine Ausübung nicht gegen Treu und Glauben verstoßen darf. Der Auftraggeber wird also auch in Zukunft prüfen müssen, ob seine Zurückweisung unter diesem Gesichtspunkt ungerechtfertigt ist. Das kann der Fall sein, wenn die Fristüberschreitung geringfügig ist und der Auftraggeber noch keine Dispositionen getroffen hat. Eine Zurückweisung des Nachbesserungsangebots des Auftragnehmers kann auch dann gegen Treu und Glauben verstoßen, wenn der Auftragnehmer plausibel darlegt, dass ihn an der Fristüberschreitung kein Verschulden trifft und der Auftraggeber noch keine Dispositionen getroffen hat.

Mit Ablauf der zur Nacherfüllung gesetzten Frist erlischt nicht der Anspruch des Auftraggebers auf Nacherfüllung. Er kann auch gegen den Willen des Auftragnehmers weiter Nacherfüllung verlangen. Verlangt der Besteller die Nacherfüllung, muss er sie auch zulassen. Andernfalls begeht er eine Pflichtverletzung (Vorwerk, BauR 2003, 1, 12).

8 § 634a BGB (Verjährung der Mängelansprüche)

(1) Die in § 634 Nr. 1, 2 und 4 bezeichneten Ansprüche verjähren

1. vorbehaltlich der Nummer 2 in zwei Jahren bei einem Werk, dessen Erfolg in der Herstellung, Wartung oder Veränderung einer Sache oder in der Erbringung von Planungs- oder Überwachungsleistungen hierfür besteht,

2. in fünf Jahren bei einem Bauwerk und einem Werk, dessen Erfolg in der Erbringung von Planungs- oder Überwachungsleistungen hierfür besteht, und

3. im Übrigen in der regelmäßigen Verjährungsfrist.

(2) Die Verjährung beginnt in den Fällen des Absatzes 1 Nr. 1 und 2 mit der Abnahme.

(3) Abweichend von Absatz 1 Nr. 1 und 2 und Absatz 2 verjähren die Ansprüche in der regelmäßigen Verjährungsfrist, wenn der Unternehmer den Mangel arglistig verschwiegen hat. Im Falle des Absatzes 1 Nr. 2 tritt die Verjährung jedoch nicht vor Ablauf der dort bestimmten Frist ein.

(4) Für das in § 634 bezeichnete Rücktrittsrecht gilt § 218. Der Besteller kann trotz einer Unwirksamkeit des Rücktritts nach § 218 Abs. 1 die Zahlung der Vergütung insoweit verweigern, als er auf Grund des Rücktritts dazu berechtigt sein würde. Macht er von diesem Recht Gebrauch, kann der Unternehmer vom Vertrag zurücktreten.

(5) Auf das in § 634 bezeichnete Minderungsrecht finden § 218 und Absatz 4 Satz 2 entsprechende Anwendung.

8.1 Allgemeines

§ 634a enthält eine Sonderregelung für die Verjährung von Ansprüchen wegen Mängeln eines Werkes.

Nach dem Willen des Gesetzgebers soll für die Ansprüche wegen Mängeln eines Bauwerks die regelmäßige Verjährung nicht anwendbar sein. Vielmehr soll es dabei bleiben, dass Ansprüche wegen Mängeln fünf Jahre nach Abnahme verjähren. Die Begründung geht davon aus, dass sich diese Verjährungsfrist bewährt hat. Sie hält deshalb eine Änderung der bisherigen Regelung nicht für erforderlich. Dabei wird in Kauf genommen, dass Mängel bei der Herstellung eines Bauwerks auch erst nach Ablauf von fünf Jahren auftreten können und damit eine Durchsetzung der Rechte aus diesem Mangel von vornherein nicht möglich ist. Es ist immer wieder darauf hingewiesen worden, dass bestimmte Mängel an Bauwerken häufig erst nach dem Ablauf von fünf Jahren auftreten (Lang, NJW 1995, 2063; Kniffka, ZfBR 1993, 97, 103; Krebs, DB 2000, Beilage 14, S. 5). Dazu gehören z. B. Mängel von Betonarbeiten, Flachdächern, Balkonen und Abdichtungen (Kaiser, ZfBR 2001, 154; Beigel, BauR 1988, 142, 143; Siegburg, Festschrift für Locher, S. 353). Gleichwohl wird an der starren Regelung des § 638 a. F. fest gehalten und das Prinzip gebrochen, dass der Gläubiger eine faire Chance erhalten muss, seinen Anspruch durchzusetzen (Heinrichs, BB 2001, 1417). Das wird damit begründet, dass in einer Vielzahl von Fällen die Abgrenzung zwischen Mängeln und Abnutzungsschäden Schwierigkeiten bereitet. Außerdem bestehe die Möglichkeit einer Verlängerung der Verjährungsfrist bis zu einer Obergrenze von dreißig Jahren (RegEntw. S. 623). Das ist wenig überzeugend. Welche Verjährungsfristen im Einzelfall vereinbart werden, hängt nicht so sehr von den schützenswerten Interessen der Vertragspartner ab, sondern von deren wirtschaftlicher oder kraft Sachverstandes überlegenen Stellung. Das hat die Erfahrung insbesondere mit Bauträgern, aber auch mit öffentlichen Auftraggebern immer wieder gezeigt. Die Beibehaltung der fünfjährigen Frist steht zudem im Widerspruch mit den Bestrebungen zur Vereinheitlichung des europäischen Rechts. Ein Großteil der Rechtsordnungen enthält bereits jetzt eine längere Frist als fünf Jahre (Überblick bei Peters/Zimmermann, Gutachten und Vorschläge zur Überarbeitung des Schuldrechts, Band I, S. 267 ff; zusammenfassend Keilholz, Gutachten und Vorschläge zur Überarbeitung des Schuldrechts, Band III, S. 252 ff). Andere Länder kennen auch die subjektive Anknüpfung (z. B. die Niederlande, vgl. Leenen, JZ 2001, 552, 553).

8.2 Fünfjährige Verjährung der Ansprüche wegen Mängeln am Bauwerk und an Planungs- und Überwachungsleistungen für ein Bauwerk

Nach § 634a Abs. 1 Nr. 2 verjähren die in § 634 Nr. 1, 2 und 4 genannten Ansprüche wegen Mängeln am Bauwerk wie bisher fünf Jahre nach der Abnahme. In § 634 Nr. 1, 2 und 4 BGB sind die Ansprüche auf Nacherfüllung, Selbstvornahme und Aufwendungsersatz und der Schadensersatzanspruch sowie der Anspruch auf Ersatz vergeblicher Aufwendungen genannt. Nicht erwähnt wird der Vorschussanspruch aus § 637 Abs. 3 BGB. Das ist ein Redaktionsversehen. Auch er verjährt nach § 634a BGB in fünf Jahren seit der Abnahme.

Der Schadensersatzanspruch verjährt wegen aller Schäden, die durch den Mangel verursacht worden sind. Nach altem Recht unterlagen Schadensersatzansprüche wegen Mangelschäden und eng und unmittelbar mit dem Mangel zusammenhängende Mangelfolgeschäden der fünfjährigen Gewährleistungsfrist. Dagegen verjährten entfernt mit dem Mangel zusammenhängende Mangelfolgeschäden in dreißig Jahren, weil sie nach den Grundsätzen der positiven Vertragsverletzung beurteilt wurden. Dieses Verjährungsrecht war schon deshalb unglücklich, weil die Unterscheidung zwischen engen und entfernten Mangelfolgeschäden nicht gut vorzunehmen war und es außerdem zu kuriosen Ergebnissen kam. Es ist begrüßenswert, dass diese Unterscheidung entfallen ist.

8.2.1 Bauwerk

Unter einem Bauwerk versteht die Begründung in Übereinstimmung mit der bisherigen Rechtsprechung eine unbewegliche, durch Verwendung von Arbeit und Material in Verbindung mit dem Erdboden hergestellte Sache (RegEntw S. 533). Dazu gehören auch Arbeiten, die für Konstruktion, Bestand, Erhaltung und Benutzbarkeit des Gebäudes von wesentlicher Bedeutung sind, wenn die eingebauten Teile dem Gebäude fest verbunden werden (RegEntw. S. 533).

8.2.2 Planungs- und Überwachungsleistungen für ein Bauwerk

Gewährleistungsansprüche wegen mangelhafter Planung oder Überwachung verjähren in fünf bzw. zwei Jahren. Die Dauer der Verjährungsfrist hängt davon ab, wofür die Planungs- oder Überwachungsleistung erbracht worden ist. Ist die Planungs- oder Überwachungsleistung für ein Bauwerk erbracht worden, so gilt die fünfjährige Gewährleistungsfrist ab Abnahme. Maßgeblich ist die Abnahme der Planungs- oder Überwachungsleistung, nicht die Abnahme des Bauwerks. Soweit Architekten oder Ingenieure ihre Leistungen vor der Fertigstellung des Bauwerks abgeschlossen haben, kann deshalb grundsätzlich die Gewährleistungsfrist für ihre

Planungs- oder Überwachungsleistungen vor der Abnahme des Bauwerks beginnen. Auch insoweit gelten die Grundsätze zur konkludenten Abnahme. So kann eine Tragwerksplanung vor Fertigstellung des Bauwerks abgenommen werden, indem die Rechnung des Statikers bezahlt wird (BGH, Urteil vom 27. September 2001 - VII ZR 320/00*). Soweit eine Abnahme nicht ohne Fertigstellung des Bauwerks nicht erfolgen kann, weil sich der Erfolg der Leistung nicht ohne diese beurteilen lässt, kommt es faktisch zu einer Verlängerung der Gewährleistungsfrist. Denn dann wird die Verjährungsfrist auch für den Architekten oder Ingenieur häufig erst mit der Abnahme des Bauwerks beginnen. Das wird zu Unrecht beklagt (Göpfert, NZBau 2003, 139, 140). Denn eine Verkürzung der Verjährungsfrist würde den Besteller in diesem Fällen unangemessen benachteiligen.

Unerheblich ist, ob die Planungsleistungen überhaupt zur Errichtung eines Bauwerkes geführt haben (Locher/Koeble/Frik, Einl. 287; Werner, FS für Jagenburg, 1027, 1039; a. A. Lenkeit, BauR 2002, 228; Grauvogl, Verträge am Bau, S. 449). Maßgeblich ist allein, ob es sich um Planungsleistungen für ein Bauwerk handelt.

Fraglich ist, was Planungs- und Überwachungsleistungen im Sinne des § 634a sind. Erfasst werden sämtliche Planungs- und Überwachungsleistungen für ein Bauwerk, also nicht nur die der Architekten, sondern auch der Ingenieure und Sonderfachleute. Abgrenzungsschwierigkeiten können sich insbesondere zu Leistungen ergeben, die zwar auch darauf gerichtet sind, ein Bauwerk vertragsgerecht entstehen zu lassen, jedoch keine Bauüberwachung in dem Sinne zum Gegenstand haben, dass die Bauunternehmer ständig überwacht werden. Dazu gehören z. B. die Leistungen von so genannten Qualitätscontrollern, die die Bauleistung auf Gutachterbasis stichprobenartig überprüfen (vgl. BGH, Urt. v. 11.10.2001 - VII ZR 475/00) oder die Leistungen von Projektsteuerern, soweit sie nicht ohnehin Architektenleistungen mit übernommen haben. Auch Beratungsleistungen von Architekten sind nicht ohne weiteres mit Planungs- und Überwachungsleistungen identisch (vgl. z. B. OLG Nürnberg, IBR 2002, 81). Grundsätzlich gilt für diese Leistungen gemäß § 634a Abs. 1 Nr. 3 die regelmäßige Verjährung vgl. Schulze-Hagen, IBR 2002, 87 für die Qualitätscontroller). Diese Verjährung ist im Grundsatz nachteilig für die betroffenen Unternehmer, denn die Höchstfrist für Schadensersatzansprüche beträgt 10 Jahre ab der Entstehung des Anspruchs, § 199 Abs. 3 Nr. 1.

Die Verjährung beginnt mit dem Tag der Abnahme. Die fünfjährige Frist berechnet sich nach § 188 Abs. 2 Die Verjährung tritt also mit Ablauf des Tages ein, der dasselbe Datum trägt, wie der Tag der Abnahme. Die so genannte Ultimo-Verjährung zum Jahresende gilt für die fünfjährige Verjährungsfrist nicht.

8.3 Zweijährige Verjährung für Mängel an speziellen Werken

Die Ansprüche wegen Mängeln an Werken, die die Herstellung, Wartung oder Veränderung einer Sache zum Gegenstand haben, verjähren gemäß § 634a Abs. 1 Nr. 1 in zwei Jahren nach der Abnahme.

Diese Arbeiten zeichnen sich dadurch aus, dass sie nicht die Lieferung einer herzustellenden oder zu erzeugenden beweglichen Sache zum Gegenstand haben, für die Kaufrecht und damit die zweijährige Verjährung des § 438 Abs. 1 Nr. 3 i. V. m. § 651 gilt. Vielmehr werden die Arbeiten am Gegenstand selbst vorgenommen. Darunter fallen die ausdrücklich genannten Wartungsarbeiten und Veränderungsarbeiten sowie Reparaturarbeiten. Darunter fallen auch Arbeiten an einem Grundstück, wie z. B. gärtnerische Arbeiten.

In zwei Jahren verjähren auch die Ansprüche wegen Mängeln von Planungs- und Überwachungsleistungen für die genannten Arbeiten. Darunter fallen die Planungsleistungen für Arbeiten, die nicht für Konstruktion, Bestand, Erhaltung und Benutzbarkeit des Gebäudes von wesentlicher Bedeutung sind. Ebenso verjähren in zwei Jahren nach Abnahme die Planungs- und Überwachungsleistungen für reine Grundstücksarbeiten, wie z. B. die Leistungen von Landschafts- und Gartenarchitekten. Unter § 634a Abs. 1 Nr. 1 fallen aber auch Planungs- und Überwachungsleistungen für bewegliche Sachen. Während auf den Vertrag über die Herstellung und Lieferung der beweglichen Sache gemäß § 651 Kaufrecht und damit die Verjährungsregelung des § 438 Abs. 1 Nr. 3 anzuwenden ist, gilt für die dafür erforderliche Planungsleistung (z. B. Planung einer Maschine, die nicht selbst Bauwerk ist) Werkvertragsrecht und die Verjährungsregelung des § 634a Abs. 1 Nr. 1. In beiden Fällen beträgt die Verjährungsfrist zwei Jahre. Maßgeblich für den Verjährungsbeginn ist einerseits die Übergabe der Sache, andererseits die Abnahme der Planungsleistung.

Fallbeispiel – Verkürzung der Gewährleistungsverjährung durch Teilabnahme nach Leistungsphase 8 in AGB?

Eine in allgemeinen Geschäftsbedingungen eines Architektenvertrages formularmäßig vereinbarte Verpflichtung des Bauherrn zu einer Teilabnahme nach Leistungsphase 8 ist wirksam. Der Architekt kann danach bei entsprechender Vertragsgestaltung grds. die Leistungsphase 9 übernehmen, ohne Gefahr einer überlangen Gewährleistung zu laufen.

Beispiel OLG Naumburg, Urt. v. 01.03.2000 - 12 U 63/98; BGH, Beschluss vom 05.04.2001 – VII ZR 161/00 (Revision nicht angenommen)

Ein Architekt war mit Architektenleistungen gem. § 15 II HOAI mit den Leistungsphasen 1-9 beauftragt worden. Nach Abwicklung des Bauvorhabens machte der Bauherr Schadensersatzansprüche gegen den Architekten geltend. Dieser berief sich u. a. auf eine Verjährung der Schadensersatzansprüche und wies insoweit auf Regelungen in den allgemeinen Geschäftsbedingungen des zwischen den Parteien abgeschlossenen Vertrages hin. Diese Regelungen bestimmten für die Leistungsphasen 1-8 einerseits und 9 andererseits einen unterschiedlichen Verjährungsbeginn in Folge unterschiedlicher Abnahmezeitpunkte.

Das über die Schadensersatzansprüche erkennende Gericht sah in diesen Regelungen die formularmäßige Vereinbarung einer Teilabnahme und stellte klar, dass – wäre diese formularmäßige Vereinbarung der Teilabnahme wirksam – die Schadensersatzansprüche des Bauherrn ggf. tatsächlich verjährt gewesen wären. Allerdings stellt das erkennende Gericht fest, dass die formularmäßige Bestimmung einer Teilabnahme eine mittelbare Verkürzung der Verjährungsfrist darstelle und deshalb unwirksam sei.

Im Rahmen der gegen das Gerichtsurteil eingelegten Revision des Architekten stellt der BGH klar, dass entgegen der Ansicht des in der Vorinstanz erkennenden Gerichts eine Teilabnahme nach Leistungsphase 8 auch formularmäßig wirksam vereinbart werden könne. Der BGH fügt allerdings an, dass die in dem streitgegenständlichen Vertrag befindlichen Regelungen gar keine Teilabnahme zum Inhalt gehabt hätten.

Hinweis:

Der BGH befasst sich vorliegend mit der schon seit längerem umstrittenen Frage, ob und inwieweit in Architekten-Musterverträgen eine Regelung zulässig ist, nach welcher die Gewährleistung für Fehler des Architekten in den Leistungsphasen 1-8 bereits nach einer vorzunehmenden Teilabnahme nach Leistungsphase 8 zu laufen beginnen. Diese Frage wird insb. relevant, wenn Architekten auch die Leistungsphase 9 übernehmen. Denn die Übernahme der

Leistungsphase 9 hat nach allgm. Ansicht zur Folge, dass sämtliche Gewährleistungsansprüche des Bauherrn gegen den Architekten erst nach Ablauf der Leistungsphase neun zu laufen beginnen, d. h. i. d. R. erst etwa zwei bis fünf Jahre nach Fertigstellung des Bauwerks.

8.4 Regelmäßige Verjährung für Mängel an sonstigen Werken

Übrig bleibt die Verjährung von Ansprüchen aus Mängeln von Werken, die nicht die Herstellung, Wartung oder Veränderung einer (beweglichen oder unbeweglichen) Sache zum Gegenstand hat, sondern unkörperliche Arbeitsergebnisse. Das sind solche im Sinne des § 631 Abs. 2, wonach Gegenstand eines Werkvertrages nicht nur die Herstellung oder Veränderung einer Sache, sondern auch ein anderer durch Arbeit oder Dienstleistung herbeizuführender Erfolg sein kann. Das sind in erster Linie Beratungsleistungen, die aufgrund eines Werkvertrages erfolgen. Das können auch Transportleistungen und vor allem geistige Leistungen sein, die keine Planungs- oder Überwachungsleistungen sind, die sich auf Sachen beziehen. Dazu können z. B. Gutachten gehören (BGH, Urt. v. 10.6.1976 - VII ZR 129/74, BGHZ 67, 1; Urt. v. 26.10.1978 - VII ZR 249/77, BGHZ 72, 257 - Baugrundgutachten; Urt. v. 10.11.1994 - III ZR 50/94, BGHZ 127, 378, 384 - Wertgutachten). Die Ansprüche wegen Mängeln dieser Leistungen verjähren in der Regelfrist. Das ist die in § 195 geregelte Frist von drei Jahren mit der Höchstfrist von 10 Jahren, § 199 Abs. 4, bzw. 30 Jahren, § 199 Abs. 2 und 3.

8.5 Verjährung der Ansprüche wegen Mängeln beim Kauf eines Bauwerks

Nach § 438 Abs. 1 Nr. 2a) verjähren die Ansprüche wegen Mängeln aus Kaufverträgen oder Werklieferungsverträgen, auf die nach § 651 Kaufrecht anzuwenden ist, in fünf Jahren, wenn ein Bauwerk gekauft worden ist. Die Verjährung beginnt mit der Übergabe des Grundstücks.

8.5.1 Anwendbarkeit des Kaufrechts auf neu errichtete, fertig gestellte Häuser

8.5.1.1 Rechtsprechung zum alten Recht

Die fünfjährige Frist für den Kauf von Bauwerken soll eine angeblich gegen das Gesetz entwickelte Rechtsprechung beenden (RegEntw. S. 537; BR-Stellungnahme Nr. 91; Gegenäußerung zu Nr. 91). Nach dieser Rechtsprechung richten sich Ansprüche des Erwerbers wegen Sachmängeln an neu errichteten Häusern oder Eigentumswohnungen grundsätzlich nach Werkvertragsrecht, unabhängig davon, ob der Erwerb vor oder nach der Fertigstellung erfolgte. Ohne Bedeutung war es vor allem, ob der Vertrag von dem Notar - häufig in Verkennung der wahren Rechtslage - als Kaufvertrag bezeichnet wurde (vgl. BGH, Urt. v. 7.5.1987 - VII ZR 129/86, NJW 1987, 2373).

8.5.1.2 Folgen der Neuregelung

Die Regelung des § 438 Abs. 1 Nr. 2 a) soll es der Rechtsprechung ermöglichen, für Verträge, in denen der Erwerb nach Fertigstellung erfolgt, Kaufrecht anzuwenden. Es soll jedoch auch in diesem Fall eine fünfjährige Frist gelten. Die fünfjährige Frist beginnt mit der Übergabe. Die Regelung gilt für die Kaufverträge über Alt- und Neubauten.

Bauträgerverträge über zu errichtende Bauwerke

Seit der Schuldrechtsmodernisierung wird diskutiert, ob der Bauträgervertrag in Zukunft als Werkvertrag oder als Kaufvertrag einzuordnen ist. Diese Diskussion ist entfacht durch Bemerkungen in der Gesetzesbegründung, wonach der Bundesgerichtshof nunmehr in der Lage sei, auf Bauträgerverträge Kaufrecht anzuwenden.

Ob Kaufrecht oder Werkvertragsrecht Anwendung findet, richtet sich nach dem Vertragstyp. Der Bundesgerichtshof hat in ständiger Rechtsprechung entschieden, dass der Bauträgervertrag ein Vertrag ist, der jedenfalls werk- und kaufvertragliche Elemente enthält (BGH, Urt. v. 5.4.1979 - VII ZR 308/77, BGHZ 74, 204, 207; Urt. v. 12.7.1984 - VII ZR 268/83, BGHZ 92, 123, 126; Urteil vom 21.11.1985 - VII ZR 366/83, NJW 1985, 925). Denn einerseits verpflichtet sich der Bauträger zur Übertragung des Eigentums an einem Grundstück, andererseits zu dessen Bebauung. Auf dieser Grundlage hat der Bundesgerichtshof die Vorschriften aus den jeweiligen Rechtsgebieten angewandt, die zu dem Leistungsanspruch passen, der jeweils geltend gemacht wird. Dementsprechend hat er auf den Anspruch auf Übertragung des Grundstücks weitgehend Kaufrecht angewandt. Hingegen hat er auf den Anspruch auf Sachmängelhaftung wegen Herstellungsfehlern grundsätzlich das Werkvertragsrecht angewandt. Dem sind einige Notare entgegengetreten, die der Herstellungsverpflichtung des Bauträgers nur eine untergeordnete Bedeutung beimaßen. Sie haben ihrer Rechtsauffassung, der Bauträgervertrag sei insgesamt nach Kaufvertragsrecht zu beurteilen, insbesondere dadurch Ausdruck verliehen, dass sie die notariellen Verträge mit kaufvertragsrechtlichen Regelungen versahen und diese auch als Kaufverträge bezeichneten. Dem ist der Bundesgerichtshof stets und beharrlich entgegengetreten. Nach dieser Rechtsprechung richten sich Ansprüche des Erwerbers wegen Sachmängeln an neu errichteten Häusern oder Eigentumswohnungen grundsätzlich nach Werkvertragsrecht, unabhängig davon, ob der Erwerb vor oder nach der Fertigstellung erfolgte. Ohne Bedeutung war es vor allem, ob der Vertrag von dem Notar - häufig in Verkennung der wahren Rechtslage - als Kaufvertrag bezeichnet wurde (vgl. BGH, Urt. v. 7.5.1987 - VII ZR 129/86, NJW 1987, 2373).

Die in einem Bauträgervertrag übernommene Herstellungsverpflichtung ist nicht von untergeordneter Bedeutung. Sie dominiert den Vertragstyp. Deshalb ist es grundsätzlich sachgerecht, auch weiterhin auf den Bauträgervertrag das Werkvertragsrecht anzuwenden, soweit es um Ansprüche aus der Herstellungsverpflichtung geht, (Pause, NZBau 2002, 648; Quack, IBR 2001, 705). Das gilt z. B. für den Lauf der Gewährleistungsfrist ab Abnahme und auch für das Recht auf Vorschuss wegen Mängeln der Bauleistung.

Bauträgerverträge über errichtete und fertig gestellte Bauwerke

Ob das auch gilt, wenn der Bauträgervertrag zu einem Zeitpunkt geschlossen wird, in dem das Bauwerk bereits fertig gestellt ist, ist besonders streitig (verneinend: Basty, Der Bauträgervertrag, 4. Aufl. (2002), Rdn. 16; Hertel, DnotZ 2002, 6, 18; Brambring, DnotZ 2001, 904, 906; Wälzholz/Bülow, MittBayNot 2001, 509; Heinemann, ZfIR 2002, 167, 168; bejahend: Pause, NZBau 2002, 648, 649). Bisher wurde das Sachmängelrecht auch dann nach Werkvertragsrecht beurteilt, wenn das Bauwerk bei Vertragsschluss fertig gestellt war, jedoch als neues Bauwerk galt. Der Bundesgerichtshof hat sich geweigert, auf diese Fälle Kaufrecht anzuwenden. Allein der Umstand, dass das Bauwerk fertig gestellt war, genügt nicht. In erster Linie wurde durch diese Rechtsprechung sichergestellt, dass dem Erwerber die fünfjährige Gewährleistungsfrist blieb, die erst im Zeitpunkt der Abnahme lief. Das Gesetz zur Modernisierung des Schuldrechts enthält eine Regelung, nach der die fünfjährige Frist für Sachmängelansprüche auch beim Kauf von Bauwerken gilt. Diese beginnt allerdings mit der Übergabe. Diese Regelung soll es der Rechtsprechung ermöglichen, nunmehr Kaufrecht anzuwenden.

Es ist fraglich, ob die Rechtsprechung das Angebot des Gesetzgebers nutzt, auf solche Verträge, in denen das herzustellende Bauwerk bereits fertig gestellt ist, allein Kaufrecht anzuwenden. Die Trennung zwischen Kauf- und Werkvertrag führt zu einer Unterscheidung danach, ob das Bauwerk im Zeitpunkt des Verkaufs fertig gestellt war oder nicht. Bei der Feststellung dieses Zeitpunktes können sich erhebliche Probleme ergeben (vgl. Rüfner, ZfIR 2001, 16, 17), z. B. dann wenn bei einer Eigentumswohnung im Zeitpunkt des Erwerbs noch Mängel, sei es im Sondereigentum, sei es im Gemeinschaftseigentum, vorliegen. Um diesem Streit auszuweichen, empfiehlt sich möglicherweise weiterhin bei zeitnah mit der (angeblichen) Fertigstellung verbundenen Verträgen Werkvertragsrecht anzuwenden. Das gilt umso mehr, als der tragende Grund für die Anwendung des Werkvertragsrechts die Übernahme von Herstellungsverpflichtungen in dem jeweiligen Vertrag ist. Für diese gilt das Werkvertragsrecht. Es ist kaum zu rechtfertigen, dass ein Vertrag dem Werkvertragsrecht entzogen werden soll, weil im Zeitpunkt des Vertragsschlusses das Bauwerk bereits fertig gestellt ist. Denn auch in diesem Fall will und soll der Bauträger für die Werkleistung als solche haften. Diejenigen, die Kaufrecht angewendet haben wollen, meinen hingegen, der Unternehmer wolle sich nur zur Übergabe und Übereignung des Bauwerks verpflichten (vgl. Rüfner, ZfIR 2001, 16). Das ist eine ganz einseitige Sicht der Dinge und wird dem mit dem Vertrag verfolgten Zweck nicht gerecht. Der Erwerber will nicht das Bauwerk, sondern ein mangelfrei hergestelltes Bauwerk. Das zu liefern, verspricht der Bauträger auch, wobei er selbstverständlich nicht gehindert ist, ein Einstehen für eine mangelfreie Herstellung auch dann noch zu versprechen, wenn das Bauwerk fertig gestellt ist. Dass der Übergang auf Kaufrecht im Augenblick der Fertigstellung keine sachgerechten Ergebnisse ergibt, zeigt sich deutlich daran, dass es keinen Unterschied machen kann, ob ein Erwerber ein Bauwerk einen Tag oder einen Tag nach der Fertigstellung erwirbt (Pause, NZBau 2002, 648, 649). In beiden Fällen bleibt Gegenstand des Vertrages die Herstellungsverpflichtung. Daran ändert sich nichts, wenn die Notare diese Verträge als Kaufverträge bezeichnen.

8.5.2 Anwendung des Gesetzes auf den Kauf von Neu- und Altbauten

Das Gesetz betrifft den Verkauf von Neu- und Altbauten. Die fünfjährige Frist gilt also auch für den Kauf von Altbauten, ohne dass eine Herstellungsverpflichtung übernommen wird. Das ist zunächst verblüffend, jedoch konsequent. Der Unterschied zwischen Neu- und Altbauten wird im Rahmen des Ausschlusses von Mängelansprüchen und der Verjährungserleichterung durch Allgemeine Geschäftsbedingungen relevant. Die Klauselverbote des § 309 Nr. 8 b) beziehen sich nur auf „Verträge über Lieferungen neu hergestellter Sachen und über Werkleistungen". Bei Altbauten können daher die kaufrechtlichen Mängelansprüche nach § 309 Nr. 8 b) aa) insgesamt ausgeschlossen werden, sofern dies nicht sonstigen Klauselverboten oder der Generalklausel des § 307 widerspricht. Notare empfehlen den bisher üblichen Haftungsausschluss (Brambring, NotZ 2001, 590, 613). Das ist bedenklich, weil dieser in der Sache wesentlich weitergeht als nach altem Recht (Litzenburger, NJW 2002, 1244). Es muss außerdem beachtet werden, dass ein Haftungsausschluss für Körperschäden usw. generell und ansonsten ein Ausschluss des Schadensersatzanspruchs für grob fahrlässige und vorsätzliche Pflichtverletzungen unzulässig ist, § 309 Nr. 7. Hingewiesen wird darauf, dass es beim Mitverkauf beweglicher gebrauchter Sachen vom Unternehmer an den Verbraucher zu Problemen im Hinblick auf § 475 Abs. 2 kommen kann. Danach dürfen die Rechte des Käufers bei Mängeln (ausgenommen Schadensersatzansprüche) für das gesetzliche Zubehör und die mitverkauften beweglichen Sachen, auch wenn sie gebraucht sind, nicht ausgeschlossen oder beschränkt werden. Die Verjährungsfrist für Sachmängel kann lediglich auf ein Jahr verkürzt werden (Brambring, DNotZ 2001, 904, 909).

Bei Bauwerken ist der generelle Haftungsausschluss nicht zulässig und die Verjährung für die Mängelansprüche kann nach § 309 Nr. 8 b) ff) auch nicht erleichtert werden, da dieser u. a. auf die Vorschrift des § 438 Abs. 1 Nr. 2 Bezug nimmt.

Die Begründung weist weiter darauf hin, dass neu hergestellte Bauwerke auch dann vorliegen können, wenn Altbauten saniert worden sind. Insoweit soll es bei der bisherigen Rechtsprechung bleiben (Gegenäußerung zu Nr. 91).

8.5.3 Verjährung des Anspruchs auf Übertragung des Eigentums

Ansprüche auf Übertragung des Eigentums an dem bebauten Grundstück, wie sie in einem Bauträgervertrag ebenfalls begründet werden, verjähren gemäß § 196 in zehn Jahren. Diese Verjährungsfrist wird allgemein als zu kurz empfunden. Eine Initiative des Bundesrates, eine dreißigjährige Verjährung festzuschreiben (BR-Stellungn. Nr. 2), blieb jedoch erfolglos (Gegenäußerung Nr. 2). Ob der Anspruch auf Eigentumsübertragung aus einem Bauträgervertrag der Regelung des § 196 unterfällt, ist umstritten. Es wird vertreten, der Schwerpunkt des Vertrages liege auf der Verschaffung des Werkes, so dass die für den Erfüllungsanspruch geltende dreijährige Frist zu gelten habe (Wagner, ZfIR 2002, 257, 262). Dem wird unter Hinweis darauf, dass bisher in dem typengemischten Bauträgervertrag hinsichtlich der Ansprüche auf Erwerb des Grundstücks das Kaufrecht dominierte und kein Grund bestehe, das zu ändern, entgegengetreten (Amann, DNotZ 2002, 94, 114). Der Anspruch auf Eigentumsverschaffung verjähre 10 Jahre nach Fälligkeit, der Anspruch auf Herstellung des Gebäudes dagegen in drei Jahren (Pause, NZBau 2002, 648, 651).

Unklar ist ob auch der Anspruch des Bauträgers auf Zahlung des Erwerbspreises in zehn Jahren verjährt (vgl. dazu oben § 631 Ziff. 3.3.1.2)

8.6 Verjährung des Anspruchs wegen Mängeln einer für ein Bauwerk verwendeten Sache

Die fünfjährige Verjährungsfrist gilt nach § 438 Abs. 1 Nr. 2 b) auch dann, wenn eine bewegliche Sache gekauft, bzw. gemäß § 651 geliefert worden ist, die entsprechend ihrer üblichen Verwendungsweise für ein Bauwerk verwendet worden ist und dessen Mangelhaftigkeit verursacht hat.

8.6.1 Allgemeines

Damit wird eine Rechtsprechung zum Werklieferungsvertrag zur Gleichschaltung der Verjährungsfristen fortgeführt und auf Kaufverträge ausgedehnt. Es ist dem auf Gewährleistung in Anspruch genommenen Bauunternehmer möglich, den Baustofflieferanten in Anspruch zu nehmen, ohne im Regelfall Verjährung befürchten zu müssen. Die fünfjährige Verjährungsfrist gilt nicht nur für Ansprüche der Bauhandwerker gegen ihre Lieferanten, sondern auch für Ansprüche von Zwischenhändlern gegenüber anderen Zwischenhändlern oder den Hersteller von Baumaterialien, von Bauherren, welche die Baumaterialien selbst erwerben und entweder selbst einbauen oder einbauen lassen. Ein Kaufvertrag über Sachen, die entsprechend ihrer üblichen Verwendungsweise für ein Bauwerk verwendet werden, liegt nicht nur beim Erwerb von fertig gestellten Produkten vor, sondern nach § 651 auch beim Vertrag über die Lieferung herzustellender oder zu erzeugender beweglicher Sachen. Deshalb haftet z. B. das Warenhaus, das Baumaterialien verkauft, ebenso wie der Betonlieferant nach § 438 Abs. 2 b).

8.6.2 *Beginn der Verjährung*

Die Verjährung beginnt in jedem dieser Rechtsverhältnisse nach § 438 Abs. 2 mit der Ablieferung der Baumaterialien. Der spätere Zeitpunkt der Verwendung der Baumaterialien spielt keine Rolle, da der Verkäufer darauf keinen Einfluss hat. Insoweit ist für Regressansprüche kein völliger Gleichlauf der Verjährungsfristen in den einzelnen Handelsstufen erreichbar (vgl. auch unten § 651).

8.6.3 *Verwendung für ein Bauwerk*

Die Sache muss entsprechend ihrer üblichen Verwendungsweise für ein Bauwerk verwendet worden sein und dessen Mangelhaftigkeit verursacht haben. Der Begriff „entsprechend ihrer üblichen Verwendungsweise„ zwingt nach der Begründung (RegEntw. S. 533) zu einer objektiven Betrachtungsweise. Es kommt nicht darauf an, ob der Lieferant im Einzelfall von der konkreten Verwendung Kenntnis hat. Die Bezugnahme auf die „übliche" Verwendung bezweckt eine Beschränkung des Anwendungsbereichs. Nicht erfasst sind Sachen, deren bauliche Verwendung außerhalb des Üblichen liegt. Die Begründung nennt den Fall, dass ein Künstler extravagante Sachen verwendet, um einem Gebäude eine künstlerische Note zu verleihen (RegEntw. S. 533). Unklar ist, ob die fünfjährige Frist auch für solche Sachen gilt, die vom Unternehmer ausdrücklich beim Lieferanten für den Einbau in ein Bauwerk bestellt werden, die aber üblicherweise nicht für ein Bauwerk verwendet werden.

8.6.4 *Verwendung für ein bereits fertig gestelltes Bauwerk*

Nach der sprachlichen Fassung des § 438 Abs. 1 Nr. 2 b) gilt die fünfjährige Frist für die Verwendung der Sache für Bauwerke. Das würde bedeuten, dass diese Frist immer dann gilt, wenn eine Sache im Sinne dieser Regelung in ein Bauwerk eingebaut wird und zwar unabhängig davon, welches Gewicht die Einbauleistungen haben. Darunter fielen dann auch geringfügige Verwendungen, wie z. B. die Installation einer neuen Steckdose, der Ersatz eines abgebrochenen Türgriffs, die Installation einer neuen Badezimmerarmatur usw. Aus der Begründung geht hervor, dass das nicht gewollt ist. § 438 Abs. 1 Nr. 2 b) gilt zwar auch für die Fälle, in denen kein neues Bauwerk errichtet wird. Insoweit soll es jedoch darauf ankommen, ob Arbeiten an einem Bauwerk im Sinne der Rechtsprechung zum Verjährungsrecht, § 638 a. F., vorgenommen werden. Das sind Arbeiten, die für Konstruktion, Bestand, Erhaltung und Benutzbarkeit des Gebäudes von wesentlicher Bedeutung sind, wenn die eingebauten Teile mit dem Gebäude fest verbunden werden (RegEntw. S. 533). Dagegen gilt § 438 Abs. 1 Nr. 2 b) nicht, wenn das Material lediglich für eine Reparatur verwendet wird, die nach der Definition der Rechtsprechung nicht als Arbeit am Bauwerk einzustufen ist.

Die Ungewissheit des Lieferanten, ob das Material für Arbeiten beim Bauwerk oder nicht verwendet wird, muss hingenommen werden. Er muss sich von vornherein auf eine fünfjährige Gewährleistung einrichten (Bedenken bei Teichmann, ZfBR 2002, 12, 20). Nach Mansell ist die fünfjährige Frist nur anwendbar, wenn das Baumaterial innerhalb von zwei Jahren ab Ablieferung eingebaut wird. Andernfalls würde ein bereits verjährter Anspruch durch bloßen Einbau in ein Bauwerk wieder aufleben (Mansell, NJW 2002, 89, 94). Im Gesetzeswortlauf findet diese Ansicht keine Stütze, deshalb soll eine teleologische Reduktion stattfinden.

8.6.5 Ursächlichkeit

Die fünfjährige Verjährungsfrist kommt nur in Betracht, wenn der Mangel der Sache ursächlich für den Mangel des Bauwerks ist. Hat der Unternehmer die mangelfreie Sache lediglich fehlerhaft eingebaut, greift die fünfjährige Frist nicht.

8.7 Regelmäßige Verjährung anderer Ansprüche im Zusammenhang mit der Errichtung eines Bauwerks

Für Ansprüche des Bestellers, die nicht wegen Mängeln der Bauleistung geltend gemacht werden, gelten die Regelungen des Allgemeinen Teils, §§ 194 ff., die auf der regelmäßigen Verjährungsfrist von drei Jahren aufbauen, § 195. Diese Frist gilt für alle Ansprüche, gleich ob aus Vertrag (z. B. Erfüllungsansprüche), Bereicherung (für rechtsgrundlos erbrachte Leistungen), Geschäftsführung ohne Auftrag (z. B. für unwirksam beauftragte Nachträge im BGB-Vertrag) oder andere Rechtsinstitute. Sie gilt auch für die Ansprüche aus der Verletzung von vertraglichen Pflichten, die nicht zu Mängeln des Werks geführt haben. Das sind z. B. Ansprüche aus der Verletzung der Pflichten zur Beratung, Aufklärung, Information, Koordination, Kooperation usw., vgl. § 241 Abs. 2. Auch die Ansprüche aus der Verletzung von Pflichten aus Verschulden bei Vertragsschluss (c.i.c.) unterliegen der regelmäßigen Verjährung.

8.7.1 Konkurrenzprobleme

Soweit diese Pflichtverletzungen zu Mängeln führen, stellt sich für Schadenersatzansprüche das Konkurrenzproblem zu § 634a (vgl. Sienz, BauR 2002, 193). Nach § 634a verjährt der in § 634 Nr. 4 bezeichnete Schadensersatzanspruch in fünf Jahren nach der Abnahme. Der Schadensersatzanspruch aus § 634 Nr. 4 kann verlangt werden, wenn das Werk mangelhaft ist. Anknüpfungspunkt ist demnach die mangelhafte Werkleistung. Dagegen ist für Schadensersatzansprüche aus fehlerhafter Beratung usw. dieses Fehlverhalten Anknüpfungspunkt. Dementsprechend fehlt in § 634 Nr. 4 auch die Verweisung auf § 282.

Auch wenn die fehlerhafte Beratung usw. zu einem Baumangel geführt hat, dürfte deshalb grundsätzlich die regelmäßige Verjährungsfrist gelten, die im Normalfall nach 10 Jahren endet. Inwieweit das anders ist, wenn die fehlerhafte Beratung Bestandteil der im Zusammenhang mit der Errichtung des Bauwerks übernommenen Pflichten besteht, wird zu klären sein. Es spricht viel dafür, die fünfjährige Frist auch dann anzuwenden, wenn die Verletzung von Nebenpflichten zu Werkmängeln führt (Voit, BauR 2002, 159). Im Einzelfall kann es zu schwierigen Abgrenzungsproblemen kommen (Lenkeit, BauR 2002, 207, 228). Zutreffend wird darauf hingewiesen, dass die Rechtsprechung immer wieder Wege gefunden hat, zu kurzen Verjährungsfristen auszuweichen (Leenen, JZ 2001, 552, 555; Raab in „Das neue Schuldrecht", S. 244). Die Konkurrenz von Ansprüchen aus Pflichtverletzung und Ansprüchen aus mangelhafter Leistung, wird solche Möglichkeiten bieten.

8.7.2 Arglistig verschwiegene Mängel

In der regelmäßigen Verjährungsfrist verjähren auch arglistig verschwiegene Mängel von Bauwerken, jedoch nicht vor Ablauf der fünfjährigen Frist, § 634a Abs. 3. Gegenüber der alten Regelung des § 638 gibt es eine sprachliche Modifikation, weil nicht mehr darauf abgestellt wird, dass der Mangel bei der Abnahme arglistig verschwiegen wird. Sachlich soll das aber wohl keine Änderung darstellen (RegEntw. S. 625). Es kommt deshalb darauf an, ob der Unternehmer bei der Abnahme arglistig war. Die Arglist nach der Abnahme schadet insoweit nicht. Sie kann jedoch zur Verletzung von Vertragspflichten führen (Kniffka, Festschrift für Heiermann, S. 201).

Die Höchstfrist beträgt bei arglistig verschwiegenen Mängeln 10 Jahre für alle anderen Ansprüche als Schadensersatzansprüche, § 199 Abs. 4. Schadensersatzansprüche, die auf Verletzung des Lebens, des Körpers, der Gesundheit oder der Freiheit beruhen, können bei fehlender Kenntnis bzw. grob fahrlässiger Unkenntnis oder mangels Entstehung noch 30 Jahre geltend gemacht werden, wenn ein Mangel arglistig verschwiegen worden ist. Nach der Regelung des § 199 Abs. 3 Nr. 2 kommt auch für sonstige Schadensersatzansprüche unter den dort genannten Voraussetzungen eine 30-jährige Verjährungsfrist in Betracht. Ansonsten gilt die 10-jährige Frist ab der Entstehung des Anspruchs, § 199 Abs. 3 Nr. 1 (Acker/Bechthold, NZBau, 2002, 529, 530; auch zur Übergangsregelung).

In dem Extremfall, dass der verschwiegene Mangel sofort nach der Abnahme entdeckt wird, besteht danach kein gravierender Unterschied zur normalen Verjährung, was verständlicherweise stark kritisiert wird. Diese kurze Verjährung wird vor allem den Besonderheiten des Baurechts nicht gerecht. Es zeigt sich immer wieder, dass arglistig verschwiegene Mängel nach Ablauf von fünf oder sogar zehn Jahren auftauchen. Es kann durch diese Mängel zu ganz erheblichen Schäden kommen. Werden Schadensersatzansprüche des Bestellers dann mit der Einrede der Verjährung blockiert, dürfte das auf wenig Akzeptanz stoßen. Der Besteller erwartet zu Recht eine lange Lebensdauer des Bauwerks. Er investiert häufig erhebliche Summen, bisweilen im privaten Wohnungsbau sein ganzes, jahrelang angespartes Vermögen. Es ist nicht interessengerecht, ihn bei einem arglistig verschwiegenen Mangel nach u. U. etwas mehr als fünf Jahren oder auch zehn Jahren schutzlos zu stellen.

8.7.3 Verjährung nach Organisationspflichtverletzung

Nach der Rechtsprechung wird ein Unternehmer so behandelt, als sei er arglistig, wenn er seine Organisationspflichten bei der Herstellung und Abnahme des Bauwerks verletzt hat und infolge dieser Verletzung ein Mangel nicht erkannt worden ist (BGH, Urt. v. 12.3.1992 - VII ZR 5/91, BGHZ 117, 318). Während sich nach der alten Rechtslage daran eine dreißigjährige Haftung knüpfte, sind die Folgen nunmehr abgemildert. Der Unternehmer haftet im Regelfall maximal zehn Jahre (Acker/Bechthold, NZBau 2002, 529, 531). Allerdings kann auch insoweit für Schadensersatzansprüche, wie beim arglistig verschwiegenen Mangel, eine dreißigjährige Frist maßgeblich sein (Mansell, NJW 2002, 89, 96), vgl. oben.

8.7.4 Verjährung bei Sekundärhaftung

Das Gesetz hat auch für Ansprüche wegen Mängeln des Architektenwerks die objektive Anknüpfung an die Abnahme gewählt. Die Vergünstigung der subjektiven Anknüpfung an die Kenntnis kommt dem Besteller deshalb nicht zugute. Es wird deshalb, anders als bei anderen

Freiberuflern (Rechtsanwälte und Steuerberater, vgl. Heinrichs, BB 2001, 1417, 1423) weiterhin notwendig sein, die zur Sekundärhaftung entwickelten Grundsätze auf den Architekten anzuwenden. In der regelmäßigen Verjährungsfrist dürften deshalb Ansprüche gegen den Architekten verjähren, die daraus abgeleitet werden, dass der Architekt unter Verstoß gegen seine Sachwalterpflichten nicht ordnungsgemäß darüber aufgeklärt hat, dass zu Tage getretene Mängel des Bauwerks auf seine fehlerhafte Planung oder Bauüberwachung zurückzuführen sein könnten (Sekundärhaftung, vgl. BGH, Urteil vom 27. September 2001 - VII ZR 320/00, BauR 2002, 108 = NZBau 2002, 42).

8.7.5 Verjährung im Gesamtschuldnerausgleich

Unter die Regelverjährung fallen auch die Ansprüche auf Ausgleich zwischen Gesamtschuldnern gemäß § 426 Abs. 1 BGB. Der so genannte Gesamtschuldnerausgleich hat im Baurecht eine gewisse Bedeutung, weil häufig mehrere Mängelverursacher als Gesamtschuldner haften und für den Fall, dass sie in Anspruch genommen werden, Ausgleich bei den anderen Mängelverursachern suchen (Kniffka/Koeble, Kompendium des Baurechts, 6. Teil, Rdn. 223). Es ist bemängelt worden, dass über die dreißigjährige Verjährungsfrist, die bisher für den Gesamtschuldnerausgleich galt, die fünfjährige Gewährleistungsfrist umgangen werden kann. Denn ein Architekt, der wegen eines Baumangels Schadensersatz geleistet hat, konnte den Unternehmer nach Ablauf der Gewährleistungsfrist aus dem Bauvertrag mit dem Auftraggeber auf Gesamtschuldnerausgleich in Anspruch nehmen und zwar grundsätzlich unabhängig davon, ob dem Unternehmer eine Frist (mit Ablehnungsandrohung) zur Mängelbeseitigung gesetzt worden ist. Daran hat sich im Prinzip nichts geändert.

Die Verjährung des Anspruchs auf Gesamtschuldnerausgleich hängt in Zukunft davon ab, dass der Ausgleichsanspruch entstanden ist und der fordernde Gesamtschuldner von den Anspruch begründenden Umständen und der Person des anderen Gesamtschuldners Kenntnis erlangt hat oder ohne grobe Fahrlässigkeit hätte erlangen können, § 199 Abs. 1. Entstanden ist der Ausgleichsanspruch bereits mit der Begründung der Gesamtschuld (BGH, Urt. v. 21.3.1991, BGHZ 114, 117, 122). Kenntnis dürfte aber regelmäßig erst dann vorliegen, wenn der fordernde Gesamtschuldner in Anspruch genommen worden ist. Denn erst dann hat er Kenntnis von den den Anspruch aus § 426 Abs. 1 begründenden Umständen. Wird ein Architekt wegen eines Planungsfehlers z. B. vier Jahre nach Abnahme des Bauwerks auf Schadensersatz einer mangelhaften Planung in Anspruch genommen, die der Unternehmer ausgeführt hat ohne seiner Bedenkenshinweispflicht zu genügen, so kann der Architekt den Unternehmer noch weitere drei Jahre, also über den Ablauf der für die Ansprüche des Auftraggebers gegen den Unternehmer geltenden Gewährleistungsfrist hinaus, auf Gesamtschuldnerausgleich in Anspruch nehmen. Zu warnen ist aber davor, dass der Architekt möglicherweise erst sich verklagen lässt und dann nach häufig mehrjährigem Rechtsstreit erst den Unternehmer in Anspruch nimmt. Denn dann kann der Anspruch verjährt sein. In diesen Fällen empfiehlt sich für den Architekten, dem Unternehmer den Streit zu verkünden (Schwenker, DAB 2002, 49).

8.7.6 Verjährung deliktischer Ansprüche

Das neue Recht enthält keinen Vorrang der vertraglichen Verjährung vor der deliktischen Verjährung. Der werkvertragliche Anspruch ist fünf Jahre nach Abnahme verjährt. Er erfasst auch die Mangelfolgeschäden. Der deliktische Anspruch ist hingegen abhängig von seinem Entstehen und von der Kenntnis bzw. grob fahrlässigen Unkenntnis, so dass vor Ablauf der

Frist von zehn Jahren noch Ansprüche geltend gemacht werden können (Heinrichs, BB 2001, 1417, 1420; kritisch Roth, JZ 2001, 543; Mansell, NJW 2002, 89, 95, die für eine einheitliche Verjährung unter dem Regime der Verjährung für vertragliche Ansprüche plädieren). Bricht zum Beispiel sechs Jahre nach Abnahme eines Bauwerks ein fehlerhaft installiertes Rohr und kommt es infolge des Wassers zu Beschädigungen des Inventars, so kommen deliktische Ansprüche in Betracht, sofern Eigentumsverletzungen vorliegen.

Damit bleibt der Praxis auch die Problematik der weiterfressenden Schäden erhalten (Raiser, NZBau 2001, 598, 602 m. w. N.).

8.7.7 Verjährung des Erfüllungsanspruchs

Der Erfüllungsanspruch verjährt in der regelmäßigen Frist. Das war auch nach bisherigen Recht so. Allerdings betrug die regelmäßige Verjährungsfrist bisher dreißig Jahre. Nunmehr beträgt sie drei Jahre. Diese Verkürzung könnte für die Verjährung der Mängelbeseitigungsansprüche, die vor der Abnahme erhoben werden, einige Probleme mit sich bringen. § 634a findet auf solche Ansprüche keine Anwendung. Aus § 634a wird man wohl auch nicht folgern können, dass Ansprüche wegen eines Mangels ohne Abnahme überhaupt nicht verjähren. Klar ist das allerdings nicht, denn nach dem Wortlaut der Regelung wäre das eigentlich so.

Geht man davon aus, dass Mängelansprüche, die vor der Abnahme erhoben werden, verjähren können, so bleibt nur die regelmäßige Verjährungsfrist. Die Ansprüche verjähren dann also drei Jahre nach Kenntnis bzw. grob fahrlässige Unkenntnis zum Jahresende (vgl. dazu Wagner, ZfIR 2002, 257, 263). Das allerdings kann bei länger dauernden Bauvorhaben problematisch sein, weil dann der Anspruch wegen während der Bauausführung erkannter Mängel verjähren kann, bevor das Bauvorhaben überhaupt abnahmereif erstellt worden ist. Der Auftraggeber müsste Maßnahmen ergreifen, um die Verjährung zu hemmen. Eine Hemmung kommt durch Verhandlung oder durch Rechtsverfolgung in Betracht. Hat der Auftragnehmer den Mangel anerkannt, beginnt die dreijährige Frist neu. Denkbar ist aber auch, dass den für das Gesetz Verantwortlichen eine Hemmung des Erfüllungsanspruches wegen Mängeln vorgeschwebt hat, solange das Werk nicht abnahmereif erstellt ist. Eine derartige Hemmung könnte möglicherweise damit begründet werden, dass es einer Art Verhandlung über den Mangel gleich steht, wenn der Unternehmer einen gerügten Mangel nicht sofort beseitigt, sondern das Werk weiter erstellt bis es nach seiner Auffassung abnahmereif ist. Gegen eine Ablaufhemmung in diesem Sinne hat sich Lenkeit (BauR 2002, 227) mit dem Argument gewandt, auf diese Weise könne es zur Unverjährbarkeit des Anspruchs kommen. Dem könnte allerdings dadurch begegnet werden, dass die Verjährung jedenfalls mit der Abnahmeverweigerung beginnt.

Gesichert scheint allerdings, dass die fünfjährige Frist auch für vor der Abnahme gerügte Mängel gilt, sobald die Abnahme erfolgt ist. Etwas anderes wäre mit dem Wortlaut und dem Zweck des § 634a nicht vereinbar.

8.7.8 Verjährung ohne Abnahme

8.7.8.1 Gewährleistungsansprüche bei verweigerter Abnahme

Das Gesetz bietet auch keine Lösung für die Frage, wann eine Gewährleistungsfrist läuft, wenn die Abnahme verweigert ist und gegebenenfalls welche. In manchen Punkten wird man auf die bisherige Rechtsprechung zurückgreifen können. Danach läuft z. B. die fünfjährige Frist in dem Augenblick, in dem der Auftraggeber die Abnahme endgültig verweigert. Unproblematisch ist das jedoch nicht. Solange die Leistung nicht abgenommen ist, hat der Auftraggeber den Erfüllungsanspruch aus § 631. Dieser Anspruch verjährt in der regelmäßigen Verjährungsfrist. Wird die Abnahme verweigert, könnte der fortbestehende Erfüllungsanspruch auch dieser regelmäßigen Verjährung unterliegen.

8.7.8.2 Schadensersatzanspruch bei verweigerter Abnahme

Ähnlich problematisch ist die Verjährung des Schadensersatzanspruchs ohne Abnahme. Der Auftraggeber kann nach § 281 Abs. 1 Schadensersatz verlangen. Wann dieser Anspruch verjährt, ist unklar. Eine Abnahme findet in der Regel nicht statt, wenn Schadensersatz statt der Leistung verlangt wird; ein Anspruch auf Abnahme besteht wegen des Mangels nicht. Es dürfte also dann die regelmäßige Frist gelten, die allerdings nur drei Jahre beträgt. Die Frist beginnt mit der Fälligkeit des Anspruchs und der Kenntnis bzw. grob fahrlässigen Unkenntnis des Bestellers von der Person des Schuldners und der den Anspruch begründenden Umstände, wobei klärungsbedürftig ist, ob sie mit Ablauf der Frist aus § 281 Abs. 1 beginnt, oder jedenfalls mit der Forderung nach Schadensersatz.

Ähnlich ist es in anderen Fällen, in denen eine Abnahme nicht mehr in Betracht kommt, so z. B. verjährt ein Anspruch auf Ersatz der Mehrkosten für die Fertigstellung aus § 8 Nr. 3 Abs. 2 VOB/B in der regelmäßigen Verjährung (Lenkeit, BauR 2002, 200), deren Beginn allerdings davon abhängt, dass der Anspruch fällig wird.

8.7.9 Verjährung des Anspruchs auf Abnahme

Auch der Anspruch des Unternehmers auf Abnahme der fertig gestellten Bauleistung verjährt in der Regelfrist. Es wird empfohlen, vertraglich eine längere Frist zu vereinbaren, wenn Leistungen über einen längeren Zeitraum erbracht werden (Lenkeit, BauR 2002, 199.

8.7.10 Verjährung der Ansprüche wegen Verletzung einer Pflicht aus § 241 Abs. 2

Schließlich unterliegen der regelmäßigen Verjährung auch die Ansprüche aus Pflichtverletzungen, die nicht zu einer mangelhaften Leistung führen, § 241 Abs. 2, so z. B. der Anspruch auf Schadensersatz aus § 280 oder § 282 i. V. m. § 281.

8.8 Keine Verjährung der Gestaltungsrechte

Minderung und Rücktritt sind Gestaltungsrechte geworden. Sie verjähren nicht, vgl. § 194 Abs. 1. Für das Rücktrittsrecht gilt gemäß § 634 Abs. 1 Satz 1 die Regelung des § 218.

> ***§ 218 (Unwirksamkeit des Rücktritts)***
>
> *(1) Der Rücktritt wegen nicht oder nicht vertragsgemäß erbrachter Leistung ist unwirksam, wenn der Anspruch auf die Leistung oder der Nacherfüllungsanspruch verjährt ist und der Schuldner sich hierauf beruft. Dies gilt auch, wenn der Schuldner nach § 275 Abs. 1 bis 3, § 439 Abs. 3 oder § 635 Abs. 3 nicht zu leisten braucht und der Anspruch auf die Leistung oder der Nacherfüllungsanspruch verjährt wäre. § 216 Abs. 2 Satz 2 bleibt unberührt.*
>
> *(2) § 214 Abs. 2 findet entsprechende Anwendung.*

8.8.1 Unwirksamkeit des Rücktritts

§ 218 regelt die Wirksamkeit der gestaltenden Erklärung des Rücktritts. Sie ist unwirksam, wenn der Anspruch auf Erfüllung oder Nacherfüllung im Zeitpunkt des Rücktritts verjährt ist und der Schuldner sich darauf beruft. Die Berufung des Schuldners darauf, steht der Einrede der Verjährung gleich. Auf diese Weise erfolgt eine Gleichschaltung mit der Verjährung des Anspruchs auf Nacherfüllung.

8.8.2 Zeitpunkt der Einrede

Wann sich der Schuldner auf die Verjährung des Nacherfüllungsanspruchs berufen und damit die Rücktrittserklärung unwirksam machen kann, ist ungeregelt. Die Begründung teilt mit, auf eine zeitliche Schranke sei bewusst verzichtet worden (RegEntw. S. 281). In einem Prozess kann sich der Schuldner also noch bis zum Schluss der mündlichen Verhandlung auf die Unwirksamkeit berufen. Das bedeutet, dass der Vertrag weiterhin im Erfüllungsstadium bleibt.

8.8.3 Leistungsverweigerungsrecht des Bestellers nach unwirksamem Rücktritt

Einen Ausgleich bietet § 634a Abs. 4 Satz 2. Der Besteller kann trotz der Unwirksamkeit des Rücktritts nach § 218 Abs. 1 die Zahlung der Vergütung insoweit verweigern, als er auf Grund des Rücktritts dazu berechtigt sein würde. Mit dieser Regelung soll eine dem § 215 entsprechende Lage geschaffen werden. Es wird aber übersehen, dass § 215 die Fälligkeit des Nacherfüllungsanspruchs oder des auf Zahlung gerichteten Anspruchs in nicht verjährter Zeit voraussetzt. Das ist nach der Regelung des § 218 wohl nicht so. Sieht man das so, kann der Besteller die Zahlung auch wegen solcher Mängel verweigern, die erst nach Ablauf der Verjährungsfrist auftreten. Bei dieser Interpretation wären also diejenigen Besteller im Vorteil, die Werklohn zunächst unbegründet zurückhalten. Insoweit ist eine Korrektur angebracht, die jedoch möglicherweise auch durch eine einschränkende Rechtsprechung erfolgen kann.

Zu beachten ist, dass die Zahlung nur insoweit verweigert werden darf, als sie auch bei einem Rücktritt verweigert werden könnte. Nach einem Rücktritt findet eine Abrechnung statt, die für den Fall, dass eine Rückgabe ausscheidet, zu einer Rückzahlungspflicht führt. Diese ist gemindert, soweit der Mangel zu einer Minderung führt. Dieses Ergebnis wird auch dann erreicht, wenn der Unternehmer von seinem Rücktrittsrecht Gebrauch macht, § 634a Abs. 4 Satz 3, vgl. unten.

Hingewiesen wird in diesem Zusammenhang auch darauf, dass derjenige Besteller, der einen Sicherheitseinbehalt nicht rechtzeitig zurückzahlt oder eine Bürgschaft nicht nach Ablauf der Gewährleistungszeit zurückgibt, ebenfalls bevorteilt wäre (Sienz, BauR 2002, 186). Dem könnte jedoch durch eine einschränkende Auslegung der Sicherungsabrede entgegengetreten werden. Werden nur die Ansprüche wegen Mängeln gesichert, die während der Gewährleistungsfrist auftreten oder angezeigt werden, muss die Sicherheit nach Ablauf der Gewährleistungsfrist zurückgegeben werden. Geschieht das nicht, ist das eine Pflichtverletzung, die zum Schadensersatz führt. Im Wege des Schadensersatzes kann der Unternehmer verlangen, so gestellt zu werden, als wäre die Sicherheit zurückgegeben worden. Dann kommt die Anwendung des § 634a Abs. 4 und 5 nicht in Betracht.

8.8.4 Rücktrittsrecht des Unternehmers

Macht der Besteller von seinem Recht Gebrauch, die Zahlung der Vergütung zu verweigern, kann der Unternehmer nach § 634a Abs. 4 Satz 3 vom Vertrag zurücktreten. Auf diese Weise kommt es dann doch zu einer Rückabwicklung. Wäre es anders, könnte der Besteller das Werk wegen des unwirksamen Rücktritts behalten, ohne es, sofern nicht schon geschehen, bezahlen zu müssen. Das darf nicht sein, wenn der Unternehmer dadurch unbillig benachteiligt ist. Das muss er abwägen. Wählt er den Rücktritt, muss er die bereits erfolgte Zahlung zurückgewähren. Er bekommt seine Leistung zurück (z. B. Bauträgervertrag), oder im Regelfall Wertersatz (Bauvertrag). Bei diesem wird der Minderwert wegen des Mangels berücksichtigt. Auf diese Weise kommt es zu einer Minderung wegen des Mangels. Wählt der Unternehmer keinen Rücktritt, bleibt es beim Einbehalt des Bestellers. Liegt dieser unter dem Wert der Minderung, ist das für den Unternehmer günstig. Zutreffend wird darauf hingewiesen, dass die Rücktrittseinrede des Bestellers, die der Unternehmer wegen Verjährung zurückweist, dem Besteller keinen Anspruch auf Rückgewähr des wegen des Mangels zuviel gezahlten Betrages gibt. Insoweit muss der Besteller die Konsequenzen tragen, dass er seinen Anspruch hat verjähren lassen (Westermann/Maifeld, Das Schuldrecht 2002, S. 273).

8.8.5 Entsprechende Geltung für Minderung

§ 634a Abs. 5 verweist für die Minderung auf § 218 und § 634a Abs. 4 Satz 2. Der Unternehmer kann die Minderungserklärung unwirksam machen, indem er sich darauf beruft, dass der Erfüllungs- oder Nacherfüllungsanspruch verjährt ist. Damit ist eine Herabsetzung der Vergütung ausgeschlossen.

Hat der Besteller die Vergütung noch nicht gezahlt, gilt die Verweisung auf § 634 Abs. 4 Satz 2. Danach kann der Besteller die Bezahlung gleichwohl verweigern, soweit die Minderung berechtigt gewesen wäre.

Die Minderung wegen verjährter Gewährleistungsansprüche kann der Unternehmer nicht durch den Rücktritt abwenden. Kann die Minderung nach den Mängelbeseitigungskosten berechnet werden, vgl. § 638, empfiehlt sich also stets die Minderung, nicht der Rücktritt, wenn der Besteller das Werk behalten will und im Falle eines Rücktritts zurückgeben müsste (Bauträgervertrag).

8.9 Allgemeine Geschäftsbedingungen zur Verjährung von Gewährleistungsansprüchen

In Allgemeinen Geschäftsbedingungen ist gemäß § 309 Nr.8 b) ff eine Bestimmung unwirksam, durch die bei Verträgen über Lieferungen neu hergestellter Sachen und über Werkleistungen die Verjährung von Ansprüchen gegen den Verwender wegen eines Mangels in den Fällen der §§ 438 Abs. 1 Nr. 2 und 634a Abs. 1 Nr. 2 erleichtert oder in den sonstigen Fällen eine weniger als ein Jahr betragende Verjährungsfrist ab dem gesetzlichen Verjährungsbeginn erreicht wird; dies gilt nicht für Verträge, in die Teil B der Verdingungsordnung für Bauleistungen insgesamt einbezogen ist.

8.9.1 Klauselverbot für Verkürzung der Gewährleistungsfrist

Nach dieser Regelung kann in Allgemeinen Geschäftsbedingungen des Unternehmers gegenüber einem Vertragspartner, der nicht in § 310 Abs. 1 genannt ist, die fünfjährige Verjährungsfrist für Ansprüche aus § 634 Nr. 1, 2 und 4 bei einem Bauwerk und einem Werk, dessen Erfolg in der Erbringung von Planungs- oder Überwachungsleistungen hierfür besteht, nicht verkürzt werden. In § 634 Nr. 1, 2 und 4 sind die Ansprüche auf Nacherfüllung, Selbstvornahme und Kostenerstattung sowie Schadensersatz wegen einer mangelhaften Werkleistung geregelt. Nicht geregelt ist der Anspruch auf Vorschuss, § 637 Abs. 3. Das ist ein Redaktionsversehen. Auch für Vorschussansprüche kann die Verjährungsfrist nicht verkürzt werden. Nicht geregelt sind die Ansprüche auf Rücktritt und Minderung. Diese verjähren nicht. Das Gesetz enthält insoweit eine Sonderregelung, § 218.

Eine Regelung in Verbraucherverträgen, die außerhalb des Anwendungsbereichs des § 634a Abs. 1 Nr. 2 (fünfjährige Frist) bei Werkverträgen die Gewährleistungsfrist auf bis zu einem Jahr verkürzt, verstößt nicht gegen das Klauselverbot des § 309 Nr. 8 b) ff). Das betrifft Gewährleistungsregelungen in Verträgen über die Wartung und Reparatur von Sachen und Planungsleistungen dafür, § 634a Abs. 1 Nr. 1, und die Werkverträge, die unter die Auffangregelung des § 634a Abs. 1 Nr. 3 fallen. Es ist also zu erwarten, dass die Vertragspartner der Verbraucher insoweit Verkürzungen der Gewährleistungsfristen auf ein Jahr in ihre Verträge aufnehmen werden, z. B. dass Handwerker in ihren allgemeinen Geschäftsbedingungen die Gewährleistungsfrist für Wartungsarbeiten, die nicht Arbeiten am Bauwerk sind, auf ein Jahr verkürzen werden. Zu prüfen ist dann nach dem gebotenen generalisierten und typisierenden Maßstab, ob derartige Verkürzungen der Inhaltskontrolle nach § 307 standhalten.

8.9.2 Ausnahmeregelung für die Verjährung nach der VOB/B

8.9.2.1 Verjährung nach der VOB/B 2002

Die alten Verjährungsfristen des § 13 Nr. 4 VOB/B sind mit der VOB/B 2002 verdoppelt worden. Ist für Mängelansprüche keine Verjährungsfrist im Vertrag vereinbart, so beträgt sie für Bauwerke 4 Jahre, für Arbeiten an einem Grundstück und für die vom Feuer berührten Teile von Feuerungsanlagen 2 Jahre, § 13 Nr. 4 Abs. 1 VOB/B. Abweichend davon beträgt die Verjährungsfrist für feuerberührte und abgasdämmende Teile von industriellen Feuerungsanlagen 1 Jahr. Bei maschinellen und elektrotechnischen/elektronischen Anlagen oder Teilen davon, bei denen die Wartung Einfluss auf die Sicherheit und Funktionsfähigkeit hat, beträgt die Verjährungsfrist für Mängelansprüche abweichend von Absatz 1 2 Jahre, wenn der Auftraggeber sich dafür entschieden hat, dem Auftragnehmer die Wartung für die Dauer der Verjährungsfrist nicht zu übertragen, § 13 Nr. 4 Abs. 2 VOB/B. Die Frist beginnt mit der Abnahme der gesamten Leistung; nur für in sich abgeschlossene Teile der Leistung beginnt sie mit der Teilabnahme, § 13 Nr. 4 Abs. 3 VOB/B.

Mit dieser Änderung ist eine redaktionelle Änderung des § 13 Nr. 5 Abs. 1 Sätze 2 und 3 VOB/B verbunden. Der Anspruch auf Beseitigung schriftlich gerügter Mängel verjährt in 2 Jahren, gerechnet vom Zugang des schriftlichen Verlangens an, jedoch nicht vor Ablauf der Regelfristen nach § 13 Nr. 4 VOB/B oder der an ihrer Stelle vereinbarten Frist. Nach Abnahme der Mängelbeseitigungsleistung beginnt für diese Leistung eine Verjährungsfrist von 2 Jahren neu, die jedoch nicht vor Ablauf der Regelfristen nach § 13 Nr. 4 VOB/B oder der an ihrer Stelle vereinbarten Frist endet.

Im Zusammenhang mit der geänderten Verjährungsregelung steht die Änderung des § 17 Nr. 8 Abs. VOB/B. Der Auftraggeber hat danach eine nicht verwertete Sicherheit für Mängelansprüche nach Ablauf von 2 Jahren zurückzugeben, sofern kein anderer Rückgabezeitpunkt vereinbart worden ist.

8.9.2.2 Gesetzliche Regelung zur VOB-Verjährung

Das Verdikt der Unwirksamkeit einer Verjährungserleichterung gilt nach § 309 Nr. 8 b) ff) nicht für Verträge, in die die VOB/B insgesamt einbezogen ist. Damit wird § 13 Nr. 4 Abs. 2 VOB/B einer Inhaltskontrolle entzogen, wenn die VOB/B insgesamt in den Vertrag einbezogen worden ist. Eine derartige Privilegierung des § 13 Nr. 4 VOB/B war bereits im AGB-Gesetz enthalten. Nach § 23 Abs. 2 Nr. 5 AGBG fand § 11 Nr. 10 f) für Leistungen, für die die VOB/B Vertragsgrundlage ist, keine Anwendung. An die Stelle des § 11 Nr. 10 f) AGBG ist § 309 Nr. 8 b) ff) getreten. Der Bundesgerichtshof hat zur alten Regelung darauf hingewiesen, dass die alleinige Privilegierung des § 13 Nr. 4 VOB/B zu unangemessenen Ergebnissen führt. Er hat deshalb eine vollständige Privilegierung der VOB/B angenommen. Das ist möglicherweise jetzt nicht mehr möglich (vgl. dazu ausführlich Vor § 631).

Fraglich ist, ob die Privilegierung des § 13 Nr. 4 VOB/B mit der Richtlinie 93/13/EWG des Rates vom 5. April 1993 über missbräuchliche Klauseln in Verbraucherverträgen vereinbar ist. Es gibt gewichtige Stimmen, die das verneinen und daraus den Schluss ziehen, dass jedenfalls in Verbraucherverträgen die (alte) zweijährige Verjährungsfrist der VOB/B nicht gelten kann (Lang, NJW 1995, 2063, 2068, Quack, BauR 1997, 24 ff.; ders. ZfBR 2002, 428, 429; Schlünder, BauR 1998, 1124; ausführlich dazu Tomic, BauR 2001, 23). In diesem Zusammenhang wäre zu erörtern, ob eine Inhaltskontrolle über § 307 BGB in Verbraucherverträgen zur Unwirksamkeit der VOB/B Regelung führen kann. Diese ist nicht ausgeschlossen durch die Regelung des § 309 Nr. 8 b) ff). Diese Regelung sieht die zwingende Unwirksamkeit bestimmter Geschäftsbedingungen vor. Wenn insoweit für einen Ausnahmetatbestand (Vereinbarung der VOB/B insgesamt) von der zwingenden Unwirksamkeit abgesehen wird, bedeutet das nicht, dass die entsprechende Regelung von der Inhaltskontrolle nach § 307 AGBG ausgenommen ist. Im Lichte des Art. 3 Abs. 3 der Klauselrichtlinie dürfte jedenfalls die zweijährige Frist in Verbraucherverträgen nicht zu halten sein. Zutreffend wird darauf hingewiesen, dass die in der Richtlinie für möglich gehaltene Kompensation kongruent sein muss (Quack, ZfBR 2002, 428, 429). Sehr fraglich ist, ob die vierjährige Frist des neuen § 13 Nr. 4 VOB/B ausreichend kongruent kompensiert wird. Hier ist in erster Linie an die Möglichkeit zu denken, dass eine erleichterte Verlängerung der Verjährungsfrist durch schriftliche Mängelrüge stattfinden kann. Das wird andererseits wieder relativiert dadurch, dass nach der Neuregelung der Auftraggeber die Sicherheit nach zwei Jahren zurückzugeben hat. Insgesamt dürfte das kein angemessener Interessenausgleich sein, zumal schon die Frist von fünf Jahren häufig nicht ausreicht, erstmalig auftretende Mängel durchsetzen zu können. Gerade bei kostenintensiven Betonarbeiten können Mängel erst nach vier Jahren auftreten.

Ist die VOB/B nicht insgesamt vereinbart, hält die Verjährungsregelung in der (alten und neuen) VOB/B einer Inhaltskontrolle in Verträgen mit Verbrauchern schon nach der zwingenden Regelung des § 309 Nr. 8 b) ff nicht stand. Soweit in Verträgen zwischen der öffentlichen Hand und Unternehmern oder zwischen Unternehmern eine Inhaltskontrolle nach § 307 stattfindet, wäre zu erwägen, ob die Verjährungsregelung der VOB/B insgesamt angemessen ist (vgl. oben). Zusätzlich zu den bereits genannten Kriterien wäre dabei zu berücksichtigen, dass der Unternehmer sich beim Baustofflieferanten in der Regel nicht mehr schadlos halten kann, wenn ein Mangel kurz vor Ablauf der fünfjährigen Frist gerügt wird. Die Frist von 4 Jahren gibt genügend Raum für einen Regress.

Allerdings findet die Inhaltskontrolle nur zu Lasten des Verwenders statt. Stellt der Auftraggeber die Vertragsbedingungen, kann auch die kurze Frist des § 13 Nr. 4 vereinbart werden.

8.9.3 Verlängerung der Gewährleistungsfrist

Für die Verlängerung der Gewährleistungsfristen gilt § 309 Nr. 8 b) ff nicht. Diese ist auch in Allgemeinen Geschäftsbedingungen grundsätzlich möglich. Jedoch muss sie sich am Maßstab des § 307 messen lassen. Eine unangemessene Verlängerung der Gewährleistungsfrist in Allgemeinen Geschäftsbedingungen ist unwirksam. Insoweit kann auf die bisherige Rechtsprechung verwiesen werden.

8.9.4 Verkürzung der Verjährung im Kaufrecht

Zu beachten ist, dass Verträge über die Lieferung herzustellender beweglicher Sachen dem Kaufrecht unterliegen, § 651. Nach § 475 Abs. 2 kann die Verjährung der kaufrechtlichen Gewährleistungsansprüche, § 437, vor Mitteilung eines Mangels an den Unternehmer nicht durch Rechtsgeschäft erleichtert werden, wenn die Vereinbarung zu einer Verjährungsfrist ab dem gesetzlichen Verjährungsbeginn von weniger als zwei Jahren, bei gebrauchten Sachen von weniger als einem Jahr führt. Für die Lieferung von Baumaterialien, gleich ob sie vom Lieferanten hergestellt oder nur weiterveräußert werden, ist deshalb eine Gewährleistungsfrist von (mindestens) zwei Jahren zwingend. Allerdings gilt das nach § 475 Abs. 3 nicht für individuelle Vereinbarungen über den Ausschluss oder die Beschränkung der Verjährung des Schadensersatzanspruchs. Die Verjährung dieses Anspruchs kann also auch durch individuelle Vereinbarung erleichtert werden. Das gilt auch für den Schadensersatzanspruch statt der Leistung.

Diese Verjährungsregelung ist unsystematisch. Die Verbrauchsgüterkaufrichtlinie regelt den Schadensersatzanspruch nicht, sieht aber für die geregelten anderen Ansprüche zwingend eine Regelung vor, die es dem Verbraucher erlaubt, seine Ansprüche zwei Jahre durchzusetzen. Bei der Umsetzung der Richtlinie hat man sich streng an deren Regelungsgehalt gehalten und es versäumt, eine einheitliche Regelung für alle Gewährleistungsansprüche festzuschreiben.

Diskutiert wird, ob die Regelung des § 475 Abs. 2 auch auf Werkverträge mit Verbrauchern analoge Anwendung findet. In diesem Fall könnte selbst durch individuelle Vereinbarung für

Ansprüche wegen mangelhafter Herstellung eine kürzere Frist als zwei Jahre nicht vereinbart werden. Das gelte dann auch bei der Errichtung von Bauwerken (Lenkeit, BauR 2002, 222).

9 § 635 BGB (Nacherfüllung)

(1) Verlangt der Besteller Nacherfüllung, so kann der Unternehmer nach seiner Wahl den Mangel beseitigen oder ein neues Werk herstellen.

(2) Der Unternehmer hat die zum Zwecke der Nacherfüllung erforderlichen Aufwendungen, insbesondere Transport-, Wege-, Arbeits- und Materialkosten zu tragen.

(3) Der Unternehmer kann die Nacherfüllung unbeschadet des § 275 Abs. 2 und 3 verweigern, wenn sie nur mit unverhältnismäßigen Kosten möglich ist.

(4) Stellt der Unternehmer ein neues Werk her, so kann er vom Besteller Rückgewähr des mangelhaften Werkes nach Maßgabe der §§ 346 bis 348 verlangen.

9.1 Nacherfüllungsanspruch

Nach dieser Regelung ist an die Stelle des Nachbesserungsanspruchs der Nacherfüllungsanspruch getreten.

9.1.1 Wahlrecht des Unternehmers

Dadurch ändert sich sachlich zunächst nichts. Neu ist das Wahlrecht des Unternehmers (Abs. 1), das abweichend vom Kaufrecht (§ 439 Abs. 1) geregelt ist. Dort hat der Käufer das Wahlrecht zwischen Nachbesserung und Neuherstellung. Die abweichende Regelung im Werkvertragsrechts rechtfertigt sich angeblich daraus, dass der Werkunternehmer viel enger mit dem Produktionsprozess befasst ist als der Verkäufer. Im Regelfall kann er auf Grund seiner größeren Sachkunde leichter entscheiden, ob der Mangel durch Nachbesserung behoben werden kann oder ob es notwendig ist, das Werk insgesamt neu herzustellen (RegEntw. S. 626; kritisch Kohler, FS für Jagenburg, 379, 385). Der Unternehmer ist also grundsätzlich in der Wahl frei, ob er das Werk vollständig neu herstellt oder das bestehende Werk nachbessert. Allerdings darf die gesetzliche Regelung nicht zu dem Irrtum verleiten, der Unternehmer könne Nachbesserung auch dann wählen, wenn diese nicht zu einer vollständigen Beseitigung des Mangels führt. Dazu ist er allemal verpflichtet mit der Einschränkung aus Abs. 3 (BGH, Urt. v. 10.10.1985 - VII ZR 303/84, BauR 1986, 93). Grundsätzlich ist der Unternehmer also verpflichtet, ein Werk vollständig neu herzustellen, wenn eine Mängelbeseitigung anderweitig nicht möglich ist. Es geht nur darum, die Wahl zweier gleichwertiger Methoden dem Unternehmer zu überlassen. Er kann demnach die vollständige Neuherstellung auch dann vornehmen, wenn eine Nachbesserung möglich wäre.

Allerdings darf der Unternehmer das ihm eingeräumte Wahlrecht nicht schikanös ausüben. Im Einzelfall kann eine Einschränkung des Wahlrechts aus Treu und Glauben geboten sein, soweit die getroffene Wahl für den Auftraggeber nicht zumutbar ist (RegEntw. S. 626). Das kann z. B. dann der Fall sein, wenn eine Neuherstellung so in den Geschäftsbetrieb eingreift, dass die damit verbundenen Nachteile für den Auftraggeber unzumutbar sind. Auch darf der Unternehmer private Auftraggeber mit dem Wahlrecht nicht unangemessen unter Druck setzen, wie das z. B. der Fall wäre, wenn der mehrwöchige Austausch einer Heizung im Winter gewählt wird, obwohl eine Reparatur unter weitgehender Aufrechterhaltung des Betriebes möglich wäre. Zu befürchten ist auch, dass Unternehmer das Wahlrecht in den Fällen zu Lasten des

Auftraggebers ausüben, in denen er unter Zeitdruck steht und die Drohung mit einer langwierigen Erneuerung den Auftraggeber dazu veranlassen soll, ganz auf die Gewährleistung zu verzichten oder sich mit einer Minderung zufrieden zugeben. In allen diesen Fällen, werden die Gerichte auch das Auftraggeberinteresse im Auge haben müssen und mit § 242 BGB korrigierend eingreifen müssen.

Das Risiko, welche Art der Nacherfüllung richtig ist, trägt der Unternehmer. Stellt sich heraus, dass der Nacherfüllungsversuche nicht zur vertraglich geschuldeten Leistung führen, hat er das Werk neu herzustellen. Der Besteller kann Nacherfüllungsversuche zurückweisen, wenn feststeht, dass diese untauglich zur Vertragserfüllung sind. Besteht Streit über die richtige Sanierungsmethode empfiehlt sich eine Abklärung durch Sachverständigengutachten im selbständigen Beweisverfahren. Lässt der Besteller eine ihm angebotene, zur Vertragserfüllung geeignete Nachbesserung nicht zu, so gerät er in Annahmeverzug, § 294 ff. BGB. Der Unternehmer kann dann den Werklohn geltend machen. War die Leistung nicht abgenommen, kann der Unternehmer gemäß § 322 Abs. 2 BGB auf Werklohn nach der Durchführung der Nachbesserung klagen. War die Leistung abgenommen, kann er auf Werklohn Zug um Zug gegen Nachbesserung klagen. In beiden Fällen kann er den Annahmeverzug feststellen lassen. Gemäß § 322 Abs. 3 BGB findet auf die Zwangsvollstreckung des ausgeurteilten Werklohnanspruchs § 274 Abs. 2 BGB Anwendung. Der Unternehmer kann danach nach Feststellung des Annahmeverzugs das Urteil über die Zahlung des Werklohns vollstrecken, ohne die Nachbesserung erbracht haben zu müssen (vgl. dazu eingehend BGH, Urteil vom 13. Dezember 2001 - VII ZR 27/00, BauR 2002, 794 = NZBau 2002, 266). Der Besteller verliert allerdings nicht seinen Nachbesserungsanspruch. Diesen kann er auch nach Zahlung oder Zwangsvollstreckung noch aktiv verfolgen.

9.1.2 Aufwendungen für die Nacherfüllung

§ 635 Abs. 2 entspricht der bisherigen Regelung des § 633 Abs. 2 Satz 2 a. F. i. V. m. § 476a a. F. Danach hat der Werkunternehmer die zum Zweck der Nacherfüllung erforderlichen Aufwendungen zutragen. Die Transport-, Wege-, Arbeits- und Materialkosten sind nur beispielhaft genannt. Die Nacherfüllungsverpflichtung erstreckt sich nicht nur darauf, die eigene mangelhafte Leistung nachträglich in einen mangelfreien Zustand zu versetzen. Sie umfasst auch alles, was vorbereitend erforderlich ist, um den Mangel an der eigenen Leistung zu beheben. Hinzu kommen die Arbeiten, die notwendig werden, um nach durchgeführter Mängelbeseitigung den davor bestehenden Zustand wiederherzustellen (BGH, Urteil vom 7.11.1985 - VII ZR 270/83, BGHZ 96, 221).

9.2 Unmöglichkeit der Mängelbeseitigung

Der Nacherfüllungsanspruch besteht nicht, wenn die Mängelbeseitigung unmöglich ist, § 275 Abs. 1. In diesem Fall bestimmen sich die Rechte des Bestellers nach den §§ 280, 283 bis 285, 311a und 326. Der Unternehmer hat gemäß § 280 den durch den Mangel entstandenen Schaden zu ersetzen, wenn er den Mangel zu vertreten hat. Der Besteller kann unter den Voraussetzungen des § 280 Abs. 1 auch Schadensersatz statt der Leistung verlangen. Schadensersatz statt der ganzen Leistung kann er jedoch nicht verlangen, wenn der Mangel unerheblich ist, § 283 Satz 2 i. V. m. § 281 Satz 3. Hat der Unternehmer bereits eine Teilleistung bewirkt, so kann der Besteller Schadensersatz statt der Leistung nur verlangen, wenn er an der Teilleistung kein Interesse hat, § 283 Satz 2 i. V. m. § 281 Abs. 2. Verlangt der Besteller Schadensersatz statt der Leistung, so ist der Unternehmer zur Rückforderung des Geleisteten nach den §§ 346 bis 348 berechtigt, § 283 Satz 2 i. V. m. § 283 Abs. 5.

Der Besteller kann im Falle der unmöglichen Nacherfüllung auch Schadensersatz nach § 284 verlangen (vergebliche Aufwendungen).

Für den Fall, dass die Leistung von Anfang an unmöglich ist, gilt die Sonderregelung des § 311a (vgl. dazu Vor § 631).

9.3 Leistungsverweigerungsrechte des Unternehmers

§ 635 Abs. 3 räumt dem Unternehmer ein Verweigerungsrecht unbeschadet des § 275 Abs. 2 und 3 ein, wenn die Mängelbeseitigungskosten unverhältnismäßig hoch sind.

9.3.1 Unverhältnismäßige Kosten der Nacherfüllung

9.3.1.1 Einrede nach § 635 Abs. 3

§ 633 Abs. 2 Satz 3 a. F. gewährte dem Unternehmer ein Leistungsverweigerungsrecht, wenn die Mängelbeseitigung einen unverhältnismäßigen Aufwand erfordert. Die Neuregelung ist demgegenüber sprachlich modifiziert worden. Diese Modifikation erfolgte wegen der Angleichung an das Kaufvertragsrecht. Dort ist sie mit Blick auf die Formulierung in Art. 3 Abs. 3 Satz 2 der Verbrauchsgüterkaufrechtlinie für notwendig gehalten worden (RegEntw. S. 544). Dass damit eine Änderung der bisherigen Rechtsprechung zum unverhältnismäßigen Aufwand nach § 633 Abs. 2 Satz 3 a. F. verbunden ist, ist nicht ersichtlich. Die entsprechende Anwendung des § 439 Abs. 3 Satz 2 verbietet sich, weil diese Regelung in engem Zusammenhang mit dem Recht des Käufers steht, zwischen der Neulieferung und Nachbesserung zu wählen. Im Werkvertragsrecht hat hingegen der Unternehmer diese Wahl (Kohler, FS für Jagenburg, 379, 384).

Nach der Rechtsprechung zu § 633 Abs. 2 Satz 3 a. F. sind Aufwendungen für die Beseitigung eines Werkmangels dann unverhältnismäßig, wenn der damit in Richtung auf die Beseitigung des Mangels erzielte Erfolg oder Teilerfolg bei Abwägung aller Umstände des Einzelfalles in keinem vernünftigen Verhältnis zur Höhe des dafür gemachten Geldaufwandes steht (BGH, Urt. v. 6.12.2001 - VII ZR 241/00, IBR 2002, 124, 128; Urt. v. 24.4.1997 - VII ZR 110/96, BauR 1997, 638; Urt. v. 23.3.1995 - VII ZR 228/93, BauR 1995, 546; Urt. v. 30.4.1992 - VII ZR 185/90, BauR 1992, 627). Unverhältnismäßigkeit wird in aller Regel anzunehmen sein, wenn einem objektiv geringen Interesse des Bestellers an einer völlig ordnungsgemäßen Vertragsleistung ein ganz erheblicher und deshalb unangemessener Aufwand gegenübersteht. Ist die Funktionsfähigkeit des Werkes spürbar beeinträchtigt, so kann Nachbesserung regelmäßig nicht wegen hoher Kosten verweigert werden (BGH, Urt. v. 4.7.1996 - VII ZR 24/95, BauR 1996, 858; vgl. auch OLG Düsseldorf BauR 1987, 572; OLG Düsseldorf BauR 1993, 82; OLG Hamm, BauR 2001, 1262). Es reicht deshalb nicht, wenn die Mängelbeseitigungskosten hoch sind, unter Umständen sogar den Werklohn übersteigen. Je erheblicher der Mangel ist, umso weniger Rücksicht wird auf die Kosten zu nehmen sein. Insbesondere Mängel, die den Wohnwert eines Bauwerks erheblich beeinträchtigen, werden regelmäßig ohne Rücksicht auf die Kosten zu beseitigen sein. Eine Rolle spielt auch, inwieweit der Unternehmer den Mangel verschuldet hat, (BGH, Urt. v. 23.2.1995 - VII ZR 235/93, BauR 1995, 540) oder ob eine Zusicherung vorliegt (BGH, Urt. v. 17.6.1997 - X ZR 95/94, ZfBR 1997, 295).

9.3.1.2 Rechtsfolgen

Verweigert der Unternehmer die Beseitigung der Mängel, stehen dem Besteller die Rechte auf Rücktritt und Minderung ohne Fristsetzung zu. Der Besteller kann auch Schadensersatz statt der Leistung verlangen, wenn der Auftragnehmer den Mangel verschuldet hat (BGH, Urt. v. 26.10.1972 - VII ZR 181/71, NJW 1973, 138). Nach der bisherigen Rechtsprechung zu § 633 Abs. 2 Satz 3 a. F. darf der Auftraggeber dann grundsätzlich seinen Schadensersatzanspruch auch nach den von ihm für die Mängelbeseitigung gemachten Aufwendungen berechnen; er ist nicht auf die Geltendmachung des merkantilen Minderwertes beschränkt (a. A. Vorwerk, BauR 2003, 1, 13; Schultz, in: Westermann (Hrsg.), Das Schuldrecht 2002, 17, 82). In solchen Fällen kommt allerdings eine entsprechende Anwendung des § 251 Abs.2 BGB in Betracht. Dabei sind jedoch nach der bisherigen Rechtsprechung strenge Anforderungen zu stellen, die alle Umstände des Falles berücksichtigen. Der Auftragnehmer konnte nach dieser Rechtsprechung also letztlich doch verpflichtet sein, die unverhältnismäßig hohen Kosten einer Mängelbeseitigung zu tragen. Die Rechtfertigung wurde darin gesehen, dass der Auftragnehmer für einen Mangel schärfer haftet, wenn er auf Schadensersatz in Anspruch genommen wird.

Hat der Unternehmer den Mangel nicht verschuldet, besteht diese Rechtfertigung nicht. Es ist deshalb jedenfalls dann geboten, die Minderung nicht nach den Mängelbeseitigungskosten, sondern nach der Verkehrswertminderung zu berechnen.

9.3.2 Leistungsverweigerungsrecht nach § 275 Abs. 2

Die Regelung des Leistungsverweigerungsrechts „unbeschadet des § 275 Abs. 2 und 3" bedeutet, dass diese Vorschriften neben § 635 Abs. 3 anwendbar sind.

Nach § 275 Abs. 2 kann ein Schuldner die Leistung verweigern, soweit diese einen Aufwand erfordert, der unter Beachtung des Inhalts des Schuldverhältnisses und der Gebote von Treu und Glauben in einem groben Missverhältnis zu dem Leistungsinteresse des Gläubigers steht. Bei der Bestimmung der dem Schuldner zuzumutenden Anstrengungen ist auch zu berücksichtigen, ob der Schuldner das Leistungshindernis zu vertreten hat. Dazu ist zunächst festzustellen, dass § 275 Abs. 2 als Regelung des allgemeinen Schuldrechts allgemeinen Charakter hat, also grundsätzlich auch auf Werkverträge anwendbar ist.

9.3.2.1 Grundgedanke des § 275 Abs. 2

§ 275 Abs. 2 gibt dem Schuldner auf seine Einrede ein Leistungsverweigerungsrecht bei der so genannten faktischen oder praktischen Unmöglichkeit.

Nach § 275 Abs. 1 hat der Gläubiger keinen Anspruch auf die Leistung, wenn diese dem Schuldner oder jedermann unmöglich ist. Eine Leistung ist in diesem Sinne unmöglich, wenn sie von niemandem erbracht werden kann. Das kann auf Grund von rechtlichen, aber auch tatsächlichen Umständen der Fall sein. Eine tatsächliche Unmöglichkeit liegt nicht vor, wenn die Leistung zwar theoretisch möglich ist, dafür aber ein völlig indiskutabler Aufwand (RegEntw. S. 293) notwendig ist. Für diesen Fall will das Gesetz dem Schuldner die Möglichkeit geben, von seiner Verpflichtung zur Leistung frei zu werden.

9.3.2.2 Grobes Missverhältnis

Das Verweigerungsrecht aus § 275 Abs. 2 knüpft an einen Aufwand, der in einem groben Missverhältnis zu dem Leistungsinteresse des Gläubigers steht. Nur wenn der Schuldner durch unerwartete Hindernisse zu Aufwendungen gezwungen wäre, die einem groben Missverhältnis zur dem Leistungsinteresse des Gläubigers stehen, kann er die Leistung verweigern (Voit, BauR 2002, 158). Unter Aufwand versteht die Begründung sowohl Aufwendungen in Geld als auch Tätigkeiten und ähnliche persönliche Anstrengungen (RegEntw. S. 294). Der Aufwand ist allein an dem Leistungsinteresse des Gläubigers zumessen, nicht am Verhältnis dieses Aufwands zu den eigenen Interessen des Schuldners, also etwa zu dem Vertragspreis (RegEntw. S. 295). Das Missverhältnis zwischen dem Interesse des Gläubigers an der Leistung und dem für die Leistung erforderlichen Aufwand muss grob sein. Die Begründung weist darauf hin, dass diese hohen Anforderungen deshalb gerechtfertigt sind, weil der Schuldner bei einer erfolgreichen Einrede von seiner Leistungspflicht frei wird, der Gläubiger also jeden Anspruch auf die Leistung verliert. Damit entfallen für den Fall, dass der Schuldner die Unmöglichkeit nicht zu vertreten hat, sämtliche Möglichkeiten einer Kompensation für den Gläubiger.

9.3.2.3 Abgrenzungsschwierigkeiten

Es ist auf den ersten Blick erkennbar, dass § 275 Abs. 2 mit anderen Normen kollidiert, denen im Kern dieselben Erwägungen zugrunde liegen. Das sind die Regelungen des § 635 Abs. 3, § 251 Abs. 2 und des § 313.

Abgrenzung zu § 635 Abs. 3

Nach Canaris (JZ 2001, 499, 505) ist § 275 Abs. 2 als ein Versuch zur tatbestandlichen Präzisierung jener Fälle der Unmöglichkeit zu verstehen, die so stark mit normativen Elementen durchsetzt sind, dass sich ihre Qualifikation als Unmöglichkeit anders als in den von § 275 Abs. 1 erfassten Fällen nicht von selbst versteht. Zugleich stellt er eine Konkretisierung des bereits in § 251 Abs. 2 Satz 1, § 633 Abs. 2 Satz 3 a. F. enthaltenen Rechtmissbrauchsverbots unter Rückgriff auf das Verhältnismäßigkeitsprinzip dar.

§ 275 Abs. 2 wird also tatbestandlich sehr nahe an § 635 Abs. 3 herangerückt, ohne jedoch mit diesem identisch zu sein. In der Tat sind die Kriterien des § 635 Abs. 3 und § 275 Abs. 2 weitgehend identisch. In beiden Fällen kommt es darauf an, inwieweit die Durchsetzung des Leistungsinteresses missbräuchlich ist. Gleichwohl sind die Tatbestände inhaltlich nicht gleich, wie der Wortlaut belegt. Die Schwelle des Leistungsverweigerungsrechts des § 275 Abs. 2 liegt offenbar höher, wie sich schon daran zeigt, dass ein grobes Missverhältnis zwischen Leistungsinteresse und Aufwand vorliegen muss, reine Unverhältnismäßigkeit also nicht ausreicht (RegEntw. S. 543). § 275 Abs. 2 regelt den Fall, dass der Unternehmer eine Leistungsverpflichtung übernommen hat, die er, gemessen am Gläubigerinteresse, nur mit einem völlig indiskutablen Aufwand erfüllen kann. Dabei ist zu bedenken, dass § 275 Abs. 2 zu einer Befreiung nicht nur von der Leistungspflicht, sondern auch von verschuldensunabhängigen Ansprüchen, wie der Minderung führt. Diese bleibt in den Fällen des § 635 Abs. 3 bestehen. Trotz der Verwandtschaft zwischen den beiden Regelungen, wäre es im Werkvertragsrecht nicht hinnehmbar, in den Fällen der Befreiung nach § 633 Abs. 3 stets oder überwiegend auch einen Fall des § 275 Abs. 2 zu bejahen. Das würde die Erfolgshaftung auf den Kopf stellen. Die Anwendung des § 275 Abs. 2 kommt also nur in extremen Ausnahmefällen in Betracht.

Abgrenzung zu § 313

In dem neu gefassten § 313 ist nunmehr die Störung der Geschäftsgrundlage geregelt. Haben sich Umstände, die zur Grundlage des Vertrags geworden sind, nach Vertragsschluss schwerwiegend verändert und hätten die Parteien den Vertrag nicht oder mit anderem Inhalt geschlossen, wenn sie diese Veränderung vorausgesehen hätten, so kann Anpassung des Vertrags verlangt werden, soweit einem Teil unter Berücksichtigung aller Umstände des Einzelfalls, insbesondere der vertraglichen oder gesetzlichen Risikoverteilung, das Festhalten am unveränderten Vertrag nicht zugemutet werden kann. Dieses in § 313 Abs. 1 geregelte Anpassungsrecht kann nach § 313 Abs. 3 auch zu einem Rücktrittsrecht des benachteiligten Teils führen, wenn eine Anpassung des Vertrags nicht möglich ist.

§ 313 ist eine Ausprägung des weiterhin in § 242 verankerten Grundsatzes, dass Verträge nach Treu und Glauben auszulegen sind. Nicht anders verhält es sich im Grundsatz auch mit § 275 Abs. 2, wenn auch der gedankliche Ansatzpunkt ein anderer ist, weil eine „faktische“ Unmöglichkeit angenommen wird, was aber nichts anderes heißt, als dass eine rechtliche Unmöglichkeit nicht vorliegt. Der Akzeptanz einer „faktischen“ Unmöglichkeit als Befreiungstatbestand liegt bereits das Element von Treu und Glauben zugrunde. Dementsprechend schwierig dürfte es entgegen der Auffassung von Canaris (JZ 2001, 499, 501, 505), der keine Abgrenzungsprobleme sieht, sein, die faktische Unmöglichkeit, die zur Befreiung von der Leistungspflicht führt, von dem Wegfall der Geschäftsgrundlage abzugrenzen, die grundsätzlich lediglich zu einer Vertragsanpassung führt. Maßgebend dürfte die Erwägung sein, dass eine Befreiung von der Leistungspflicht als einseitig für den Schuldner günstige Rechtsfolge nur dann gerechtfertigt ist, wenn sogar die Grenze des § 313 überschritten ist. Die Schwelle des § 275 Abs. 2 liegt höher. Es muss sich um unerwartete Verhältnisse handeln, die den übernommenen Risikorahmen sprengen und zu einem groben Missverhältnis führen. Solche Fälle dürften außerordentlich selten sein. Der Maßstab mag an einem veröffentlichten Beispiel außerhalb des Werkvertragsrecht verdeutlicht werden: Ein Fall der faktischen Unmöglichkeit liegt vor, wenn ein gekentertes Tretboot im Wert von 5.000 DM nur mit einem Aufwand von 300.000 DM wieder geborgen werden kann (Däubler, NJW 3729, 3732)! Ein Fall des § 275 Abs. 2 liegt nach Canaris (JZ 2001, 499, 502) ferner vor, wenn die Übereignung eines Grundstücks geschuldet wird, das jedoch vertragswidrig mit einer Vormerkung belastet ist und diese Vormerkung vom Schuldner auf das Verlangen des Berechtigten nur mit dem Dreißigfachen des Grundstückswerts beseitigt werden kann. Schon diese Beispiele zeigen, dass § 275 Abs. 2 nur in extremen Ausnahmefällen anwendbar ist.

Es ist zwar vorauszusehen, dass § 275 Abs. 2 von den Unternehmern auch in den Fällen herangezogen wird, in denen es zu unerwarteten Erschwernissen bei der Ausführung kommt, wie z. B. bei unvermuteten Boden- und Wasserverhältnissen. Das sind jedoch grundsätzlich Äquivalenzstörungen, die unter dem Gesichtspunkt des Wegfalls der Geschäftsgrundlage zu prüfen sind, § 313, so sie denn überhaupt relevant sind (vgl. Peters, NZBau 2002, 113, 116). In diesen Fällen geht es darum, ob es dem Schuldner nach Treu und Glauben trotz des unerwarteten Aufwandes noch zuzumuten ist, die Leistung zu erbringen. Störungen, in denen es um ein Missverhältnis zwischen dem kalkulierten und dem tatsächlichen Aufwand geht, sind im Rahmen des § 275 Abs. 2 grundsätzlich unbeachtlich. Sie können im Ausnahmefall die Berufung auf den Wegfall der Geschäftsgrundlage rechtfertigen (Medicus, ZfBR 2001, 507, 508; vgl. auch Zimmer NJW 2002, 1, 11).

9.3.2.4 Ausgestaltung als Einrede

Der Schuldner muss gemäß § 275 Abs. 2 eine entsprechende Einrede erheben (Canaris, JZ 2001, 499, 501, 504). Das ist nach dem Wortlaut des Gesetzes eindeutig. Allerdings wird auch vertreten, es handele sich um eine rechtsvernichtende Einwendung, die von Amts wegen zu berücksichtigen sei (Teichmann, BB 1485, 1487).

9.3.2.5 Rechtsfolgen der Einrede

Ist die Einrede begründet, wird nicht nur der Schuldner frei, sondern nach § 326 Abs. 1 auch der Gläubiger. Etwas anderes gilt, wenn der Gläubiger für den Umstand der zur Unmöglichkeit führt, allein oder weit überwiegend verantwortlich ist oder der Umstand während des Annahmeverzuges eingetreten ist, § 326 Abs. 2. Der Gläubiger kann jedoch zurücktreten, § 326 Abs. 5.

Ist die faktische Unmöglichkeit vom Schuldner zu vertreten, hat er gemäß § 275 Abs. 4 Schadensersatz nach § 280, § 283 bis § 285, § 311a zu leisten.

9.3.2.6 Anwendbarkeit auf Nacherfüllung

Gesetzesbegründung

Nach der Begründung ist § 275 Abs. 2 auch dann anwendbar, wenn es um die faktische Unmöglichkeit der Nacherfüllung geht (RegEntw. S. 627). Das wird mit einer Argumentation für sachgerecht gehalten, die so allerdings kaum nachvollziehbar ist. Denn auf diese Weise soll der Nacherfüllungsanspruch des Bestellers insbesondere in den Fällen eingeschränkt werden, in denen der Mangel des Werks auf einem Verschulden eines Lieferanten des Werkunternehmers beruht und der Werkunternehmer die Mangelhaftigkeit des Werks nicht zu vertreten hat. In diesem Fall werde dem Werkunternehmer eine Nacherfüllung regelmäßig nicht zumutbar sein (RegEntw. S. 627). Das ist von dem Kommissionsbericht (Abschlußbericht S. 253) übernommen worden, ohne dass eine Auseinandersetzung mit der dazu ergangenen Kritik stattgefunden hat (vgl. Kniffka, ZfBR 1993, 99).

Dem liegt offenbar die Wertung zugrunde, dass der Schuldner überhaupt keine Anstrengungen zur Überwindung des Leistungshindernisses zu unternehmen braucht, wenn er dieses nicht zu vertreten hat. Diese Wertung ist schon im allgemeinen Schuldrecht verfehlt (Canaris, JZ 2001, 499, 503), erst recht aber im Werkvertragsrecht. Sie würde einen ganz erheblichen Eingriff in die Erfolgshaftung des Werkvertragsrechts bedeuten (Sienz, BauR 2002, 187). Sie hat im Gesetz selbst keinen Niederschlag gefunden. Auch in § 275 Abs. 2 BGB ist das Verschulden des Schuldners nur ein Gesichtspunkt, der berücksichtigt werden kann. In der Rechtsprechung hat das Verschulden für den Mangel in dem Sinne immer eine Rolle gespielt, dass bei erhöhtem Verschulden eine Berufung auf Unverhältnismäßigkeit erschwert war. Das kann nicht dazu führen, dass immer dann, wenn der Werkmangel auf einer mangelhaften Lieferung eines Werkstoffes beruht, eine Nachbesserungsverpflichtung ausscheidet. Vielmehr kann sich das Leistungsverweigerungsrecht nur an den im Gesetz genannten Kriterien beurteilen lassen, die vorrangig auf das Leistungsinteresse des Gläubigers abstellen. Dieses ist in der Regel unabhängig davon ungebrochen, ob der angelieferte Werkstoff mangelhaft war.

Anwendungsbereich

Diese Überlegung ändert aber nichts daran, dass § 275 Abs. 2 nach der ausdrücklichen Anordnung des § 633 Abs. 3 auch dann anwendbar ist, wenn es um die faktische Unmöglichkeit des Nacherfüllungsanspruchs geht. Das Leistungsverweigerungsrecht nach § 275 Abs. 2 kommt nur in besonders gelagerten Ausnahmefällen in Betracht, die wertungsmäßig der Unmöglichkeit in § 275 Abs. 1 nahe kommen (RegEntw. S. 543). Paradox ist allerdings, dass die faktische Unmöglichkeit auch dadurch entstehen kann, dass der Schuldner das Werk zunächst mangelhaft errichtet hat und infolge dieser mangelhaften Leistung ein Fall der nachträglichen Unmöglichkeit entsteht, etwa weil die Mängelbeseitigungskosten in einem groben Missverhältnis zum Leistungsinteresse des Gläubigers stehen. Der Schuldner wird von seiner Nacherfüllungspflicht frei, muss jedoch Schadensersatz leisten, wenn er die faktische Unmöglichkeit zu vertreten hat.

9.3.3 Leistungsverweigerungsrecht nach § 275 Abs. 3

Nach § 275 Abs. 3 kann der Schuldner die Leistung ferner verweigern, wenn er sie persönlich zu erbringen hat und sie ihm unter Abwägung des seiner Leistung entgegenstehenden Hindernisses mit dem Leistungsinteresse des Gläubigers nicht zugemutet werden kann. Soweit es um Mängelbeseitigung geht, sind für den Bauvertrag kaum Anwendungsfälle denkbar. Die Regelung des § 275 Abs. 3 betrifft den Fall, dass der Schuldner die Leistung persönlich zu erbringen hat. Das ist für den Bauvertrag eher die Ausnahme. Denkbar ist diese Konstellation jedoch beim Architektenvertrag, Ingenieurvertrag oder Projektsteuerungsvertrag. Die in der Begründung genannten Fälle der persönlichen Unzumutbarkeit zeigen jedoch, dass diese Regelung von geringem praktischem Gewicht ist. Schulbeispiel soll der Fall der Sängerin sein, die sich weigert aufzutreten, weil ihr Kind lebensgefährlich erkannt sei. Das sind Fälle, die nach früherem Recht zum Wegfall der Geschäftsgrundlage führen konnten (vgl. Medicus, ZfBR 2001, 507, 508).

9.4 Rückgabeverlangen des Unternehmers

Neu ist die Regelung des § 635 Abs. 4, wonach der Unternehmer Rückgabe des mangelhaften Werkes nach Maßgabe der §§ 346 bis 348 verlangen kann, wenn er ein neues Werk herstellt.

9.4.1 Rückgabe

Das ist unproblematisch in den Fällen, in denen die Bauleistung des Unternehmers ohne weiteres wieder zurückgegeben werden kann. Ist z. B. der falsche Heizkessel geliefert worden, so ist dieser zurückzugewähren, wenn ein neuer eingebaut wird. Damit wird im Prinzip ein gerechter Interessenausgleich geschaffen, denn es war häufig so, dass der Besteller die mangelhafte Sache behalten oder noch wirtschaftlich verwertet hat, obwohl er eine Nachbesserung bekommen hat.

9.4.2 Wertersatz

Problematisch ist diese Regelung jedoch, wenn die Bauleistung nicht ohne weiteres entfernt werden kann. Ist z. B. ein Fundament falsch gegossen worden und muss deshalb ein neues Fundament hergestellt werden, scheidet die Rückgabe des alten Fundamentes aus.

Die Frage ist, ob nach § 346 Abs. 2 in einem derartigen Fall Wertersatz geleistet werden muss. Dazu enthält § 346 Abs. 2 einen Katalog von Fällen (vgl. dazu § 636). Die Rückgabe eines Fundamentes dürfte unter § 346 Abs. 2 Nr. 1 fallen, denn sie dürfte nach der Natur der Leistung ausgeschlossen sein (vgl. Voit, BauR 2002, 154 m. w. N.). Unproblematisch ist § 346 Abs. 2, wenn die beim Besteller verbleibende Leistung infolge des Mangels wertlos ist, weil dann auch kein Wertersatz zu leisten ist (vgl. unten). Es gibt aber Fälle, in denen das nicht der Fall ist. Verbleibt z. B. eine den vertraglichen Vereinbarungen nicht entsprechende Wärmedämmung im Bauwerk und kommt eine weitere Wärmedämmung hinzu, so kann das zu einem noch besseren Wärmedämmwert führen als er vertraglich vereinbart war. Die alte Wärmedämmung wäre also nicht ganz wertlos (vgl. z. B. den Fall aus BGH, Urteil vom 17.5.1984 - VII ZR 169/82, BGHZ 91, 206). Gleichwohl bestehen Bedenken gegen eine Wertersatzpflicht, weil es sich um eine aufgedrängte Wertmehrung handelt.

9.4.3 Gezogene Nutzungen

Die Rückgewährpflicht nach Maßgabe der §§ 346 bis 348 umfasst auch die Verpflichtung des Bestellers, im Falle der Neuherstellung die gezogenen Nutzungen herauszugeben. Sie ist bedenklich (so schon Kniffka, ZfBR 1993, 97, 100). Sie bedeutet, dass der Besteller die Gebrauchsvorteile herauszugeben hat, die er dadurch erlangt hat, dass er die mangelhafte Sache genutzt hat, § 100. In der Sache läuft die Anerkennung eines Anspruchs auf Ersatz der Gebrauchsvorteile darauf hinaus, dass eine von der Rechtsprechung bisher stets abgelehnte Vorteilsausgleichung stattfindet. Der Grund für die Ablehnung der Vorteilsausgleichung war, dass der Besteller dadurch, dass er den Vertragszweck nicht sogleich, sondern u. U. erst jahrelang später durch eine Nacherfüllung herbeigeführt hat, keine Besserstellung erfahren darf. Der Besteller hat durch den Mangel in aller Regel auch Gebrauchsnachteile hinzunehmen hat und es ist nicht gerechtfertigt, dem vertragsuntreuen Unternehmer einseitig einen Ausgleich zu gewähren. Deshalb ist eine Vorteilsausgleichung ausnahmsweise nur dann als zulässig angesehen worden, wenn der Besteller durch den Mangel keine oder nur unwesentliche Nachteile hinnehmen musste (vgl. Kniffka/Koeble, Kompendium des Baurechts, 6. Teil, Rdn. 218).

Diese Regelung ist darüber hinaus auch deshalb bedenklich, weil sie den Unternehmer einseitig bevorzugt, denn der Besteller hat keine Möglichkeit, die Zinsvorteile, die durch die verzögerte Nacherfüllung beim Unternehmer entstehen, abzuschöpfen. Es kommt zu einer ungleichgewichtigen Abwicklung des Mängelanspruchs zu Gunsten des Vertragsbrüchigen (Kohler, FS für Jagenburg, S. 379, 390).

Die Bedenken ändern nichts daran, dass § 346 Abs. 1 demnächst anzuwenden ist. Es ist jedoch Aufgabe der Rechtsprechung, den Anwendungsbereich auf ein vernünftiges Maß zu beschränken. In erster Linie wird das über eine genaue Prüfung zu erreichen sein, inwieweit überhaupt Gebrauchsvorteile entstanden sind.

Der Unternehmer kann die Nacherfüllung nicht davon abhängig machen, dass der Wertersatz bzw. der Ersatz der Gebrauchsvorteile gezahlt oder zumindest sichergestellt wird. Zwar enthält § 348 die Regelung, dass die sich aus dem Rücktritt ergebenden Verpflichtungen der Parteien Zug um Zug zu erfüllen sind. Aus § 635 Abs. 4 ergibt sich jedoch, dass der Anspruch auf

Wertersatz bzw. Nutzungsausfall erst entstehen kann, wenn die Nacherfüllung stattgefunden hat, so dass der Unternehmer vorleistungspflichtig ist. Aus der Verweisung auf § 320 folgt weiter, dass der Unternehmer die Mängelbeseitigung nicht davon abhängig machen darf, dass er wegen des Anspruchs auf Nutzungsentschädigung gesichert wird. Erst recht kann er die Nacherfüllung nicht von der Zahlung abhängig machen.

9.5 Änderungen der VOB/B 2002

Die VOB/B 2002 hat an der Regelung des Nachbesserungsanspruchs, § 13 Nr. 5 Abs. 1 Satz 1 VOB/B nichts geändert. Der Anspruch auf Mängelbeseitigung nach § 13 Nr. 5 Abs. 1 Satz 1 VOB/B ist inhaltsgleich mit dem Anspruch auf Nacherfüllung nach § 635. § 635 Abs. 1 bis 4 ist anwendbar.

10 § 636 BGB (Besondere Bestimmungen für Rücktritt und Schadensersatz)

Außer in den Fällen der §§ 281 Abs. 2 und 323 Abs. 2 bedarf es der Fristsetzung auch dann nicht, wenn der Unternehmer die Nacherfüllung gemäß § 635 Abs. 3 verweigert oder wenn die Nacherfüllung fehlgeschlagen oder dem Besteller unzumutbar ist.

Das Recht zum Rücktritt und zum Schadensersatz ist im allgemeinen Schuldrecht geregelt (vgl. dazu Vor § 631).

10.1 Rücktritt

Wegen des Rücktritts verweist § 634 auf die §§ 323, 326 Abs. 5. § 636 enthält lediglich eine ergänzende Regelung. Der Rücktritt ersetzt die Wandelung nach altem Recht. Es gibt jedoch eine wesentliche Neuerung, die unbedingt beachtet werden muss. Während die Wandelung erst bindend war, wenn sie vollzogen war, bindet jetzt schon die Rücktrittserklärung. Der Rücktritt ist eine Gestaltungserklärung, die eine weitere Erfüllung des Vertrages ausschließt. Vielmehr tritt mit dem Rücktritt das Rückabwicklungsverhältnis ein. Davon kommt der Besteller grundsätzlich nicht mehr los, es sei denn die Gegenseite willigt ein. Abgefedert wird das durch die neu eingerichtete Möglichkeit nach dem Rücktritt noch Schadensersatz fordern zu können. Außerdem wird vertreten, dass der Besteller jedenfalls dann nicht an die Wahl des Rücktritts gebunden ist, wenn der Unternehmer das Rücktrittsrecht bestreitet. Der Besteller soll dann die Möglichkeit haben, die Minderung zu wählen (Wertenbruch, JZ 2002, 862, 864). Ein unberechtigter Rücktritt bindet selbstverständlich nicht.

Das Rücktrittsrecht steht dem Besteller als einseitiges Gestaltungsrecht verschuldensunabhängig zu. Der Besteller kann also auch in den seltenen Fällen vom Vertrag zurücktreten, in denen der Unternehmer den Mangel seiner Leistung nicht verschuldet hat, z. B. weil er nach den anerkannten Regeln der Technik gearbeitet hat, diese jedoch die Funktionstauglichkeit nicht gewährleisten. Voraussetzung für den Rücktritt wegen eines Mangels ist grundsätzlich, dass der Nacherfüllungsanspruch fällig ist. Steht dem Unternehmer ein Leistungsverweigerungsrecht nach § 635 Abs. 2 zu, kann der Besteller den Nacherfüllungsanspruch nicht durchsetzen, wenn der Unternehmer sich darauf beruft. Er kann dann auch keinen Rücktritt verlangen.

10.1.1 Fristsetzung

Ist der Nacherfüllungsanspruch fällig, kann der Besteller dem Unternehmer eine angemessene Frist zur Nacherfüllung bestimmen. Eine Ablehnungsandrohung kennt das Gesetz nicht mehr. Nach fruchtlosem Fristablauf kann der Besteller vom Vertrag zurücktreten. Die Fristsetzung ist nach § 323 Abs. 2 entbehrlich. Außerdem ist die Fristsetzung unter den in § 636 genannten Voraussetzungen entbehrlich.

10.1.2 Vorfälliger Rücktritt

Der Besteller kann wegen eines Mangels auch vor Ablauf der Fertigstellungsfrist zurücktreten, wenn offensichtlich ist, dass diese wegen des Mangels nicht eingehalten werden kann, § 323 Abs. 4 (vgl. dazu Vor § 631).

10.1.3 Rücktritt bei Teilleistung

Hat der Schuldner eine Teilleistung bewirkt, so kann der Gläubiger vom ganzen Vertrag nur zurücktreten, wenn er an der Teilleistung kein Interesse hat (vgl. dazu unten zum Schadensersatz).

10.1.4 Rücktritt bei unerheblichen Mängeln

Der Rücktritt ist bei unerheblichen Mängeln ausgeschlossen, § 323 Abs. 5 Satz 2. Das alte Recht enthielt eine ähnliche Regelung in § 634 Abs. 3 a. F.

10.1.5 Rücktritt bei überwiegendem Mitverschulden des Bestellers

Neu ist die Regelung des § 323 Abs. 6. Danach ist der Rücktritt ausgeschlossen, wenn der Gläubiger für den Umstand, der ihn zum Rücktritt berechtigen würde, allein oder weit überwiegend verantwortlich ist, oder wenn der vom Schuldner nicht zu vertretende Umstand zu einer Zeit eintritt, zu welcher der Gläubiger in Verzug der Annahme ist. Dieser Ausschluss des Rücktrittsrechts betrifft in Bausachen vor allem die allerdings eher seltenen Fälle, dass der Mangel auf einer fehlerhaften Leistungsbeschreibung beruht und dieser Planungsfehler die weit überwiegende Verantwortlichkeit des Bestellers begründet.

Die Bewertung, ob eine Verantwortung des Bestellers „weit überwiegend" ist, wird sich an den zu § 254 entwickelten Kriterien messen lassen müssen. Danach entfällt eine Beteiligung des Schuldners an dem auch von ihm verursachten Schaden, wenn der Verursachungsanteil des Gläubigers weit überwiegt. In diesen Fällen geht man also von einer Alleinverantwortlichkeit des Gläubigers aus (Canaris, JZ 2001, 499, 511). Ob ein derartig schwer wiegender Verantwortungsbeitrag des Gläubigers vorliegt, ist eine Wertungsfrage, die nur unter Berücksichtigung der Umstände des Einzelfalles möglich ist. Darin liegt ein gewisses Gefährdungspotential für den Besteller, denn es kann sein, dass seine Wertung in einem Gerichtsverfahren nicht bestätigt wird, so dass dann feststeht, dass sein Rücktritt unberechtigt war. Da der Besteller Gläubiger allerdings gemäß § 325 auch nach Ausübung des Rücktrittsrechts noch Schadensersatz verlangen kann, wird er das in aller Regel tun, sofern die Voraussetzungen dafür vorliegen. In diesem Fall findet dann ohnehin § 254 Anwendung.

In den angesprochenen Fällen, dass der Unternehmer eine fehlerhafte Planung des Bestellers ausgeführt hat, wird in aller Regel die Verantwortung des Unternehmers nicht derart schwerwiegend sein, dass der Rücktritt ausgeschlossen ist. War der Planungsfehler nicht erkennbar, ist der Unternehmer ohnehin von seiner Haftung befreit. War der Planungsfehler erkennbar, so wird in aller Regel der Vorwurf der fehlenden oder unzureichenden Prüfung der Planung recht schwer wiegen, zumal der Unternehmer für die Ausführung seines Werkes eigenverantwortlich ist. Es gibt aber auch Fälle, in denen die Verantwortung des Unternehmers hinter der Planungsverantwortung des Bestellers so weit zurücktritt, dass ein Rücktritt ausgeschlossen ist. Das ist insbesondere dann möglich, wenn die Planung derart speziell ist, dass die Überprüfung nur schwer möglich ist und dem Unternehmer hinsichtlich der fehlerhaften Überprüfung nur ein geringer Vorwurf zu machen ist.

10.1.6 Rücktritt bei Annahmeverzug ausgeschlossen

Auch die Fälle des Annahmeverzugs sind im Zusammenhang mit Mängelrügen nicht selten. Denn es kommt immer wieder vor, dass Besteller die angebotene Mängelbeseitigung nicht zulassen. Häufig liegt das daran, dass ihnen die vom Unternehmer angebotene Maßnahme nicht ausreichend erscheint. Sind die angebotenen Maßnahmen tatsächlich nicht ausreichend, ist der Besteller nicht verpflichtet, die Maßnahme zuzulassen, denn er braucht keine von vornherein unzureichende Mängelbeseitigungsmaßnahme zu dulden. Ist das jedoch nicht der Fall und ist die vom Unternehmer angebotene Maßnahme ausreichend, gerät der Besteller in Annahmeverzug, wenn er sie nicht zulässt. Ein etwaiger Rücktritt während dieser Zeit wäre unwirksam.

10.1.7 Schadensersatz neben dem Rücktritt

Nach dem Rücktritt kann der Gläubiger gemäß § 325 Schadensersatz verlangen. Das ist eine wesentliche Änderung gegenüber dem bisherigen Recht, § 326 BGB. Ein Besteller kann zum Beispiel nach einem Rücktritt wegen eines Mangels, der in angemessener Frist nicht beseitigt worden ist, weiterhin den Ersatz der Mangelfolgeschäden verlangen. Er kann aber auch den Schadensersatz statt der Leistung gemäß § 281 fordern.

10.1.8 Rechtsfolgen des Rücktritts

Der Rücktritt wandelt das bisherige Vertragsverhältnis in ein Rückgewähr- und Abwicklungsverhältnis um (BGH, Urt. v. 10.7.1998 - V ZR 360/96, NJW 1998, 3268). Die bisherigen Leistungsansprüche und Leistungspflichten erlöschen. Nach dem Rücktritt sind nach § 346 Abs. 1 die empfangenen Leistungen zurückzugewähren und die gezogenen Nutzungen herauszugeben.

10.1.8.1 Keine Rückgabepflicht bei nicht trennbaren Bauleistungen

Fraglich ist, inwieweit die Rückgabepflicht für Bauleistungen gilt. Das Gesetz sieht für bestimmte Fälle vor, dass der Rückgewährschuldner die Leistung nicht zurückgewähren, sondern nur Wertersatz leisten muss. Nach § 346 Abs. 2 Nr. 2 gilt das, wenn der Rückgewährschuldner den empfangenen Gegenstand verbraucht, veräußert, belastet, verarbeitet oder umgestaltet hat. In diesen Fällen kann der Schuldner der Rückgewährpflicht nicht nachkommen, weil danach die Leistung grundsätzlich so zurückzugewähren ist, wie sie erlangt worden ist. Bei einer Bauleistung ist das häufig ähnlich, denn sie kann zumeist nicht ohne Zerstörung oder Eingriff in die restliche Bausubstanz zurückgewährt werden. Allerdings liegt das nicht daran, dass der Besteller die Bauleistung „veräußert, belastet, verarbeitet oder umgestaltet" hat. Eine direkte Anwendung dieses Tatbestandes scheidet somit aus.

Ein Ausschluss des Rückgewähranspruchs dürfte jedoch in vielen Fällen über § 346 Abs. 2 Nr. 1 geboten sein. Wird die Leistung beim Rückbau zerstört oder unbrauchbar, so ist die Rückgewähr nach der Natur des Erlangten ausgeschlossen (Voit, BauR 2002, 154, so wohl auch Gaier, WM 2002, 1, 4; a. A. Kaiser, JZ 2001, 1057, 1059). Allerdings kann nicht davon ausgegangen werden, dass eine Rückgewähr immer ausgeschlossen ist, weil der Besteller aufgrund des Einbaus gemäß § 946 ff Eigentümer geworden ist (so aber wohl Englert, Verträge am Bau, S. 343). Denn der Umstand, dass der Besteller Eigentümer geworden ist, ändert nichts an seiner Rückgewährpflicht.

10.1.8.2 Wertersatz bei nicht trennbaren Bauleistungen

Der Besteller hat in diesem Fall grundsätzlich Wertersatz zu leisten, § 346 Abs. 2.

Zu ersetzen ist der objektive Wert der Leistung, die nicht zurückzugeben werden muss. Nach § 346 Abs. 2 Satz 2 ist bei der Berechnung des Wertansatzes die im Vertrag bestimmte Gegenleistung zugrunde zu legen. Das ist also in dem hier erörterten Fall, dass der Besteller zurücktritt, der Werklohn. Das führt letztlich doch zu einer Vergütungspflicht für die erbrachte Leistung, soweit diese werthaltig ist.

Dagegen werden Bedenken von Voit (BauR 2002, 159) erhoben, weil es so dazu kommen könne, dass der Besteller eine „Vergütung" u. U. auch für eine Leistung zu zahlen habe, die als Teilleistung für ihn wertlos ist. Dass dieses Ergebnis nicht sein darf und auch vom Gesetz nicht gewollt ist, liegt auf der Hand. Man wird es dadurch verhindern können, dass nur derjenige objektive Wert zu ersetzen ist, der bei dem Besteller verbleibt (so auch Englert, Verträge am Bau, S. 343). Ist die erbrachte Leistung wertlos, dürfte der Besteller auch keinen Wertersatz schulden. Ist die Leistung lediglich mangelhaft und hat beim Besteller noch einen Wert, so ist der Wertersatz in Höhe des Werklohns abzüglich des Minderwertes zu erstatten (Gaier, WM 2002, 1, 5). Hier liegt es nahe, den Wertabzug nach den für die Minderung geltenden Grundsätzen zu bemessen. Maßgebend sind in erster Linie die Mängelbeseitigungskosten, nur in Fällen, in denen die Mängelbeseitigung unmöglich oder deren Kosten unverhältnismäßig sind oder ein Leistungsverweigerungsrecht nach § 275 Abs. 2 und 3 besteht, ist die Minderung des Verkehrswertes maßgeblich.

In der Sache führt der Rücktritt zu demselben Ergebnis wie eine Minderung. Das ist sachgerecht. Wenn die Leistung nicht zurückgewährt werden kann, ist das primäre Ziel des Rücktritts ohnehin nicht zu erreichen. Es muss dann das Ziel des Gesetzes sein, keine Partei schlechter zu stellen als bei der Minderung, die als gleichwertiger Rechtsbehelf neben dem Rücktritt besteht.

10.1.8.3 Wertersatz in anderen Fällen

In den Fällen, in denen eine Bauleistung ohne weiteres wieder vom Grundstück entfernt werden kann oder in denen die Bauleistung mit dem Grundstück zurückgegeben werden kann, wie z. B. beim Bauträgervertrag, bleibt der Besteller nach dem Rücktritt grundsätzlich zur Rückgewähr verpflichtet. Aber auch in diesen Fällen, in denen § 346 Abs. 2 Satz 1 Nr. 1 nicht eingreift, kann die Rückgewähr nach § 346 Abs. 2 Satz 1 Nr. 2 und 3 ausgeschlossen sein. Das ist z. B. dann der Fall, wenn der Rückgewährschuldner den empfangenen Gegenstand veräußert hat (Nr. 2) oder der Gegenstand sich verschlechtert hat oder untergegangen ist, ausgenommen die Verschlechterung durch Ingebrauchnahme. Solche Fälle sind nicht so selten, z. B. dann, wenn eine vom Bauträger erworbene Wohnung bereits weiterveräußert ist (Nr. 2). Ein Untergang einer Werkleistung kann vorkommen, z. B. bei einem Brand oder Sturm, durch die die Leistung zerstört wird (Nr. 3). In diesen Fällen ist ebenfalls Wertersatz zu leisten. Jedoch ist auch insoweit ein Abzug für etwaige Minderleistungen zu machen (Gaier, WM 2002, 1, 9). Eine Verschlechterung liegt nicht schon darin, dass ein Mangel der Bauleistung nunmehr entdeckt wird. Führt der Mangel jedoch zu einer Folgebeeinträchtigung, so kann das ein Fall des § 346 Abs. 2 Satz 1 Nr. 3 sein.

10.1.8.4 Wegfall der Wertersatzverpflichtung

Die Pflicht zum Wertersatz entfällt nach § 346 Abs. 3. Die dort geregelten Fälle können als die Gefahrtragung steuernde Ausnahmetatbestände gekennzeichnet werden (Köhler, JZ 2001, 325; Gaier, WM 2002, 1, 10). Entfällt die Verpflichtung zum Wertersatz, so verbleibt ein Bereicherungsanspruch des Rückgewährgläubigers. Dieser richtet sich nach der verbleibenden Bereicherung des Rückgewährschuldners.

Nach § 346 Abs. 3 Nr. 2 ist die Verpflichtung zum Wertersatz ausgeschlossen, wenn der Rückgewährgläubiger die Verschlechterung oder den Untergang der Leistung zu vertreten hat oder der Schaden bei ihm gleichfalls eingetreten wäre. Diese Regelung erfasst insbesondere die Fälle, in denen die Werkleistung wegen eines Mangels untergeht oder sich verschlechtert (Gaier, WM 2002, 1, 10). Stürzt z. B. eine Halle ein, weil die Träger nicht ausreichend dimensioniert waren, entfällt auch die Verpflichtung zum Wertersatz (1. Alt.). Wird eine Eigentumswohnung durch Blitzschlag zerstört, gilt das gleiche, weil dieser Schaden beim Rückgewährgläubiger gleichfalls eingetreten wäre (2. Alt.).

Nach § 346 Abs. 3 Nr. 3 entfällt die Pflicht zum Wertersatz, wenn im Fall eines gesetzlichen Rücktrittsrechts die Verschlechterung oder der Untergang beim Berechtigten eingetreten ist, obwohl dieser diejenige Sorgfalt beobachtet hat, die er in eigenen Angelegenheiten anzuwenden pflegt (vgl. dazu Gaier WM 2002, 1, 11).

10.1.8.5 Rückgabepflicht bei trennbaren Bauleistungen

Zu behandeln bleiben die Fälle, in denen der Rückgewährschuldner zur Rückgabe verpflichtet bleibt. Das sind die Fälle, in denen eine Bauleistung ohne weiteres wieder vom Grundstück entfernt werden kann oder in denen die Bauleistung mit dem Grundstück zurückgegeben werden kann und kein Ausnahmetatbestand aus § 346 Abs. 2 Satz 1 Nr. 2 und 3 greift. Wann kein Fall des § 346 Abs. 1 Satz 1 Nr. 1 vorliegt, muss im Einzelfall bestimmt werden. Beim Bauträgervertrag ist das grundsätzlich zu bejahen, weil die Bauleistung mit dem Grundstück zurückgegeben werden kann. Probleme können beim Bauträgervertrag auftreten, wenn das Grundstück zwischenzeitlich belastet wird. Grundsätzlich ist es frei von den zwischenzeitlichen Belastungen zurückzugeben. Ist es dem Erwerber nicht möglich, die dingliche Belastung zu beseitigen, oder ist die Opfergrenze des § 275 Abs. 2 überschritten, kommt ein Wertersatzanspruch des Bauträgers nach § 346 Abs. 2 Satz 1 Nr. 2 in Betracht (vgl. Gaier, ZfIR 2002, 609).

In den übrigen Fällen kommt es darauf an, wie gravierend der Eingriff zur Trennung des geleisteten Werkes von dem Grundstück und Bauwerk ist. In der Sache geht es darum, wann die Rückgewähr nach der Natur des Erlangten im Sinne des § 346 Abs. 2 ausgeschlossen ist. Hier wird es auf die Umstände des Einzelfalles ankommen. Der Maßstab ist nicht dem § 275 Abs. 2 zu entnehmen. Denn es geht nicht um die faktische Unmöglichkeit der Rückgabe, sondern darum, ob nach der Natur der Bauleistung ihre Rückgabe ausgeschlossen ist. Hier ist in erster Linie auf das Bestellerinteresse abzustellen. Der Besteller muss bei einer Trennung der Bauleistung vom Gebäude Eingriffe in die Substanz des Gebäudes in der Regel nicht hinnehmen, es sei denn sie sind so untergeordnet, dass sie nicht ins Gewicht fallen. Zurückzugeben sind danach alle leicht trennbaren Leistungen, wie z. B. lose befestigte oder angeschraubte Werkleistungen; nicht dagegen solche, die nur durch (Teil-)Zerstörung der Gebäudesubstanz getrennt werden können.

10.1.8.6 Herausgabe gezogener Nutzungen

Nach § 346 Abs. 1 müssen auch die gezogenen Nutzungen herausgegeben werden. Der Inhalt des Anspruchs auf Nutzungsersatz ist gegenüber der Altregelung des § 346 a. F. unverändert. Es sind die Gebrauchsvorteile zu ersetzen, § 100. Berechnet werden die Gebrauchsvorteile grundsätzlich nach einer zeitanteiligen linearen Wertminderung im Vergleich zwischen tatsächlichem Gebrauch und voraussichtlicher Gesamtnutzungsdauer (vgl. BGH, Urt. v. 25.10.1995 - VIII ZR42/94, NJW 1996, 250, 252; Gaier, WM 2002, 1, 6). Bei Grundstücken kann auf den objektiven Mietwert abgestellt werden (BGH, Urt. v. 20.5.1983 - V ZR 291/81, BGHZ 87, 296, 301; Urt. v. 22.11.1991 - V ZR 160/90, NJW 1992, 892). Soweit dieser durch die Mängel der Bauleistung gemindert ist, muss auch eine Minderung der Gebrauchsvorteile stattfinden.

Problematisch ist die Verpflichtung zum Ersatz der Gebrauchsvorteile bei der Nacherfüllung (vgl. § 635).

10.1.8.7 Herausgabe nicht gezogener Nutzungen und Verwendungsersatz

§ 346 Abs. 1 betrifft nur die gezogenen Nutzungen. Die weiteren Regelungen enthält § 347.

Nicht gezogene Nutzungen

Hinsichtlich der nicht gezogenen Nutzungen ist vor allem auf die fehlende Anlage von erhaltenem Werklohn hinzuweisen. Der Einwand, der erhaltene Werklohn sei nicht verzinslich angelegt, ist danach unerheblich, wenn eine verzinsliche Anlage möglich gewesen und den Regeln der ordnungsgemäßen Wirtschaft entsprochen hätte. Erzielte Zinsen sind vom Unternehmer im Fall des Rücktritts bereits nach § 346 Abs. 1 auszuzahlen.

Verwendungs- und Aufwendungsersatzanspruch

Der Verwendungsersatzanspruch ist nunmehr in § 347 eindeutig geregelt. Er spielt in den Baurechtsfällen durchaus eine Rolle, z. B. dann, wenn der Besteller die Eigentumswohnung bereits umgestaltet oder notwendige Reparaturen vorgenommen hat. § 347 Abs. 2 Satz 1 verschafft ihm einen Anspruch auf Ersatz der notwendigen Verwendungen. Verwendungen sind Vermögensaufwendungen, die der Erhaltung, Wiederherstellung oder Verbesserung der Sache dienen (BGH, Urteil vom 14.6.2002 - V ZR 79/01*). Notwendig sind Verwendungen, die nach einem objektiven Maßstab zum Zeitpunkt der Vornahme zur Erhaltung oder ordnungsgemäßen Bewirtschaftung erforderlich sind (BGH, a. a. O.; Urt. v. 20.6.1975 - V ZR 206/74, BGHZ 64, 333, 339; Urt. v. 24.11.1995 - V ZR 88/95, NJW 1996, 921, 922). Zutreffend wird darauf hingewiesen, dass der objektive Maßstab sich nach dem vertraglich vorgesehenen Gebrauch richtet, wenn ein gesetzliches Rücktrittsrecht wegen einer Vertragsverletzung ausgeübt wird (Kaiser, JZ 2001, 1068). Die über § 994 BGB a. F. erzeugte Bindung an das Eigentümerinteresse besteht nach neuem Recht nicht mehr. Zu den notwendigen Verwendungen gehören die Kosten für die Reparatur und auch die gewöhnlichen Erhaltungskosten. Diese sind unabhängig davon zu ersetzen, ob und ggf. in welchem Umfang sie zu einer Erhöhung des Wertes des Leistungsgegenstandes zum Zeitpunkt der Rückgewähr geführt haben (Gaier, WM 2002, 1, 7).

Neu ist die uneingeschränkte Ersatzpflicht für andere Aufwendungen, soweit der Gläubiger bereichert wird. Der Anspruch besteht, wenn der Schuldner den Gegenstand zurückgibt, Wertersatz leistet oder seine Wertersatzpflicht gemäß § 346 Abs. 3 Nr. 1 und 2 ausgeschlossen ist. Andere Aufwendungen sind andere als notwendige Verwendungen, also nützliche Verwendungen oder aber auch unnütze Verwendungen. Ersatz ist für die nach dem Verkehrswert zu ermittelnde Wertsteigerung der zurückerhaltenen Leistung zu leisten (Gaier, WM 2002, 1, 7). Soweit die Verwendungen für den Rückgewährempfänger nicht vom Nutzen sind, stellt sich das Problem der aufgedrängten Bereicherung. Hat der Besteller z. B. die zurückzugewährende Eigentumswohnung zwischenzeitlich umgestaltet, handelt es sich in der Regel nicht um notwendige Verwendungen, sondern um andere Aufwendungen, die nicht einmal nützlich sein müssen, sondern häufig von den persönlichen Geschmacksvorstellungen des Erwerbers abhängen. Diese sind nur zu ersetzen, wenn eine Wertsteigerung eingetreten ist. Ist diese eingetreten, so ist es in der Regel recht und billig, dass der Unternehmer, so er die Eigentumswohnung zurückerhält, auch diese Wertsteigerung ausgleicht, denn bei einer erneuten Veräußerung kann er diese Wertsteigerung in aller Regel auch über den Kaufpreis realisieren. Ist dem Unternehmer ausnahmsweise nicht zuzumuten, die anderen Aufwendungen zu ersetzen, so muss er dem Besteller die Möglichkeit einräumen, die gegenständlichen Leistungen wieder zu entfernen, soweit das ohne weiteres möglich ist.

Nicht ersatzfähig sind Aufwendungen, die der Schuldner in der Zeit nach der Rechtshängigkeit des Rückgewähranspruchs gemacht hat, § 292 Abs. 2 i. V. m. § 994 Abs. 2 BGB.

Die sich aus dem Rücktritt ergebenden Verpflichtungen der Parteien sind Zug um Zug zu erfüllen, § 348. Das gilt auch für die Ansprüche auf Ersatz der Verwendungen (Gaier, a. a. O. S. 7).

10.1.8.8 Pflicht zur Rücknahme

Unklar ist, inwieweit der Unternehmer verpflichtet ist, die Bauleistung zurückzunehmen, bzw. zurückzubauen. Zur Wandelung wurde eine Rücknahmeverpflichtung des Unternehmers nicht direkt aus § 346 BGB a. F. hergeleitet, sondern ausnahmsweise aus § 242 BGB, wenn der Besteller an der Rücknahme, bzw. dem Rückbau ein besonderes Interesse hatte; über § 635 BGB a. F., wenn der Unternehmer den Mangel verschuldet hatte oder unter Hinweis auf § 1004 BGB (dazu Acker/Konopka, BauR 2002, 1307, 1308). Auch das neue Recht dürfte keinen unmittelbaren Anspruch zur Rücknahme geben. Zutreffend wird darauf hingewiesen, dass mit der Neuregelung in § 346 Abs. 2 Nr. 1 klar gestellt sein dürfte, dass eine Rücknahmepflicht in den Fällen ausscheidet, in denen die Rückgewähr nach der Natur des Erlangten ausgeschlossen ist. Das sind die Fälle, in denen die eingebaute Sache nicht ohne ihre Beschädigung oder die Beschädigung des Bauwerks getrennt werden kann (Acker/Konopka a. a. O. S. 1312).

10.2 Schadensersatz

Ist das Werk mangelhaft, kann der Besteller gemäß § 634 Nr. 4 Schadensersatz nach den §§ 280, 281, 283 und 311a verlangen. Damit findet eine Verweisung auf das komplexe Schadensersatzsystem des neuen Schuldrechts statt.

Im Falle eines Baumangels kommen verschiedene Schäden in Betracht, die nach unterschiedlichen Normen ersetzt verlangt werden können. Die bisherige Unterscheidung zwischen Mangel- und Mangelfolgeschaden bleibt bestehen.

10.2.1 Ersatz der Mangelfolgeschäden nach § 280 Abs. 1

Zu den Mangelfolgeschäden gehören jedenfalls die Schäden, die durch eine Mängelbeseitigung nicht verhindert werden können, so genannte Schäden neben der Leistung. Das sind z. B.

Schäden die am Bauwerk als Folgeschäden eingetreten sind, z. B. eindringende Feuchtigkeit hat die Holzdecken durchnässt. Ferner gehören dazu die Schäden, die früher als entfernte Mangelfolgeschäden ersetzt wurden, also Folgen des Mangels, die nicht mehr im unmittelbaren engen Zusammenhang mit dem Schaden eingetreten sind, wie z. B. das verseuchte Wasser infolge eines Lecks im Öltank, der Brand auf dem Dach, infolge einer fehlerhaften Dachdeckerarbeit, oder die Körperverletzung des Bestellers nach einem Sturz infolge einer unsachgemäß errichteten Treppe.

Auch der Mangelfolgeschaden, der bei weiter bestehendem Vertrag eintritt, wird nach § 280 ersetzt. Dazu können z. B. die Kosten für einen Gutachter, Nutzungsausfall oder entgangener Gewinn während der Mängelbeseitigung oder erhöhte Unterhaltungskosten durch den Mangel gehören. Allerdings ist nicht die Frage gelöst, inwieweit auch solche Mangelfolgeschäden nach § 280, also ohne Mängelbeseitigungsaufforderung und Fristsetzung an den Unternehmer, ersetzt verlangt werden können, die durch eine Mängelbeseitigung hätten verhindert werden können. So stellt sich die Frage, ob z. B. entgangener Gewinn auch für den Zeitraum ersetzt verlangt werden kann, der über den reinen Reparaturzeitraum hinausgeht, also unvermeidbar war. Hier spricht einiges für den Vorrang von § 281, denn der Unternehmer sollte in diesen Fällen Gelegenheit haben, diesen weitergehenden Schaden durch die Mängelbeseitigung abzuwenden. § 280 ist auch die Anspruchsgrundlage für Schäden, die sich infolge einer fehlerhaften Planungs- und Überwachungsleistung im Bauwerk gezeigt haben, durch eine Planberichtigung also nicht mehr vermieden werden können.

10.2.2 Schadensersatz statt der Leistung

Die Mängelbeseitigungskosten gehören nicht zu dem nach § 280 zu ersetzenden Schaden. Der Ersatz der Mängelbeseitigungskosten als Schadensersatz ist nur möglich, wenn der Erfüllungsanspruch ausgeschlossen ist. Dieser Schadensersatz ist nun als Schadensersatz statt der Leistung geregelt. Für ihn gilt § 281.

Will der Besteller wegen eines Mangels keine Durchführung des Vertrages, sondern den alten Schadensersatz wegen Nichterfüllung geltend machen, so ist allein § 281 anwendbar. Der Besteller kann nach dieser Regelung nach der im Einzelfall entbehrlichen Fristsetzung und dem fruchtlosen Ablauf der Frist, Schadensersatz statt der Leistung verlangen.

Der Schadensersatzanspruch statt der Leistung kompensiert das Erfüllungsinteresse des Bestellers. Der Besteller hat also Anspruch darauf, so gestellt zu werden, als wäre der Vertrag ordnungsgemäß erfüllt worden.

10.2.2.1 Grundsätzlich kleiner Schadensersatz

Nach § 281 Abs. 1 Satz 1 kann der Besteller Schadensersatz statt der Leistung grundsätzlich nur verlangen, soweit die fällige Leistung nicht oder nicht wie geschuldet erbracht wird. Das bedeutet, dass der Besteller nur Kompensation wegen des ausgebliebenen oder schlecht erfüllten Teils der Leistung verlangen kann. Hat der Unternehmer mangelhaft geleistet, kann der Besteller deshalb nur insoweit Schadensersatz verlangen, als der Mangel zu einem Schaden geführt hat. Das ist der Sache nach der so genannte kleine Schadensersatz (Roth, JZ 2001, 543, 550) Verfehlt ist die Auffassung von Teichmann, (ZfBR 2002, 12, 18), der den kleinen Schadensersatz der Regelung des § 280 zuordnet. Dieser ist auf Ersatz der Mängelbeseitigungskosten und der Folgeschäden gerichtet.

Zu beachten ist die Änderung des § 249 Abs. 2 durch das zweite Gesetz zur Änderung schadensrechtlicher Vorschriften vom 19. Juli 2002 (BGBl. I, 2647). Nach § 249 Abs. 2 Satz 2 schließt bei Beschädigung einer Sache der nach Satz 1 erforderliche Geldbetrag die Umsatzsteuer nur mit ein, wenn und soweit sie tatsächlich angefallen ist. Das Gesetz gilt für Beschädigungen seit dem 1. August 2002, Art. 229 § 8 Abs. 1 EGBGB. Das selbe Gesetz enthält in § 253 Abs. 2 BGB die Regelung, dass dann, wenn u. a. wegen der Verletzung des Körpers und der Gesundheit Schadensersatz zu leisten ist, auch wegen eines Schadens, der nicht Vermögensschaden ist, eine billige Entschädigung in Geld gefordert werden kann. Damit kann Schmerzensgeld auch für den Fall gefordert werden, dass eine Vertragsverletzung zu Körperverletzungen führt. Erfolgt die Verletzungshandlung durch Erfüllungs-/Verrichtungsgehilfen ist der Entlastungsnachweis aus § 831 BGB nicht mehr möglich. Der Unternehmer haftet deshalb für schuldhaftes vertragswidriges Verhalten seiner Arbeiter oder Subunternehmer stets auf Schmerzensgeld, wenn dadurch der Besteller verletzt wurde.

10.2.2.2 Sonderregelung für unerhebliche Mängel

Dieses Prinzip wird durch § 281 Abs. 1 Satz 3 bestärkt. Aus dieser Regelung ergibt sich jedoch im Umkehrschluss, dass bei erheblichen Mängeln Schadensersatz statt der ganzen Leistung gefordert werden kann. Bei unerheblichen Mängeln (Leistung nicht wie geschuldet bewirkt) kann hingegen Schadensersatz statt der ganzen Leistung nicht gefordert werden. Soweit Sienz (Verträge am Bau, S. 38) die Auffassung vertritt, der kleine Schadensersatz sei bei unerheblichen Mängeln ausgeschlossen, kann dem nicht gefolgt werden. Bereits aus dem Wortlaut der Regelung ergibt sich, dass das nicht der Fall ist, denn ausgeschlossen ist nur der große Schadensersatz. Der Hinweis auf den Gleichlauf mit dem Rücktrittsrecht ist nicht ergiebig. Zwar ist der Rücktritt vom Vertrag ausgeschlossen, wenn die Pflichtverletzung unerheblich ist, § 323 Abs. 2 Satz 2. Damit wird der Gleichlauf mit dem Schadensersatz insoweit erreicht, als der große Schadensersatz, der dem Rücktritt gleichkommt, ausgeschlossen ist. Das Recht in den Fällen der unerheblichen Pflichtverletzung den kleinen Schadensersatz verlangen zu können, rechtfertigt sich daraus, dass die Pflichtverletzung verschuldet ist. Im Übrigen weist Sienz zutreffend darauf hin, dass bei unerheblichen Mängeln Ersatz des Mangelfolgeschadens ohnehin nach § 280 möglich wäre. Es geht also nur um die Mängelbeseitigungskosten. Es gibt keinen Grund, diese nicht als Schadensersatz zu ersetzen, nur weil die Pflichtverletzung unerheblich ist.

Damit wird die alte Rechtslage im Wesentlichen bestätigt. Denn diese sah den Ausschluss der Wandelung bei unerheblichen Mängeln vor, § 634 a. F. Nach der Rechtsprechung war der große Schadensersatzanspruch ausgeschlossen, wenn seine Geltendmachung gegen Treu und Glauben verstieß (BGH, Urteil vom 5.5.1958 - VII ZR 130/57, BGHZ 27, 215). Der Besteller musste dann am Vertrag festhalten. Er war jedoch im Falle des Verschuldens nicht gehindert, den kleinen, auf Ersatz der Mängelbeseitigungskosten und der Folgeschäden gerichteten Schadensersatzanspruch geltend zu machen (vgl. auch Roth, JZ 2001, 543, 549).

Wann Mängel im Sinne des § 281 Abs. 1 Satz 3 erheblich sind, ist nicht definiert. Nach der Begründung (RegEntw. S. 318) wird der Gläubiger sich mit dem kleinen Schadensersatzanspruch nur dann begnügen müssen, wenn es sich um abgrenzbare Mängel handelt, die ohne Schwierigkeiten behoben werden können. Im Übrigen werde das Interesse des Gläubigers an der geschuldeten Leistung oft Schadensersatz statt der ganzen Leistung erforderlich machen. Je umfangreicher die Mängel sind, desto eher wird Schadensersatz statt der ganzen Leistung verlangt werden können (RegEntw. S. 319).

In erster Linie wird es bei der Frage, ob ein Mangel unerheblich oder erheblich ist, darauf ankommen, ob das Interesse des Bestellers an einer ordnungsgemäßen Erfüllung des Vertrages ausreichend gewahrt ist, wenn er auf den kleinen Schadensersatzanspruch verwiesen wird. Ausschlaggebend ist, ob die erbrachte Leistung und der für das Defizit zu zahlende Geldbetrag in ihrer Addition das Leistungsinteresse des Bestellers decken oder nicht (Canaris, JZ 2001, 499, 513). Es kommt deshalb weniger darauf an, ob die Mängel in irgendeiner Weise abgrenzbar sind oder nicht. Maßgebend kann auch nicht sein, ob die Mittel des kleinen Schadensersatzes ausreichen, um den Mangel zu beheben. Denn das ist immer der Fall. Der kleine Schadensersatz erfasst mindestens die Mängelbeseitigungskosten. Vielmehr kann es nur darauf ankommen, ob dem Erfüllungsinteresse des Bestellers noch genügt ist, wenn er darauf verwiesen wird, gegen seinen Willen die Mängelbeseitigung mit dem ihm zur Verfügung gestellten Mittel selbst vornehmen zu müssen. Insoweit kommt es darauf an, welche Anstrengungen dem Besteller im Einzelfall zumutbar sind. Diese Bewertung hängt von den Umständen des Einzelfalles ab, insbesondere von den Möglichkeiten des Bestellers, in tatsächlicher und zeitlicher Hinsicht, die Mängelbeseitigung selbst so rechtzeitig durchführen zu können, dass auch in zeitlicher Hinsicht das Interesse an der Leistung gewahrt bleibt. So kann es für einen gewerblichen Besteller, wie z. B. einem Bauträger zumutbar sein, auch einen technisch aufwendigen Mangel beseitigen zu lassen, während ein privater Besteller mit dieser Aufgabe überfordert sein kann. Auch nach altem Recht konnte der Besteller gemäß § 326 a. F. nur zurücktreten, bzw. den großen Schadensersatz verlangen, wenn er das Interesse (an der Teilleistung) verloren hat. Beim Bauträgervertrag hat die Rechtsprechung in aller Regel einen Interessenverlust bei größeren Mängeln verneint, weil es dem Erwerber eines schlüsselfertigen Objekts nicht zugemutet werden kann, diese Mängel in eigener Regie zu beseitigen. Damit würde der Vertrag über die Mängelbeseitigung des Wesens des Schlüsselfertigbaus entkleidet. Die Bewertung, ob das Leistungsinteresse ausreichend mit dem kleinen Schadensersatz ausreichend gewahrt ist, kann auch nicht unabhängig davon erfolgen, wie gesichert es ist, dass dem Besteller die Mittel zur Mängelbeseitigung zufließen.

In diesem Licht muss auch das von Canaris gebildete Beispiel gesehen werden. Stellt sich heraus, dass der Boden eines gekauften Grundstücks bis in 1 m Tiefe verseucht ist, soll der Erwerber in der Regel nach Canaris nur den kleinen Schadensersatzanspruch haben, also den Anspruch auf Ersatz der Kosten für den Bodenaustausch zzgl. eines etwaigen Minderwertes sowie von Folgeschäden. Dieser Wertung liegt der Grundsatz zugrunde, dass ein Erwerber sein Leistungsinteresse grundsätzlich dann nicht verliert, wenn die Leistung mangelhaft geliefert wird. Der kleine Schadensersatzanspruch ist grundsätzlich ausreichende Kompensation. Freilich wird man den großen Schadensersatzanspruch zubilligen müssen, wenn z. B. der Umfang der Verseuchung nicht feststeht, weil dann das Risiko des Erwerbers unüberschaubar wird und er zu Recht das Interesse an dem Erwerb dieses Grundstücks verloren hat. Auch wird der große Schadensersatzanspruch dann zugebilligt werden müssen, wenn die Anstrengungen für die Mängelbeseitigung so groß sind, dass sie dem Erwerber nach Treu und Glauben nicht zugemutet werden können, oder wenn ein unüberschaubares Restrisiko nach der Mängelbeseitigung verbleibt.

Die unerhebliche Pflichtverletzung im Sinne des § 281 Abs. 1 Satz 3 ist nicht zu verwechseln mit dem unwesentlichen Mangel im Sinne des § 640 (a. A. Palandt/Sprau, 61. Aufl., Ergbd. § 636 Rdn. 6). Unwesentlich im Sinne des § 640 ist nach der Definition der Rechtsprechung (zu § 12 Nr. 3 VOB/B) ein Mangel, wenn er an Bedeutung so weit zurücktritt, dass es unter Abwägung der beiderseitigen Interessen für den Auftraggeber zumutbar ist, eine zügige Abwicklung des gesamten Vertragsverhältnisses nicht länger aufzuhalten und deshalb nicht mehr auf den Vorteilen zu bestehen, die sich ihm vor vollzogener Abnahme bieten (BGH, Urt. v. 26.2.1981 - VII ZR 287/79, BauR 1981, 284). Die Unwesentlichkeit ist allein ein Kriterium für die Abnahmepflicht. Allerdings wird ein unwesentlicher Mangel im Sinne des § 640 grundsätzlich eine unerhebliche Pflichtverletzung im Sinne des § 281 Abs. 1 Satz 3 sein. Umgekehrt ist das nicht so. Ein wesentlicher Mangel kann auch eine unerhebliche Pflichtverletzung sein, wenn er z. B. einfach durch den Besteller mit dem ihm über den kleinen Schadensersatz zur Verfügung gestellten Mitteln zu beseitigen ist.

10.2.2.3 Sonderregelung für Teilleistungen

Auch für den Fall, dass lediglich Teilleistungen erbracht werden, gilt grundsätzlich das Prinzip des § 281 Abs. 1 Satz 1, dass Schadensersatz nur verlangt werden kann, soweit die Leistung nicht erbracht worden ist. Aus § 281 Abs. 1 Satz 2 ergeben sich die Voraussetzungen, unter denen ausnahmsweise Schadensersatz statt der ganzen Leistung, also der große Schadensersatz gefordert werden kann.

Hat der Schuldner eine Teilleistung bewirkt, kann der Gläubiger Schadensersatzes statt der ganzen Leistung nur verlangen, wenn er an der Teilleistung kein Interesse hat. Nach der Begründung (RegEntw. S. 318) kann großer Schadensersatz grundsätzlich nur verlangt werden, wenn der erbrachte Teil der Leistung unter Berücksichtigung des Schadensersatzes statt der ausgebliebenen Leistung das Leistungsinteresse nicht voll abdeckt.

Bei einer teilweisen Leistung wird Schadensersatz statt des ausgebliebenen Teils der Leistung das Leistungsinteresse des Schuldners danach meist voll abdecken und Schadensersatz statt der ganzen Leistung eher die Ausnahme sein. Eine solche Ausnahme ist denkbar, wenn der Besteller mit der teilweise erbrachten Leistung im Sinne der vertragsgerechten Zweckentsprechung nichts anfangen kann, wie z. B. dann, wenn Marmorplatten einer bestimmten, einmaligen Struktur einzubauen sind, das vorhandene Kontingent aber nicht ausreicht (Beispiel nach Schalk, Verträge am Bau, S. 238). Der Marmorboden muss dann im Zweifel vollständig neu verlegt werden. Sie liegt auch dann vor, wenn der Besteller die gesamte Leistung zu einem bestimmten Termin oder zu einem bestimmten Zweck benötigte und die Teilleistung zu dem im Vertrag bestimmten Termin nicht ausreicht.

Grundsätzlich gilt diese Regelung nicht für die mangelhafte Leistung. Denn eine mangelhafte Leistung ist keine Teilleistung im Sinne des § 281 Abs. 1, sondern eine „nicht wie geschuldet" erbrachte Leistung, vgl. oben.

10.2.2.4 Abgrenzung zwischen nicht oder nicht wie geschuldet erbrachter Leistung

In manchen Fällen kann es schwierig sein, die nicht oder nicht wie geschuldet erbrachte Leistung voneinander abzugrenzen.

Ist zum vertraglichen Fertigstellungszeitpunkt das Bauwerk nicht fertig gestellt, kann es zweifelhaft sein, ob eine Teilleistung vorliegt oder eine mangelhafte Leistung. Ist allerdings die zum Zeitpunkt der Fertigstellung vorhandene Leistung mangelfrei, dürfte ein Fall der Teilleistung vorliegen (Pause, NZBau 2002, 648, 651). Anwendbar ist dann § 281 Abs. 1 Satz 2. Der Besteller kann großen Schadensersatz nur verlangen, wenn er an dieser Leistung kein Interesse mehr hat. Das ist jedenfalls grundsätzlich dann nicht der Fall, wenn er das Bauwerk fertig stellen lässt. Der Besteller kann jedoch das Interesse an der Teilleistung dann verloren haben, wenn er an der Fertigstellung wegen des Verzuges kein Interesse mehr hat.

Ist die Leistung im Fertigstellungszeitpunkt teilweise mängelfrei, teilweise mangelhaft fertig gestellt, liegt sowohl ein Fall des § 281 Abs. 1 Satz 2 als auch Satz 3 vor. Welche Regelung dominiert, sagt das Gesetz nicht. Im Hinblick darauf, dass sowohl der Regelung des Satzes 2 als auch des Satzes 3 der Grundsatz zugrunde liegt, dass es auf das Interesse des Gläubigers an der erhaltenen Leistung ankommt, ist die Frage, welche dieser beiden Alternativen anwendbar ist, möglicherweise nicht von großer praktischer Bedeutung. Entscheidend dürfte sein, ob das Interesse des Bestellers ausreichend gewahrt ist, wenn er darauf verwiesen wird, dass er die bisherige mangelhafte Teilleistung behält. In vielen Baumängelfällen dürfte diese Konstellation vorliegen. Das gilt auch für den Fall, dass der Unternehmer eine geringere Menge, also z. B. statt 20 Fenster nur 19 Fenster einbaut. Es kann deshalb entgegen (Sienz, Verträge am Bau, S. 93) nicht ohne weiteres davon ausgegangen werden, dass in diesem Fall stets großer Schadensersatz verlangt werden kann. Vielmehr dürfte dieses Beispiel ein Paradebeispiel für den Fall sein, dass lediglich der kleine Schadensersatzanspruch verlangt werden kann, der Besteller also die Mittel dafür bekommt, das fehlende Fenster anderweitig einbauen zu lassen und darüber hinaus den Ersatz des Folgeschadens verlangen kann.

10.2.2.5 Inhalt des Anspruchs auf Schadensersatz statt der ganzen Leistung

Besteht Schadensersatzanspruch statt der ganzen Leistung, kann der Besteller nach § 281 Rückzahlung des bereits gezahlten Werklohns fordern und darüber hinaus die Mehrkosten, die notwendig sind, um das Werk anderweitig zu erstellen. Daneben kann er alle anderen Schäden liquidieren, die er infolge der Nichterfüllung hat, also z. B. Nutzungsausfall, Abschreibungsausfall, usw. Denn der nach § 281 Abs. 1 geschuldete Schadensersatz umfasst auch Folgeschäden (Däubler, NJW 2001, 3729, 3731).

10.2.2.6 Entbehrlichkeit der Fristsetzung

Die Fristsetzung ist unter den in § 281 Abs. 2 genannten Voraussetzungen entbehrlich. Eine unangemessene Frist setzt den Lauf der angemessenen Frist in Gang, vgl. § 637.

10.2.2.7 Erlöschen des Erfüllungsanspruchs

Mit dem Verlangen des Schadensersatzes statt der Leistung ist der Anspruch auf die Leistung ausgeschlossen. Das betrifft jedoch nur den Teil der Leistung, statt dessen der Besteller Schadensersatz verlangen kann. Verlangt der Besteller den kleinen Schadensersatz bleibt der Erfüllungsanspruch hinsichtlich des Teils, der nicht der Anlass für das Schadensersatzverlangen ist, bestehen. Wird Schadensersatz statt der ganzen Leistung verlangt, erlischt der Erfüllungsanspruch insgesamt. Wegen der rechtsgestaltenden Wirkung der Erklärung ist darauf zu achten, dass eindeutig erklärt wird, ob der kleine oder der große Schadensersatz verlangt wird. Soweit sich das aus der Erklärung nicht ergibt, wird im Zweifel der kleine Schadensersatz gewollt sein, denn er ist der Regelfall des Gesetzes.

Der Erfüllungsanspruch erlischt nicht schon mit Ablauf der Frist, sondern erst wenn der Besteller Schadensersatz geltend macht, § 281 Abs. 4. Voraussetzung ist natürlich ein berechtigtes Verlangen nach Schadensersatz statt der Leistung (Gegenäußerung Nr. 29). Verlangt der Besteller den großen Schadensersatz, ohne dass die Voraussetzungen des § 281 Abs. 1 Satz 2 oder Satz 3 vorliegen, wird die Erklärung regelmäßig so verstanden werden müssen, dass jedenfalls der kleine Schadensersatz gewählt ist.

Das Verlangen nach Schadensersatz wirkt wie die rechtsgestaltende Erklärung des Rücktritts. Es muss den eindeutigen Willen des Gläubigers erkennen lassen, sich auf das Schadensersatzbegehren beschränken zu wollen. So reicht nach der Begründung (RegEntw. S. 320) eine allgemeine Ankündigung, weitere Rechte „bis hin zum Schadensersatz" geltend machen zu wollen, nicht aus. Problematisch ist, ob auch ein mit der Fristsetzung bereits angekündigtes Verlangen nach Schadensersatz ausreicht, z. B. mit der Formulierung „nach Ablauf der Frist wird Schadensersatz verlangt". Da vor Ablauf der Frist nicht Schadensersatz verlangt werden kann, ist jedoch auf eine Erklärung nach Fristablauf abzustellen. Die bloße Ankündigung, Schadensersatz zu verlangen, reicht nicht (Brambring, NotZ 2001, 590, 606).

10.2.3 Verhältnis der Ansprüche aus Verzug und Mängeln

Ungeklärt ist das Verhältnis von § 286 zu § 280 und § 281, wenn der Mangel oder die Mängelbeseitigung zu einer Verzögerung führt. Die während des Gesetzgebungsverfahrens geforderte Klarstellung (Roth, JZ 2001, 543, 547) ist leider nicht erfolgt. Der grundsätzliche Wertungswiderspruch zwischen der Regelung des § 286 und derjenigen des § 281 besteht darin, dass ein Verzugsschaden im Grundsatz eine Mahnung voraussetzt, während der Schadensersatz statt der Leistung auch dann verlangt werden kann, wenn eine solche nicht erfolgt ist. Dieser Wertungswiderspruch spielt aber im Regelfall keine Rolle, weil in der Fristsetzung, die grundsätzlich erforderlich ist, um den Anspruch aus § 281 zu begründen, regelmäßig eine Mahnung zu sehen ist (Canaris, JZ 2001, 499, 515).

Gleichwohl gibt es Fälle, in denen der Wertungswiderspruch zu Tage tritt. So ist unklar, ob der durch die Verzögerung der Mängelbeseitigung entstehende Schaden nur unter den Voraussetzungen des Verzugs zu ersetzen ist, was regelmäßig eine Mahnung voraussetzt, oder als Mangelfolgeschaden nach § 280. Allerdings spricht viel dafür, dass die Voraussetzungen des Verzugs nicht vorliegen müssen, so dass der Unternehmer z. B. auf den entgangenen Gewinn während der Mängelbeseitigung nach § 280 auch dann haftet, wenn er es gar nicht zu einer Mahnung kommen lässt, sondern den Mangel sofort beseitigt. Ebenso wenig ist Verzugsrecht anwendbar, wenn es infolge eines Mangels zu „Verzugsschäden" kommt (vgl. Westermann/Maifeld, Das Schuldrecht 2002, S. 267).

10.2.4 Rücktrittsrecht anwendbar

Verlangt der Besteller Schadensersatz statt der ganzen Leistung, so ist der Unternehmer zur Rückforderung des Geleisteten nach den §§ 346 bis 348 berechtigt, vgl. oben.

10.2.5 Verschulden

Der Unternehmer haftet nur für schuldhaft verursachte Mängel. Das Verschulden bestimmt sich nach der allgemeinen Regelung des § 276 BGB (vgl. oben vor § 631).

Problematisiert wird, ob die Haftung des Unternehmers nach neuem Recht deshalb verschärft ist, weil das Verschulden sich auf alle Tatbestände des § 633 BGB beziehen kann. Danach haftet er auch dann schuldhaft, wenn er die Erwartungen fehlerhaft einschätzt, die der Besteller nach Art des Werks an die Beschaffenheit des Werks stellen darf (vgl. Vorwerk, BauR 2003, 1, 5). Daraus wird sich aber in der Regel keine Abweichung nach altem Recht ableiten lassen. Virulent wird die Frage z. B. dann, wenn der Unternehmer nach den anerkannten Regeln der Technik gearbeitet hat, jedoch das Werk nicht funktionstauglich ist, weil die Fachwelt einen Gesichtspunkt übersehen hat, der sich erst anhand des betreffenden Bauwerks zeigt. In diesen Fällen handelt der Unternehmer nicht schuldhaft. Er verkennt keineswegs die Erwartung des

Bestellers an ein funktionierendes Werk. Er will ein solches auch erstellen, irrt sich jedoch schuldlos in der gewählten Ausführungsart.

10.3 Änderungen der VOB/B 2002

10.3.1 Rücktritt im VOB-Vertrag

Die VOB/B 2002 enthält ebenso wenig wie die alte VOB/B zur Wandelung eine ausdrückliche Regelung zum Rücktritt. In der Literatur wird vertreten, aus der Gesamtregelung zur Gewährleistung in der VOB/B folge, dass die Wandelung im VOB-Vertrag ausgeschlossen sei (Ingenstau/Korbion-Wirth, VOB, 14. Aufl., § 13 Rdn. 657; Nicklisch-Weick, VOB, 3. Aufl., § 13 Rdn. 218). Der DVA vertritt im Anschluss an diese Literaturstimmen die Auffassung, die wirtschaftlichen Effekte einer Wandelung könnten in Extremfällen im Wege der Minderung erreicht werden, ggf. auch als Schadensersatz, so dass für eine Wandelung kein praktisches Bedürfnis bestehe. Für einen Rücktritt gelte das entsprechend. Daher werde der Rücktritt in der VOB/B wirksam abgedungen werden können (vgl. Kratzenberg, NZBau 2002, 177, 182). Der Bundesgerichtshof hat die Frage, ob eine Wandelung im VOB-Vertrag ausgeschlossen ist, offen gelassen (BGH, Urteil vom 29.10.1964 - VII ZR 52/63 = BGHZ 42, 232). Dementsprechend offen ist auch die Frage, ob ein Rücktritt ausgeschlossen ist.

10.3.2 Schadensersatz im VOB-Vertrag

§ 13 Nr. 7 VOB/B ist mehrfach geändert worden.

§ 13 Nr. 7 Abs. 1 VOB/B sieht vor, dass der Auftragnehmer bei schuldhaft verursachten Mängeln für Schäden aus der Verletzung des Lebens, des Körpers oder der Gesundheit haftet. Damit wird § 309 Nr. 7 a) Rechnung getragen, wonach in Allgemeinen Geschäftsbedingungen ein Ausschluss oder eine Begrenzung der Haftung für Schäden aus der Verletzung des Lebens, des Körpers oder der Gesundheit, die auf einem schuldhaften Verhalten beruhen, im Geltungsbereich des § 309, § 310 Abs. 1 nicht ausgeschlossen werden kann.

Nach § 13 Nr. 7 Abs. 2 haftet der Auftragnehmer bei vorsätzlich oder grob fahrlässig verursachten Mängeln für alle Schäden. Damit wird § 307 Nr. 7 b) Rechnung getragen. Es kommt insoweit nicht mehr darauf an, ob ein wesentlicher Mangel vorliegt oder nicht.

Im neuen § 13 Nr. 7 Abs. 3 sind die beiden haftungsbeschränkenden Regelungen des alten § 13 Nr. 7 Abs. 1 und 2 zusammengefasst. Satz 1 enthält die Regelung des alten § 13 Nr. 7 Abs. 1. Danach ist dem Auftraggeber der Schaden an der baulichen Anlage zu ersetzen, zu deren Herstellung, Instandhaltung oder Änderung die Leistung dient, wenn ein wesentlicher Mangel vorliegt, der die Gebrauchsfähigkeit erheblich beeinträchtigt und auf ein Verschulden des Auftragnehmers zurückzuführen ist.

Nach § 13 Nr. 7 Abs. 3 Satz 2 ist ein darüber hinausgehender Schaden nur dann zu ersetzen,

a) wenn der Mangel auf einem Verstoß gegen die anerkannten Regeln der Technik beruht,
b) wenn der Mangel in dem Fehlen einer vertraglich vereinbarten Beschaffenheit besteht oder
c) soweit der Auftragnehmer den Schaden durch Versicherung seiner gesetzlichen Haftpflicht gedeckt hat oder durch eine solche zu tarifmäßigen, nicht auf außergewöhnliche Verhältnisse abgestellten Prämien und Prämienzuschlägen bei einem im Inland zum Geschäftsbetrieb zugelassen Versicherer hätte decken können.

Damit ist die Regelung entfallen, wonach der weitere Schaden auch dann zu ersetzen ist, wenn der Mangel in dem Fehlen einer vertraglich zugesicherten Eigenschaft besteht. Der DVA hat gemeint, diese Regelung könne entfallen, weil das Gesetz die Gewährleistungspflicht nicht mehr an das Fehlen einer zugesicherten Eigenschaft anknüpfe. Es sei deshalb auf die vereinbarte Beschaffenheit abzustellen. Damit wird die Haftung für weitere Schäden im VOB-Vertrag drastisch erweitert. Denn praktisch beruhen fast alle Mängel auf dem Fehlen einer vertraglich vereinbarten Beschaffenheit. Es stellt sich die Frage, ob die differenzierte Regelung des § 13 Nr. 7 Abs. 3 Satz 2 VOB/B überhaupt noch einen Sinn hat, da nunmehr nahezu alle Mängelfälle von dieser Regelung erfasst werden. Ausgenommen bleiben die Fälle, in denen der Mangel nicht auf dem Fehlen einer vertraglich vereinbarten Beschaffenheit beruht. Diese Fälle sind außerordentlich selten. Selbst bei diesen Fällen wird in aller Regel der Mangel auf einen Verstoß gegen die anerkannten Regeln der Technik beruhen.

11 § 637 BGB (Selbstvornahme)

(1) Der Besteller kann wegen eines Mangels des Werkes nach erfolglosem Ablauf einer von ihm zur Nacherfüllung bestimmten angemessenen Frist den Mangel selbst beseitigen und Ersatz der erforderlichen Aufwendungen verlangen, wenn nicht der Unternehmer die Nacherfüllung zu Recht verweigert.

(2) § 323 Abs. 2 findet entsprechende Anwendung. Der Bestimmung einer Frist bedarf es auch dann nicht, wenn die Nacherfüllung fehlgeschlagen oder dem Besteller unzumutbar ist.

(3) Der Besteller kann von dem Unternehmer für die zur Beseitigung des Mangels erforderlichen Aufwendungen Vorschuss verlangen.

11.1 Grundsatz des Selbstvornahmerechts

Das neue Recht hat nichts daran geändert, dass der Besteller unter gewissen Voraussetzungen berechtigt ist, den Mangel selbst zu beseitigen und Ersatz der hierfür notwendigen Aufwendungen zu verlangen. Das Selbstvornahmerecht entsteht nach fruchtlosem Ablauf einer vom Besteller gesetzten angemessenen Frist zur Nacherfüllung. Nach Ablauf der Frist kann der Besteller den Mangel selbst beseitigen. Er kann selbstverständlich auch den Auftrag zur Beseitigung des Mangels an einen Drittunternehmer vergeben. In beiden Fällen hat er Anspruch auf Ersatz der erforderlichen Aufwendungen. Insoweit entspricht die Regelung dem § 633 Abs. 3 a. F.

11.1.1 Fristsetzung

Nach altem Recht war Verzug die Voraussetzung für das Selbstvornahmerecht. Dieser setzt ein Verschulden des Auftragnehmers voraus. Nunmehr kann der Auftraggeber die Voraussetzungen für das Selbstvornahmerecht unabhängig davon schaffen, ob den Auftragnehmer ein Verschulden daran trifft, dass er seine Mängel nicht beseitigt hat. § 637 knüpft das Selbstvornahmerecht allein an den Ablauf der angemessenen Frist. Insoweit entspricht die Regelung derjenigen des § 13 Nr. 5 Abs. 2 VOB/B. Diese Angleichung an die Regelung der VOB/B ist sachgerecht, wie die Begründung zutreffend hervorhebt (RegEntw. S. 628). Der Besteller kann in der Regel nicht beurteilen, ob der Unternehmer die ausgebliebene Nacherfüllung zu vertreten hat. Aufgrund der durch den Mangel und den Fristablauf zu Tage getretenen objektiven Unzuverlässigkeit des Unternehmers wird der Besteller nicht mehr das Vertrauen haben, dass der Unternehmer die erforderliche Nachbesserung ordnungsgemäß ausführen wird. Der Besteller hat deshalb bereits nach Fristablauf ein berechtigtes Interesse, selbst den Mangel zu beseitigen.

Welche Frist angemessen ist, bestimmt sich nach den Umständen des Einzelfalles. Sie muss so bemessen sein, dass der Schuldner in der Lage ist, den Mangel zu beseitigen. Allerdings sind von ihm auch außerordentliche Anstrengungen zu erwarten (RegEntw. S. 315). Erweist sich die Frist als unangemessen kurz, ist die Fristsetzung nicht unwirksam. Entsprechend der ständigen Rechtsprechung zum alten Recht (BGH, Urteil vom 1.10.1970 - VII ZR VII ZR 224/68, WM 1970, 1421; Urteil vom 24.6.1986 - X ZR 16/85, WM 1986, 1255) läuft eine angemessen Frist, nach deren Ablauf die Rechte geltend gemacht werden können. Etwas anderes gilt für den seltenen Ausnahmefall, dass der Gläubiger von vornherein zu erkennen gegeben hat, dass er die Leistung nach der von ihm gesetzten Frist endgültig ablehnen werde. Auf entsprechende Formulierungen sollte der Besteller deshalb in Zukunft verzichten.

Nicht ausreichend ist danach eine Frist zur Aufnahme der Arbeiten (Knütel, BauR 2002, 689, 690). Ebenso wenig wird den gesetzlichen Anforderung durch eine Aufforderung genügt, nach der sich der Auftragnehmer binnen einer bestimmten Frist dazu äußern soll, ob er bereit ist die Mängel binnen einer bestimmten Frist zu beseitigen oder mit der Mängelbeseitigung zu einem bestimmten Termin zu beginnen (BGH, Urteil vom 16.9.1999 - VII ZR 456/98, BauR 2000, 98). Allerdings ist eine derartige Fristsetzung nicht völlig ohne Bedeutung. Ist der für Mängelbeseitigung erforderliche Zeitraum nur schwer abschätzbar, weil es sich um umfangreiche Maßnahmen handelt und reagiert der Unternehmer auf die Frist zur Aufnahme der Arbeiten nicht, so ist es dem Besteller häufig nicht zumutbar noch zu warten, weil dieses Verhalten den Eindruck rechtfertigen kann, der Unternehmer werde sich seiner Pflicht zur Mängelbeseitigung entziehen (BGH, Urteil vom 8.7.1982 - VII ZR 301/80, BauR 1982, 496).

11.1.2 Entbehrlichkeit der Fristsetzung

In dem in Bezug genommenen § 323 Abs. 2 werden die Tatbestände aufgelistet, nach denen eine Fristsetzung entbehrlich ist. Zusammen mit § 637 Abs. 2 ist die Fristsetzung also entbehrlich wenn,

1. der Schuldner die Leistung ernsthaft und endgültig verweigert,
2. der Schuldner die Leistung zu einem im Vertrag bestimmten Termin oder innerhalb einer bestimmten Frist nicht bewirkt und der Gläubiger im Vertrag den Fortbestand seines Leistungsinteresses an die Rechtzeitigkeit gebunden hat oder
3. besondere Umstände vorliegen, die unter Abwägung der beiderseitigen Interessen den sofortigen Rücktritt rechtfertigen,
4. die Nacherfüllung fehlgeschlagen ist,
5. die Nacherfüllung dem Besteller unzumutbar ist.

Damit wird im Wesentlichen die Rechtsprechung des Bundesgerichtshofs zur Entbehrlichkeit der Fristsetzung fest geschrieben.

11.1.2.1 Endgültige Leistungsverweigerung

Es entspricht ständiger Rechtsprechung, dass eine Fristsetzung entbehrlich ist, wenn sie reine Förmelei wäre. Das ist der Fall, wenn der Schuldner die Leistung bereits ernsthaft und endgültig verweigert hat. Das muss nicht ausdrücklich geschehen, sondern kann auch durch schlüssiges Verhalten zum Ausdruck gebracht werden. Hierzu ist das gesamte Verhalten des Auftragnehmers zu würdigen, nicht zuletzt seine spätere Einlassung im Prozess. Die Frage, ob das Bestreiten der Mängel im Prozess eine endgültige Verweigerung der Mängelbeseitigung bedeutet, hängt ebenfalls von den Umständen ab. Die Gesamtumstände des Falles müssen die Annahme rechtfertigen, dass der Auftragnehmer endgültig seinen Vertragspflichten nicht nachkommen will, so dass es ausgeschlossen erscheint, er werde sich von einer Fristsetzung umstimmen lassen (vgl. zur Fristsetzung mit Ablehnungsandrohung: BGH, Urteil vom 12.1.1993 - X ZR 63/91, NJW-RR 1993, 882, 883; Urteil vom 7.3.2002 - III ZR 12/01, ZIP 2002, 761). In aller Regel wird man jedoch davon ausgehen müssen, dass sich derjenige der sich auf Gewährleistung verklagen lässt nicht durch eine Fristsetzung dazu gebracht werden kann, die Mängel zu beseitigen. Der Klage dürfte eine weitaus größere Warnfunktion zukommen als die Fristsetzung.

11.1.2.2 Fixgeschäft

Eine Fristsetzung ist entbehrlich, wenn der Schuldner die Leistung zu einem im Vertrag bestimmten Termin oder innerhalb einer bestimmten Frist nicht bewirkt und der Gläubiger im Vertrag den Fortbestand seines Leistungsinteresses an die Rechtzeitigkeit der Leistung gebunden hat. Damit ist der Fall des Fixgeschäfts im Sinne des alten § 361 geregelt (RegEntw. S. 430). Hat der Gläubiger infolge der Überschreitung des fixen Termins kein Interesse mehr an der Leistung und hat er dies vertraglich abgesichert, wäre eine Fristsetzung reine Förmelei. Sie ist entbehrlich. Allerdings hat der Gläubiger in diesen Fällen in der Regel überhaupt kein Interesse mehr an der Leistung, so dass eine Selbstvornahme dann auch ausscheidet. Entgegen Knütel (BauR 2002, 689, 692) liegt ein Fixgeschäft in diesem Sinne nicht schon dann vor, wenn fixe Termine für bestimmte Bauabschnitte vereinbart werden. Denn das bedeutet noch nicht den Entfall des Leistungsinteresses des Gläubigers nach Ablauf des Fixtermins. Unverständlich ist der Hinweis von Knütel darauf, der Unternehmer könne bei einer berechtigten Ersatzvornahme einen Behinderungsschaden geltend machen. Das kann er sicher nicht, weil er die Behinderung durch die Selbstvornahme dann zu vertreten hat.

11.1.2.3 Besondere Umstände

Besondere Umstände im Sinne von Nr. 3 liegen vor, wenn das Vertrauen in die Leistungsbereitschaft oder Leistungsfähigkeit des Unternehmers aufgrund seines Verhaltens bei der Vertragsabwicklung nicht mehr besteht. In diesem Fall ist die Nacherfüllung dem Besteller auch nicht zumutbar.

11.1.2.4 Fehlgeschlagene Nachbesserung

Besonders erwähnt ist der Fall der fehlgeschlagenen Nachbesserung. Der Begriff der fehlgeschlagenen Nachbesserung ist aus § 11 Nr. 10 b) AGBG bekannt. Die dazu ergangene Rechtsprechung kann herangezogen werden. Die wesentlichen Erscheinungsformen des Fehlschlagens sind die objektive oder subjektive Unmöglichkeit, die Unzulänglichkeit, die unberechtigte Verweigerung, die ungebührliche Verzögerung und der misslungene Versuch der Nachbesserung (BGH, Urteil vom 2.2.1994 - VII ZR 262/92 = NJW 1994, 1004). Besonders erwähnt wird in der Begründung (RegEntw. S. 520), dass von einer fehlgeschlagenen Nachbesserung künftig auch ausgegangen werden müsse, wenn der Verkäufer (Unternehmer) trotz Aufforderung durch den Käufer (Besteller) die Nacherfüllung nicht in angemessener Frist vorgenommen hat, auch wenn eine Fristsetzung durch den Käufer im Einzelfall mit der Aufforderung nicht verbunden war (vgl. Palandt/Heinrichs, § 11 AGBG Rdn. 57). Außerdem soll eine Nachbesserung auch dann fehlgeschlagen sein, wenn eine Frist gesetzt worden ist und vor Ablauf der Frist feststeht, dass die Frist nicht eingehalten werden kann (Gegenäußerung Nr. 134; vgl. auch BGH, Urteil vom 10.6.1974 - VII ZR 4/73, BauR 1975, 137). Aus diesem Grund wurde auf eine dem § 323 Abs.4 entsprechende Lösung verzichtet. Ähnlich können die Fälle zu beurteilen sein, in denen der Unternehmer auf eine Aufforderung mit den Arbeiten zu beginnen oder sich binnen einer bestimmten Frist zu seiner Bereitschaft, die Mängel zu beseitigen, nicht erklärt.

Wann eine Nachbesserung eines Bauwerks sonst fehlgeschlagen ist, hängt von den Umständen des Einzelfalles ab. Das kann je nach den Umständen schon nach einem einmaligen Nachbesserungsversuch der Fall sein, kann jedoch auch dann erst der Fall sein, wenn mehrere Versuche stattgefunden haben (vgl. BGH, Urteil vom 6.5.1982 - VII ZR 74/81 = BauR 1982, 493: 2 Versuche; BGH, Urteil vom 16.10.1984 - X ZR 86/83 = BauR 1985, 83: 9 Versuche müssen nicht hingenommen werden). Die im Kaufrecht in § 440 Satz 2 eingeführte widerlegliche Vermutung, nach der die Nacherfüllung nach dem zweiten erfolglosen Versuch als fehlgeschlagen gilt, wurde im Werkvertragsrecht nicht übernommen und ist auch nicht analog anwendbar (Wagner, ZfIR 2002, 353, 356).

11.1.2.5 Unzumutbare Nachbesserung

Die Begründung weist darauf hin, dass ein Fall, in dem die Nacherfüllung unzumutbar ist, nicht häufig in Betracht kommen wird. Sie könne sich nur auf die Unzumutbarkeit der Nacherfüllung gerade durch den Werkunternehmer beziehen (RegEntw. S. 629). Dazu ist zu sagen, dass die Fälle der Unzumutbarkeit der Nacherfüllung durch den beauftragten Werkunternehmer in der Praxis entgegen der Begründung eine recht große Rolle gespielt haben. Darunter fallen alle diejenigen Fälle, in denen der Unternehmer durch sein vorheriges Verhalten das Vertrauen in seiner Leistungsfähigkeit oder Leistungsfähigkeit derart erschüttert hat, dass es dem Besteller nicht zumutbar ist, diesen Unternehmer noch mit der Nacherfüllung zu befassen. Dazu gehört auch der Fall, dass die Mängel so zahlreich und gravierend sind, dass das Vertrauen in die Leistungsfähigkeit des Unternehmers zu Recht nicht mehr besteht (vgl. z. B. BGH, Urteil vom 7.3.2002 - III ZR 12/01, ZIP 2002, 761). Eine Unzumutbarkeit kann auch dadurch begründet werden, dass der Unternehmer auf die berechtigten Mängelrügen des Bestellers überhaupt nicht reagiert (BGH, Urteil vom 8.7.1982 - VII ZR 301/80, BauR 1982, 296).

11.2 Ausschluss des Selbstvornahmerechts

Ein Selbstvornahmerecht scheidet aus, wenn der Unternehmer die Nacherfüllung zu Recht verweigert. Damit sind alle Verweigerungsrechte erfasst, wie sie sich aus § 635 Abs. 3 und § 275 Abs. 1 bis 3 ergeben.

11.3 Anspruch auf Vorschuss

Geregelt ist in § 637 Abs. 3 das Recht auf Vorschuss. Dieses Recht ist seit langem anerkannt, nachdem der Bundesgerichtshof es in richterlicher Rechtsfortbildung ständig bestätigt hat (BGH, Urt. v. 5.5.1977 - VII ZR 36/76, BGHZ 68, 372, 378; Urt. v. 20.5.1985 - VII ZR 266/84, BGHZ 94, 330, 334). Die Regelung zum Vorschuss ist außerordentlich dürftig. Der Vorschuss selbst wird nicht definiert. Nach der Rechtsprechung betrifft er die voraussichtlichen erforderlichen Aufwendungen für die Mängelbeseitigung. Ebenso wenig ist geregelt, unter welchen Voraussetzungen der Vorschuss zurückzuzahlen ist. Sachlich hat die Regelung des § 637 Abs. 3 gegenüber der bisherigen Rechtsprechung keinerlei Änderungen erbracht.

11.4 VOB/B 2002

Das Selbstvornahmerecht ist in § 13 Nr. 5 Abs. 2 VOB/B unverändert geblieben. Ein Änderungsbedarf bestand nicht, weil die das Gesetz die Regelung der VOB/B übernommen hat.

12 § 638 BGB (Minderung)

(1) Statt zurückzutreten, kann der Besteller die Vergütung durch Erklärung gegenüber dem Unternehmer mindern. Der Ausschlussgrund des § 323 Abs. 5 Satz 2 findet keine Anwendung.

(2) Sind auf der Seite des Bestellers oder auf der Seite des Unternehmers mehrere beteiligt, so kann die Minderung nur von allen oder gegen alle erklärt werden.

(3) Bei der Minderung ist die Vergütung in dem Verhältnis herabzusetzen, in welchem zur Zeit des Vertragsschlusses der Wert des Werkes in mangelfreiem Zustand zu dem wirklichen Wert gestanden haben würde. Die Minderung ist, soweit erforderlich, durch Schätzung zu ermitteln.

(4) Hat der Besteller mehr als die geminderte Vergütung gezahlt, so ist der Mehrbetrag vom Unternehmer zu erstatten. § 346 Abs. 1 und § 347 Abs. 1 finden entsprechende Anwendung.

12.1 Minderung als Gestaltungsrecht

Das Recht zur Minderung entspricht der Rechtstradition. Es trägt dem Umstand Rechnung, dass der Besteller bei einer mangelhaften Leistung Interesse daran haben kann, diese zu behalten und den Werklohn herabzusetzen. Die Minderung ist jetzt als einseitiges Gestaltungsrecht ausgestaltet. Insofern liegt eine Änderung gegenüber dem bisherigen Rechtszustand vor. Nach § 634 Abs. 4 a. F. und § 465 a. F. war die Minderung erst vollzogen, wenn sich der Unternehmer auf Verlangen des Bestellers mit ihr einverstanden erklärt hat. Das bedeutete auch, dass der Besteller an ein Verlangen nach Minderung solange nicht gebunden war, solange der Unternehmer nicht sein Einverständnis erklärt hat.

Nunmehr wird die Minderung durch die einseitige gestaltende Erklärung des Bestellers vollzogen. Diese Erklärung muss gegenüber dem Unternehmer erfolgen. Mit ihr hat der Besteller eine Wahl zwischen dem ihm zustehenden Rechten wegen eines Mangels getroffen. Diese Wahl ist bindend. Er kann wegen desselben Mangels nicht zurücktreten, nachdem er Minderung verlangt hat. Etwas anders gilt, für eine unberechtigte Minderung. Diese kann keinerlei Bindung auslösen.

Beispiel:

Die angemessene Frist zur Mängelbeseitigung war im Zeitpunkt der Minderungserklärung noch nicht abgelaufen. Diese Minderung ist unwirksam. Nach Ablauf der angemessenen Frist kann der Besteller den Rücktritt erklären.

Problematisch ist, ob der Besteller nach der Wahl der Minderung noch auf den Schadensersatzanspruch statt der Leistung übergehen kann.

Nach § 325 ist das Recht, Schadensersatz zu verlangen, nicht durch den Rücktritt ausgeschlossen. Nach § 638 kann der Besteller mindern, statt zurückzutreten. Das scheint dafür zu sprechen, dass § 325 entsprechend auf die Minderung anzuwenden ist. Davon wird in der Literatur ohne weiteres ausgegangen (Westermann/Maifeld, Das Schuldrecht 2002, S. 266).

Das ist jedoch nicht unproblematisch. § 325 beseitigt die gekünstelte Alternativität von Rücktritt und Schadensersatz wegen Nichterfüllung, jetzt Schadensersatz statt der Leistung (RegEntw. S. 436). Denn mit dem Verlangen nach Schadensersatz statt der Leistung erlischt ebenso wie beim Rücktritt der Erfüllungsanspruch, § 281 Abs. 4, und es erfolgt eine Rückabwicklung, wie jetzt besonders deutlich daran wird, dass das Rücktrittsrecht anzuwenden ist, § 281 Abs. 5. Es ist deshalb nicht einzusehen, dass mit der Wahl des Rücktritts der Anspruch auf den lediglich weitergehenden Schadensersatz ausgeschlossen sein soll. Dagegen führt die Minderung nicht zu einem Rückabwicklungsverhältnis. Vielmehr bleibt der Erfüllungsanspruch bestehen. Der Schadensersatz statt der Leistung ist mit der Minderung nicht vereinbar. Er ist nicht lediglich ein weitergehender, sondern ein gänzlich anderer Anspruch. Aus diesem Grunde lässt sich vertreten, dass durch die Minderung eine abschließende Rechtslage gestaltet wird, die die spätere Wahl des Schadensersatzanspruches statt der Leistung ausschießt (Palandt/Sprau, 61. Aufl., Ergbd. § 634 Rdn. 5).

Dagegen besteht kein Grund, neben der Minderung die Anwendung des § 280 auszuschließen. Denn der Anspruch aus § 280 hat auf den Fortbestand des Erfüllungsanspruchs keine Bedeutung.

12.2 Minderung statt Rücktritt

Nach der Formulierung des Gesetzes kann der Besteller mindern, statt zurückzutreten. Damit ist zum Ausdruck gebracht, dass der Besteller erst nach fruchtlosem Ablauf einer von ihm dem Werkunternehmer zur Nacherfüllung bestimmten angemessenen Frist mindern kann (RegEntw. S. 630). Die Fristsetzung ist entbehrlich, soweit sie auch für den Rücktritt entbehrlich ist.

12.2.1 Minderung bei unerheblichen Mängeln

Das Minderungsrecht steht dem Auftraggeber auch bei unerheblichen Mängeln zu. § 323 Abs. 5 Satz 2, der den Rücktritt ausschließt, wenn die Pflichtverletzung unerheblich ist, findet keine Anwendung. Das ist in § 638 Abs. 1 Satz 2 ausdrücklich geregelt.

12.2.2 Anwendbarkeit der sonstigen Rücktrittsregeln

12.2.2.1 Vorfällige Minderung

Der ausdrückliche Ausschluss des § 323 Abs. 5 Satz 2 lässt vermuten, dass § 323 ansonsten Anwendung findet. Das würde bedeuten, dass der Besteller bereits vor dem Eintritt der Fälligkeit der Leistung mindern kann, wenn offensichtlich ist, dass die Voraussetzungen des Rücktritts bzw. der Minderung eintreten werden, § 323 Abs. 4. Die Anwendung dieser Regelung wäre nur konsequent. Dagegen bestünden keine Bedenken.

12.2.2.2 Minderung bei Teilleistungen

Sinn. § 323 Abs. 5 Satz 1 will eine Rückabwicklung verhindern, wenn der Gläubiger an der erbrachten Teilleistung das Interesse nicht verloren hat. Eine Rückabwicklung kommt bei der Minderung jedoch ohnehin nicht in Betracht.

12.2.2.3 Minderung bei Mitverschulden

Anwendbar wäre an sich auch § 323 Abs. 6. Danach wäre die Minderung ausgeschlossen, wenn der Besteller für den Umstand, der ihn zur Minderung berechtigen würde, allein oder weit überwiegend verantwortlich ist, oder wenn der vom Unternehmer nicht zu vertretende Umstand zu einer Zeit eintritt, zu welcher der Besteller in Verzug der Annahme ist. Dem könnte jedoch die Begründung entgegenstehen. Danach ist eine Regelung über die Berechnung des Minderungsbetrages bei Mitverantwortung des Bestellers für den Werkmangel nicht für erforderlich gehalten worden. Die Begründung greift den Fall auf, in dem eine Werkleistung deshalb mangelhaft ist, weil der Besteller den Unternehmer falsch angewiesen oder ihm fehlerhaftes Material überlassen hat. Diese Fälle seien nach den allgemeinen Vorschriften sowie nach dem auch bei Berechnung des Minderungsbetrags anwendbaren Rechtsgedanken des § 254 zu lösen (RegEntw. S. 632).

Allerdings, darauf weist die Begründung ebenfalls hin, wird der Unternehmer, sofern er eine bewegliche Sache herzustellen hat, von der Gewährleistung ganz frei, wenn der Mangel auf einen vom Besteller gelieferten Stoff zurückzuführen ist. Das ergibt sich aus § 651 Satz 2 i. V. m. § 442 Abs. 1 Satz 1.

Insgesamt bleibt unklar, inwieweit § 323 Abs. 3 bis 6 auf die Minderung direkt anwendbar sein soll. Gegen die Anwendbarkeit könnten neben den bereits erhobenen Bedenken sprechen, dass in § 634 Nr. 3 die Minderung nur nach § 638 erfolgen soll und eine Bezugnahme auf § 323 nicht erfolgt ist.

12.2.3 Minderung bei mehreren Beteiligten

Sind auf der Seite des Bestellers mehrere beteiligt, so kann die Minderung nur von allen erklärt werden, § 638 Abs. 2. Sind auf der Seite des Unternehmers mehrere beteiligt, so kann die Minderung nur gegen alle erklärt werden. Der Gesetzgeber übernimmt damit die Regelung des § 351, die nur für den Rücktritt gilt. Demgegenüber konnte nach altem Recht die Minderung von jedem Beteiligten und gegen jeden Beteiligten erklärt werden, § 474 a. F. Diese Regelung konnte nicht beibehalten werden, weil nunmehr die Minderung ein Gestaltungsrecht ist.

Besonderheiten aus einem Innenverhältnis (etwa Gesamthandverhältnis oder Wohnungseigentümergemeinschaft) bleiben unberührt (RegEntw. S. 631). Damit bleibt auch die Rechtsprechung zu der Befugnis des einzelnen Erwerbers, Gewährleistungsrechte geltend zu machen, unberührt. Nach dieser Rechtsprechung kann der einzelne Wohnungseigentümer wegen Mängeln des Gemeinschaftseigentums grundsätzlich nicht ohne die Mitwirkung der anderen Erwerber mindern.

12.2.4 Berechnung der Minderung

Die Berechnung der Minderung erfolgt nach der gängigen Minderungsformel des § 472 a. F. Sie ist sprachlich lediglich an die Begriffe des Werkvertragsrechts angeglichen worden. Der Entwurf hatte noch eine andere Regelung zur Minderung vorgesehen. Danach sollte durch die Minderung die Vergütung um den Betrag herabgesetzt werden, um den der Mangel den Wert des Werks, gemessen an der Vergütung, mindert. Damit sollte vor allem zum Ausdruck gebracht werden, dass die Minderung beim Werkvertrag sich nicht an dem Wert zur Zeit des Vertragsschlusses orientieren kann. Maßgeblich sei für die Wertbestimmung vielmehr der Wert bei der Abnahme oder der Fertigstellung (BGH, Urt. v. 24.2.1972 - VII ZR 177/70,

BGHZ 58, 181, 183). Die Berechnung des Minderungsbetrages sei dagegen nicht von den Kosten der Nachbesserung abhängig. Diese könnten besonders hoch sein und stünden dann zur Leistung des Werkunternehmers in einem auffälligen Missverhältnis (RegEntw. S. 631).

Dieser Vorschlag ist jedoch nicht übernommen worden, weil die vorgeschlagene Formulierung den gewünschten Vereinfachungseffekt nicht erreiche. Diese Begründung ist wenig befriedigend, weil ein Vereinfachungseffekt, anders als im Kaufrecht, nicht im Vordergrund stand. Nach der neuen gesetzlichen Regelung ist nunmehr zwingend auf den Wert des Werks zur Zeit des Vertragsschlusses abzustellen. Die von der Begründung erwähnte Entscheidung des Bundesgerichtshofs (BGH a. a. O. S. 183) ist damit überholt. Das ist bedauerlich, weil einerseits die Entscheidung sachgerecht ist, andererseits keinerlei Gründe im Gesetzgebungsverfahren genannt worden sind, warum daran nicht fest zu halten wäre (kritisch Funke, Jahrbuch Baurecht 2002, 217, 233).

Große praktische Bedeutung hat allerdings dieser Punkt im Gerichtsalltag nicht. Solange die Parteien nichts Abweichendes vortragen, kann nämlich davon ausgegangen werden, dass der Wert des Werkes zur Zeit des Vertragsschlusses der Vergütung entspricht (vgl. BGH a. a. O.; Pauly, BauR 2002, 1321).

In das Gesetz hat auch die Erwägung der Begründung, die Berechnung des Minderungsbetrages sei nicht von den Kosten der Nachbesserung abhängig, keinen Eingang gefunden. Es muss daher davon ausgegangen werden, das entsprechend der ständigen Rechtsprechung des Bundesgerichtshofs die Minderung grundsätzlich in Höhe der Nachbesserungskosten erfolgen kann (BGH a. a. O.; Pauly, a. a. O.). Etwas anderes gilt jedoch dann, wenn der Unternehmer die Mängelbeseitigung wegen der unverhältnismäßig hohen Kosten verweigert, die Nacherfüllung unmöglich ist oder die Leistungsverweigerungsrechte aus § 275 Abs. 2 und 3 geltend gemacht werden. Dann muss die Minderung nach der gesetzlichen Formel des § 638 Abs. 3 ermittelt werden. Dazu sind Schätzungsmethoden entwickelt worden, wie z. B. das Zielbaumverfahren (Aurnhammer, BauR 1983, 979; Pauly, BauR 2002, 1323).

Die Minderung kann nach § 638 Abs. 3 durch Schätzung ermittelt werden. Das entspricht ohnehin der Rechtspraxis (vgl. BGH, Urt. v. 26.6.1980 - VII ZR 257/79, BGHZ 77, 320, 326).

Zur Minderung des Architektenhonorars wird zutreffend darauf hingewiesen, dass diese wegen nicht erbrachter Architektenleistungen unter den allgemeinen Voraussetzungen der Minderung erfolgen kann, wenn nach dem Vertragswillen die Leistungen mit einem Vergütungsanteil bewertet sind (Ganten, FS für Jagenburg, S. 215, 225). Das ist allerdings nicht unumstritten. Zur Darstellung des Streitstandes wird verwiesen auf Ganten (a. a. O.), Meissner (FS für Vygen S. 38 f.), Kniffka (FS für Vygen, S. 20 f.).

12.2.5 Gesetzlicher Rückerstattungsanspruch

Hat der Besteller mehr als die geminderte Vergütung gezahlt, so ist der Mehrbetrag vom Unternehmer zu erstatten, § 638 Abs. 4. Für den Rückzahlungsanspruch nach der Minderung ist damit eine selbständige Anspruchsgrundlage geschaffen worden. § 346 Abs. 1 und § 347 Abs. 1 finden entsprechende Anwendung. Die erwirtschafteten Zinsen sind also ebenfalls herauszugeben, § 346 Abs. 1. Nach Maßgabe des § 347 Abs. 1 sind auch nicht gezogene Nutzungen herauszugeben, also auch Zinsen, die erwirtschaftet hätten werden können (vgl. Sienz, BauR 2002, 190). Unklar ist der Zinsbeginn (Peters, NZBau 2002, 113, 114).

12.3 Änderungen der VOB/B 2002

Die VOB-Regelung zur Minderung wurde dem Gesetz angepasst. Sie nimmt Rücksicht darauf, dass die Minderung nunmehr ein Gestaltungsrecht ist. Nach § 13 Nr. 6 kann der Auftraggeber durch Erklärung gegenüber dem Auftragnehmer die Vergütung mindern, (§ 638 BGB), wenn die Beseitigung des Mangels für den Auftraggeber unzumutbar ist oder sie unmöglich ist oder sie einen unverhältnismäßigen Aufwand erfordern würde und deshalb vom Auftragnehmer verweigert wird. Die Gründe, die nach der VOB/B zur Minderung berechtigen, sind damit unverändert.

Teil III Mängelansprüche nach VOB Teil B 2002

1 Mangelhafte Leistung als allgemeine Voraussetzung für Mängelansprüche

Gem. §13 Nr.1 VOB/B ist die Leistung des Auftragnehmers frei von Sachmängeln, wenn Sie zur Zeit der Abnahme:

- die vertraglich vereinbarte Beschaffenheit aufweist,
- den anerkannten Regeln der Technik entspricht,
- sich für die gewöhnliche Verwendung eignet und eine Beschaffenheit aufweist, die bei Werken der gleichen Art üblich ist.

1.1 Vertraglich vereinbarte Beschaffenheit

Wenn der Auftragnehmer bestimmte Beschaffenheiten (Eigenschaften) seiner Leistung oder einzelner Stoffe seiner Leistung vereinbart, haftet er für deren vorliegen. Im Streitfall hat er auch nach Abnahme zu beweisen, dass die vereinbarte Beschaffenheit vorliegt.

Nicht jede Beschaffenheitsbeschreibung ist eine Vereinbarung. Der Auftragnehmer muss durch die „Vereinbarung" vielmehr zum Ausdruck bringen, dass er für das Vorhandensein einer bestimmten Beschaffenheit einstehen will. Die bloße Angabe in einer Leistungsbeschreibung, wie eine bestimmte Leistung ausgeführt werden soll, oder der allgemeine Hinweis auf „fachgerechte" oder „DIN-gerechte" Ausführung führen grundsätzlich noch nicht zur Vereinbarung einer bestimmten Beschaffenheit.

Verpflichtet sich jedoch ein Auftragnehmer im LV, Material einer bestimmten Marke zu verwenden, so sichert er damit zumindest stillschweigend eine bestimmte Beschaffenheit seines Werkes zu, es sei denn, im LV heißt es „oder gleichwertig".

Der Mängelanspruch entsteht bei Fehlen einer vereinbarten Beschaffenheit automatisch. Es kommt nicht darauf an, ob die gelieferte Leistung an sich brauchbar oder gleichwertig zu der geschuldeten Leistung ist. Unerheblich ist auch, ob die ausgeführte Leistung teurer als die geschuldete Leistung war.

Die Vereinbarung einer Beschaffenheit kann (ausnahmsweise) auch stillschweigend, also den Umständen nach, erfolgen.

Hat der Auftragnehmer hiernach eine bestimmte Beschaffenheit seiner Werkleistung zugesichert, so ist er selbst dann mangelanspruchspflichtig, wenn es technisch überhaupt nicht möglich ist, der Werkleistung eine entsprechende Beschaffenheit zu verleihen.

Fallbeispiele:

Beispiel 1:OLG Köln, Urteil vom 23.10.2001 - 3 U 21/01
Der Eigentümer eines Einfamilienhauses lässt den Hauszugang erneuern. Er beauftragt den Garten- und Landschaftsbauer unter anderem mit der Verlegung eines neuen Betonstein-

Pflasterbelages. Als Farbton des Pflasters vereinbaren die Parteien „Anthrazit". Damit soll sich der Plattenbelag von den hellen Klinkern der Hausfassade absetzen. Der Gärtner verlegt die Betonsteine. Schon nach zwei Jahren sind die Steine aber derart ausgeblichen, dass sie nur noch hellgrau erscheinen. Der Bauherr moniert. Der Gärtner versucht es mit einer Spezialfarbe – ohne Erfolg. Der Eigenheimbesitzer verlangt eine völlige Erneuerung des Pflasterbelages. Kostenaufwand: knapp 10.000 Euro. Dagegen wehrt sich der Gärtner vergeblich.

Das OLG verurteilt den Gärtner, den geforderten Betrag als Kostenvorschuss für die vollständige Erneuerung des Plattenbelages zu bezahlen. Ein derartig schnelles Ausbleichen des Belages stelle keinen normalen Verschleiß mehr dar. Eine Bauleistung müsse dauerhaft ihre vertraglich vereinbarte Beschaffenheit behalten. Es entlaste den Gärtner nicht, dass es keine DIN-Norm gebe, die sich mit der Farbbeständigkeit von Betonsteinen befasse. Entscheidend sei, dass die Parteien „Anthrazit" vereinbart hätten. Diesen Farbton dürften die Steine nicht schon nach zwei Jahren verlieren.

Hinweis:
Was ist „Mangel"? Was ist „Verschleiß"? Mit dieser wichtigen Abgrenzung befasst sich das OLG in der genannten Entscheidung. Gewährleistungsansprüche setzen voraus, dass die Bauleistung zum Zeitpunkt der Abnahme nicht die vertraglich vereinbarte Beschaffenheit hat. Verliert sie die Beschaffenheit erst im Lauf der Zeit, haftet der Unternehmer nur, wenn er ausdrücklich eine Garantie dafür übernommen hat, dass die Sache ihre Beschaffenheit für eine bestimmte Dauer behält. Diese sog. Haltbarkeitsgarantie ist seit Beginn dieses Jahres in § 443 BGB n. F. ausdrücklich geregelt. Der Unternehmer haftet aber auch dann, wenn der Fehler bei Abnahme im Keim bereits angelegt war – sich der vorzeitige Verschleiß also als Spätfolge eines Mangels darstellt. Das ist hier der Fall. Die Steine sind nicht mit lichtechten und wetterfesten Pigmenten eingefärbt. Deshalb verloren sie ihre Farbe vor Ablauf einer üblichen Haltbarkeitsdauer.

Beispiel 2: OLG Frankfurt, Urteil vom 22.04.1999 - 12 U 47/98: BGH, Beschluss vom 08.02.2001 - VII ZR 369/99 (Revision nicht angenommen)
In einem Leistungsverzeichnis für den Einbau von Fenstern und Türelementen ist eine Aluminium-Fensterkonstruktion der Marke Wicona mit einer Bautiefe von 60/70mm angegeben. Da diese Konstruktion nicht mehr hergestellt wird, baut der Auftragnehmer Fenster mit Aluminiumprofilen der Marke Reynotherm mit einer Bautiefe von 55/65 mm ein. Sachverständige bestätigen, dass die eingebauten Fenster gleichwertig und gebrauchstauglich sind und im Übrigen die Anforderungen der einschlägigen DIN 4108 erfüllen. Der Bauherr verlangt gleichwohl Auswechslung der Fenster und verweigert deshalb Zahlung der Schlussrechnung.

Zu Unrecht. Das OLG sieht die Wicona-Fensterelemente nicht als zugesicherte Eigenschaften an. Weder aus dem Leistungsverzeichnis noch aus den Umständen der Vertragsanbahnung ergibt sich, dass es dem Bauherrn gerade auf die Verwendung von Wicona-Fensterelementen ankam. Da im Übrigen die eingebauten Fenster gleichwertig und fehlerfrei waren, scheidet eine Gewährleistung aus. Übrigens auch – so das OLG –, wenn die Angabe im Leistungsverzeichnis als Eigenschaftszusicherung zu qualifizieren wäre. Dann wäre nämlich der Anspruch des Bauherrn auf Austausch der Fenster nicht nur unverhältnismäßig, sondern geradezu „schikanös".

Hinweis:
Die Nennung bestimmter Angaben im Leistungsverzeichnis kann sehr wohl eine Eigenschaftszusicherung darstellen. So muss ein Bauherr sicherlich nicht hinnehmen, dass der Unternehmer

vereinbarte Markenprodukte bei der Innenausstattung – z. B. Armaturen – durch No-Name-Produkte ersetzt. Dagegen wird man die Nennung einer Marke für Dachbahnen im Leistungsverzeichnis eher nicht als zugesicherte Eigenschaft ansehen. Entscheidend ist, dass der Auftraggeber ein besonderes Interesse mit der angegebenen Marke verbindet und dies auch für den Auftragnehmer erkennbar ist.

Beispiel 3: OLG München, Urteil vom 12.01.1999 - 13 U 1592/98: BGH, Beschluss vom 09.11.2000 - VII ZR 75/99 (Revision nicht angenommen)
Der Auftragnehmer (AN) - ein Estrichleger - baut in Wohnungsbädern Anhydritestrich ein, obwohl das vom Auftraggeber (AG) erstellte Leistungsverzeichnis (LV) Zementestrich vorsieht. Eine Isolierschicht bringt der AN nicht auf. Nachdem die im Estrich verlegten Rohre zu rosten beginnen, fordert der AG den AN zur Nachbesserung auf. Da dieser sich weigert, macht der AG einen Vorschussanspruch geltend.

Das OLG erklärt den Anspruch dem Grunde nach für gerechtfertigt. Der AN habe nicht nachweisen können, dass die von ihm behauptete Abweichung vom LV vereinbart worden sei. Zwar sei die Verwendung von Anhydritestrich in Nassräumen fachlich betrachtet kein Mangel, da dies seit zehn Jahren dem Stand der Technik entspräche. Der AN sei aber eigenmächtig von der vereinbarten Ausführungsart abgewichen, so dass der Estrich nicht dem vereinbarten Zustand entsprochen habe. Da der AN keine Isolierschicht aufgebracht habe, entspricht der Estrich nach Ansicht des OLG auch nicht den vertraglich vorausgesetzten Eigenschaften des Zementestrichs.

Hinweis:
Das OLG stützt seine Ansicht, die Verwendung von Anhydritestrich in Bädern stelle, weil dem Stand der Technik entsprechend, für sich betrachtet keinen Mangel dar, auf ein Urteil des OLG Zweibrücken hat jedoch zu Recht darauf hingewiesen, dass das OLG Zweibrücken offenbar „Stand der Technik" mit „anerkannten Regeln der Technik" verwechselt hat. Dennoch gelangt das OLG zum richtigen Ergebnis. Ein AN, der von Vorgaben des vom AG erstellten LV abweichen möchte, sollte dies nicht ohne ausdrückliche und vor allem nachweisbare Vereinbarung tun. Entscheidend war, dass die Eigenschaften des vom AN verwendeten Estrichs nicht denjenigen des ausgeschriebenen Estrichs entsprachen. Die Aufbringung einer Isolierschicht hätte den AN vermutlich „gerettet", da es dann nicht zu den vom AG gerügten Korrosionsschäden gekommen wäre.

Beispiel 4: OLG Düsseldorf, Urteil vom 12.11.1999 - 22 U 71/98
Bei einem Bauträgerobjekt wurden alle Balkone und die darauf befindlichen Abdichtungen ohne Gefälle hergestellt. Der Fliesenleger ließ durch seinen Subunternehmer einen Estrich mit Gefälle aufbringen und verlegte darauf im Mörtelbett die vereinbarten 15 x 20 cm großen keramischen Platten. Bedenken gegen die Vorleistungen des Rohbauers wurden nicht erhoben. Durch ein Sachverständigengutachten hat sich ergeben, dass der Balkonaufbau nicht den Regeln der Technik entspricht, da nur durch ein Gefälle der Dichtungsbahn und der Dränageschicht sichergestellt werden kann, dass in den Aufbau eindringendes Wasser abfließen kann. Der Bauträger rechnet mit einem Kostenvorschuss für Mängelbeseitigung in Höhe von DM 30.000 gegen die Werklohnforderung des Fliesenlegers auf.

Nach dem Sachverständigengutachten muss der gesamte Balkonaufbau erneuert werden. Das Gericht spricht dafür diejenigen Kosten zu, die für die Herstellung der vertragsgemäßen Leistung mit Platten im Mörtelbett aufzuwenden sind. Der Bauträger brauche eine billigere, aber qualitativ und optisch abweichende Ausführung mit 40 x 40 cm großen Natursteinplatten auf

Stelzlagern nicht zu akzeptieren, zumal er gegenüber den Erwerbern zur Herstellung der vertraglich vereinbarten Art des Balkonbelages verpflichtet sei. Der Fliesenleger habe aber nur für die durch Versäumung der Hinweispflicht anfallenden zusätzlichen Kosten einzustehen, da er neben dem Rohbauer kein Gesamtschuldner bezüglich des mangelhaften Gefälles sei.

Hinweis:
Der Mangelanspruch des Auftraggebers geht auf Nachbesserung und nicht „Nach-Verschlechterung". Maßstab für die erforderlichen, aber auch geschuldeten Mangelbeseitigungsmaßnahmen ist damit zunächst immer das vertragliche Leistungssoll, zum Beispiel in qualitativer, funktionaler oder optisch-gestalterischer Hinsicht. Erst wenn gemessen an der vertragsgemäßen Leistung mehrere gleichermaßen Erfolg versprechende Maßnahmen zur Auswahl stehen, muss der Auftraggeber grundsätzlich die kostengünstigere wählen (OLG Hamm, NJW-RR 94, 473). Übrigens: Der hier streitgegenständliche Baumangel aus fehlender Herstellung eines (meist auch gar nicht detailgeplanten) ausreichenden Gefälles in der unteren Entwässerungsebene des Balkon-Schichtenaufbaus rangiert in der Baumängelstatistik erfahrungsgemäß weit oben. Manchmal „überleben" solche Balkone noch gerade eben die zwei- bzw. sogar ab und an auch die fünfjährige Gewährleistungsfrist, bevor sich gravierende Schäden an den Belägen oder Balkonrändern zeigen.

Beispiel 5: OLG München, Urteil vom 27.10.1999 - 27 U 301/99: BGH, Beschluss vom 26.04.2001 - VII ZR 18/00 (Revision nicht angenommen)
Für ein Einkaufszentrum waren außen umlaufend vom Unternehmer gemäß Vertrag 40 Stützen aus Vollbeton auszuführen. Der Unternehmer führte ohne Widerspruch des Bauherrn, jedoch auch ohne vertragsabweichende Vereinbarung Schleuderbetonstützen aus. An mehreren Stützen zeigten sich im Kopfbereich Risse, die zu Hinterfeuchtungen führten; der Auftraggeber verlangte Nachbesserung. Der ausführende Unternehmer machte geltend, die Risse seien von der Ausführung in Schleuderbeton unabhängig; sie würden auf konstruktiven Fehlern beruhen (umlaufende Vordachkonstruktion und Querkräfte aus an den Stützen befestigten Gitterträgern).

Der ausführende Unternehmer wurde zur Nachbesserung verurteilt. Die Ausführung in Schleuderbeton an Stelle von Vollbeton stelle als Vertragsabweichung einen Mangel dar. Der Unternehmer sei daher in jedem Fall dann gewährleistungspflichtig, wenn ihm nicht der Nachweis gelinge, dass die Vertragsabweichung für den Bauherrn keinerlei Mehrrisiko gegenüber der Vertragsausführung mit sich bringe. Dieser Nachweis sei dem Unternehmer nicht gelungen.

Hinweis:
Eigenmächtige Abweichungen von der vertraglich geschuldeten Leistung bergen Gefahren in sich: Teils wird bereits ein Mangel in der bloßen vertragsabweichenden Ausführung gesehen, selbst wenn auch die abweichende Ausführung die Funktionstauglichkeit gewährleistet. Auch wenn man dieser Ansicht nicht folgt, liegt in jedem Fall dann ein Mangel vor, wenn die geänderte Ausführung auch nur geringe Risikoerhöhungen gegenüber der vertraglichen Ausführung mit sich bringt. Den Nachweis, dass keine derartige Risikoerhöhung vorhanden ist, muss der abweichend ausführende Unternehmer erbringen; das ist in der Regel sehr schwierig. - Grundsätzlich brauchen vertragsabweichende Ausführungen nicht vergütet zu werden (§ 2 Nr. 8 Abs. 1 VOB/B), ausgenommen, der Bauherr billigt die abweichende Ausführung oder die abweichende Ausführung entspricht dem tatsächlichen oder mutmaßlichen Willen des Bauherrn (§ 2 Nr. 8 Abs. 3 VOB/B).

Beispiel 6: OLG Bamberg, Urteil vom 06.10.1999 - 3 U 66/97(nicht rechtskräftig)
Ein Unternehmer gab in seinem Prospekt unter dem Titel „gesundes Wohnen" an: „Es werden nur umweltfreundliche Materialien eingesetzt, z. B. Naturgips, baubiologisch unbedenkliche Farben und Imprägnierungsmittel. Alle unsere Baustoffe werden ständig überprüft und nur dann eingesetzt und verwendet, wenn sie all unseren hohen Qualitätsanforderungen entsprechen." Von dieser Werbung angelockt, beauftragten die Bauherren eines Wohnhauses diesen umweltfreundlichen Unternehmer. Nach Fertigstellung beanstandeten die Bauherren eine Formaldehydausdünstung, die im gerichtlichen Verfahren der Sachverständige mit unter 0,1 ppm feststellte. Das Bundesgesundheitsamt hatte im Jahre 1977 empfohlen, dass Formaldehydbelastungen nicht mehr als 0,1 ppm (ml/m3) betragen sollen und diesen Wert in einer Verlautbarung 1992 auch für Risikogruppen (Kleinkinder, Schwangere, Senioren) bestätigt.

Das OLG weist die Klage der Bauherren des Wohnhauses ab. Der Text im Prospekt sei eine werbende Anpreisung, nicht aber eine Zusicherung. Es könne aus dem Prospekt nicht entnommen werden, dass der Unternehmer formaldehydfrei baue. Nach der Chem. GefStoffV 1998 (Anhang zu § 1 Abschn. 3 Abs. 1) sind Formaldehydbelastungen bis 0, 1 ppm unbedenklich; das stimmt auch mit der Verlautbarung des Bundesgesundheitsamtes überein. Da die Werte unter 0, 1 ppm liegen, bestehe kein Mangel. Eine evtl. persönliche Überempfindlichkeit der Bauherren führe zu keiner höheren Leistungspflicht des Unternehmers.

Hinweis:
Drei Punkte sind zu dieser Entscheidung von Bedeutung:

1. Auch Angaben in einem Prospekt, der nicht Vertragsbestandteil wird, können Gewährleistungspflichten begründen.
2. Eine Zusicherung liegt nur dann vor, wenn unmissverständlich zum Ausdruck gebracht wird, dass der Unternehmer für alle Folgen bei einem Fehlen/Vorhandensein der betreffenden Eigenschaften verschuldensunabhängig einstehen will. Es ist jedoch eine gefährliche Gratwanderung, in Prospekten attraktive Angaben zu machen in der Erwartung, diese würden letztlich nur als unverbindliche Anpreisungen gewertet werden.
3. Auf dem Umweltpferd lässt sich gut reiten, aber auch schwer stürzen. Eine Werbung mit „umweltfreundlich" usw. ist irreführend (§ 3 UWG), wenn nicht deutlich zum Ausdruck gebracht wird, welche Umweltaspekte angesprochen werden. Ein Mitwettbewerber könnte hier gegen den werbenden Unternehmer mit Unterlassungsklage (§§ 3, 13, 25 UWG) und evtl. Schadensersatzansprüchen (§ 13 Abs. 6 UWG) vorgehen.

Beispiel 7: OLG Saarbrücken, Urteil vom 30.07.1998 8 U 825/96-13/97: BGH, Beschluss vom 02.09.1999 - VII ZR 335/98 (Revision nicht angenommen)
Ein Bauunternehmer hatte ein Warenhaus mit Parkdeck aus Stahlbeton-Fertigteilen „in den statisch erforderlichen Dimensionen und Betongüten" unter Einrechnung von „Dehnungsfugen" zu errichten. Das Warenhaus wurde 1987 eröffnet. In dem Parkdeck traten über 3.000 m Risse mit Rissweiten größer 0, 3 mm auf, die erstmals 1990 angezeigt wurden. Nach ergebnislosen Verhandlungen und Fristsetzung ließ der Bauherr 1994 die Risse durch einen Drittunternehmer für einen Sanierungsaufwand von rd. DM 550.000,-- beseitigen.

Der Bauherr erhält in allen Instanzen die erforderlichen Sanierungskosten zugesprochen. Der Einwand des Unternehmers, auch große Risse seien bei Gebäuden der vorliegenden Art als „normale Erscheinung" kein Mangel, treffe nach den eingeholten Sachverständigengutachten nicht zu. Es sei nach den Formulierungen des Leistungsverzeichnisses auch Aufgabe des Bauunternehmers und nicht des Architekten des Bauherrn gewesen, die „Dehnungsfugen" einzuplanen und auszuführen, deren Fehlen ursächlich für die Risse geworden sei. Mit diesen „Dehnungsfugen“ wäre die vom Bauherrn gewählte Ausführungsweise auch ausreichend dauerhaft gewesen. Aus diesem Grund komme weder ein Mitverschulden des Bauherrn noch ein Abzug von Sowieso-Kosten in Betracht.

Hinweis:
Sowohl der Mitverschuldenseinwand als auch die Vorteilsausgleichung (insbesondere Anrechnung von Sowieso-Kosten, Abzug neu für alt) sind letztlich Konkretisierungen des Grundsatzes von Treu und Glauben. Wer als Bauunternehmer selbst Planungsleistungen übernimmt, kann sich deshalb redlicherweise nicht darauf berufen, der Bauherr sei insoweit nicht seiner Verpflichtung zur mangelfreien Planung nachgekommen. Wer außerdem „seine“ Mängel nicht alsbald beseitigt und den Bauherrn „hängen lässt“, verhält sich treuwidrig und ist ebenfalls nicht schutzwürdig.

Beispiel 8: OLG Düsseldorf, Urteil vom 11.12.2001 - 21 U 92/01
Im Zuge umfangreicher Sanierungsarbeiten lässt eine Wohnungseigentümergemeinschaft (WEG) auch den Anstrich der Fenster erneuern. Im Leistungsverzeichnis über die Malerarbeiten ist bestimmt, dass der Auftragnehmer (AN) „teilweise lose” Farbteile entfernen soll, bevor er die Fenster neu streicht. Daran hält sich der AN: Er entfernt den alten Anstrich nur an beschädigten Teilen der Fensterrahmen. An unbeschädigten Teilen überstreicht er die alte Beschichtung. Gut vier Jahre nach der Sanierung ist der neue Anstrich fast vollständig abgeblättert und abgeplatzt. Die neue Farbe hält nicht auf der alten Farbe. Deshalb nimmt die WEG den AN in Anspruch und verlangt für die Wiederholung des Sanierungsanstrichs einen Kostenvorschuss von 10.000 Euro. Der AN wehrt sich: Es sei ausdrücklich vereinbart gewesen, dass er nur „lose” Farbteile des alten Anstrichs habe entfernen sollen, nicht den gesamten Altanstrich. Deshalb gehe ihn dieser Schaden nichts an.

Dieses Argument nützt dem AN wenig. Das OLG verurteilt ihn zur Zahlung von 8.500 Euro. Aufgabe des AN sei ein neuer Anstrich der Fenster gewesen. Dieser Anstrich müsse mindestens die normale Lebensdauer eines Anstrichs schadlos überstehen. Das sei hier nicht der Fall; deshalb liege ein Mangel vor. Die Vereinbarung im Leistungsverzeichnis über die Entfernung nur der „losen” Farbteile entlaste den AN nicht, denn Bauverträge seien Werkverträge. Es werde ein bestimmter Erfolg geschuldet - ein dauerhaft haltbarer Anstrich. Diesen Erfolg habe der AN verfehlt, deshalb hafte er. Allerdings müssten sich die Wohnungseigentümer in dem Umfang an den Kosten des jetzt nötigen erneuten Anstrichs beteiligen, um den die ursprünglichen Malerarbeiten von vornherein teurer gekommen wären, wenn ein vollständiges Abschleifen des Voranstrichs vereinbart gewesen wäre. Diese Kosten schätzt das Gericht auf 1.500 Euro, die es von den klageweiße geforderten 10.000 Euro abzieht.

Hinweis:
In diesem Sinne entschied in der Vergangenheit auch der BGH: Es komme maßgeblich darauf an, ob die Bauleistung so erbracht werde, dass sie dauerhaft funktionsfähig sei. Daran ändere sich nichts, wenn im Leistungsverzeichnis eine bestimmte Ausführungsart vereinbart sei. Diesem Gesichtspunkt sei nur im Rahmen der Sowieso-Kosten Rechnung zu tragen. Ob diese Rechtsprechung nach In-Kraft-Treten des neuen Schuldrechts mit Beginn dieses Jahres noch gilt, mag bezweifelt werden. In seiner alten Fassung stellte § 633 BGB allein darauf ab, ob das Werk so beschaffen war, dass es den gewöhnlichen oder den nach dem Vertrag vorausgesetzten Zweck erfüllte. Heute stellt das Gesetz eine Rangfolge auf: Hat die Bauleistung die vereinbarte Beschaffenheit? Wenn ja – frei von Sachmängeln? Nur wenn diese zweite Frage zu verneinen ist, kommt es in einem weiteren Schritt darauf an, ob sich das Werk zu dem üblichen oder vertraglich vorausgesetzten Gebrauch eignet und die Beschaffenheit aufweist, die solche

Werke üblicherweise haben. Der individuellen Vereinbarung wird der Vorrang vor der üblichen Beschaffenheit eingeräumt. Würde man hier sagen, nach dem Vertrag habe der AN nur einen Anstrich auf dem alten Anstrich geschuldet, hätte er das gemacht, was der Vertrag von ihm verlangte. Er hätte seine Vertragspflichten erfüllt. Auf die gewöhnliche Lebensdauer und Haltbarkeit des Anstrichs käme es nicht an. Es wäre nur noch zu fragen, ob der AN seinen Prüfungs- und Hinweispflichten ausreichend nachgekommen ist (§ 241 Abs. 2 BGB n. F.).

Beispiel 9: OLG Düsseldorf, Urteil vom 28.06.2002 - 5 U 61/01
Ein Bauherr ließ in seinem Einfamilienhaus eine Heizungsanlage einbauen. Ausgeschrieben wurde das Fabrikat V, das auch Gegenstand des Bauvertrags wurde. Der Unternehmer baute dann ohne Zustimmung des Bauherrn das Fabrikat R ein und machte seinen vollen Werklohnanspruch geltend. Er führte aus, das eingebaute Fabrikat sei gleichwertig mit dem ausgeschriebenen Fabrikat. Der Bauherr verlangt Schadensersatz in Höhe der Kosten für den Ausbau des vertragswidrigen Systems und den Einbau des Systems V einschließlich der Mangelfolgeschäden.

Das OLG führt aus, das Leistungsverzeichnis enthalte ein bestimmtes Fabrikat. Mit dem Fabrikat sei eine bessere Steuerung (Stetigregelung) verbunden als mit dem eingebauten System. Mit der Fabrikatsangabe in der Ausschreibung habe der Bauherr zum Ausdruck gebracht, dass er auf System V besonderen Wert lege. In der Fabrikatsangabe im Leistungsverzeichnis, die Gegenstand des Bauvertrags wurde, liege daher eine Eigenschaftszusicherung, für die der Unternehmer in jedem Fall einzustehen habe.

Beispiel 10: LG Leipzig, Urteil vom 23.07.1999 - 3 O 2479
Den klagenden Bauträgerinnen (AG) wurde von der beklagten Herstellerin (AN) unter Geltung der VOB/B für DM 870.000,- ein softwarebasiertes Mess-, Steuer- und Regelsystem für ein Gebäude geliefert. Da das am 31.03.1994 abgenommene System nicht Jahr-2000-fähig war, verlangten die AG kurz vor Ende der Gewährleistungsfrist Nachbesserung.

Mit Erfolg. Das LG verurteilt die AN zur Nachbesserung. Das LG sieht die fehlende Jahr-2000-Fähigkeit als Fehler an, weil die Jahr-2000-Fähigkeit im konkreten Fall erwartet werden durfte. Aus dem Projektvolumen und dem Vertragszweck schließt das LG auf eine stillschweigend getroffene Vereinbarung. Die Nutzung des Systems sollte über den 31.12.1999 hinaus möglich sein. Deshalb hat das System Jahr-2000-fest zu sein. Unerheblich ist die vereinbarte Dauer der Gewährleistungsfrist. Auch die Programmierung nach den seinerzeit anerkannten Regeln der Technik ist unerheblich. Die AN schuldete nämlich ein auch im Jahr 2000 und danach nutzbares System, nicht nur eines, das den anerkannten Regeln der Technik entsprach.

Hinweis:
Nach einigen US-amerikanischen liegt nun also die erste deutsche Entscheidung zum Jahr-2000-Problem vor. Das LG stellt zu Recht fest, dass die fehlende Jahr-2000-Fähigkeit ein gewährleistungsrechtlicher Softwarefehler ist. Der Fehler haftet dem System schon immer an, auch wenn sich seine Auswirkungen erst im nächsten Jahr und damit nach Ablauf der Gewährleistungsfrist zeigen. Der Hersteller hat den Fehler zu beheben, auch wenn er sich des Problems bei der Softwareerstellung noch gar nicht bewusst war. Vielen Anwendern werden die Ausführungen des LG nichts nützen, weil Gewährleistungsansprüche aus dem Lieferverhältnis verjährt sind, bis die Fehler entdeckt werden. Diese Anwender sind auf andere Anspruchsgrundlagen angewiesen. In Betracht kommen etwa Ansprüche aus einer – möglicherweise über die Gewährleistung hinausgehenden – Zusicherung der Jahr-2000-Fähigkeit aus – allerdings nur in Ausnahmefällen anzunehmendem – arglistigem Verhalten des Herstellers oder Ansprü-

che aus Softwarepflege- oder Wartungsverträgen. Ferner können Ansprüche aus Produkthaftung oder unerlaubter Handlung gegeben sein. Diese setzen aber in der Regel Personen- oder Sachschäden oder die Verletzung anderer absolut geschützter Rechtsgüter voraus. Das wird nur in besonders gelagerten Ausnahmefällen angenommen werden können.

1.2 Anerkannte Regeln der Technik

Gem. § 4 VOB/B hat der Auftragnehmer bei der Durchführung seiner Leistung die anerkannten Regeln der Technik zu beachten. Folgerichtig sieht § 13 Nr. 1 VOB/B die Leistung schon dann als mangelhaft an, wenn die anerkannten Regeln der Technik nicht eingehalten sind. In solchen fällen kommt es nicht darauf an, ob daneben auch eine Einschränkung oder Aufhebung der allgemeinen Gebrauchstauglichkeit der Leistung vorliegt. Denn die erbrachte Leistung ist bereits deshalb mangelhaft, weil gegen die anerkannten Regeln der Technik verstoßen wurde.

Als anerkannte Regeln der Technik sind sämtliche Vorschriften und Bestimmungen anzusehen, die sich in der Theorie als richtig erwiesen und in der Praxis bewährt haben. Im Baubereich gehören dazu in erster Linie die DIN-Vorschriften, aber auch z. B. die Einheitlichen Technischen Baubestimmungen (ETB), die Bestimmungen des Verbandes der Elektrotechniker (VDE), die Unfallverhütungsvorschriften der Bauberufsgenossenschaft usw.

Welche Leistung der Auftragnehmer konkret schuldet, ist zunächst einmal durch Auslegung des Vertrags zu ermitteln. Legt der Vertrag die Einhaltung bestimmter Schalldämm-Maße ausdrücklich fest, so schuldet der Auftragnehmer entsprechende Werte, unabhängig davon, welche Werte die einschlägige DIN hierzu regelt. Enthält der Vertrag im Einzelnen keine Regelung, so richtet sich das Bausoll des Auftragnehmers nach den anerkannten Regeln der Technik. Ob die einschlägige DIN den anerkannten Regeln der Technik entspricht oder die anerkannten Regeln der Technik weitergehende Anforderungen stellen, muss im Einzelfall geklärt werden.

Vorsicht ist für den Auftragnehmer jedoch geboten, wenn er sich bei der Ausführung der Leistung an die Hersteller-Richtlinien oder die Richtlinien seines Fachverbandes hält, diese Richtlinien jedoch von den anerkannten Regeln der Technik abweichen. In diesem Fall haben die anerkannten Regeln der Technik Vorrang, die Leistungen sind trotz Einhaltung der Hersteller-Richtlinien mangelhaft.

Änderungen anerkannter Regeln der Technik während der Auftragsdurchführung:
Man muss unterscheiden: Für die Mängelanspruchspflicht kommt es nach eindeutigem Wortlaut des § 13 Nr. 1 VOB/B auf die anerkannten Regeln der Technik im Zeitpunkt der Abnahme an. Das ist wörtlich zu verstehen. Ändern sich also während der Ausführung die Regeln der Technik und passt der Auftragnehmer seine Leistung nicht diesen geänderten Regeln der Technik an, ist seine Leistung im Sinne von § 13 Nr. 1 VOB/B mangelhaft.

Vergütungsrechtlich kann der Auftragnehmer diese Konsequenz jedoch abmildern:
Die vom Auftragnehmer geschuldete Leistung (Bausoll) richtet sich danach, was die Parteien bei Vertragsabschluss vereinbart haben. Folglich kann der Auftragnehmer in seiner Kalkulation auch nur Risiken aufnehmen, die für ihn erkennbar sind.

War die Änderung der anerkannten Regeln der Technik bei Vertragsabschluss schon erkennbar, dann hätte dies der Auftragnehmer schon bei Vertragsabschluss bereits berücksichtigen und auch finanziell einkalkulieren müssen.

Passt er in diesem Fall seine Leistungen den inzwischen geänderten anerkannten Regeln der Technik an, so findet keine Veränderung des Bausolls statt, und damit ergibt sich auch kein Ansatz für eine geänderte Vergütung im Sinne § 2 Nr. 5 oder Nr.6 VOB/B.

Ändern sich die anerkannten Regeln der Technik hingegen überraschend, d.h. auch für einen Vorausschauenden Auftragnehmer nicht erkennbar, so ändert sich die geschuldete Leistung. Der Auftragnehmer ist hier verpflichtet, den Auftraggeber auf diese Änderung hinzuweisen und insoweit ein Nachtragsangebot vorzulegen. Erklärt der Auftraggeber sich mit der geänderten oder zusätzlichen Leistung einverstanden, so schuldet er gem. § 2 Nr. 5 bzw. Nr. 6 VOB/B den Ausgleich der Mehrkosten, die sich aus den geänderten anerkannten Regeln der Technik ergeben haben.

Weigert sich der Auftraggeber die geänderte oder zusätzliche Leistung anzuordnen, die sich aus den geänderten anerkannten Regeln der Technik ergibt, dann ist der Auftragnehmer nicht verpflichtet, die entsprechende Mehrleistung auszuführen. Gewährleistungsrechtlich ist der Auftragnehmer dann gem. § 13 Nr. 3 VOB/B von der Haftung frei.

Vor allem bei Bauvorhaben die sich über längere Zeit erstrecken, ist der Auftragnehmer also gut beraten, wenn er sich nicht nur mit der Abarbeitung des Vertrages befasst, sondern auch die technische Entwicklung beobachtet. Auch wenn zweifelhaft ist, ob neue Erkenntnisse, Regelwerke, Empfehlungen usw. als anerkannte Regeln der Technik anzusehen sind, sollte der Auftragnehmer den Auftraggeber unverzüglich schriftlich auf diese geänderten Vorschriften, Empfehlungen usw. hinweisen, gleichzeitig auf entsprechende Mehrkosten, falls diese mit Änderungen verbunden sind. Einen Fehler macht der Auftragnehmer mit dieser Vorgehensweise nie:

Ist der Auftraggeber einverstanden, wird es allenfalls zu Meinungsverschiedenheiten über die Höhe der geänderten oder zusätzlichen Vergütungen kommen.

Lehnt der Auftraggeber die Änderung ab, dann ist dies entweder schon deshalb unbeachtlich, weil gar keine geänderten Regeln der Technik vorlagen. Oder aber der Auftraggeber ist gem. § 13 Nr. 3 VOB/B für die Nichteinhaltung der geänderten anerkannten Regeln der Technik nicht verantwortlich.

Übrigens können die Parteien im Vertrag auch eine von den anerkannten Regeln der Technik abweichende Ausführung vereinbaren. Ist der Auftraggeber jedoch Laie, dann muss der Auftragnehmer ihn darauf hinweisen, dass die vereinbarte Ausführung von der anerkannten Regeln der Technik entsprechenden Ausführung abweicht. Handelt es sich um einen fachkundigen Bauherrn, dann ist ein solcher Hinweis nicht erforderlich, vorsichtshalber sollte der Auftragnehmer jedoch auch dann darauf hinweisen.

Beispiel OLG Nürnberg zum Begriff des Mangels im Sinn des § 13 Nr. 1 VOB/B
Eine Werkleistung ist auch dann nicht mangelhaft im Sinn des § 13 Nr.1 VOB/B, wenn mit einem Verstoß gegen die anerkannten Regeln der Technik, der an sich zur Mangelhaftigkeit eines Werkes führen würde, ein tatsächlich nachweisbares Risiko nicht verbunden ist.

Dies hat das OLG Nürnberg mit Urteil vom 25.7.2002 (13 U 979/02) entschieden.

Kurzsachverhalt:

Die Klägerin hat die Beklagte auf Zahlung von Werklohn verklagt; die Beklagte hat daraufhin ein Zurückbehaltungsrecht geltend gemacht und sich darauf berufen, dass das Gefälle der von der Klägerin hergestellten Balkone nicht den anerkannten Regeln der Technik entspreche und somit ein Mangel vorliege. Die Einrede blieb in beiden Instanzen ohne Erfolg.

Zusammenfassung der Entscheidungsgründe:
Ein Zurückhaltungsrecht der Beklagten sei nicht gegeben. Zwar enthalte § 13 Nr. 1 VOB/B gegenüber § 633 BGB einen zusätzlichen Gewährleistungstatbestand, da eine Werkleistung auch mangelhaft sei, wenn sie zwar keine Fehler aufweise, aber nicht den anerkannten Regeln der Technik entspreche. Die DIN 18560 „Estriche im Bauwesen", auf die sich die Beklagte berufe, besage zu dem Gefällemaß überhaupt nichts, vielmehr werde nach der DIN 18195 vorgeschrieben, für eine dauernde wirksame Abführung des auf die Abdichtung einwirkenden Wassers zu sorgen, ohne dass das Gefälle vorgeschrieben wird.

Ferner seien die DIN-Normen keine Rechtsnormen, sondern private technische Regelungen mit Empfehlungscharakter. Maßgebend sei nicht, welche DIN-Norm gelte, sondern ob die Bauausführung zur Zeit der Abnahme den anerkannten Regeln der Technik entspreche. DIN-Normen könnten die anerkannten Regeln der Technik wiedergeben oder hinter diesen zurückbleiben.

Im entschiedenen Fall könne dahinstehen, ob ein bestimmtes Gefälle nach den anerkannten Regeln der Technik üblich sei, denn nach den Darlegungen des Sachverständigen stehe fest, dass angesichts der sehr kleinen Flächen der überdachten Balkone kein Risiko bestehe, dass auf die Balkone Flächenregenwasser in erheblichem Ausmaß gelange, welches nicht zeitgerecht ablaufen könne. Ein Gefälle sei ausnahmslos vorhanden. Ferner seien die Oberflächen der aufgebrachten Beschichtung laut Sachverständigenaussage außerdem sehr sauber geglättet worden, weshalb das Wasser einwandfrei abgeleitet werde. Ein Mangel liege nicht vor, soweit mit einem Verstoß gegen die „anerkannten Regeln" der Technik ein auch tatsächlich nachweisbares Risiko nicht verbunden sei und dadurch Gebrauchsnachteile nicht erkennbar seien. Gewährleistungsansprüche seien sachlich nur legitimiert, wenn mindestens technische Risiken bestehen, die konkret aus der Nichteinhaltung der „anerkannten Regeln" folgten. Es könne unterstellt werden, dass der Auftraggeber mehr als ein „völlig einwandfreies" Bauwerk nicht wolle. Im entschiedenen Fall könne nach Aussage des Sachverständigen jedes Risiko zum momentanen Zeitpunkt und auch in ferner Zukunft ausgeschlossen werden, so dass der mögliche folgenlose Verstoß gegen die anerkannten Regeln der Technik keinen die Gewährleistungspflicht auslösenden Mangel begründet.

Fallbeispiele:

Beispiel 1: OLG Nürnberg, Urteil vom 25.07.2002 - 13 U 979/02
Ein Bauherr macht wegen des zu geringen Gefälles des Balkonestrichs bei voll überdachten innenliegenden Balkonen gegenüber dem Werklohnanspruch des Auftragnehmers (AN) ein Leistungsverweigerungsrecht geltend. Nach einem vom Gericht eingeholten Sachverständigengutachten gehört ein Gefälle von > 1, 5% zu den anerkannten Regeln der Technik. Vorliegend ist das Gefälle zwar geringer, jedoch werde aus dem zu geringen Gefälle dem Auftraggeber (AG) mit Sicherheit kein Schaden entstehen. Zum einen seien die Flächen sehr klein, dann handle es sich um innenliegende überdachte Balkone, so dass keine Niederschläge größeren Umfangs auf die Oberfläche treffen, und schließlich sei auch die Oberflächenbeschichtung sehr gut geglättet, so dass das Wasser einwandfrei abfließen könne.

Als anerkannte Regeln der Technik sind sämtliche Vorschriften und Bestimmungen anzusehen, die sich in der Theorie als richtig erwiesen und in der Praxis bewährt haben. Im Baubereich gehören dazu in erster Linie die DIN-Vorschriften, aber auch z. B. die Einheitlichen Technischen Baubestimmungen (ETB), die Bestimmungen des Verbandes der Elektrotechniker (VDE), die Unfallverhütungsvorschriften der Bauberufsgenossenschaft usw.

Das Gericht hat ein Leistungsverweigerungsrecht des AG verneint. Die Einhaltung der anerkannten Regeln der Technik sei Teil des VOB-spezifischen Mangelbegriffs. Sie diene zum Schutz des AG vor nachteiligen Folgen aus Mängeln, sei aber kein Selbstzweck. Wenn mit Sicherheit feststeht, dass bei einer fehlerhaften Ausführung kein Schaden und keine Beeinträchtigung der Gebrauchstauglichkeit entstehen können, liege kein Mangel vor. Beweispflichtig für diesen Sonderfall (mit Sicherheit kein Schaden und keine Beeinträchtigung der Gebrauchstauglichkeit) sei der AN. Es bestand daher nach Ansicht des Gerichts Abnahmereife, so dass es auf die Abnahme nicht ankomme.

Hinweis:
Im Ergebnis ist die Entscheidung zutreffend. Korrespondierend damit ist die an sich bestehende Wahl des AN zur Nachbesserungsmethode dahin eingeschränkt, dass der AG nur solche Mängelbeseitigungsmaßnahmen zu dulden braucht, bei denen dem AG kein Erfolgsrisiko aufgebürdet wird. Unerfreulich im Urteil sind einige Randbemerkungen, die zwar die Entscheidung nicht tragen, aber zu Missverständnissen führen können:

1. Das Gericht führt aus, § 13 Nr. 1 VOB/B enthalte mit den anerkannten Regeln der Technik gegenüber § 633 BGB n. F. einen zusätzlichen Gewährleistungstatbestand. Das ist unrichtig. Die Ausführung entsprechend den anerkannten Regeln der Technik ist ungeschriebenes Tatbestandsmerkmal auch in § 633 Abs. 2 BGB n. F. für den BGB-Werkvertrag.
2. Das Gericht meint weiter, wenn Abnahmereife besteht, komme es auf die Abnahme als Fälligkeitsvoraussetzung nicht an. Das ist in dieser Form nicht zutreffend. Wenn der Auftraggeber die Abnahme verweigert, obwohl kein Mangel vorhanden ist, befindet er sich in Schuldnerverzug und muss den Gläubiger so stellen, als sei die Abnahme erfolgt. Der AN kann bei zu Unrecht verweigerter Abnahme sofort auf Zahlung klagen. Abnahmereife darf nicht an die Stelle der Abnahme gesetzt werden.
3. Die Ausführungen zu 1,5 % Gefälle hat das Gericht aus dem Gutachten übernommen. Das ist in dieser Allgemeinheit wohl nicht richtig. Zunächst enthält Ziff. 2.1 Abs. 1-3 der Flachdachrichtlinien (2001), die auch auf Balkone anzuwenden sind (Ziff. 1.1 Abs. 1), ein Regelgefälle von 2 %. Dann ist das erforderliche Gefälle wesentlich von der Beschaffenheit der Oberfläche abhängig.

Beispiel 2: OLG Hamm, Urteil vom 20.12.2001 - 24 U 25/00
Ein Eigenheimbesitzer – er betreibt ein „Sachverständigenbüro für Bauwesen" – lässt das Dach seines Altbaus erneuern. Er beauftragt einen Dachdecker, die Wärmedämmung zwischen den Dachsparren auszutauschen, neue Dachlatten samt Unterspannbahn einzubauen und das Dach mit neuen Ziegeln einzudecken. Besondere Vereinbarungen über den Wärmedämmwert der Dämmschicht treffen die Parteien nicht. Nachdem die Arbeiten fertig gestellt sind, beanstandet der Hauseigentümer, das Dach entspreche nicht der Wärmeschutzverordnung 1995 (WärmeschutzV 1995). Er bezahlt den Dachdecker nicht. Es kommt zum Prozess.

Der Hauseigentümer muss zahlen. Nach Anhörung eines Bausachverständigen kommt das Gericht zu dem Ergebnis, dass die Arbeiten des Dachdeckers nicht fehlerhaft seien. Die zwischen den Dachsparren neu eingebaute Wärmedämmschicht erfülle die Anforderungen der WärmeschutzV. Die Dämmschicht sei - weil Altbau - nicht nach dem Energiebilanzverfahren zu bemessen, sondern nach dem so genannten Bauteilverfahren. Das Energiebilanzverfahren nach § 3 WärmeschutzV 1995 gelte bei Altbauten nur, wenn im Zuge von Sanierungs- oder Renovierungsarbeiten die beheizte Gebäudenutzfläche um mehr als 10 qm erweitert oder mindestens ein weiterer Raum angebaut werde. Das sei hier nicht der Fall. Die Gebäudenutzfläche sei unverändert geblieben. Das bedeute, dass nach § 8 Abs. 2 WärmeschutzV 1995 das so genannte Bauteilverfahren anzuwenden sei. Dieses Verfahren gelte, wenn bei Altbauten umfangreichere Renovierungsarbeiten oder größere Umbauten (mehr als 20 % der Bauteilfläche) ausgeführt werden. Nach der Sanierung dürften die erneuerten Außenbauteile die in der Anlage 3 zu § 8 Abs. 2 WärmeschutzV 1995 bestimmten Anforderungen nicht überschreiten. Die dort genannten Werte bezögen sich auf den Wärmedurchgang durch das ganze Außenbauteil. Bei einem Dach sei dies die gesamte Dachhülle: von den Dachziegeln bis zur Unterkante der inneren Dachbekleidung. Ein Handwerker, der nur Teile der Dachhülle zu erneuern habe, sei deshalb nicht verpflichtet, allein schon mit seinem Gewerk die geforderten Werte zu schaffen. Vielmehr gehöre es zur Planungspflicht des Auftraggebers, die aufeinander aufbauenden Gewerke so zu koordinieren, dass insgesamt der Wärmedurchgang die Anforderungen nicht überschreite. Der mit dem Austausch der Wärmedämmung beauftragte Dachdecker brauche also nicht allein mit seiner Wärmedämmung dafür zu sorgen, dass das neue Dach den Anforderungen genüge. Die Dämmwirkung der weiteren Teile des Daches sei bei der Beurteilung ebenfalls zu berücksichtigen.

Hinweis:
Juristisch geht es wieder einmal um die Prüfungspflicht des Unternehmers. Der Dachdecker meint, ein Auftraggeber, der ein „Sachverständigenbüro für Bauwesen” betreibe, sei nicht belehrungsbedürftig. Dem ist das OLG nicht gefolgt! Der Dachdecker haftet nur deshalb nicht, weil sich seine Arbeiten im Ergebnis als fehlerfrei erwiesen haben.

Beispiel 3: LG Ulm, Urteil vom 21.06.2001 - 2 O 362/99
1992 erstellte der Bauträger eine Doppelhaushälfte; die Trennwand zum Nachbarhaus führte er in Kalksandstein-Mauerwerk aus, obwohl in der Planung wasserdichter Beton vorgesehen war. Der Bauherr billigte diese Planänderung. Die Kläger kaufen die Doppelhaushälfte 1998 und lassen sich die Gewährleistungsansprüche des Bauherrn abtreten. Ende 98/Anfang 99 tritt im Untergeschoss Wasser ein. Einer Nachbesserungsaufforderung kommt der Bauträger nicht nach. Die von ihm gewählte Ausführung der Trennwand in Kalksandstein sei trotz der anders lautenden Planung bei Doppelhaushälften üblich. Im Übrigen beruft er sich auf Verjährung. Die Kläger verklagen daraufhin den Bauträger auf Zahlung von 30.000 DM für die Herstellung einer wasserdichten Untergeschoss-Trennwand.

Der Bauträger muss den Klägern vollen Schadensersatz leisten. Eine Trennwand zwischen zwei Doppelhaushälften aus Kalksandstein statt wasserundurchlässigem Beton sei auch dann ein grober Verstoß gegen die Regeln der Baukunst, wenn diese Ausführung in der Praxis selten zu Wasserschäden führe. Angesichts der Planvorgabe könne sich der Bauträger auf diese „empirische Tatsache“ nicht berufen, da konkret dennoch ein Schaden eingetreten ist. Da der Bauträger den Bauherrn damals auch nicht über die Risiken der Planabweichung aufgeklärt habe, läge das arglistige Verschweigen eines Mangels vor. Hierfür gelte die 30-jährige Verjährungsfrist.

Hinweis:
Der Bauträger haftet für Planung und Ausführung wie ein Architekt mit Vollauftrag. Über Planabweichungen und deren Risiken muss er nachhaltig aufklären und dies dokumentieren. Plant er „wasserdicht“, kann er sich nicht auf die verbreitete Praxis der Kalksandstein-Ausführung bei Untergeschoss-Trennwänden zwischen Doppelhaushälften berufen. Es trifft ihn sogar eine gesteigerte Aufklärungspflicht, gerade wegen der Probleme von Wassereintritt und -schäden. Der Anwalt, wird er mit dem Verjährungsproblem bei arglistigem Verschweigen befasst, muss sich vor Klageerhebung zwangsläufig eines Sachverständigen bedienen, der ihn

über den Grad des Regelverstoßes und die Aufklärungsanforderungen im konkreten, technischen Praxisfall gutachterlich berät.

Beispiel 4: OLG Brandenburg, Urteil vom 11.01.2000 - 11 U 197/98
Bei einem Neubau einer Schwimmhalle ist eine Dichtungsbahn SK 2000 der Fa. HEY'DI eingebaut worden. Die Abdichtung mit dieser Folie, die weder für den Schwimmbadbau entwickelt wurde (sondern als Dampfsperre in nicht belüfteten Dächern), für die ein Zulassungsbescheid (im Zeitpunkt der Bauausführung Anfang der 90er-Jahre) nicht vorlag und deren Brauchbarkeit für den Schwimmbadbau wissenschaftlich nicht gesichert ist, erweist sich aufgrund von Kellerdurchfeuchtungen schon bei der Abnahme als mangelhaft.

Das Gericht verurteilt den bauleitenden Architekten zur Zahlung von 186.000 DM sowie zum Ersatz allen weiteren Schadens. Die eingesetzte Folie entspräche weder den anerkannten Regeln der Technik noch sei sie gemäß den Verarbeitungsvorschriften des Herstellers eingebaut worden.

Hinweis:
Die Ausführungen des Gerichts richten den Blick auf die „Praxisbewährung" als maßgebliches Element einer anerkannten Technikregel für ein Baumaterial oder eine Bauweise. Unter anderem kommt es entscheidend darauf an, dass sich ein Bauprodukt oder eine Bauweise unter zu erwartenden Baustellenbedingungen, über einen längeren Zeitraum hinweg und in einer ausreichend hohen Zahl von Anwendungsfällen mit hinlänglich geringer Fehleranfälligkeit als zuverlässig und erfolgreich einsetzbar erwiesen hat. Viel „spannender" als der vorliegende Fall ist insoweit folgendes Beispiel: Der Ausschuss der Abdichtungsnorm DIN 18195 behauptet, ohne allerdings dafür auch nur im mindesten einen Beweis erbracht zu haben, bei druckwasserhaltenden „schwarzen Wannen" mit Bitumendickbeschichtungen gemäß neuem Teil 6 der Norm (Ausg. 8-2000) handle es sich um eine „gebräuchliche" Bauweise. Umfängliche Recherchen (bei Sachverständigen, Dickbeschichtungsvertreibern, im Internet u. a.) haben dagegen bestätigt, dass diese Bauweise in der von der Norm geforderten Ausführung bislang so gut wie noch überhaupt nicht baupraktisch umgesetzt worden ist. Wo sie ausgeführt wurde, hat sie sich (erwartungsgemäß!) als weit überproportional schadensträchtig erwiesen. Selbst der Ausschussobmann und sein Stellvertreter erklären inzwischen auf Fachtagungen, sie selbst würden solche Dickbeschichtungs-Wannen für ihre Bauvorhaben nicht planen oder ausführen lassen. Fürwahr: Besser kann man DIN-gemäße „Haftungsfallen" für die Bauleute nicht auslegen!

Beispiel 5: OLG Schleswig, Urteil vom 19.02.1998 - 5 U 81/94: BGH, Beschluss vom 17.02.2000 - VII ZR 123/98 (Revision nicht angenommen)
In einem bereits dargelegten Fall wurde im Jahr 1990 als Außenisolierung erdberührter Kelleraußenwände eine so genannte „Elefantenhaut" vertraglich vereinbart und gleichzeitig die Einhaltung der DIN 18195 Teil 5 für die Bauwerksabdichtung sowie eine fachgerechte, nach den Regeln der Technik durchgeführte Bauleistung zugesichert. Die Abdichtung erfolgte mit einer bituminösen Dickbeschichtung, die fachgerecht aufgebracht wurde.

Das OLG Schleswig hatte für seine Entscheidung nicht nur zwei Beweissicherungsverfahren sowie ergänzende Anhörungen der Sachverständigen durch das Landgericht herangezogen, sondern zusätzlich ein eigenes Gutachten eingeholt und den Sachverständigen ergänzend befragt. In einer detaillierten Begründung kommt das OLG zu folgendem Ergebnis: Dem Auftragnehmer ist der Beweis gelungen, dass die fachgerecht erfolgte Aufbringung der kunststoffmodifizierten bituminösen Spachtelmasse im konkreten Fall (nicht drückendes Wasser, mäßige Beanspruchung, bindiger Boden) den anerkannten Regeln der Technik entspricht.

Darüber hinaus konnte trotz der noch nicht erfolgten Aufnahme der Dickbeschichtungen in die DIN 18195 nachgewiesen werden, dass die allgemein anerkannten Regeln der Bautechnik beachtet wurden. Der BGH hat die Revision wegen fehlender grundsätzlicher Bedeutung nicht angenommen, allerdings darauf hingewiesen, dass er die Beweiswürdigung des Berufungsgerichtes nur eingeschränkt überprüfen konnte.

Hinweis:
Es darf nicht übersehen werden, dass der BGH mit seinem Beschluss nicht selbst über die vom Berufungsgericht zugunsten der Dickbeschichtung entschiedene technische Frage geurteilt hat, sondern dies bewusst offen gelassen hat. In diesem Zusammenhang sollte man sich die noch immer gültige Entscheidung des VII. Senats zu der Verwendung „neuer" Baustoffe vom 30.10.1975 vor Augen führen, in der die vertragsrechtlichen Modalitäten geregelt wurden. Das zu Unrecht hochgespielte Problem der DIN 18195 löst sich bald von allein, nachdem die Dickbeschichtungen in dem bereits vorliegenden, aber noch nicht veröffentlichten Weißdruck enthalten sind. Die Verwender von Dickbeschichtungen müssen sich trotz allem die klare Haltung des VII. Senats zur immer geschuldeten Erfolgshaftung (funktionstauglich und zweckentsprechend) vergegenwärtigen, die sie zu deutlichen vertraglichen Vereinbarungen und Hinweisen zwingt, nachdem die Dickbeschichtungsgegner mit missionarischem Eifer dafür sorgen, dass eine „allgemeine Anerkennung" bezweifelt werden soll. Architekten und Bauunternehmen ist bei Verwendung von kunststoffvergüteten, bituminösen Spachtelmassen eine umfassende Aufklärung des Bauherrn, genaue Überprüfung der Funktionstauglichkeit (etwa in Verbindung mit Dränmaßnahmen) und sorgfältiges Einhalten der technischen Richtlinien einschließlich entsprechender Überprüfungen mit Dokumentationen zu empfehlen.

Beispiel 6: OLG Frankfurt, Urteil vom 23.01.1998 - 24 U 31/96:BGH, Beschluss vom 21.10.1999 - VII ZR 96/98 (Revision nicht angenommen)
Das Mehrfamilienwohnhaus ist seit einem halben Jahr fertig gestellt und übergeben. Ein sog. Nachzügler kauft die letzte Wohnung. Kurz vor Ablauf seiner fünfjährigen Gewährleistungsfrist reicht er bei Gericht einen selbständigen Beweisantrag ein und rügt u. a., die Kellerwände seien innen nicht verputzt; insbesondere seien die Zargen der Stahltüren nicht beigeputzt. Der Sachverständige gibt ihm Recht. Trotzdem weigert sich der Bauträger, die Wände zu verputzen. Es kommt zum Prozess. Der Erwerber verlangt einen Vorschuss auf die Kosten des Innenputzes. Mit dieser Klage dringt er durch.

Das Oberlandesgericht Frankfurt stellt zunächst fest, dass jeder einzelne Erwerber berechtigt sei, einen Vorschuss auf die Kosten der Mängelbeseitigung zu beanspruchen – auch wegen Mängeln am Gemeinschaftseigentum und unabhängig davon, ob andere Erwerber ihrerseits noch Gewährleistungsansprüche geltend machen können. Dieser Anspruch folge aus dem Vertrag, den jeder Erwerber mit dem Bauträger abgeschlossen habe. Der Lauf der fünfjährigen Gewährleistungsfrist beginne mit Abnahme durch den konkreten Erwerber zu laufen. In dem fehlenden Innenputz an den Kellerwänden sieht das Gericht einen Mangel der Wohnanlage. Nach den Ausführungen des Sachverständigen im selbständigen Beweisverfahren müssten Feuerschutztüren die Wandöffnungen so verschließen, dass ein Schadensfeuer nicht durchtreten könne. Feuer könne sich auch über Fugen und Spalten ausbreiten. Deshalb könne die Tür ihre feuerhemmende Schutzwirkung nur entfalten, wenn ihre Zarge voll eingeputzt oder mit Mörtel hinterfüllt werde. Das sehe DIN 18082 ausdrücklich vor. Der Bauträger sei verpflichtet, zwischen Wand und Zarge eine bündige Verbindung herzustellen.

Hinweis:
Die Entscheidung des Oberlandesgerichts Frankfurt macht erneut deutlich, welches Gewicht in der Praxis DIN-Normen zukommt. Der Bundesgerichtshof hat zwar jüngst entschieden, DIN-Normen seien nur technische Empfehlungen eines privaten Vereins. In der Praxis gilt aber die Vermutung, dass die in DIN-Normen festgelegten technischen Bestimmungen auch die allgemein anerkannten Regeln der Technik wiedergeben. Wer sich über DIN-Normen hinwegsetzt, muss den Richter davon überzeugen, dass die in der Norm verlangte Ausführung von den betroffenen Fachkreisen nicht (mehr) als theoretisch richtig und technisch nötig anerkannt werde – ein schwieriges und kostenaufwendiges Unterfangen.

Beispiel 7: OLG Stuttgart, Urteil vom 12.08.1998 - 4 U 81/97:BGH, Beschluss vom 02.09.1999 - VII ZR 348/98 (Revision nicht angenommen)
Bei einem Medizinzentrum hat ein Hauptunternehmer als Auftraggeber flach geneigte Metalldächer in Titanzink durch einen Subunternehmer ausführen lassen. Die Parteien streiten um Restwerklohn und diverse Mängel, u. a. über die Frage besonderer Dichtungsmaßnahmen wegen der geringen Dachneigung von unter 4. Der Auftraggeber rechnet für die ca. 750 m² große Dachfläche mit Nachbesserungskosten von DM 150.000,-.

Das Gericht bestätigt nach Einholung eines Gutachtens die mangelhafte Ausführung des Daches. Die nur 25 mm hohen Stehfälze seien bei der geringen Dachneigung von unter 4 als Sonderfall zu betrachten. Hier hätten die Fälze nach den Fachregeln des Klempnerhandwerks 35 mm hoch ausgeführt und zudem mit Dichtungsbändern hinterlegt werden müssen. Insbesondere hätten alle Querfälze wasserdicht hergestellt werden müssen. Für eine ordnungsgemäße Nachbesserung reiche es nicht aus, die Fälze lediglich zu verlöten, weil dann in unregelmäßigen Zeitabständen unzumutbare Nachkontrollen und ggf. Nacharbeiten erforderlich würden. Das Dach müsse vielmehr komplett erneuert werden.

Hinweis:
Über viele Jahre waren die vom Zentralverband Sanitär, Heizung, Klima (ZVSHK) herausgegebenen Richtlinien für die Ausführung von Metalldächern als Fachregel des Klempnerhandwerks das wichtigste technische Regelwerk für solche Dachdeckungen. Da sich das Dachdeckerhandwerk durch diese Fachregel benachteiligt sah, hat der Zentralverband des Deutschen Dachdeckerhandwerks (ZVDH) vor einigen Jahren begonnen, eigene Regeln für Metallarbeiten zu erstellen. Diese Regeln liegen jetzt nach einem Entwurf vom Juni 1997 mit Stand von Februar 1999 vor. Da die ZVDH-Fachregel jedoch für Dachdeckungen nur mit Einschränkungen gilt, behalten die Klempner-Fachregeln weiterhin ihre Bedeutung. Bei der Frage, welche Ausführungsart den anerkannten Regeln der Technik entspricht, werden deshalb zukünftig immer beide Regelwerke zu prüfen sein.

Beispiel 8: OLG Saarbrücken, Urteil vom 30.07.1998 8 U 825/96-13/97: BGH, Beschluss vom 02.09.1999 - VII ZR 335/98 (Revision nicht angenommen)
Ein Bauunternehmer hatte ein Warenhaus mit Parkdeck aus Stahlbeton-Fertigteilen „in den statisch erforderlichen Dimensionen und Betongüten" unter Einrechnung von „Dehnungsfugen" zu errichten. Das Warenhaus wurde 1987 eröffnet. In dem Parkdeck traten über 3.000 m Risse mit Rissweiten größer 0,3 mm auf, die erstmals 1990 angezeigt wurden. Nach ergebnislosen Verhandlungen und Fristsetzung ließ der Bauherr 1994 die Risse durch einen Drittunternehmer für einen Sanierungsaufwand von rd. DM 550.000,- beseitigen.

Der Bauherr erhält in allen Instanzen die erforderlichen Sanierungskosten zugesprochen. Der Einwand des Unternehmers, auch große Risse seien bei Gebäuden der vorliegenden Art als

„normale Erscheinung“ kein Mangel, treffe nach den eingeholten Sachverständigengutachten nicht zu. Es sei nach den Formulierungen des Leistungsverzeichnisses auch Aufgabe des Bauunternehmers und nicht des Architekten des Bauherrn gewesen, die „Dehnungsfugen“ einzuplanen und auszuführen, deren Fehlen ursächlich für die Risse geworden sei. Mit diesen „Dehnungsfugen“ wäre die vom Bauherrn gewählte Ausführungsweise auch ausreichend dauerhaft gewesen. Aus diesem Grund komme weder ein Mitverschulden des Bauherrn noch ein Abzug von Sowieso-Kosten in Betracht.

Hinweis:
Sowohl der Mitverschuldenseinwand als auch die Vorteilsausgleichung (insbesondere Anrechnung von Sowieso-Kosten, Abzug neu für alt) sind letztlich Konkretisierungen des Grundsatzes von Treu und Glauben. Wer als Bauunternehmer selbst Planungsleistungen übernimmt, kann sich deshalb redlicherweise nicht darauf berufen, der Bauherr sei insoweit nicht seiner Verpflichtung zur mangelfreien Planung nachgekommen. Wer außerdem „seine“ Mängel nicht alsbald beseitigt und den Bauherrn „hängen lässt“, verhält sich treuwidrig und ist ebenfalls nicht schutzwürdig.

1.3 Verwendungsbeeinträchtigende Fehler

Definition in §13 Nr.1 VOB/B:
Fehler in diesem Sinne sind in erster Linie Qualitätsabweichungen gegenüber der im Vertrag vereinbarten Qualität (z. B. unzureichende Fensterstärken, anderes Material), aber auch sonstige Abweichungen vom Leistungsverzeichnis (z. B. andere Farbe).

Beispiel: Florverwerfung (shading) des Teppichbodens ist als Fehler anzusehen, auch wenn dadurch die Qualität und die Lebensdauer nicht beeinträchtigt werden. Die Gebrauchstauglichkeit bezieht sich auf die Optik des Teppichs (streitig).

Unter Umständen muss das Leistungsverzeichnis zunächst ausgelegt werden, um die vereinbarte Qualität als Maßstab für die Fehlerhaftigkeit überhaupt festzulegen.

2 Mängelursachen aus dem Verantwortungsbereich des Auftraggebers

Wesentliches Merkmal der Mängelhaftung des Auftragnehmers ist, dass er auch ohne Verschulden haftet. Es kommt allein auf das Vorhandensein eines Mangels in dem vorbeschriebenen Sinn an.

Das gilt aber nicht immer, vor allem dann nicht, wenn der Auftraggeber seinerseits für den Mangel verantwortlich ist. Hierzu bestimmt § 13 Nr.3 VOB/B:

> *„Ist ein Mangel zurückzuführen auf die Leistungsbeschreibung oder auf Anordnungen des Auftraggebers, auf die von diesem gelieferten oder vorgeschriebenen Stoffe oder Bauteile oder die Beschaffenheit der Vorleistung eines anderen Unternehmers, haftet der Auftragnehmer, es sei denn er hat die ihm nach § 4 Nr. 3 obliegende Mitteilung gemacht."*

Im Anschluss daran bestimmt § 4 Nr. 3 VOB/B

> *„Hat der Auftragnehmer Bedenken gegen die vorgesehene Art der Ausführung (auch wegen der Sicherung gegen Unfallgefahren), gegen die Güte der vom Auftraggeber gelieferten Stoffe oder Bauteile oder gegen die Leistung anderer Unternehmer, so hat er sie dem Auftraggeber unverzüglich – möglichst schon vor beginn der Arbeiten – schriftlich mitzuteilen; der Auftraggeber bleibt jedoch für seine Angaben, Anordnungen oder Lieferungen verantwortlich."*

Nur unter den dort geregelten, engen Voraussetzungen besteht also trotz Mangelhaftigkeit kein Mängelanspruch gegenüber dem Auftragnehmer. §1 3 Nr. 3 VOB/B ist kein Freifahrtschein.

Heißt es im LV beispielsweise, dass für zu errichtende Zwischenwände ein bestimmtes Mauerwerk verwendet werden muss, dann liegt eine Anordnung im Sinne von §13 Nr.3 VOB/B vor. Heißt es im LV jedoch, wie häufig, „oder gleichwertig", dann fehlt eine solche bestimmte Anweisung des Auftraggebers Ein vorgeschriebener Baustoff setzt also eine eindeutige Anordnung des Auftraggebers voraus, die dem AN keine Wahl lässt.

Dieser Fall liegt aber vor, wenn der Auftraggeber einen bestimmten Verblendstein aussucht, den er als Restposten preiswert bekommen kann. Auch wenn der Auftragnehmer diesen Stein seinerseits beim Hersteller einkauft (oder über den Großhandel), handelt es sich im Sinne des § 13 Nr. 3 VOB/B um einen vom Auftraggeber vorgeschriebenen Baustoff.

Weiteres Beispiel: Die vom Auftragnehmer hergestellte Fassade ist mangelhaft. In das Gebäude dringt Wasser ein. Der Auftraggeber beauftragt einen Schadensgutachter, der eine bestimmte Schadensursache feststellt. Unter Vorlage des Gutachtens fordert der Auftraggeber den Auftragnehmer zur Mängelbeseitigung auf. Der Auftragnehmer befolgt das Gutachten und saniert. Danach stellt sich heraus, dass das Gutachten falsch war.

Haftet der Auftragnehmer für die fehlgeschlagene Sanierung?

Ja, weil keine eindeutige und dem Auftragnehmer keine Wahl lassende Anordnung zu Schadensbeseitigung im Sinne von §13 Nr.3 VOB/B vorlag und der Auftraggeber im Zweifel nicht die Haftung für die Richtigkeit des Gutachtens übernehmen wollte.

Die Voraussetzungen des §13 Nr.3 VOB/B liegen im Übrigen nur dann vor, wenn z. B. die Baustoffanordnung des Auftraggebers ursächlich für den später eintretenden Mangel ist. Diese Ursächlichkeit liegt aber nicht vor, wenn der Auftraggeber einen bestimmten, an sich geeigneten Baustoff bindend vorschreibt, der daraufhin seitens des Auftragnehmers eingekaufte Baustoff jedoch wegen eines Produktionsfehlers (Ausreißer) ungeeignet ist.

Beruht der Mangel im Sinne von § 13 Nr. 3 VOB/B auf einer Anordnung des Auftraggebers einer fehlerhaften Vorleistung usw., dann wird der Auftragnehmer von seiner Haftung gleichwohl nur frei, wenn er seiner Bedenkenhinweispflicht gem. § 4 Nr. 3 VOB/B genügt.

Selbst bei eindeutigen, dem Auftragnehmer keine Wahl lassende Anordnung des Auftraggebers muss der Auftragnehmer die Eignung und Richtigkeit also im Rahmen seiner Möglichkeiten überprüfen und Bedenken Schriftlich mitzuteilen.

Hinweis: Beim BGB-Werkvertrag reicht auch ein mündlicher Hinweis, weil die Schriftlichkeit nur in § 4 Nr. 3 für den VOB-Vertrag vorgeschrieben ist. Selbst beim VOB-Vertrag kann ausnahmsweise ein mündlicher Hinweis reichen, wenn der Auftragnehmer die Bedenken eindeutig, d.h. inhaltlich klar und vollständig, geäußert hat. Sowohl beim VOB-Vertrag als auch beim BGB-Vertrag ist dem Auftragnehmer jedoch dringend anzuraten, jegliche Bedenken in Schriftlicher Form zu erklären.

Der Umfang der Prüfungs- und Hinweispflicht hängt vom Einzelfall ab. Je sachkundiger der Auftraggeber ist, desto geringere Prüfungspflichten hat der Auftragnehmer.

Der Umfang der Prüfungspflicht hängt auch von den einzelnen Tatbeständen des § 13 Nr. 3 und § 4 Nr. 3 VOB/B ab:

a) Die Prüfungspflicht hinsichtlich der vom Auftraggeber beigestellten oder vorgeschriebenen Stoffe und Bauteile ist Grundsätzlich am stärksten, weil der Auftragnehmer auf diesem Gebiet am ehesten Sachkenntnisse besitzt bzw. besitzen muss; immerhin hat im Regelfall er die entsprechenden Stoffe beizustellen.
b) Geringer ist der Umfang der Prüfungspflicht hinsichtlich der Vorleistung anderer Unternehmer, da diese dass Fachgebiet des Auftragnehmers nur dort berühren, wo seine Leistung später unmittelbar darauf aufbaut. Anhaltspunkte für die Prüfungspflicht hinsichtlich der Vorleistung anderer Gewerke finden sich häufig in Abschnitt 3 der jeweiligen DIN.

Fälle, in denen bei aufeinander aufbauender Leistung Auftragnehmer allein deshalb haften, weil sie die Vorleistung eines anderen Unternehmens nicht geprüft und/oder Bedenken hiergegen schriftlich angemeldet haben, beschäftigen die Gerichte immer wieder.

Beispiel: Der mit der Verfüllung eines Arbeitsraums beauftragte Auftragnehmer weist nicht (schriftlich) darauf hin, dass sich im Arbeitsraum bereits Bauschutt befindet, der die Kelleraußenisolierung beschädigen kann oder der mit der Verlegung von Terrassenplatten beauftragte Auftragnehmer prüft nicht, ob der Untergrund ausreichend verdichtet ist.

Allerdings ist kein Auftragnehmer verpflichtet, die Nachfolgeunternehmer anzuhalten, die Regeln der Technik einzuhalten. Ausnahmsweise kann der Auftragnehmer aber verpflichtet sein, den Auftraggeber darauf hinzuweisen, dass die beauftragte und ausgeführte Leistung für das Nachfolgewerk untauglich ist.

c) Am geringsten ist die Prüfungspflicht hinsichtlich der vorgesehenen Art der Ausführung, weil diese grundsätzlich dem Planungsbereich angehört, in dem der Auftraggeber regelmäßig einen eigenen Fachmann, nämlich einen bauplanenden Architekten oder Ingenieur beschäftigt.

Beispiel: Das vom Auftraggeber vorgeschriebene Mauerwerk weist unterschiedliches Verformungsverhalten bei eindringender Feuchtigkeit auf. Nach austrocknen des Mauerwerks zeigen sich Risse.

Der Auftragnehmer kann sich hier grundsätzlich auf richtige Planung und Ausschreibung durch den Bauherrn bzw. dessen Architekten verlassen. Wenn das unterschiedliche Verformungsverhalten bestimmter Steine noch dazu physikalische Spezialkenntnisse erfordert, haftet der Auftragnehmer für die entstandenen Risse nicht.

Praxishinweis:
Im Zweifel sollten Bedenken gegen Vorgewerke, gegen Anordnungen des Auftraggebers oder die Eignung der vorgeschriebenen Baustoffe immer schriftlich angemeldet werden, ohne darauf zu vertrauen, dass im Einzelfall keine Prüfungs- und Hinweispflicht besteht.

Wie verhält sich der Auftragnehmer, wenn der Auftraggeber auf die Bedenken gar nicht reagiert oder diese in den Wind schlägt?

a) Unternimmt der Auftraggeber auf die Bedenken des Auftragnehmers nichts, trägt er das Risiko für die daraus entstehenden Folgen grundsätzlich allein.
b) Teilt Auftraggeber die Bedenken des Auftragnehmers und trifft er eine andere, nach seiner Auffassung sachgerechte Anordnung oder ordnet er eine Änderung des Bauentwurfs an bzw. verlangt er eine Zusatzleistung vom Auftragnehmer, so muss der Auftragnehmer erneut prüfen, ob nicht neue Bedenken geltend gemacht werden müssen.
c) Prüft der Auftraggeber die mitgeteilten Bedenken, besteht er aber auf dem bisherigen Vertragsinhalt, so ist der Auftragnehmer von der Haftung frei. Vorsorglich sollte der Auftragnehmer in diesem Fall seine Bedenken schriftlich wiederholen und darauf hinweisen, dass er für die ausgeführte Leistung keinerlei Gewähr übernehme.

Wenn der Auftraggeber dann antwortet, selbstverständlich bleibe der Auftragnehmer in der Haftung, ist dies unbeachtlich. Der Auftragnehmer ist endgültig und definitiv von der Haftung frei.

Nach einer Entscheidung des OLG Düsseldorf kann der Auftragnehmer in diesem Fall auch den Vertrag nach §9 Nr.1a VOB/B kündigen, weil es ihm nicht zuzumuten ist, eine Leistung zu erbringen, die nach seiner Einschätzung sicher Mangelhaft sei. Dieser Weg ist jedoch konfliktträchtig: Hat der Auftragnehmer sich nämlich geirrt, waren seine Bedenken also ganz oder teilweise unberechtigt, dann hat er auch zu Unrecht den Vertrag gekündigt mit der Folge, dass der Auftraggeber seinerseits Schadensersatz verlangen könnte. Umgekehrt: Meldet der Auftragnehmer zu Unrecht Bedenken an, dann kann der Auftraggeber den Vertrag nicht kündigen.

Zusammenfassung:
Ist das Werk deshalb mangelhaft, weil die Leistungsbeschreibung oder andere Anordnungen des Auftraggebers falsch waren, die vom Auftraggeber gelieferten oder bindend vorgeschriebenen Stoffe ungeeignet waren oder die Vorleistung eines anderen Gewerks nicht ordnungsgemäß, dann haftet der Auftragnehmer für den darauf beruhenden Mangel seiner Leistung grundsätzlich trotzdem, es sei denn er hat seiner Prüfungs- und (schriftlichen) Hinweispflicht gem. §4 Nr.3 VOB/B genügt. Hat er diese Pflicht verletzt, dann bleibt seine Haftung bestehen.

Allerdings kann ein auftraggeberseitiges Mitverschulden zu einer reduzierten Haftung des Auftragnehmers führen, beispielsweise dann, wenn der Mangel auf einem Planungsfehler des für den Auftraggeber tätigen Architekten oder Fachingenieurs beruht, den der Auftragnehmer bei gehöriger Sorgfalt hätte erkennen können. In diesem Fall muss der Auftraggeber sich das

Planungsverschulden seines Architekten oder Fachingenieurs gem. §254, 278 BGB anspruchskürzend entgegenhalten lassen.

Beruht der Mangel darauf, dass der Auftragnehmer schuldhaft die Untauglichkeit der Vorleistung nicht erkannt bzw. (schriftlich) angezeigt hat, so ist der Auftragnehmer dennoch nur für die eigene Mangelhafte Leistung verantwortlich, nicht aber für die mangelhafte Vorleistung. Eine Gesamtschuldnerische Haftung zwischen Vor- und Nachunternehmer für die gesamte mangelhafte Bauleitung besteht nicht.

Fallbeispiele:

Beispiel 1: OLG Köln, Urteil vom 02.03.2001 - 19 U 47/00
Der chemische Holzschutz des Dachstuhls ist der Streitpunkt der Parteien. Laut Leistungsverzeichnis hat der Zimmermann imprägniertes Holz einzubauen. Bevor das Holz eingebaut wird, bittet der Bauherr den Zimmermann, das Holz abzuhobeln, weil Balken und Sparren sichtbar bleiben. Das tut der Zimmermann. Er hobelt Balken und Sparren auf allen vier Seiten ab. Das wiederum moniert der Bauherr: Die nicht sichtbare Oberseite der Hölzer habe der Zimmermann nicht abhobeln sollen. Jetzt seien die Hölzer auf ihrer Oberseite ungeschützt. Deshalb nimmt er – nach erfolgloser Fristsetzung und Ablehnungsandrohung – den Zimmermann auf Schadensersatz in Anspruch.

Ohne Erfolg. Das OLG Köln weist die Schadensersatzklage ab. Die fehlende Imprägnierung auf der Balkenoberseite stelle schon deshalb keinen Mangel dar, weil die Balken auf Wunsch des Bauherrn abgehobelt worden seien. Damit sei auch die Imprägnierung abgehobelt worden – eine Konsequenz, auf die der Zimmermann den Bauherrn zuvor hingewiesen habe. Denn auf die Frage des Bauherrn, ob er nicht die Hölzer nach dem Abhobeln neu imprägnieren könne, habe dies der Zimmermann abgelehnt mit der Begründung, eine neu aufgebrachte Imprägnierung sei bei offener Balkenlage gesundheitsschädlich. Mit dieser Auskunft habe sich der Bauherr zufrieden gegeben. Es schade nichts, dass der Zimmermann - unnötigerweise - auch die vierte (obere) Seite der Balken und Sparren abgehobelt und damit ihres chemischen Holzschutzes beraubt habe, denn die dem Dach zugewandte Seite sei konstruktiv ausreichend geschützt. Die über den Balken und Sparren liegende Dachhaut sichere die Hölzer vor Feuchtigkeit und sonstigen schädlichen Einflüssen.

Hinweis:
Der chemische Holzschutz hat eine Doppelfunktion: Schutz vor holzzerstörenden Pilzen und Schutz vor Befall mit Trockenholzinsekten. Holzzerstörende Pilze brauchen für ihr Wachstum freies Wasser in den Zellhohlräumen. Deshalb treten Pilze nicht auf, solange die Holzfeuchte zu jeder Zeit und an jeder Stelle unterhalb der Fasersättigungsgrenze bleibt. Bei europäischen Nadelhölzern ist das ein Wert von $u < 30\ \%$. Nur wenn der Feuchtigkeitsgehalt über einen längeren Zeitraum über 30 % liegt, wären die Wachstumsbedingungen für Pilze gegeben; es könnte zu Pilzbefall kommen. Normale Dach- und Aufenthaltsräume haben in der Regel weniger als 70 % relative Luftfeuchtigkeit. Das führt zu einer Holzgleichgewichtsfeuchte von 15 % – viel zu wenig, um Pilzen eine Lebensgrundlage zu bieten. Ein Befall mit Trockenholzinsekten ist nur dann möglich, wenn die Insekten für eine Eiablage freien Zugang zum Holz haben.

Beispiel 2: BGH, Urteil vom 13.09.2001 - VII ZR 392/00
Es geht um die Sanierung eines Flachdaches. Dabei soll der vorhandene Flachdachaufbau bestehen bleiben, eine Wärmedämmschicht eingebaut und die Abdichtung erneuert werden. Die Wärmedämmung war im Leistungsverzeichnis nicht vorgesehen. Auch das bei der Sanie-

rung notwendige Abhobeln der Kiespressschicht war im Auftrag nicht enthalten. Der Auftraggeber (AG) verlangt die Kosten der Komplettsanierung in Höhe von zirka 150.000 DM. Der Auftragnehmer (AN) hält dem entgegen, dass das lückenhafte Leistungsverzeichnis und die fehlerhafte Planung vom Architekten des AG stammen und dieser durch die Sanierung ein fast neues Flachdach mit einer verlängerten Lebensdauer bekommt. Das OLG hat den AN zur Zahlung von 25.000 DM verurteilt.

Der BGH hebt die Entscheidung auf und verweist an das OLG zurück. Dabei gibt er so genannte Segelanweisungen, die aus dem Leitsatz ersichtlich sind.

Hinweis:
An diesem Fall typisch ist die Verzahnung von Leistungspflichten des AN und Mitwirkungspflichten des AG. Das wirkt sich auch auf die Gewährleistungsebene aus. Sind bei einem Bauvorhaben die Funktionen Planung und Ausführung auf verschiedene Träger verteilt, wird sich im Gewährleistungsfall stets die Frage nach der Mit- bzw. Eigenhaftung des AG stellen. Dazu gibt es wichtige Grundsatzentscheidungen des BGH, die in diesem Urteil zitiert werden. Selbstverständlich steht über allem die so genannte Prüfungs- und Hinweispflicht des AN, von der abhängt, ob und in welchem Umfang dieser sich auf ein Mitverschulden des AG berufen kann. So kann sich ein AN bei einem Planungsfehler nicht auf ein Mitverschulden berufen, wenn er diesen vor der Ausführung positiv erkannt hat.

Beispiel 3: OLG Karlsruhe, Urteil vom 12.01.2001 - 14 U 181/97
Nach Sanierungsarbeiten am Klärwerk des Auftraggebers (AG) zeigten sich Haftungsmängel an den vom Auftragnehmer (AN) aufgebrachten Beschichtungen der Betonoberflächen. Zuvor waren die Parteien auf Empfehlung des Materialherstellers übereingekommen, anstelle des ausgeschriebenen Stoffs einen anderen Stoff zu verwenden. Die Parteien vereinbarten, die Flächen mit dem auf der Baustelle seit einigen Monaten gelagerten Unimörtel Z nachzubearbeiten. Die Arbeiten schlugen fehl. Der AG kündigte den Bauvertrag und führte eine Ersatzvornahme durch. Er verlangt nun vom AN Schadensersatz. Der AN wendet ein, die Mängel beruhten auf mangelnder Geeignetheit des Materials (Verderben infolge Überlagerung), die er nicht habe erkennen können. Zudem habe ihm der AG das Material bindend vorgeschrieben.

Das OLG verurteilt den AN in vollem Umfang. Der Mangel sei ihm zuzurechnen, da eine grundsätzliche Ungeeignetheit des verwendeten Materials nicht habe festgestellt werden können. Die einvernehmliche Sanierung mit diesem Material begründe keine Verantwortung des AG, denn das bloße Einverständnis stelle noch kein zur Risikoverlagerung vom AN auf den AG führendes „Vorschreiben" eines Baustoffs gemäß § 13 Nr. 3 VOB/B dar. Ohnedies trage der AG nur das Risiko der generellen Geeignetheit des Baustoffs. Der AG habe das Risiko der Überlagerung allenfalls dann zu tragen, wenn auf seine Anordnung hin nur Material verarbeitet worden wäre, das nach den Herstellerkriterien noch einwandfrei war. Dies sei hier nicht der Fall. Die beiden möglichen Mängelursachen – Mangelhaftigkeit wegen Überlagerung oder Ausführungsfehler – seien daher allein dem AN zuzurechnen.

Hinweis:
Die Entscheidung ist richtig. Das OLG folgt der Rechtsprechung des BGH zur so genannten Ausreißerhaftung. Danach trägt der AG bei nur genereller Bestimmung der Art des zu verwendenden Stoffs auch nur das Risiko dessen grundsätzlicher Geeignetheit. Das OLG erkennt zutreffend, dass eine Risikoverlagerung auf den AG bereits am Erfordernis des Vorschreibens des Baustoffs scheitert: So enthielt weder das Leistungsverzeichnis eine den AN bindende Anordnung, einen bestimmten Baustoff zu verwenden, noch genügte das bloße Einverständnis

des AG mit der Verwendung des gelagerten Baustoffs. Hinsichtlich der Unaufklärbarkeit der verbleibenden möglichen Mängelursachen hat das OLG ebenfalls zutreffend festgestellt, dass dies nach dem Rechtsgedanken des § 830 Abs. 1 Satz 1 BGB zu Lasten des AN geht. Will der AN der Haftung entgehen, muss er beweisen, dass er den Mangel nicht zu vertreten hat (nunmehr für alle Vertragspflichtverletzungen geregelt in § 280 Abs. 2 BGB n. F.).

Beispiel 4: BGH, Urteil vom 11.10.2001 - VII ZR 383/99: § 13
Ein Bauherr lässt ein vorhandenes Gebäude renovieren, um darin ein Restaurant zu betreiben. Er beauftragt einen Bauunternehmer mit der Erstellung eines neuen Fußbodens. Der ursprünglich vorgesehene Fußbodenaufbau kann jedoch nicht verwirklicht werden, weil mit ihm die Mindestraumhöhe nicht eingehalten werden würde. Der Bauherr vereinbart daher mit dem Architekten, den Fußboden 3-4 cm geringer auszubilden und in der Küche die Rohrleitungen auf dem Rohbetonboden zu verlegen. So entspricht der Fußboden nicht mehr den DIN-Vorschriften. Gegen diese Planung meldet der Bauunternehmer vergeblich schriftliche Bedenken an. Er führt die Arbeiten schließlich durch. Nach deren Abnahme durch den Bauherrn zeigen sich erhebliche Mängel. Es wird festgestellt, dass der gesamte Dämmstoff im Fußboden mit Wasser voll gesogen und auch der Estrich feucht ist. Das führt der Bauherr auf Ausführungsfehler des Bauunternehmers zurück und verklagt diesen auf Ersatz der Sanierungskosten sowie des durch die Schließung des Restaurants entstandenen Schadens. Das OLG verurteilt den Bauunternehmer zur Zahlung von 66.879, 09 DM.

Dem folgt der BGH nicht: Noch zutreffend geht das OLG davon aus, dass der Bauunternehmer hinsichtlich des Fußbodenaufbaus infolge seiner schriftlich angemeldeten Bedenken nach § 13 Nr. 3 VOB/B von der Gewährleistung frei ist. Zu Unrecht meint das OLG jedoch, der Bauunternehmer habe den Schaden verursacht, weil der untere Flansch eines Wassereinlaufs direkt auf der Rohdecke aufgelegen habe und eine Abdichtung, die normalerweise auf den Flansch geführt werde, nicht vorhanden gewesen sei. Zwar bestreite der Bauunternehmer eine mangelhafte Ausführung, seine vage Einlassung ergehe sich aber lediglich in Vermutungen und könne nicht als ausreichend angesehen werden. Mit dieser Begründung verkennt das OLG die Anforderungen an das Bestreiten eines Mangels nach Abnahme. Denn der Bauunternehmer trägt vor, er habe eine Abdichtung auf dem Flansch angebracht; der Bauherr habe indessen nach der Abnahme den Ablauf verlegt und dabei die Abdichtung verändert. Ein weiterreichender Vortrag kann von dem Bauunternehmer nicht verlangt werden. Es wäre vielmehr Sache des Bauherrn darzutun, dass der Vortrag des Bauunternehmers nicht zutrifft. Nach der Abnahme des Werks ist nämlich der Auftraggeber (AG) für das Vorliegen eines Mangels darlegungs- und beweispflichtig.

Hinweis:
An dem Grundsatz, dass nach der Abnahme der AG die Beweislast für einen Mangel trägt, hat sich durch das ab 01.01.2002 geltende Schuldrechtsmodernisierungsgesetz nichts geändert. Denn mit der Abnahme nimmt der AG die Bauleistung als eine der Hauptsache nach vertragsgemäße Erfüllung entgegen. Damit ist die Abnahme gleichbedeutend mit der Annahme als Erfüllung. Für diese bestimmt der unverändert gebliebene § 363 BGB, dass den Annehmenden die Beweislast trifft, wenn er die Leistung nicht als Erfüllung gelten lassen will, weil sie unvollständig sei. Die Beweislast des AG erstreckt sich nach § 36 BGB folglich auch auf die Mangelhaftigkeit der Leistung.

Beispiel 5: OLG Celle, Urteil vom 01.02.2001 - 22 U 261/99 (nicht rechtskräftig)
In einem Neubau war durch eine undichte Wasserleitung, die in der unter dem Estrich liegenden Dämmschicht verläuft, Feuchtigkeit in die Dämmschicht gelangt. Ein Trocknungsunter-

nehmer hatte im Auftrag der Bauherren die Dämmschicht mit eingeblasener Luft getrocknet, allerdings den Fußbodenverleger nicht aufgefordert, die gleichzeitige Verlegung des Fußbodenbelags während der Trocknungsarbeiten zu unterbrechen. Da dieser seine Arbeit fortsetzte, bevor sich Verformungen des Estrichs durch die Trocknung zurückbilden konnten, kam es zu Rissen im Estrich und in den Bodenplatten. Die Bauherren verlangen von dem Trocknungsunternehmer Schadensersatz von rund 75.000 DM. Dieser wendet ein, die Bauherren müssten sich anrechnen lassen, dass der Fußbodenverleger weitergearbeitet hat, obwohl er die Gefahr drohender Rissbildungen hätte erkennen müssen.

Das OLG verurteilt den Trocknungsunternehmer in voller Höhe. Die Bauherren müssen sich kein Verschulden des Fußbodenverlegers anrechnen lassen (§ 278 Satz 1 Fall 2 BGB). Dabei kommt es nicht darauf an, ob der Fußbodenverleger unabhängig von einer Aufforderung seine Arbeiten hätte vorläufig einstellen müssen. Denn er war jedenfalls nicht Erfüllungsgehilfe der Bauherren, soweit es darum ging, beim Verlegen der Platten auf die Trocknungsarbeiten und deren mögliche Folgen für sein Gewerk Rücksicht zu nehmen. Die Bauherren hatten nicht dem Trocknungsunternehmer gegenüber die Pflicht übernommen, schädliche Einflüsse zeitgleicher Weiterverlegung der Platten mit den Trocknungsarbeiten zu vermeiden. Die Grundsätze der Vorunternehmer-Entscheidung gelten auch für diese Konstellation. Der Auftraggeber will regelmäßig nicht für die mangelfreie Vorleistung eines Werkunternehmers im Verhältnis zum Nachfolgeunternehmer einstehen. Vielmehr sollen ihm beide als selbstständig für Fehlverhalten haftende Auftragnehmer (AN) gegenüberstehen, damit ihre Haftung sich nicht infolge zurechenbaren Mitverschuldens wechselseitig vermindert oder aufhebt. Von der Interessenlage her kann nichts anderes bei zeitgleichem Nebeneinander der Tätigkeiten verschiedener AN gelten. Eine Ausnahme von dieser Interessenlage ist nicht zu erkennen. Vielmehr konnte die künstliche Trocknung, anstatt das natürliche Trocknen abzuwarten, nur dazu dienen, die Vollendung der Verlegearbeiten zu beschleunigen.

Hinweis:
Von Interesse für den verurteilten Trocknungsunternehmer ist, ob er einen Teil der Urteilssumme vom Verleger zurückholen kann. Dies setzt voraus, dass beide dem Bauherrn als Gesamtschuldner haften. Für den vergleichbaren Fall, dass das Werk des Nachunternehmers auf dem des Vorunternehmers aufbaut wird gesamtschuldnerische Haftung beider Unternehmer angenommen.

Beispiel 6: OLG Brandenburg, Urteil vom 05.07.2000 - 7 U 276/99
Beim Ausbau einer öffentlichen Straße sind Pflasterarbeiten auszuführen. Der Hauptunternehmer (HU) schaltet hierfür durch Abschluss eines VOB-Bauvertrages einen Nachunternehmer (NU) ein. Der für das Pflasterbett notwendige Sand wird vom HU als „bauseitige" Leistung selbst angeliefert. Nach der Fertigstellung der Straße bilden sich Spurrillen, die Pflastersteine „verkippen". Der Aufforderung zur Mängelbeseitigung binnen gesetzter Frist kommt der NU nicht nach. Er klagt seinen offenen Werklohnanspruch ein, der HU rechnet hiergegen mit einem Teil der Ersatzvornahmekosten auf (Sanierung der Straße) und fordert den überschießenden Betrag im Wege der Widerklage. Innerhalb des Rechtsstreits stellt der gerichtlich bestellte Sachverständige durch Siebungen im Labor fest, dass der vom HU gelieferte Sand sowohl eine fehlerhafte Körnung aufweist als auch durch den NU eine mangelhafte Verdichtung des Pflasterbettes erfolgte.

Das Erstgericht bejaht eine Mängelhaftung des NU. Das OLG differenziert: Zwar hat der NU für die mangelhafte Verdichtung des Pflasterbettes nach § 13 Nr. 1 VOB/B einzustehen, jedoch liegt auch eine teilweise, eigenständige Verantwortung des HU für den von ihm als Baustoff gelieferten, unzureichenden Sand nach § 13 Nr. 3 VOB/B vor. Insoweit liegen zwei eigenständige „Schadensursachen“ vor, wobei der mangelhafte Sand in der Sphäre des HU liegt. Einen Verstoß des NU gegen die Prüfungs- und Anzeigepflicht nach § 13 Nr. 3, § 4 Nr. 3 VOB/B verneint das OLG. Diese besteht lediglich im Rahmen des dem Unternehmer zumutbaren und geht regelmäßig über eine Prüfung durch Beschauung, Befühlen und vor Ort möglichem Nachmessen oder eine normale Belastungsprobe nicht hinaus. Es kann nicht angenommen werden, dass der NU die fehlerhafte Körnung durch derartig einfache Untersuchungsmethoden hätte feststellen können, wenn dies erst durch Siebungen im Labor erfolgt sei. Der Umfang der Prüfungspflicht ist auch durch das beim HU vorliegende eigene Sachwissen begrenzt, so dass es etwa einer Einsicht des NU in die Lieferscheine des Sandes nicht bedurfte. Da die mangelhafte Pflasterung auf Umstände zurückzuführen ist, die sowohl dem HU als auch dem NU zuzurechnen sind, ist eine Haftungsverteilung nach den §§ 242, 254 BGB vorzunehmen mit dem Ergebnis, dass hier die Haftung des NU (auch wegen weiterer, vom HU zu verantwortender Mängel) auf 35% der Ersatzvornahmekosten zu begrenzen ist.

Hinweis:
Das Urteil ist im Lichte der BGH-Rechtsprechung mit Zurückhaltung zu betrachten. Die bloße „Beschau“ des vom HU gelieferten Baustoffes dürfte der Prüfungspflicht des NU nicht genügen. Er schuldet einen konkreten Werkerfolg und muss sicherstellen, dass zur Herstellung des Werkes nur geeignete Sachen verwendet werden.

Beispiel 7: OLG Celle, Urteil vom 23.12.1999 - 22 U 15/99
1990/91 wird in Weyhe bei Bremen ein unterkellertes Einfamilienhaus errichtet. Die Architektin schreibt für die Gebäudeabdichtung einen Isolierputz gegen nichtdrückendes Wasser mit Drainage aus. Das Bauunternehmen hat in der näheren und weiteren Umgebung seit 1983 zehn verschiedene Objekte realisiert und schlägt aufgrund entsprechender Erfahrungen vor, statt Isolierputz und Drainage eine kostengünstige Dickbeschichtung zu verwenden. Architektin und Bauherren stimmen dem zu. Wegen ungünstiger Witterungsverhältnisse wird dann eine Beschichtung mit AIDA-Kiesol und AIDO-Elastoschlämme ausgeführt. Nach Bezug kommt es in den Jahren 1993-1995 zu Durchfeuchtungen des Kellers, weil zeitweilig Grundwasser über den Horizont der Kellersohle steigt. Die Bauherren verlangen vom Bauunternehmen im Klagewege Schadensersatz in Höhe von DM 32.000,- (verbunden mit einem Feststellungsantrag) für Mangelbeseitigungskosten und Folgeschäden.

Das OLG verurteilt das Bauunternehmen zu 2/3. Der Mangel der Wasserdurchlässigkeit der Kellerwand sei auf ein Verschulden des Bauunternehmens zurückzuführen. Es habe die Bauherren durch seinen Vorschlag dazu „veranlasst“, letztlich den Keller nur durch die ausgeführte Beschichtung abdichten zu lassen. Allein aufgrund von Erfahrungen mit Baumaßnahmen in der Nachbarschaft habe das Bauunternehmen die ausgeführte Abdichtung, die nur gegen nichtdrückendes Wasser wirksam sei, nicht „empfehlen“ dürfen. Vielmehr hätte das Bauunternehmen sich über die konkreten Bodenverhältnisse vergewissern müssen, ehe ein solcher „Vorschlag“ gemacht wird. Die Architektin hafte zu 1/3, weil es einen schwerwiegenden Fehler darstelle, eine Abdichtung gegen Außenfeuchte zu planen, ohne sich über die Bodenverhältnisse Klarheit zu verschaffen. Insoweit könne das Bauunternehmen ein Mitverschulden der Bauherren einwenden. Bei der Abwägung der Verursachungsbeiträge falle ins Gewicht, dass sich das Bauunternehmen „in die Planung eingemischt“ und eine „noch weniger wirksame Maßnahme“ als diejenige vorgeschlagen habe, die die Architektin vorgesehen hatte.

Hinweis:
Das Urteil überzeugt nicht. Der treusorgende Geschäftsführer des Bauunternehmens macht sich Gedanken um die Geldbörse seiner Auftraggeber mit einem Alternativvorschlag. Sodann wird ihm dies zum Verhängnis, weil LG und OLG die Pflichtenkreise der Baubeteiligten verkennen. Nach h. M. hat der Bauherr dem Bauunternehmen eine einwandfreie Planung zur Verfügung zu stellen (Soergel, ZfBR 95, 165). Planung ist Sache des Bauherrn. Sie blieb es auch hier. Das Gericht bleibt die Erklärung schuldig, weshalb aus einem Vorschlag, der zur Entscheidung des Bauherrn gestellt wird, eine Einmischung in die Planung wird. Bezeichnenderweise wird an anderer Stelle im Urteil nur von einer Empfehlung bzw. von einem Vorschlag gesprochen. Den Bauunternehmen kann nach diesem Urteil nur geraten werden, sich mit gutmeinenden Alternativvorschlägen zurückzuhalten. Stattdessen ist auf „Boden-Alarmsignale" zu achten, ggf. sind Bedenken anzumelden und Nachträge zu stellen.

3 Mängelansprüche sowohl vor wie nach der Abnahme

Die Mängelansprüche des Auftraggebers vor der Abnahme sind in § 4 VOB/B, insbesondere in § 4 Nr.7 geregelt. Dort wird von einem Erfüllungsanspruch auf mangelfreie Leistung gesprochen. Weigert sich der Auftragnehmer sich, schon vor der Abnahme aufgetauchte Mängel zu beheben, dann muss der Auftraggeber zunächst den Vertrag ganz oder teilweise kündigen und kann dann erst einen Dritten mit der Mängelbeseitigung beauftragen.

Nach der Abnahme gilt § 13 VOB/B. Da der Vertrag erfüllt ist, ist keine Kündigung mehr erforderlich. Hier muss der Auftraggeber dem Auftragnehmer lediglich eine Frist zur Mängelbeseitigung setzten, nach deren Ablauf er die Arbeiten durch einen Dritten ausführen lassen darf. Stattdessen kann er auch mindern oder gegebenenfalls Schadensersatz verlangen.

3.1 Die Mängelansprüche vor der Abnahme im Einzelnen

3.1.1 Anspruch auf Mängelbeseitigung

Gem. § 4 Nr. 7 Abs. 1 VOB/B ist der Auftragnehmer für die schon während der Bauausführung auftretenden Mängel nachbesserungspflichtig. Diese Vorschrift greift bis zur Abnahme. Auch hier ist kein Verschulden für Nachbesserungspflicht erforderlich.

3.1.2 Schadensersatzanspruch

Nach § 4 Nr. 7 Satz 2 VOB/B schuldet der Auftragnehmer darüber hinaus Schadensersatz, wenn er den Mangel zu vertreten hat.

Beispiel: In der vom Auftraggeber montierten Decke sind bereits Installationen verlegt. Es stellt sich heraus, dass die Deckenkonstruktion mangelhaft befestigt ist. Dadurch müssen auch die Installationen neu verlegt werden.

Die Deckenkonstruktion muss der Auftragnehmer im Rahmen seiner Nachbesserungspflicht neu befestigen. Für die Folgekosten der erneuten Installation haftet der Auftragnehmer gem. § 4 Nr. 7 Satz 2.

3.1.3 Kündigungsmöglichkeit – Kündigungs„pflicht“

§ 4 Nr.7 Satz 3 VOB/B bestimmt, dass der Auftraggeber dem Auftragnehmer nach Ablauf einer gesetzten Frist sowie der Kündigungsandrohung den Auftrag entziehen „kann“. Der Bundesgerichtshof interpretiert diese Wort „kann“ in ständiger Rechtsprechung als „muss“, wenn der Auftraggeber vor der Abnahme eine Ersatzvornahme tätigen will. Auch von den Obergerichten wird diese scharfe Rechtsprechung angewendet: Nach einer Entscheidung vom OLG Düsseldorf ist die (schriftliche) Kündigungserklärung nicht einmal dann entbehrlich, wenn der Auftragnehmer die Mängelbeseitigung ausdrücklich und endgültig verweigert hat.

Empfehlenswert und zulässig dürfte allerdings sein, im VOB-Vertrag ausdrücklich zu regeln, dass eine Ersatzvornahme nach Ablauf einer Nachfrist auch ohne Kündigung zulässig ist, insoweit also von § 4 Nr. 7 Satz 3 VOB/B in der Auslegung des Bundesgerichtshofs abgewichen wird. Eine solche Regelung dürfte schon deshalb zulässig sein, weil beim BGB-

Werkvertrag eine solche Ersatzvornahme während der Auftragsdurchführung auch ohne Kündigung zulässig ist. Vereinbarungen, durch die die gesetzliche Rechtslage wiederhergestellt wird, sind jedoch – auch AGB-rechtlich – unbedenklich.

Hat der Auftraggeber aufgrund nicht beseitigter Mängel den Vertag gekündigt, so kann er nach der Kündigung entweder Schadensersatz in Geld oder aber einen Kostenvorschuss im Hinblick auf die entstehende Mängelbeseitigung verlangen.

Im Übrigen sind gem. § 4 Nr. 7 Satz 3 in Verbindung mit § 8 Nr. 3 Abs. 2 Satz 2 VOB/B Teilkündigungen für in sich abgeschlossene Teile der Leistung möglich, allerdings nur bei funktional abgegrenzten Teilleistungen.

3.1.4 Minderung

Daneben wird § 13 Nr. 6 VOB/B von der Rechtsprechung auch schon vor der Abnahme entsprechend angewendet, d. h. wenn die Mängelbeseitigung entweder unmöglich oder aber für den Auftraggeber bzw. den Auftragnehmer unzumutbar ist, kann auch vor der Abnahme eine Wertminderung verlangt werden.

3.2 Mängelansprüche nach der Abnahme im Einzelnen

Vorbemerkung: Nicht erledigte Ansprüche nach § 4 Nr. 7 wandeln sich nach der Abnahme in solche nach § 13 Nr. 5 VOB/B um.

Beispiel: Der Auftrag ist überwiegend ausgeführt, ein Mangel ist berechtigt gerügt worden. Trotz Fristsetzung hat der Auftragnehmer den Mangel nicht beseitigt. Inzwischen erfolgt die Abnahme unter Vorbehalt des Mangels. Jetzt ist keine Kündigung mit Kündigungsandrohung mehr erforderlich, sondern normales Vorgehen nach § 13 Nr. 5 VOB/B

3.2.1 Der Nachbesserungsanspruch nach § 13 Nr. 5 Abs.1 VOB/B

§ 13 Nr. 5 Abs. 1 VOB/B verlangt eine schriftliche Mängelrüge innerhalb einer zweijährigen Frist nach Abnahme.

Erforderlich und ausreichend ist die Bezeichnung des Mangels seinem äußeren Erscheinungsbild nach. Die technischen Ursachen sind nicht maßgebend.

Beispiel 1: Die Fassade ist insgesamt mangelhaft isoliert. Erst in drei von insgesamt 50 Büros zeigt sich Feuchtigkeit. Rügt der Auftraggeber Feuchtigkeit „im Bereich der Fassade" dieser drei Büros, dann gilt der Mangel insgesamt als gerügt, weil eine einheitliche Ursache vorliegt und er Mangel erst teilweise nach außen in Erscheinung getreten ist.

Die Mängelrüge kann an sich auch mündlich erfolgen (schriftlich Mängelrüge ist nur für die Verjährungsunterbrechung erforderlich), sollte aber immer schriftlich erfolgen, nötigenfalls auch als Einschreiben mit Rückschein/Telefax.

Die Nachbesserungspflicht umfasst auch alle erforderlichen Neben- und Zusatzarbeiten.

Beispiel 2: Nach Bezug des neuen Bürogebäudes muss die abgehängte Decke ausgetauscht werden. Die Nachbesserung erfasst nicht nur die eigentlichen Deckenarbeiten, sondern auch die notwendigen Renovierungsarbeiten an Teppich und Tapeten, der Produktionsausfall ist gem. § 13 Nr. 7 VOB/B zu ersetzen.

Ist der Mangel anders nicht zu beseitigen, kann der Auftraggeber nötigenfalls auch völlige Neuherstellung verlangen, wenn damit keine unverhältnismäßig hohen Kosten verbunden sind.

3.2.1.1 Zurückbehaltungsrecht des Auftraggebers

Der Auftraggeber ist nicht darauf beschränkt, seinen Nachbesserungsanspruch gegen den Auftragnehmer „aktiv" zu verfolgen. Er kann im Hinblick auf bestehende Nachbesserungsansprüche auch die „Einrede des nicht erfüllten Vertrages" gem. § 320 Abs. 1 BGB geltend machen. Hierbei handelt es sich um eine echte Einrede, die im Bauprozess vom Auftraggeber auch als solche geltend gemacht werden muss und die das Gericht nicht von Amts wegen berücksichtigt, selbst wenn Mängel unstreitig vorhanden sind.

Die Einrede des nicht erfüllten Vertrages wird in der Baupraxis häufig auch vereinfachend al Zurückbehaltungsrecht bezeichnet. Dieses zurückbehaltungsrecht besteht nach ständiger Rechtssprechung in Höhe des zwei- bis dreifachen Mängelbeseitigungsaufwandes, um durch diesen erhöhten Einbehalt „Druck" auf den Auftragnehmer ausüben zu können.

Nach einer Entscheidung des BGH ist der Auftraggeber nicht einmal verpflichtet, die Höhe der Mängelbeseitigungskosten zu ermitteln und damit den Restwerklohn, der den zwei- bis dreifachen Einbehalt übersteigt, auszuzahlen. Der Auftraggeber kann vielmehr zunächst einmal den gesamten, ausstehenden Werklohn unter Hinweis auf vorhandene Mängel einbehalten. Glaubt der Auftragnehmer, dass trotz des zwei- bis dreifachen Druckzuschlags noch Restwerklohn auszuzahlen sei, so muss er dies vortragen und notfalls beweisen.

Beispiel: Der ausstehende Restwerklohn beträgt 25.000,- €. Es sind Mängel vorhanden, deren Beseitigungsaufwand voraussichtlich 5.000.- € beträgt. Der Auftraggeber kann zunächst einmal den gesamten Werklohn einbehalten. Der Auftragnehmer kann allerdings substantiiert vortragen (und notfalls beweisen), dass zumindest 10.000,- € (50.000.- € abzüglich dreimal 10.000.- €) ausgezahlt werden müssen.

3.2.1.2 Sonderproblem: Vorteilsausgleich

Beispiel 1: Der Auftragnehmer stellt eine Mangelhafte Leistung unter Verwendung der im LV vorgesehenen Materialien her. Es stellt sich heraus, dass eine Mängelbeseitigung nur möglich ist, wenn teurere Materialien und ein aufwendigeres Herstellungsverfahren verwendet werden.

In solchen Fällen muss der Auftraggeber sich an Mängelbeseitigungsaufwendungen in Höhe der Sowieso-Kosten beteiligen. Er hätte auch ursprünglich für diese teurere Ausführung mehr bezahlen müssen. Maßgebend ist in soweit der Preisstand einer seinerzeit ordnungsgemäßen Errichtung; Mehrkosten aus späteren Preiserhöhungen muss der Auftragnehmer selbst tragen. In Höhe dieser Sowieso-Kosten kann der Auftragnehmer vor der Mängelbeseitigung eine Sicherheitsleistung, z. B. durch Bankbürgschaft, verlangen.

Allerdings steht dem Auftragnehmer kein Anspruch auf Erstattung der Sowieso-Kosten zu, wenn er die zusätzlich erforderlichen Maßnahmen von Anfang an schuldete.

Beispiel 2: Der Auftragnehmer verpflichtet sich, Kellerräume abzudichten. Intern geht der Auftragnehmer davon aus, dass eine Isolierung gegen nicht drückendes Wasser ausreichend sei. Tatsächlich tritt jedoch drückendes Wasser auf, so dass umfangreiche Zusatzmaßnahmen erforderlich sind.

In diesem Beispiel war der Auftragnehmer von Anfang an verpflichtet, alle Maßnahmen durchzuführen, die eine Isolierung auch gegen drückendes Wasser herbeiführten (globale, also zielorientierte Leistungsbeschreibung!). Nur dann, wenn sich die Leistungsbeschreibung ausdrücklich nur auf eine Isolierung gegen nicht drückendes Wasser beschränkt hätte, wären die zusätzlichen Maßnahmen gegen drückendes Wasser als Sowieso-Kosten dem Auftraggeber Anzulasten.

3.2.2 Ersatzvorname nach § 13 Nr. 5 Abs. 2 VOB/B

Hat der Auftragnehmer einen Mangel trotz Mängelrüge mit Fristsetzung zur Mängelbeseitigung nicht beseitigt, so ist der Auftraggeber zur Durchführung der Ersatzvornahme berechtigt. Er kann dann entweder die Mängel durch eine Drittfirma beseitigen lassen und vom Auftragnehmer Kostenerstattung verlangen oder aber vor der Mängelbeseitigung einen Kostenvorschuss.

Von der Pflicht zur Nachsetzung gibt es Ausnahmen.

Beispiel: Der Auftraggeber hat dem Auftragnehmer telefonisch mitgeteilt, dass verschiedene Mängel vorliegen. Der Auftragnehmer antwortet, bei diesem Bauvorhaben habe er ohnehin schon Geld zugelegt, er werde ohne Bezahlung nichts mehr tun. Kann der Auftraggeber einen dritten auf Kosten des Auftragnehmers beauftragen?

Dem Wortlaut nach nicht; Mängelrüge und Fristsetzung sind jedoch entbehrlich, wenn

- der Auftragnehmer endgültig und ernsthaft die Mängelbeseitigung verweigert hat; bloße Meinungsverschiedenheiten über das Vorliegen eines Mangels oder das Bestreiten eines Mangels im rahmen eines gerichtlichen Schriftsatzes reichen hierzu jedoch nicht aus;
- oder der Auftraggeber das Vertrauen in die ordnungsgemäße Vertragserfüllung des Auftragnehmers berechtigt verloren hat (ungeeigneter Sanierungsvorschlag des Auftragnehmers, explodierter Kachelofen, mehrfach vergebliche Nachbesserungsversuche); in solchen Fällen kann sogar ausnahmsweise die Mängelrüge selbst entbehrlich sein;
- oder die Dringlichkeit der Situation sofortiges Handeln erfordert (Einsturzgefahr eines Gebäudes oder undichte Fernwärmeleitung)

Auf solche Ausnahmefälle, in denen eine Nachfristsetzung entbehrlich sein kann, sollte der Auftraggeber sich nach Möglichkeit aber nicht verlassen, sondern die Formalien einhalten, also schriftliche Mängelrüge mit angemessener Frist zur Mängelbeseitigung durch Einschreiben mit Rückschein/Telefax.

Eine (weitere) scheinbare Ausnahme von der Pflicht zur Nachfristsetzung liegt dann vor, wenn eine Nachbesserung objektiv nicht möglich ist. In diesem Fall wäre es sinnlos eine Förmelei, eine nicht mögliche Leistung unter Fristsetzung anzunehmen. Beispiel: Der Auftragnehmer erhält den Auftrag, einen Dampfdichten Bodenbelag auf einer ohne ausreichende Dampfsperre ausgeführten, nicht unterkellerten Betonsohle aufzubringen. In diesem Fall kann der Auftraggeber auch ohne Fristsetzung Minderung oder Schadensersatz verlangen.

Praxishinweis:
Häufig ist zwischen Auftraggeber und Auftragnehmer streitig, wer in welchem Umfang für den Mangel verantwortlich ist. Weigert der Auftragnehmer sich in solchen Fällen, eine Nachbesserung ohne einen „Reparaturauftrag“ durchzuführen, dann bestehen folgende Möglichkeiten: Entweder der Auftraggeber lehnt dies ab und schreitet zur Ersatzvornahme oder er beauftragt den Auftragnehmer unter dem Vorbehalt der Rückforderung für den Fall, dass sich später (nötigenfalls gerichtlich) herausstellt, dass der Auftragnehmer doch für den Mangel verantwortlich ist. Die dritte Möglichkeit besteht schließlich darin, dass er sich der Forderung des

Auftragnehmers beugt und den gewünschten Reparaturauftrag erteilt. In solchen Fällen muss der Auftraggeber allerdings vorsichtig sein. Erteilt er nämlich einen solchen Reparaturauftrag, stellt sich dann später aber doch die (gegebenenfalls sogar alleinige) Verantwortlichkeit des Auftragnehmers heraus, dann kann er mit seinem (vermeintlichen) Gewährleistungsanspruch nicht gegen die Werklohnforderung des Auftragnehmers aus dem Reparaturauftrag aufrechnen bzw. verrechnen. Der Auftraggeber kann allenfalls auf Rückzahlung des zu Unrecht gezahlten Werklohns klagen.

Sonderproblem: Konkurs/Insolvenz des Auftragnehmers
Der Konkurs bzw. die Insolvenz des Auftragnehmers führt nicht zur Auflösung des Vertrages. Auch an der Gewährleistungspflicht ändert sich durch den Konkurs/die Insolvenz nichts.

Der Auftraggeber muss hier den Konkurs- bzw. Insolvenzverwalter (anstelle des Auftragnehmers) schriftlich zur Mängelbeseitigung unter Fristsetzung auffordern. Möglicherweise beseitigt der Konkurs- bzw. Insolvenzverwalter mit noch vorhandenen Arbeitskräften oder durch Beauftragung eines Drittunternehmers die Mängel.

Geschieht dies nicht, besteht immer noch die Möglichkeit, eine etwa vorhandene Gewährleistungsbürgschaft in Anspruch zu nehmen. Wird die Bürgschaft in diesem Fall in Anspruch genommen, ohne dass eine Mängelrüge mit Fristsetzung vorliegt (oder der Konkurs- bzw. Insolvenzverwalter die Mängelbeseitigung abgelehnt hat), dann geschieht die Inanspruchnahme zu Unrecht, und der Konkurs- bzw. Insolvenzverwalter kann Rückzahlungen verlangen. Deshalb auch im Konkursfall immer die Formalien einhalten.

Übrigens ist der Auftraggeber entgegen landläufiger Meinung und gängiger Praxis im Konkurs des Auftragnehmers nicht berechtigt, eine „Sondersicherheit“, also einen über den vereinbarten Sicherheitseinbehalt hinausgehenden Betrag festzuhalten.

Fallbeispiele:

Beispiel 1: OLG Düsseldorf, Urteil vom 27.12.2001 - 21 U 81/01
Gegen den Restwerklohnanspruch des Auftragnehmers (AN) rechnet der Auftraggeber (AG) mit ihm entstandenen Kosten zur Behebung von Mängeln an der Leistung des AN auf. Es waren Undichtigkeiten an vom AN hergestellten Kanalleitungen aufgetreten. Über die Ursache bestand zwischen den Parteien Unklarheit. Der AN schlug eine gemeinsame Ursachenforschung mit einem Sachverständigen vor Ort vor. Der AG setzte daraufhin eine Frist zur Aufnahme der Mängelbehebungsarbeiten und bat gleichzeitig um Erklärung des AN, ob er die Mängelbehebung durchführe. Als der AN keine Antwort gab, ließ der AG die Mängel durch einen anderen Unternehmer beseitigen. Nunmehr verlangt er Ersatz der dafür angefallenen Kosten.

Das OLG verneint die Voraussetzungen für die Selbstbeseitigung der Mängel und verurteilt den AG zur Zahlung des Werklohns. § 13 Nr. 5 Abs. 2 VOB/B setzt für die Erstattung der Selbstvornahmekosten voraus, dass die gesetzte Frist zur Mängelbehebung vor Anfall der Ersatzvornahmekosten fruchtlos verstrichen ist. Daran fehlt es hier. Einer Frist zur Mängelbehebung steht eine Frist zur Stellungnahme nicht gleich. Das Bestreiten der Verantwortlichkeit stellt keine endgültige und definitive Verweigerung der Mängelbehebung, die eine Fristsetzung überflüssig macht, dar – zumal wenn eine gemeinsame Überprüfung der unbekannten Mangelursache angeregt wird. Auch ein Bestreiten des Mangels im Prozess stellt regelmäßig keine endgültige und definitive Verweigerung der Mängelbehebung dar.

Hinweis:
Die Erstattung der Kosten der Selbstbeseitigung der Mängel durch den AG setzt voraus, dass der AG dem AN zuvor eine angemessene Frist zur Mängelbehebung setzt und diese fruchtlos verstreicht (VOB/B § 13 Nr. 5 Abs. 2; BGB § 637 Abs. 1). Ohne diese Voraussetzung besteht unter keinem rechtlichen Gesichtspunkt ein Anspruch auf Erstattung der Kosten der Selbstvornahme. Die Fristsetzung soll dem AN den Ernst der Situation vor Augen führen. Sie muss daher klar und unmissverständlich sein und die Mängelbehebung selbst betreffen. Keine Fristsetzung ist erforderlich, wenn der AN die Mängelbehebung endgültig und definitiv verweigert, da dann die Fristsetzung Förmelei wäre, oder wenn die Mängelbehebung fehlgeschlagen ist. Auch hier sind nach dem Sinn der Fristsetzung strenge Anforderungen zu stellen. Ein Bestreiten des Mangels im Prozess, soweit nicht ohnehin die Selbstbeseitigungsarbeiten zu dieser Zeit bereits abgeschlossen sind, reicht in der Regel nicht.

Beispiel 2: BGH, Urteil vom 22.02.2001 - VII ZR 115/99
Ein Dachdecker macht restlichen Werklohn für die Errichtung des Daches eines Neubaus geltend. Der Bauherr rechnet mit einem Anspruch auf Kostenvorschuss zur Mängelbeseitigung in Höhe von 50.000 DM auf. Er rügt eine unzureichende Dachisolierung, weil Unterspannbahnen fehlen, sowie mangelhafte Dachübergänge. Die voraussichtlichen Aufwendungen einer Nachbesserung schätzt der Bauherr auf mindestens 50.000 DM. Das OLG Dresden verurteilt den Bauherrn, den eingeklagten Werklohn zu zahlen. Es bejaht die Voraussetzungen einer Ersatzvornahme nach § 13 Nr. 5 Abs. 2 VOB/B, verneint aber eine wirksame Aufrechnung. Denn die Höhe der Mängelbeseitigungskosten sei nicht nachvollziehbar dargelegt. Vielmehr müsse der Bauherr den konkreten Aufwand der bevorstehenden Mängelbeseitigung sowie die damit verbundenen Kosten vortragen und ein entsprechendes Angebot vorlegen.

Der BGH erklärt diese Anforderungen für überzogen. Sie gehen nämlich über die von ihm entwickelten Grundsätze hinaus. Danach besteht der Anspruch auf einen Kostenvorschuss in Höhe der voraussichtlichen oder mutmaßlichen Mängelbeseitigungskosten. Insoweit gelten geringere Anforderungen als für den Vortrag der Kosten einer Ersatzvornahme. Diese müssen abschließend und im Einzelnen genau dargelegt und nachgewiesen werden. Ein Vorschuss dagegen kann, eben weil es nur um voraussichtliche Aufwendungen geht, nicht in gleichem Maße genau begründet werden. Er ist auch keine abschließende, sondern nur eine vorläufige Zahlung, über die am Ende abgerechnet werden muss. Insbesondere braucht der Bauherr die Mängelbeseitigungskosten nicht vor einem Prozess durch ein Sachverständigengutachten zu ermitteln. Es genügt, wenn er die Kosten schätzt und, falls der Auftragnehmer sie bestreitet, ein Sachverständigengutachten als Beweis anbietet. Diesen Anforderungen genügt der Vortrag des Bauherrn. Er zählt die erforderlichen Nachbesserungsarbeiten auf und schätzt, dafür voraussichtlich mindestens 50.000 DM aufwenden zu müssen. Diese Annahme kann für eine insgesamt mangelhafte Dachisolierung sowie für fehlerhafte Dachübergänge in Betracht kommen. Sie ist nicht so ungewiss, dass sie als Behauptung „aufs Geratewohl" angesehen werden dürfte. In diesem Fall wäre sie unbeachtlich. Bei einer solchen Bewertung einer Behauptung ist jedoch Zurückhaltung geboten. Jedenfalls darf der Vortrag des Bauherrn nicht deshalb unberücksichtigt bleiben, weil der geschätzte Gesamtbetrag nicht nach den mutmaßlichen Kosten der verschiedenen Teilarbeiten aufgeschlüsselt ist.

Hinweis:
Der BGH setzt mit diesem Urteil seine Rechtsprechung zu den Anforderungen an den Vortrag der voraussichtlichen Mängelbeseitigungskosten fort. Wenn der Bauherr einen weiteren Vor-

schuss mit der Behauptung verlangt, die Kosten beliefen sich voraussichtlich auf das Zweieinhalbfache seiner ursprünglichen Schätzung, muss er dazu allerdings näher vortragen.

Beispiel 3: OLG Hamburg, Urteil vom 10.01.2001 - 13 U 87/99
Eine Gipserfirma hat 1989 großflächigen Maschinenputz in einer Stärke von 20 mm auf die Rohdecken eines Bürogebäudes aufgebracht. Nach viereinhalb Jahren begann sich der Gips zu lösen und stürzte auf Schreibtische und Computer. Der in dem zunächst eingeleiteten Beweisverfahren eingesetzte Gutachter konnte ebenso wenig wie ein weiterer, im anschließenden Hauptprozess ernannter Sachverständiger feststellen, welcher Fehler zum Herabfallen des Gipsputzes geführt hat. Der Bauherr berief sich auf die Erfolgshaftung des Werkunternehmers und meinte, gemäß der Symptomrechtsprechung brauche er mehr als den offenkundigen Misserfolg nicht darzulegen und zu beweisen. Der Unternehmer bestritt eine Gewährleistungspflicht unter Berufung darauf, dass ihm eine objektive Pflichtwidrigkeit nicht habe nachgewiesen werden können. Dafür trage der Bauherr nach der Abnahme die Beweislast.

Das OLG Hamburg hat die Kostenvorschussklage des Bauherrn abgewiesen. Nach erfolgter Abnahme sei der Bauherr hinsichtlich der gemäß § 13 Nr. 5 Abs. 1 VOB/B erforderlichen Vertragswidrigkeit beweisbelastet. Die Symptomrechtsprechung entbinde ihn zwar von der Darlegung der Ursachen der Mängel, diese verkürzte Darlegungslast führe aber nicht zu einer Umkehr der Beweislast. Der Nachweis einer objektiven Pflichtverletzung könne auch nicht nach den Regeln über den Beweis des ersten Anscheins geführt werden, weil für das Herabfallen des Putzes auch andere Ursachen denkbar seien, zumal sich bei einer zweiten, parallel eingesetzten Gipserfirma das gleiche Missgeschick ereignete.

Hinweis:
Das OLG hat den Bauherrn an der für ihn unlösbaren Aufgabe scheitern lassen, einen Herstellungsfehler des Unternehmers ausfindig zu machen. Wo bleibt da die Erfolgshaftung des Werkunternehmers? Das Problem liegt in dem richtigen Verständnis der in § 13 Nr. 5 VOB/B enthaltenen Einschränkung, die Mängel müssten auf vertragswidrige Leistung zurückzuführen sein. Ist damit vertragswidriges Leistungshandeln, so das OLG, oder vertragswidriger Leistungserfolg gemeint? Wenn im vorliegenden Fall die werkvertragliche Leistungspflicht vom Ergebnis her definiert ist, zuverlässig haftenden Gipsputz an die Decke zu bringen, muss das Verfehlen dieses Ziels vertragswidrig sein, ohne dass es auf den zu dem Misserfolg führenden Handlungsfehler ankommen kann. Wäre dann aber nicht der Zusatz „vertragswidrig" überflüssig? Es gibt Mängel am Bauwerk, bei denen zweifelhaft ist, auf welches Gewerk sie zurückzuführen sind, beispielsweise Durchfeuchtungserscheinungen. Nur wenn die Zurechnung eines Mangels zu einer Werkleistung fraglich ist, muss der Bauherr aufspüren, welcher der Handwerker sein Herstellungsziel verfehlt und damit den Mangel verursacht hat. Können in der Hinsicht bei herabfallendem Gipsputz ernsthafte Zweifel bestehen? Die Worte „vertragswidrige Leistung" im § 13 Nr. 5 Abs. 1 VOB/B sind erfolgsbezogen, nicht handlungsbezogen zu verstehen. Hoffentlich hat der BGH bald Gelegenheit, ein klärendes Wort zu sprechen.

Beispiel 4: OLG Celle, Urteil vom 20.07.2000 - 13 U 271/99:
Der Kläger nimmt die Beklagte aus abgetretenem Recht aus einer Gewährleistungsbürgschaft in Anspruch, nachdem der Generalübernehmer in Konkurs gefallen ist. Die Beklagte erhebt die Einrede der Verjährung, da die Abnahme der Bauleistungen bereits über fünf Jahre zurückliegt und in der Zwischenzeit keine verjährungsunterbrechenden Maßnahmen erfolgten. Der Kläger beruft sich demgegenüber auf eine Regelung im GÜ-Vertrag, wonach die Verjährungsfrist erst dann zu laufen beginnt, wenn alle Mängel ordnungsgemäß beseitigt worden sind.

Das OLG gibt der Beklagten Recht und weist die Klage ab. Bei der vom Kläger angeführten Vertragsregelung handele es sich um eine Allgemeine Geschäftsbedingung, die der Inhaltskontrolle nach § 9 AGB-Gesetz unterliegt. Die Klausel benachteilige den Auftragnehmer (GÜ) unangemessen, weil sie entgegen dem gesetzlichen Leitbild (§ 638 BGB) für den Beginn der Gewährleistungsfristen nicht auf die Abnahme, sondern auf die restlose Mängelbeseitigung abstellt. Nach § 638 BGB ist der Auftraggeber bereits dann zur Abnahme verpflichtet, wenn das bestellte Werk im Wesentlichen mangelfrei ist, nicht erst dann, wenn keinerlei Mängel mehr festgestellt werden können. Diese gesetzliche Regelung schaffe im Interesse des Auftragnehmers Rechtssicherheit über den Lauf der Verjährungsfrist. Etwaige Mängelrügen und Anspruchsschreiben der Klägerin gegenüber der Beklagten würden keine Unterbrechung bzw. Verlängerung der Gewährleistungsfrist herbeiführen, da der Bürgschaftsvertrag und der Bauvertrag zwei voneinander unabhängige Vertragsverhältnisse darstellen.

Hinweis:
Der Entscheidung des OLG Celle ist ohne Einschränkung zuzustimmen. Dem Auftraggeber eines in Konkurs gefallenen Auftragnehmers ist dringend anzuraten, seine Gewährleistungsansprüche gegenüber seinem Auftragnehmer und dem (vorläufigen) Insolvenzverwalter geltend zu machen. Ebenfalls ist natürlich der Zugang der entsprechenden Mängelrügen/Anspruchsschreiben sicherzustellen. Nur auf diese Weise kann der Auftraggeber sicher sein, jedenfalls zur Unterbrechung des Laufs der Gewährleistungsfrist alles Erforderliche getan zu haben.

Beispiel 5: OLG Karlsruhe, Urteil vom 15.08.2000 - 17 U 184/99
In einem – teilweise – rechtskräftigen Urteil hat das LG Mannheim einen Installateur verurteilt, die Kosten für den Einbau einer Wasseraufbereitungsanlage in einer großen Wohnanlage zu zahlen. Der Installateur hatte nämlich Kaltwasser-Kupferrohre hart gelötet. Dies entsprach 1985 im Zeitpunkt der Abnahme auch den anerkannten Regeln der Technik. Das führte jedoch zur Korrosionsanfälligkeit und einer Vielzahl von Schadensfällen. Die Eigentümer verlangten zunächst eine Innenbeschichtung der Rohre (Kosten: ca. 1,2 Mio. DM). Wegen des zweifelhaften Erfolgs dieser Maßnahme erhielten sie jedoch nur die Kosten einer Wasseraufbereitungsanlage (ca. 100.000 DM). Jetzt verlangen sie noch Feststellung bzw. Zahlung diverser Folgekosten: Sämtliche Wartungs- und Betriebskosten der Wasseraufbereitungsanlage; die Kosten der Prämienerhöhung des Leitungswasserversicherers sowie sämtliche Kosten aus etwaig später erforderlichen Maßnahmen zur Beseitigung der Korrosionsanfälligkeit.

Die Eigentümer erhalten in allen Punkten Recht. Auch wenn dem Installateur wegen der Einhaltung der Regeln der Technik kein Schuldvorwurf zu machen ist, bleibt er hinsichtlich des Erfolgseintritts gewährleistungspflichtig. Alle erforderlichen Maßnahmen zur Herbeiführung der Korrosionsfreiheit sind also von ihm geschuldet. Dazu gehören auch die Betriebs- und Wartungskosten der Wasseraufbereitungsanlage. Sollte diese später die Korrosion gleichwohl nicht aufhalten können, muss der Installateur wiederum die erforderlichen Maßnahmen ergreifen bzw. bezahlen. Die Kosten für die Prämienerhöhung des Leitungswasserversicherers sind dagegen ein Schaden. Jedoch muss der Installateur diesen Schaden bezahlen, weil er die Beseitigung der Korrosionsschäden abgelehnt hatte und sich damit im Verzug befand. Insoweit ist ihm also Verschulden vorzuwerfen.

Hinweis:
Der Fall liegt auf der Grenze zwischen verschuldensunabhängiger Gewährleistung und verschuldensabhängigem Schadensersatz.

Beispiel 6: OLG Düsseldorf, Urteil vom 12.11.1999 - 22 U 71/98
Bei einem Bauträgerobjekt wurden alle Balkone und die darauf befindlichen Abdichtungen ohne Gefälle hergestellt. Der Fliesenleger ließ durch seinen Subunternehmer einen Estrich mit Gefälle aufbringen und verlegte darauf im Mörtelbett die vereinbarten 15 x 20 cm großen keramischen Platten. Bedenken gegen die Vorleistungen des Rohbauers wurden nicht erhoben. Durch ein Sachverständigengutachten hat sich ergeben, dass der Balkonaufbau nicht den Regeln der Technik entspricht, da nur durch ein Gefälle der Dichtungsbahn und der Dränageschicht sichergestellt werden kann, dass in den Aufbau eindringendes Wasser abfließen kann. Der Bauträger rechnet mit einem Kostenvorschuss für Mängelbeseitigung in Höhe von DM 30.000 gegen die Werklohnforderung des Fliesenlegers auf.

Nach dem Sachverständigengutachten muss der gesamte Balkonaufbau erneuert werden. Das Gericht spricht dafür diejenigen Kosten zu, die für die Herstellung der vertragsgemäßen Leistung mit Platten im Mörtelbett aufzuwenden sind. Der Bauträger brauche eine billigere, aber qualitativ und optisch abweichende Ausführung mit 40 x 40 cm großen Natursteinplatten auf Stelzlagern nicht zu akzeptieren, zumal er gegenüber den Erwerbern zur Herstellung der vertraglich vereinbarten Art des Balkonbelages verpflichtet sei. Der Fliesenleger habe aber nur für die durch Versäumung der Hinweispflicht anfallenden zusätzlichen Kosten einzustehen, da er neben dem Rohbauer kein Gesamtschuldner bezüglich des mangelhaften Gefälles sei.

Hinweis:
Der Mangelanspruch des Auftraggebers geht auf Nachbesserung und nicht „Nach-Verschlechterung". Maßstab für die erforderlichen, aber auch geschuldeten Mangelbeseitigungsmaßnahmen ist damit zunächst immer das vertragliche Leistungssoll, zum Beispiel in qualitativer, funktionaler oder optisch-gestalterischer Hinsicht. Erst wenn gemessen an der vertragsgemäßen Leistung mehrere gleichermaßen Erfolg versprechende Maßnahmen zur Auswahl stehen, muss der Auftraggeber grundsätzlich die kostengünstigere wählen (OLG Hamm, NJW-RR 94, 473). Übrigens: Der hier streitgegenständliche Baumangel aus fehlender Herstellung eines (meist auch gar nicht detailgeplanten) ausreichenden Gefälles in der unteren Entwässerungsebene des Balkon-Schichtenaufbaus rangiert in der Baumängelstatistik erfahrungsgemäß weit oben. Manchmal „überleben" solche Balkone noch gerade eben die zwei- bzw. sogar ab und an auch die fünfjährige Gewährleistungsfrist, bevor sich gravierende Schäden an den Belägen oder Balkonrändern zeigen.

Beispiel 7: OLG Koblenz, Urteil vom 09.07.1998 - 5 U 74/98
Eine Straßenbaufirma hat vom zuständigen Landesamt für Straßen- und Verkehrswesen, unter Zugrundelegung der VOB/B, den Auftrag erhalten, bei der Ausbesserung von Straßenschäden mitzuwirken. Laut Vertrag sollte sie einen Reparaturzug mit Fahrer stellen und eine genau beschriebene Bitumenemulsion liefern, die in die Schadstelle einzubringen war. Dann musste sie Splitt darüber streuen, der ebenfalls im Zug mitzuführen war. Dagegen verpflichtete sich der Auftraggeber, den Splitt zu beschaffen, zwei Leute zum Ein- und Ausschalten der Maschine zu stellen, den überschüssigen Splitt abkehren zu lassen und die Verkehrssicherung zu übernehmen. Etwa drei Monate nach Abnahme, zur Jahreswende 1993/94, tritt an den reparierten Stellen eine „braune Brühe" hervor, die zu einer Verschmutzung der Kraftfahrzeuge führt. Das Bauamt hält den Auftragnehmer für verantwortlich. Ein außergerichtlich eingeholtes Gutachten vermutet, die Emulsion sei zu dick aufgetragen, so dass mehrere Kornlagen verklebt seien. Die Konglomerate seien dann durch Räumfahrzeuge gelockert und von den Autos hochgeschleudert worden. Dennoch lehnt der Auftragnehmer die Nachbesserung ab. Nach fruchtlosem Fristlablauf lässt das Amt die Mängel von einer Drittfirma beheben. Die dafür verauslag-

ten DM 97.000,- zieht es von der Restvergütung ab und erklärt Aufrechnung. Der Auftragnehmer hält dies für unberechtigt und klagt seine Restvergütung ein.

LG und OLG geben der Klage statt. Dazu wird ausgeführt: Die Vergütung des Auftragnehmers sei unstreitig; der Erstattungsanspruch des Auftraggebers gem. § 13 Nr. 5 Abs. 2 VOB/A erweise sich dagegen als unbegründet, weil der Leistung des Auftragnehmers keine Mängel anhafteten. Wegen der Arbeitsteilung lasse sich aus der Tatsache, dass sich an den ausgebesserten Stellen die braune Brühe zeige, nicht ohne weiteres ableiten, der Auftragnehmer habe mangelhaft gearbeitet. Der vom Gericht hinzugezogene Sachverständige hätte überzeugend dargelegt, dass eine chemische Reaktion in dem vom Auftraggeber gelieferten Splitt aufgetreten sei. Dies zeige z. B. die braune Farbe. Denn Bitumen sei schwarz, so dass die vom Auftraggeber eingeschalteten Gutachter angenommene mechanische Veränderung zu einer schwarzen Brühe hätte führen müssen. Dazu komme, dass in den ersten drei Monaten nach Abnahme keine solchen Mängel aufgetreten seien. Verbleibende Unsicherheiten würden sich aber zu Lasten des Auftraggebers auswirken, da er die Darlegungs- und Beweislast dafür trage, dass die Firma mangelhaft gearbeitet habe.

Hinweis:
Der Fall zeigt drastisch, welches Beweisrisiko ein Auftraggeber sich aufbürdet, wenn er einen Teil der Leistung selbst ausführt. Hätte der Auftragnehmer allein die Leistung erbracht, gäbe es gewährleistungsrechtlich keine Schwierigkeiten, weil der Mangel die unsachgemäße Ausführung indiziert.

Beispiel 8: LG Mannheim, Urteil vom 29.06.1999 - 1 O 14/99
Bei einem schlüsselfertig erstellten Wohn- und Geschäftskomplex wurden hartgelötete Kaltwasser-Kupferrohre eingebaut, die schon bald nach der Abnahme 1985 und über Jahre anhaltend zu diversen Wasserrohrbrüchen führten. Die Erwerber verlangen für 1,2 Mio. DM eine Innenbeschichtung der Rohre, hilfsweise den Einbau einer Wasseraufbereitung für rd. 100.000,- DM und Schadensersatz.

Das Gericht sieht nur in der Wasseraufbereitungsanlage nach dem vom Gutachter empfohlenen Elektrolyseverfahren eine geeignete Nachbesserung, für die der Generalunternehmer im Rahmen seiner Erfolgshaftung mit einem Kostenvorschuss einzustehen habe. Die verlangte Innenbeschichtung sei dagegen nach Angabe des Sachverständigen zur dauerhaften Beseitigung der Korrosionsanfälligkeit nicht geeignet, sondern könne, weil die Rohrinnenflächen kaum vollständig zu reinigen seien, selbst zu verstärkter Korrosion führen. Ein Schadensersatzanspruch, z. B. wegen der Betriebskosten der Wasseraufbereitung, greife jedoch mangels Verschuldens nicht durch, weil das erst später als untauglich erkannte Hartlötverfahren bei Kupferrohren 1985 dem Stand der Technik entsprochen habe und als geeignet angesehen worden sei.

Hinweis:
Der Fall verdeutlicht exemplarisch Inhalt und Umfang der werkvertraglichen Gewährleistung: Für die Mangelbeseitigung hat der Unternehmer verschuldensunabhängig einzustehen. Er schuldet insoweit grundsätzlich eine Erfolg versprechende Behebung des Mangels. Schäden hat er dagegen nur dann zu ersetzen, wenn er sie schuldhaft verursacht hat. An einem Verschulden fehlt es, wenn der sich gewissenhaft auf dem laufenden technischen Stand haltende Unternehmer die Mangel- bzw. Schadensanfälligkeit einer Bauweise im Abnahmezeitpunkt nicht kennen konnte. Merke: Die „normalen“ Planer und Ausführenden brauchen nicht schlauer sein als die „Kapazitäten“ eines Fachgebietes!

Beispiel 9: BGH, Urteil vom 14.01.1999 - VII ZR 19/98
Ein Bauunternehmer übernimmt die Renovierung und Erweiterung eines Hotelgebäudes zu einem Pauschalpreis von DM 977.350,-. In dem Bauvertrag wird die Geltung der VOB/B vereinbart. Nach Abnahme der Arbeiten klagt der Bauunternehmer rd. DM 150.000,- restlichen Werklohn ein. Der Bauherr macht Mängel geltend und verlangt Minderung, hilfsweise rechnet er mit einem Kostenvorschuss zur Mängelbeseitigung auf. Das OLG gibt der Werklohnklage statt, weil der Bauherr weder Minderung beanspruchen könne noch einen Anspruch auf Kostenvorschuss habe. Denn er habe nicht ausreichend vorgetragen, dass die Mängel vorhanden seien, dass er bereit sei, die Mängel zu beseitigen, und wie hoch der Mängelbeseitigungsaufwand sei.

Der BGH bestätigt die Verneinung einer wirksamen Minderung, hebt das Urteil aber auf, weil das OLG zu Unrecht einen Kostenvorschussanspruch abgelehnt habe. Zunächst habe das OLG die Anforderungen an den Vortrag von Mängeln verkannt. Nach ständiger BGH-Rechtsprechung genüge dafür die Bezeichnung der Mängelerscheinungen. Nicht erforderlich seien Ausführungen zu den Ursachen der Mängelerscheinungen und zur Verantwortlichkeit des Auftragnehmers. Es genüge der Sachvortrag, dass die Erscheinungen auf Mängel zurückzuführen sein können, und dass die Mängel möglicherweise in den Verantwortungsbereich des Auftragnehmers fallen. Zudem sei der Auftraggeber nicht verpflichtet, die Mängelbeseitigungskosten vorprozessual durch ein Sachverständigengutachten zu ermitteln. Es genüge, wenn er die Kosten schätze und für den Fall, dass der Auftragnehmer die Kosten bestreite, ein Sachverständigengutachten als Beweis anbiete. Schließlich behaupte der Bauherr mit dem Vortrag der Mängelerscheinungen und der Forderung nach einem Kostenvorschuss jedenfalls mittelbar, dass die Mängel noch vorliegen und dass er beabsichtige, die Mängel zu beseitigen. Der Umstand, dass er vorrangig Minderung verlange und nur hilfsweise mit einem Kostenvorschuss aufrechne, rechtfertige nicht die Annahme, er wolle die Mängel nicht mehr beseitigen lassen.

Hinweis:
Bereits in BauR 84, 406, 408 hat der BGH darauf hingewiesen, dass ein Kostenvorschussanspruch zu verneinen sein wird, wenn Grund zu der Annahme besteht, dass der Besteller die Mängel nicht beseitigen lassen will, vielmehr eine Minderung der Vergütung oder Schadensersatz anstrebt, obwohl deren weitergehende Voraussetzungen möglicherweise nicht gegeben sind.

3.2.3 Minderung nach § 13 Nr. 6 VOB/B

Ist die Mängelbeseitigung unmöglich oder unverhältnismäßig teuer, so ist der Auftragnehmer zur Verweigerung der Nachbesserung berechtigt. Der Auftraggeber kann in diesem Fall „nur" eine Wertminderung verlangen.

Für die Frage der Unverhältnismäßigkeit der Nachbesserungskosten kommt es allerdings nicht auf das Verhältnis der Nachbesserungskosten zu dem ursprünglichen Herstellungsaufwand an, sondern auf das Wertverhältnis zwischen dem zur Beseitigung erforderlichem Aufwand und dem Vorteil, den die Mängelbeseitigung dem Auftraggeber gewährt. Hinsichtlich des zur Beseitigung erforderlichen Aufwandes kommt es wiederum auf den Zeitpunkt an, in dem die vertragsgemäße Erfüllung geschuldet war. Eine in späteren Jahren eintretende Erhöhung dieses Aufwandes ist unerheblich, weil der Auftragnehmer in diesem Fall für die Nichtbeseitigung des Mangels belohnt würde.

Beispiel: BGH zur Minderung nach § 13 VOB/B (Urt. vom 9. 1. 2003 - VII ZR 181/00)
Der Werklohn für die Fliesenarbeiten betrug 5.000.- €. Es treten großflächige Risse auf. Die Mängelbeseitigung ist nur durch komplette Neuherstellung möglich. Einschließlich der Abbruchkosten und sonstiger Nebenkosten hätten sich die Mängelbeseitigungskosten im Zeitpunkt der Mängelfeststellung auf 7.500.- € belaufen. Fünf Jahre später, als es zum Rechtstreit gekommen ist, belaufen sich die Kosten auf 11.000.- €.

In diesem Fall kommt es nicht auf das Verhältnis der Nachbesserungskosten zu dem ursprünglichen Herstellungsaufwand an und auch nicht auf die zwischenzeitliche Kostensteigerung von 3.500.- €, sondern allein darauf, ob der maßgebende Aufwand der „zeitgerechten“ Mängelbeseitigung (7.500.- €) in einem vernünftigen Verhältnis zu dem Vorteil steht, der dem Bauherrn aus einem mängelfreien Fliesenbelag erwächst.

Im Übrigen ist es dem Auftragnehmer in solchen Fällen selbstverständlich freigestellt, den Einwand der Unverhältnismäßigkeit nicht zu erheben. Der Auftragnehmer kann auch völlig unverhältnismäßige Mängelbeseitigungsmaßnahmen betreiben, z. B. aus Imagegründen.

Der Minderwert selbst ist regelmäßig nach den Kosten zu berechnen, die an sich für die Mängelbeseitigung erforderlich wären. Wird die Mängelbeseitigung jedoch gerade wegen unverhältnismäßig hoher Kosten verweigert, so würde der Auftragnehmer in diesem Fall Steine statt Brot erhalten. Nach einer Richtigen Entscheidung des OLG Düsseldorf berechnet sich in solchen Fällen deshalb der Minderwert nur danach, in welcher Höhe die Gesamtleistung durch den Mangel tatsächlich gemindert ist. Nötigenfalls muss dieser Minderwert von einer Sachverständigen geschätzt werden.

Eine Minderungsmöglichkeit besteht ausnahmsweise auch dann, wenn die Mängelbeseitigung für den Auftraggeber unzumutbar ist.

Der Fehler ist nur zu beseitigen durch eine doppelt so teure Ausführung wie ursprünglich vorgesehen. Der Auftraggeber müsste also in erheblichem Umfang Sowieso-Kosten zusätzlich zahlen. Dann kann er auch mit einer Minderung vorlieb nehmen.

Kurzsachverhalt:

Der Kläger ist Konkursverwalter über das Vermögen einer Baugesellschaft (Gemeinschuldnerin) und verlangt restlichen Werklohn. Gegenstand des Revisionsverfahrens ist nur noch die hilfsweiße aufgerechnete Gegenforderung aus einem anderen Vertragsverhältnis. Die Beklagten beauftragten die Gemeinschuldnerin mit Erd-, Maurer- und Betonarbeiten für ein größeres Bauvorhaben.

Gegenüber dem Vergütungsanspruch der Gemeinschuldnerin haben die Beklagten hilfsweiße mit einem auf eine Minderung gestützten Rückforderungsanspruch aus einem anderen Bauvertrag aufgerechnet. Gegenstand dieses anderen Vertrages, für den die VOB/B galt, war die Errichtung einer Betondecke für ein Parkhaus. Die Minderung stützten die Beklagten darauf, dass die Betondecke der Tiefgarage in Betondecke der Güteklasse B 25 statt in der vereinbarten Güteklasse B 35 ausgeführt worden ist.

Das LG hat der Klage teilweise stattgegeben und den Anspruch auf Rückforderung aus dem anderen Vertrag verneint; die Berufung der Beklagten hatte hinsichtlich dieses Anspruchs keinen Erfolg. Die Revision führte im Hinblick auf das Minderungsrecht der Beklagten zur Aufhebung des Berufungsurteils und zur Zurückverweisung der Sache an das Berufungsgericht.

Zusammenfassung der Entscheidungsgründe:

Einem Auftraggeber stehe ein Minderungsanspruch gem. § 13 Nr. 6 VOB/B u. a. dann zu, wenn ein Auftragnehmer einen Mangel im Sinne des § 13 Nr. 1 VOB/B verursacht hat, die Mängelbeseitigung ein unverhältnismäßig hohen Aufwand erfordern würde und der Auftragnehmer die Nachbesserung aus diesem Grund verweigert.

Das OLG habe sich im entschiedenen Fall nicht mit dem unter Beweis gestellten Vortrag der Beklagten auseinandergesetzt, die – gemessen an der vertraglich geschuldeten – minderwertige Betonqualität zeige sich erfahrungsgemäß erst im Laufe von mehreren Jahrzehnten; es sei nicht gewährleistet, dass der Beton derselben Langzeitbelastung gewachsen sei. Dieser Problematik hätte das OLG nachgehen müssen.

Die nach dem Vortrag der Beklagten, der in der Revisionsinstanz als richtig zu unterstellen sei, geminderte Nutzlast der tatsächlichen Ausführung in der Güteklasse B 25 im Verhältnis zu der vereinbarten Güteklasse B 35 begründe einen Mangel, da die vertragliche Gebrauchstauglichkeit beeinträchtigt sei.

Nach den Feststellungen des OLG seien die weiteren Voraussetzungen des § 13 Nr. 6 VOB/B gegeben; die Nachbesserung des Mangels sei unverhältnismäßig und die Gemeinschuldnerin habe die Nachbesserung aus diesem Grunde verweigert. Eine Berechnung der Minderung nach den Mangelbeseitigungskosten sei nicht möglich, wenn die Mangelbeseitigung nicht durchführbar oder unverhältnismäßig sei. Die Vergütung des Auftragnehmers sei um den Vergütungsanteil zu mindern, der der Differenz zwischen der erbrachten und der geschuldeten Ausführung entspreche. Außerdem könne der Auftraggeber eine Minderung für einen etwaigen technischen Minderwert verlangen, der durch die vertragswidrige Ausführung im Vergleich zur geschuldeten verursacht worden sei.

Auch komme eine Minderung für einen merkantilen Minderwert in Betracht.

Der Original-Leitsatz der Entscheidung lautet wie folgt:

a) Eine Beeinträchtigung des nach dem Vertrag vorausgesetzten Gebrauchs liegt vor, wenn die mit der vertraglich geschuldeten Ausführung erreichbaren technischen Eigenschaften, die für die Funktion des Werkes von Bedeutung sind, durch die vertragswidrige Ausführung nicht erreicht werden und damit die Funktion des Werkes gemindert wird.
b) Begründet die vertragswidrige Ausführung das Risiko, dass das ausgeführte Werk im Vergleich zu dem vertraglich geschuldeten Werk eine geringere Haltbarkeit und Nutzungsdauer hat und dass erhöhte Betriebs- oder Instandsetzungskosten erforderlich werden, ist der nach dem Vertrag vorausgesetzte Gebrauch gemindert.
c) Eine Beeinträchtigung des nach dem Vertrag vorausgesetzten Gebrauchs liegt vor, wenn die mit der vertraglich geschuldeten Ausführung erreichbare Nutzlast einer Betondecke mit der vertragswidrigen tatsächlichen Ausführung nicht erreicht wird. Für die Beeinträchtigung des nach dem Vertrag vorausgesetzten Gebrauchs ist es unerheblich, dass die tatsächliche Ausführung nach dem derzeitigen Erkenntnisstand für alle denkbaren Lastfälle ausreicht und welche Vorstellungen der Auftraggeber hinsichtlich der zukünftigen Nutzlast hat.
d) Die Berechnung der Minderung nach den Mängelbeseitigungskosten kommt nicht in Betracht, wenn die Nachbesserung unmöglich oder unverhältnismäßig ist.
e) Verwendet der Auftragnehmer im Vergleich zur geschuldeten Ausführung minderwertiges Material, dann ist die Vergütung des Auftragnehmers um den Vergütungsanteil zu mindern, welcher der Differenz zwischen der erbrachten und der geschuldeten Ausführung entspricht.

f) Der Auftraggeber kann Minderung für einen technischen Minderwert verlangen, der durch die vertragswidrige Ausführung im Vergleich zur geschuldeten verursacht worden ist.
g) Neben einer Minderung für einen technischen Minderwert kann der Auftraggeber für einen merkantilen Minderwert Minderung verlangen, wenn die vertragswidrige Ausführung eine verringerte Verwertbarkeit zur Folge hat, weil die maßgeblichen Verkehrskreise ein im Vergleich zur vertragsgemäßen Ausführung geringeres Vertrauen in die Qualität des Gebäudes haben.

Fallbeispiele:

Beispiel 1: OLG Celle, Urteil vom 20.11.2002 - 7 U 3/02 (nicht rechtskräftig)
Der Bauunternehmer erhält vom Bauherrn den Auftrag, für ein Bauvorhaben (zwei Sechs-Familienhäuser) unter anderem die Sohlplatten zu verlegen. Für Rohrdurchführungen stellt der Unternehmer Aussparungen in den Sohlplatten her, indem er Eimer mit Erdreich oder Sand gefüllt in die Platten einbringt. Die Aussparungen verschließt er nicht, bringt dort also keinen Beton ein. Nach Fertigstellung der Häuser treten Feuchtigkeitsschäden auf. Streitig ist, ob die Schäden auf die Aussparungen in den Sohlplatten zurückzuführen sind. Im Vergütungsprozess verteidigt sich der Bauherr unter anderem mit zu erwartenden Mängelbeseitigungskosten in Höhe von 158.278,52 DM. Nicht darin enthalten sind die Beseitigungskosten der zurückliegenden Feuchtigkeitsschäden. Der vom Landgericht eingesetzte Sachverständige bestätigt die mangelhafte Ausführung der Bodenplatten, hält es aber für unwahrscheinlich, dass deswegen zukünftig mit Feuchtigkeitsschäden zu rechnen ist. Der vom Bauherrn eingeschaltete Sachverständige schließt zukünftige Schäden nicht aus. Das Landgericht billigt dem Bauherrn eine Minderung in Höhe von 1.000 DM zu.

Das OLG bestätigt dies im Grunde. Der für die Nachbesserung erforderliche Aufwand ist unverhältnismäßig. Der bereits aufgetretene Feuchtigkeitsschaden ist nicht auf die Aussparungen in den Bodenplatten zurückzuführen. Der Bauherr befürchtet zwar, dass bei Rohrleitungsschäden zwischen Estrich und Sohlplatte Wasser unter die Bodenplatte gelangt und deshalb schwerwiegende Schäden auftreten. Es ist aber unwahrscheinlich, dass solches Wasser wieder nach oben steigt. Es ist nicht damit zu rechnen, dass sich wegen der Aussparungen ein eventuell künftiger Wasserschaden verschlimmert. Der Baumangel ist auch nicht äußerlich erkennbar. Eine eventuelle Nachbesserung erschöpft sich in dem Vorhandensein einer fachgerechten Sohle. Die Erzielung dieses Vorteils steht zu dem zu treibenden Aufwand für die Nachbesserung beider Objekte in keinem vernünftigen Verhältnis. Dem Bauunternehmer kann nicht grob fahrlässiges Verhalten vorgeworfen werden. Seine Vorgehensweise ist durchaus üblich. Der Minderwert für beide Objekte ist auf 10.000 DM zu schätzen.

Hinweis:
Die Entscheidung steht im Widerspruch zur Entscheidung des OLG Schleswig, das bei Mängeln im Abdichtungssystem dem Bauunternehmer die Möglichkeit versagt, den Bauherrn auf die Minderung zu verweisen. Dies gilt nach OLG Schleswig auch dann, wenn zukünftige Schäden nicht zu befürchten sind. Das OLG hat zukünftige Schäden durch aufsteigendes Wasser lediglich als unwahrscheinlich angesehen. Nach BGH liegt Unverhältnismäßigkeit vor, wenn das objektive Interesse an der Nachbesserung im Verhältnis zum Nachbesserungsaufwand gering ist. Das OLG hat die Möglichkeit eines künftigen Schadens nicht völlig ausgeschlossen. Dann ist aber das Interesse an der Nachbesserung nicht objektiv gering. Die Entscheidung erweckt Zweifel auch hinsichtlich des Minderungsbetrages. Dasselbe OLG, allerdings der 16. Senat, hat bei einem Einfamilienhaus mit fehlerhaft ausgeführter Abdichtung

gegen Bodenfeuchtigkeit eine Minderung von mindestens 22.178,95 DM bejaht Hier haben zwei Sechs-Familienhäuser mit Erdreich oder Sand verfüllte Löcher in den Sohlplatten. Dennoch beträgt die zuerkannte Minderung pro Haus nur 5.000 DM, ein zu geringer Betrag. Die Praxis ist uneinheitlich. Der Bauherr hat Nichtzulassungsbeschwerde gegen das Urteil eingelegt.

Beispiel 2: OLG Dresden, Urteil vom 23.04.2002 - 15 U 77/01
Die Stadt L (Klägerin) ließ in ihrem zoologischen Garten eine Abwasserbeseitigungsanlage für Nilpferde errichten. Für die Erstellung des Planungskonzeptes bediente sie sich einer Planungsgesellschaft. Die Bauausführung übernahm die Beklagte. Für die Biologie und Nachklärung verpflichtete die Beklagte einen Systemanbieter als Subunternehmer. Nachdem die Abwasserbeseitigungsanlage nicht funktionierte, nahm die Stadt die Beklagte auf Mängelbeseitigung, hilfsweise auf Minderung und Schadensersatz in Höhe eines Teilbetrages von 511.291,88 Euro in Anspruch. Die Beklagte bot Mängelbeseitigung an und berechnete Sowieso-Kosten. Das OLG wies die Mängelbeseitigungsklage ab, verurteilte jedoch die Beklagte für Mängel in der von ihrem Subunternehmer errichteten Nachklärung zur Zahlung von 38.202,71 Euro.

Nach Auffassung des OLG scheitert die Mängelbeseitigungsklage daran, dass eine Mängelbeseitigung wegen gravierender, der Klägerin zuzurechnender Planungsfehler nicht zu einer funktionsfähigen Anlage führt. Auch hat die Klägerin zwischenzeitlich von der Errichtung der Anlage in der geplanten Form abgesehen. Allerdings bejaht das OLG wegen Ausführungs- und Planungsfehlern, die der Beklagten zuzurechnen sind, einen Zahlungsanspruch nach § 13 Nr. 6 VOB/B. Die Minderung des Werklohns scheitert nicht an der fehlenden Verpflichtung der Beklagten zur Mängelbeseitigung. Das OLG versagt der Klägerin die Mängelbeseitigung nur deshalb, weil die Beseitigung nicht zu einer funktionstauglichen Anlage führt. Dies macht die Mängelbeseitigung für die Beklagte unzumutbar, obwohl sie sich zu einer Mängelbeseitigung unter Berechnung von Sowieso-Kosten bereit erklärt hat. Nach § 13 Nr. 6 Satz 2 VOB/B kann eine Minderung des Werklohns auch verlangt werden, wenn die Beseitigung des Mangels keinen Sinn macht, weil das Werk mit weiteren schwerwiegenden Fehlern aus dem Verantwortungsbereich des Auftraggebers (AG) behaftet ist, von deren Behebung der AG absieht. Dies gilt allerdings nur, solange der Werkunternehmer hierdurch nicht schlechter steht als im Falle einer Nachbesserung durch ihn. Ein Absehen von der Nachbesserung darf nicht zu einer unbilligen Entlastung des Unternehmers führen, der durch die Mangelhaftigkeit seiner Leistung zur Funktionslosigkeit der Gesamtanlage beigetragen und daher nicht den vollen Werklohn verdient hat. Dies rechtfertigt eine entsprechende Anwendung des § 13 Nr. 6 Satz 2 VOB/B.

Hinweis:
Nach § 13 Nr. 6 Satz 2 VOB/B kann der AG Minderung des Werklohns verlangen, wenn die Beseitigung des Mangels für ihn unzumutbar ist. Dabei müssen Umstände vorliegen, die dem AG die Hinnahme und Duldung der Mängelbeseitigung nach Treu und Glauben unzumutbar machen. Da es sich hierbei um einen Ausnahmetatbestand handelt, sind an die Unzumutbarkeit sowohl in objektiver als auch in subjektiver Hinsicht strenge Anforderungen zu stellen. Der AG kann sich auf die Unzumutbarkeit berufen, wenn die Mängelbeseitigung ihm in unzumutbarer Weise persönliche oder finanzielle Opfer abfordern würde oder der Erfolg der Mängelbeseitigung nach sachkundigem Urteil ohnedies fragwürdig ist. Es reicht dabei aus, wenn der AG die Erklärung der Unzumutbarkeit formlos abgibt.

Beispiel 3: OLG Nürnberg, Urteil vom 30.11.2000 - 2 U 1462/00: BGH, Beschluss vom 16.08.2001 - VII ZR 15/01 (Revision nicht angenommen)
Bei der Errichtung einer Wohnanlage war im vertragsgegenständlichen Leistungsverzeichnis für Dachdeckerarbeiten die vollflächige Verklebung der Abdichtung auf der Betondecke enthalten. Damit sollte erreicht werden, dass an Schadstellen eindringendes Wasser sich nicht auf der Rohbetonplatte verbreiten, sondern aufgrund der Verklebung nach unten nur an der Eindringstelle austreten kann. Die vollflächige Verklebung war dem Bauherrn sehr wichtig. Sie wurde vom Dachdeckerbetrieb als Eigenschaft zugesichert. Der Bauherr ließ dann die Durchführung der Verklebungsarbeiten noch zusätzlich durch einen Sachverständigen überwachen. Nach Abschluss der Arbeiten ergab sich, dass eine vollflächige Verklebung nicht erreicht war. Großflächig lagen die Abdichtungsbahnen lose auf der Betondecke auf. Der Dachdecker verlangte seinen Restwerklohn in Höhe von 140.000 DM und wollte sich davon eine Minderung in Höhe von 10.000 DM abziehen lassen. Die Nachbesserung sei unverhältnismäßig. Der vom Gericht bestellte Sachverständige habe bestätigt, dass bei der jetzigen Ausführung ein Schaden unwahrscheinlich sei. Eine Nachbesserung sei nur mit sehr hohen Kosten möglich. Der Bauherr beharrte auf Nachbesserung.

Das Gericht gab dem Bauherrn Recht und verurteilte ihn nur Zug um Zug gegen Mängelbehebung zur Zahlung. Der Bauherr habe ein beachtenswertes Interesse an einer vollflächigen Verklebung. Das werde auch durch die Zusicherung der Eigenschaft und die (wenn auch im Ergebnis erfolglose) Überwachung durch den Sachverständigen bestätigt. Eine Unverhältnismäßigkeit des Mängelbehebungsaufwands könne daher nicht in Betracht kommen.

Hinweis:
Unverhältnismäßigkeit liegt nur vor, wenn der Mangel keine Funktionsbeeinträchtigung mit sich bringt, der Bauherr kein beachtenswertes Interesse an der Herstellung eines mangelfreien Zustands hat und die Mängelbehebung einen unangemessenen Aufwand verursachen würde. Der mangelhaft arbeitende Unternehmer soll sich nicht mit Minderung aus seiner vertraglichen Leistungspflicht verabschieden können. Ein beachtenswertes Interesse hat das Gericht hier zu Recht bejaht. Daher brauchte es sich auch nicht mehr mit der Frage auseinander zu setzen, ob beim Fehlen einer zugesicherten Eigenschaft die Berufung auf Unverhältnismäßigkeit überhaupt möglich ist. Ähnlich, wie es beim Nichtvorhandensein einer zugesicherten Eigenschaft nicht darauf ankommt, ob die Eigenschaft technisch hergestellt werden kann, wird auch die Möglichkeit einer Berufung auf Unverhältnismäßigkeit zu verneinen sein. Unverhältnismäßigkeit des Mängelbehebungsaufwands kommt bei reinen Schönheitsfehlern kleinerer Art in Betracht. Auch Schönheitsfehler können allerdings ein beachtenswertes Interesse des Bauherrn an der Behebung begründen (etwa die Fassade der repräsentativen Hauptverwaltung eines Weltkonzerns), so dass sich der Unternehmer nicht auf Minderung zurückziehen kann.

Beispiel 4: OLG Celle, Urteil vom 01.02.2001 - 22 U 261/99 (nicht rechtskräftig)
In einem Neubau war durch eine undichte Wasserleitung, die in der unter dem Estrich liegenden Dämmschicht verläuft, Feuchtigkeit in die Dämmschicht gelangt. Ein Trocknungsunternehmer hatte im Auftrag der Bauherren die Dämmschicht mit eingeblasener Luft getrocknet, allerdings den Fußbodenverleger nicht aufgefordert, die gleichzeitige Verlegung des Fußbodenbelags während der Trocknungsarbeiten zu unterbrechen. Da dieser seine Arbeit fortsetzte, bevor sich Verformungen des Estrichs durch die Trocknung zurückbilden konnten, kam es zu Rissen im Estrich und in den Bodenplatten. Die Bauherren verlangen von dem Trocknungsunternehmer Schadensersatz von rund 75.000 DM. Dieser wendet ein, die Bauherren müssten

sich anrechnen lassen, dass der Fußbodenverleger weitergearbeitet hat, obwohl er die Gefahr drohender Rissbildungen hätte erkennen müssen.

Das OLG verurteilt den Trocknungsunternehmer in voller Höhe. Die Bauherren müssen sich kein Verschulden des Fußbodenverlegers anrechnen lassen (§ 278 Satz 1 Fall 2 BGB). Dabei kommt es nicht darauf an, ob der Fußbodenverleger unabhängig von einer Aufforderung seine Arbeiten hätte vorläufig einstellen müssen. Denn er war jedenfalls nicht Erfüllungsgehilfe der Bauherren, soweit es darum ging, beim Verlegen der Platten auf die Trocknungsarbeiten und deren mögliche Folgen für sein Gewerk Rücksicht zu nehmen. Die Bauherren hatten nicht dem Trocknungsunternehmer gegenüber die Pflicht übernommen, schädliche Einflüsse zeitgleicher Weiterverlegung der Platten mit den Trocknungsarbeiten zu vermeiden. Die Grundsätze der Vorunternehmer-Entscheidung gelten auch für diese Konstellation. Der Auftraggeber will regelmäßig nicht für die mangelfreie Vorleistung eines Werkunternehmers im Verhältnis zum Nachfolgeunternehmer einstehen.

Vielmehr sollen ihm beide als selbstständig für Fehlverhalten haftende Auftragnehmer (AN) gegenüberstehen, damit ihre Haftung sich nicht infolge zurechenbaren Mitverschuldens wechselseitig vermindert oder aufhebt. Von der Interessenlage her kann nichts anderes bei zeitgleichem Nebeneinander der Tätigkeiten verschiedener AN gelten. Eine Ausnahme von dieser Interessenlage ist nicht zu erkennen. Vielmehr konnte die künstliche Trocknung, anstatt das natürliche Trocknen abzuwarten, nur dazu dienen, die Vollendung der Verlegearbeiten zu beschleunigen.

Hinweis:
Von Interesse für den verurteilten Trocknungsunternehmer ist, ob er einen Teil der Urteilssumme vom Verleger zurückholen kann. Dies setzt voraus, dass beide dem Bauherrn als Gesamtschuldner haften. Für den vergleichbaren Fall, dass das Werk des Nachunternehmers auf dem des Vorunternehmers aufbaut wird gesamtschuldnerische Haftung beider Unternehmer angenommen.

Beispiel 5: LG Freiburg, Urteil vom 22.12.2000 - 10 O 147/99
Ein Subunternehmer (SubU) erbringt aufgrund eines mit dem Generalunternehmer (GU) abgeschlossenen Werkvertrages bei einem Bauvorhaben Leistungen der Lüftungs- und Kühltechnik. Die Gewährleistungsfrist richtet sich nach VOB/B. Die Gewährleistungszeit beträgt fünf Jahre. Der Vertrag enthält keine Regelungen hinsichtlich maschineller und elektrotechnischer/elektronischer Anlagen oder Teile. Da der GU mit dem SubU keinen Wartungsvertrag abgeschlossen hat, ist der SubU der Meinung, die Gewährleistungsfrist habe sich für die in § 13 Nr. 4 Abs. 2 VOB/B geregelten Leistungsbereiche auf ein Jahr verkürzt. Da die Frist abgelaufen ist, hält er sich nicht mehr für gewährleistungspflichtig.

Das Gericht weist die Auffassung des SubU zurück. Die einjährige Gewährleistungsfrist nach § 13 Nr. 4 Abs. 2 VOB/B ist nicht einschlägig, wenn die Parteien eine fünfjährige Verjährungsfrist vereinbart haben. Dies ergebe sich bereits aus dem Wortlaut der Bestimmung. Denn Abs. 2 hebt ausdrücklich auf die zweijährige Verjährungsfrist des Abs. 1 ab, indem er bestimmt, dass sich die Frist „abweichend von Abs. 1" auf ein Jahr verkürzt. Somit gilt die Bestimmung des § 13 Nr. 4 Abs. 2 VOB/B bereits nach ihrem Wortlaut nicht, wenn die Vertragspartner als Verjährungsfrist für die in dieser Bestimmung genannten Gewährleistungsansprüche eine die zweijährige Frist übersteigende Verjährungsfrist vereinbart haben. Eine andere Auslegung liefe dem Willen der Parteien zuwider. Die Parteien haben sich von vornherein konkret auf längere als die von der VOB vorgesehenen Regelfristen geeinigt.

Hinweis:
Die vom Landgericht entschiedene Rechtsfrage wird in der Literatur unterschiedlich beantwortet. Das Landgericht hat sich in seiner Begründung der Auffassung von Motzke in Ganten/Jagenburg/Motzke, VOB/B § 13 Nr. 4, angeschlossen, während Joussen in Kapellmann/Vygen in Jahrbuch BAURECHT 1998, 123 ff meint, dass es zumindest bei einer AGB-Klausel gerechtfertigt sei, die Gewährleistungsfrist nach Sinn und Zweck der Regelung des § 13 Nr. 4 Abs. 2 VOB/B auf ein Jahr zu begrenzen, wenn die Parteien im Bauvertrag die allgemeine Gewährleistungsfrist auf fünf Jahre verlängert haben (vgl. auch Nicklisch/Weick, VOB/B Rz. 77a). Vielfach wird übersehen, dass der Abschluss eines Wartungsvertrages nur entscheidend ist für die Dauer der Gewährleistung für Werkmängel, jedoch nicht die Abgrenzung entbehrlich macht, ob überhaupt ein Werkmangel oder ein Wartungsmangel vorliegt (vgl. Nicklisch/Weick, VOB/B a. a. O.). Die Frage, ob § 13 Nr. 4 Abs. 2 VOB/B AGB-widrig ist, ist umstritten. Ist die VOB als Ganzes vereinbart, findet keine Inhaltskontrolle statt. Zudem beeinträchtigt § 13 Nr. 4 Abs. 2 VOB nicht die Ausgewogenheit der VOB, da sie eine interessengerechte Regelung darstellt (vgl. Nicklisch/Weick, a. a. O.).

Beispiel 6: OLG Dresden, Urteil vom 18.03.1999 - 4 U 2855/98:BGH, Beschluss vom 16.03.2000 - VII ZR 120/99 (Revision nicht angenommen)
Ein Tischlereibetrieb war beauftragt, für zwei Bürogebäude u. a. jeweils 41 Fenster zu liefern und einzubauen. Dem Vertrag lag die VOB/B zugrunde. Der Bauherr beanstandete bei dem einen Gebäude (Haus II) deutlich asymmetrische Fensterproportionen. Bei dem zweiten Gebäude (Haus IV) rügte er eine falsche Kämpferlage bzw. einen fehlerhaften Stichbogen.

Das OLG erkennt für die Fenstermängel in Haus IV eine Minderung des Werklohns des Tischlers gemäß § 13 Nr. 6 VOB/B zu. Für die Mängel im Haus II spricht es dagegen einen Schadensersatz gemäß § 13 Nr. 7 VOB/B zu, weil die fehlerhaften Fensterproportionen einen den merkantilen Minderwert begründenden Mangel darstellen, der zu einer Minderung des Verkaufswertes führe. Für beide Anspruchsgrundlagen hat der Gerichtsgutachter die Wertminderung mit jeweils 15 Prozent des Herstellpreises pro Fenster abgeschätzt.

Hinweis:
Der vorliegende Fall offenbart erneut signifikant die derzeit noch immer anzutreffenden Unklarheiten bei der geordneten Erfassung wertmindernder Beeinträchtigungen bei Bauleistungen bzw. Immobilien und deren Zuordnung im werkvertraglichen Anspruchssystem. 1. Wenn der Werklohn wegen Mängel gemindert werden soll, ist eine Bewertung der konkret geschuldeten Werkleistung unabdingbar, denn nur darauf bezogen ist das Äquivalenzverhältnis von Preis und Leistung gestört. Konsequenz: Auch bei völlig unbrauchbarer Leistung kann die Minderung nur maximal dem Werklohn entsprechen (so genannte „Minderung auf Null"). 2. Gänzlich anders liegen die Dinge, wenn Schadensersatz wegen einer mangelhaften Werkleistung begehrt wird. Der Schaden kann natürlich zum einen in der bereits bei der Minderungsermittlung nach § 472 BGB zu berücksichtigenden Wertminderung als Differenz von Soll- und Ist-Wert der zu erbringenden Werkleistung liegen. Häufig geht es jedoch in der Praxis um darüber hinausgehende Werteinbußen auch an anderen Wertträgern. Der damit relevante Wertverlust wird üblicherweise als Verkehrswertminderung bezeichnet. Im vorliegenden Fall könnte dies z. B. der Minderwert des gesamten Bürohauses infolge der Fenstermängel sein (z. B. bei optisch „verhunzter" Fassade). Eine Verkehrswertminderung kann aus einem so genannten technisch-wirtschaftlichen und/oder merkantilen Minderwert resultieren. Der erstgenannte Minderwert deckt in aller Regel das „Greifbare", der zweite das „Psychologische" ab, das heißt insbesondere den gegebenenfalls sogar irrationalen Verdacht von Mängeln und Schäden. Und

genau da liegt - abgesehen von der unbefriedigenden Pauschal-Schätzung des Sachverständigen (warum nicht 5, 10 oder 25 Prozent Wertminderung?) - die gravierende Schwachstelle des Urteils: Die hier offen zutage tretenden optischen Fenstermängel bewertet der Immobilienmarkt mit einem (z. B. nach der Zielbaummethode bestimmten) technisch-wirtschaftlichen Minderwert. Dies ist in Wahrheit die marktrelevante „Minderung des Verkaufswertes". Für einen (gegebenenfalls zusätzlichen) merkantilen „Verdachts-Minderwert" liefert jedenfalls der vorliegende Fall keinerlei Grundlage.

Beispiel 7: OLG Celle, Urteil vom 06.03.2003 - 14 U 112/02 (Revision zugelassen)
Nach Fertigstellung und Abnahme eines Autobahnstreckenabschnittes verlangt die Bau-ARGE noch restliche Werklohnansprüche in Höhe von € 34.952, 25. Das Straßenbauamt rügt Mängel wegen Unebenheit der Fahrbahndecke, nicht vertragsgemäßen Mischgutes und nicht ausreichender Verdichtung der Arbeiten. Zwischen den Parteien ist die ZTV-Asphalt-StB 94 vereinbart. Gemäß Ziffer 1.7.4 dieser ZTV-Asphalt ist der Auftraggeber berechtigt, bei Nichteinhalten der (vorgegebenen und vereinbarten) Grenzwerte für das Einbaugewicht, die Einbaudicke, den Bindemittelgehalt, den Verdichtungsgrad und die Ebenheit Abzüge gemäß einem gleichfalls vereinbarten Anhang 1 vorzunehmen. Mit den auf der Grundlage dieser vereinbarten Abzugsregelung sich berechnenden Minderungsbeträgen erklärt das Straßenbauamt die Aufrechnung. Das Landgericht weist deshalb die Klage der ARGE ab.

Das OLG hebt das Urteil des Landgerichts auf und gibt der Zahlungsklage statt. Nach Auffassung des OLG hält die Ziffer 1.7.4 der ZTV-Asphalt einer Inhaltskontrolle nicht stand und ist wegen Verstoßes gegen § 9 Abs. 2 Nr. 1 AGB-Gesetz unwirksam. Denn Sinn und Zweck dieser Klausel ist nicht die Vereinbarung einer Vertragsstrafe, sondern eine erleichterte Abzugsregelung zur Durchsetzung von Mängelgewährleistungsansprüchen zu Gunsten des Auftraggebers. Die Klausel erlaubt dem Auftraggeber sofort eine Minderung geltend zu machen, ohne zuvor dem Werkunternehmer das ihm vorrangig zustehende Nachbesserungsrecht gewähren zu müssen. Damit weicht die Klausel von wesentlichen Grundgedanken der gesetzlichen Gewährleistungsregelung ab.

Das Urteil hat erhebliche praktische Bedeutung, da solche pauschalen Minderungsabzugsregelungen für gewisse Ist-Abweichungen vom vertraglich vereinbarten Soll auch in anderen ZTV im Straßenbau existieren und solche Abzugsregelungen deshalb sicherlich grundsätzlich auch von Bauunternehmerseite als nicht überraschend angesehen werden. Wegen dieser grundsätzlichen Bedeutung der Rechtssache hat das OLG deshalb auch die Revision zum BGH zugelassen. Auch nach den neuen gesetzlichen Mängelanspruchsbestimmungen der §§ 633 ff BGB n. F. – und hier insbesondere § 638 BGB n. F. – ändert sich an der hier zu Grunde liegenden Problematik nichts. Auch nach § 638 BGB n. F. kann ein Auftraggeber (anstelle des Rücktritts) erst Minderung verlangen, wenn er zuvor den Unternehmer gemäß § 635 BGB n. F. zur Nacherfüllung aufgefordert hat.

3.2.4 Schadensersatzanspruch nach § 13 Nr. 7 VOB/B

§ 13 Nr.7 VOB/B regelt Schadensersatzansprüche des Auftraggebers zweigeteilt:

Gem. § 13 Nr. 7 Abs. 3 VOB/B ist der Auftragnehmer bei Vorliegen eines wesentlichen Mangels, der die Gebrauchsfähigkeit erheblich beeinträchtigt, verpflichtet, dem Auftraggeber den Schaden an der baulichen Anlage zu ersetzen, zu deren Herstellung, Instandhaltung oder Änderung die Leistung dienen sollte. § 13 Nr. 7 Abs. 3 VOB/B erfasst damit grundsätzlich den

Schaden, der dem Auftraggeber trotz durchgeführter Nachbesserung oder vorgenommener Minderung an der baulichen Anlage verbleibt, beispielsweise Nutzungsausfall.

Den darüber hinausgehenden Schaden hat der Auftragnehmer gem. § 13 Nr. 7 Abs. 3 VOB/B nur dann zu ersetzen, wenn eine der vier dort genannten Voraussetzungen vorliegt, wenn also der Mangel beispielsweise auf einen Verstoß gegen die anerkannten Regeln der Technik beruht oder der Mangel in dem Fehlen einer vertraglich vereinbarten Beschaffenheit besteht.

Voraussetzung aller Schadensansprüche ist, dass der Auftragnehmer den Mangel verschuldet hat.

Wichtig auch:

Wenn bekannte Mängel bei der Abnahme nicht vorbehalten werden, erlischt der Nachbesserungs- und Minderungsanspruch. Der Schadensersatzanspruch bleibt aber erhalten. Ist der Mangel, wie meist, vom Auftragnehmer verschuldet, dann kann der Auftraggeber also trotz fehlendes Vorbehaltes Schadensersatz im Hinblick auf die Mängelbeseitigungskosten sowie mögliche Folgeschäden verlangen.

Fallbeispiele:

Beispiel 1: OLG Hamm, Urteil vom 23.07.2001 - 17 U 164/98: BGH, Beschluss vom 29.08.2002 - VII ZR 308/01 (Revision nicht angenommen)
Ein Garten- und Landschaftsbauer bringt auf einer Tiefgaragendecke eine Dachbegrünung auf. Die Dachabdichtung hat er zuvor jedoch nicht auf mechanische Beschädigungen überprüft. Nach Fertigstellung kommt es zu Durchfeuchtungen. Ein Gutachter schlägt für die Ursachenforschung die Freilegung des gesamten Daches vor. Dabei wird festgestellt, dass sich in der Dachhaut so genannte Winkelhaken befinden. Diese sind wahrscheinlich darauf zurückzuführen, dass vor Aufbau der Dachbegrünung dort tätige Handwerker die Folie beschädigt haben. Der Gutachter schlägt eine Gesamtsanierung des Daches vor. Der Gartenbauer verweigert dies. Daraufhin verfährt der Bauherr nach dem Vorschlag des Gutachters. Es entstehen Ermittlungs- und Sanierungskosten in Höhe von 150.000 Euro. Der Bauherr verklagt den Gartenbauer. Dieser wendet ein, die Schadenssuche hätte man auch mit Kosten von 5.000 Euro und die Sanierung mit Kosten von 70.000 Euro durchführen können.

Das OLG gibt dem Bauherrn Recht. Es verweist insbesondere auf das so genannte Prognoserisiko. Danach haftet der Schädiger für erfolglose Reparaturversuche und nicht notwendige Aufwendungen, sofern der Geschädigte die getroffenen Maßnahmen als aussichtsreich ansehen durfte. Dies ist hier der Fall, weil sich der Bauherr auf das Gutachten eines öffentlich bestellten und vereidigten Sachverständigen beruft. Noch stärker wertet das Gericht, dass der Gartenbauer mit der Beauftragung dieses Gutachters sogar einverstanden war. Es braucht daher gar nicht mehr geklärt zu werden, ob die von dem Sachverständigen vorgeschlagene Art der Schadensermittlung und Sanierung des Daches objektiv richtig war und welche Kosten hierfür notwendig waren. Denn es kann nicht dem Bauherrn angelastet werden, dass er dem Vorschlag dieses Sachverständigen gefolgt ist.

Hinweis:
Gerade bei Feuchtigkeitsmängeln ist die Ursache häufig sehr schwer zu lokalisieren. Die nachträgliche Abdichtung lässt sich manchmal mit kleinsten Eingriffen, manchmal nur mit einer Totalsanierung erreichen. Vor diesem Hintergrund kommt den Sachverständigengutachten im Hinblick auf die Ursachenforschung sowie auf die Schätzung des Sanierungsaufwandes eine überragende Bedeutung zu. Für die Dispositionen des Auftraggebers kommt es darauf an, ob

dieser sich auf die Aussagen des Gutachters verlassen durfte. Die objektive Richtigkeit einer gutachterlichen Aussage ist ohnehin eher ein akademisches Problem. Der Auswahl eines kompetenten und neutralen Gutachters kommt daher große Bedeutung zu. Hände weg von allen Gutachtern, die ein Eigeninteresse an der Sanierung haben!

Beispiel 2: OLG Düsseldorf, Urteil vom 28.06.2002 - 5 U 61/01
Ein Bauherr lässt sich in seinem Einfamilienhaus eine Heizungsanlage einbauen. Der Heizungsbauer verwendet ein System R anstelle des vertraglich vereinbarten Systems V. Er hält das für belanglos, da beide Systeme gleich gut seien und klagt seinen Werklohnanspruch in Höhe von zirka 6.000 Euro ein. Der Bauherr macht Schadensersatzansprüche in Höhe der Kosten für den Ausbau der falschen und Verlegung der richtigen Heizung geltend und erhebt Widerklage in Höhe von 11.000 Euro.

Das OLG hat die wechselseitigen Ansprüche, einerseits Werklohn, andererseits Schadensersatz, nach § 13 Nr. 7 Abs. 1 VOB/B saldiert und einen Betrag in Höhe von 5.000 Euro (11.000 Euro - 6.000 Euro) dem Bauherrn zugesprochen. Der Werklohnanspruch des Unternehmers und der Schadensersatzanspruch des Bauherrn stehen sich, auch wenn die Beträge in voller Höhe mit Klage und Widerklage geltend gemacht werden, als unselbstständige Verrechnungspositionen gegenüber. Der Bauherr kann daher nur den Saldo beanspruchen.

Hinweis:
Die Behandlung wechselseitiger Ansprüche aus einem gegenseitigen Vertrag als Abrechnungsverhältnis wird in der Rechtsprechung überwiegend vertreten. Eine Saldierung entspricht den beiderseitigen Interessen der Vertragspartner. Ein vertragliches Aufrechnungsverbot steht einer Saldierung nicht entgegen, da es sich um eine Verrechnung, nicht um eine Aufrechnung handelt. Durch das seit dem 01.01.2002 geltende Schuldrechtsmodernisierungsgesetz hat sich an dieser rechtlichen Situation nichts geändert. Insoweit geändert hat sich nur die Terminologie. Erhebliche praktische Bedeutung erlangt die Saldierung, wenn der Bauherr die Mängel selbst beseitigen will und hierfür einen Kostenvorschuss nach § 637 Abs. 3 BGB n. F. geltend macht. Dieser Vorschuss wird mit dem offenen Werklohnanspruch des Unternehmers saldiert. Nur in Höhe eines positiven Saldos zu seinen Gunsten kann der Bauherr Vorschuss verlangen. Individualvertraglich kann diese Verrechnung ausgeschlossen werden. In Allgemeinen Vertragsbedingungen/Formularen ist ein solcher Ausschluss in aller Regel unangemessen und damit unwirksam (BGB § 307 Abs. 1 Satz 1, Abs. 2 - früher AGB-Gesetz § 9). Eine Wirksamkeit der Klausel würde den Vertragspartner des Verwenders unangemessen benachteiligen, weil ihm insbesondere das Insolvenzrisiko aufgebürdet wird, wenn etwa der Bauherr einen erheblichen Werklohnteil noch nicht bezahlt hat, den vollen Kostenvorschussanspruch zugesprochen erhält und nunmehr in Insolvenz gerät. Dann würde der Unternehmer den vollen Werklohn verlieren, außerdem hätte er einen Kostenvorschuss bezahlt, für den er nicht einmal den Abrechnungsanspruch durchsetzen könnte. Die Saldierung gilt auch, wenn der Bauherr nicht den Kostenvorschuss nach § 637 Abs. 3 verlangt, sondern Kostenvorschuss im Wege der Zwangsvollstreckung aus einem Nachbesserungsurteil (ZPO § 887 Abs. 1).

Beispiel 3: OLG Hamm, Urteil vom 23.07.2001 - 17 U 164/98
Ein Gartenbauunternehmen erhält von einer Bauherrengemeinschaft den Auftrag, das Dach einer Tiefgarage zu begrünen. In dem Bauvertrag ist geregelt, dass die Dachfläche nach Wasserprobe und Dichtigkeitsprüfung dem Gartenbauer übergeben wird, dem ab diesem Zeitpunkt „die Haftung bis zur Schlussabnahme der Arbeiten obliegt". Nach der Übergabe des dichten Daches setzen Handwerker (Schlosser, Putzer, Maler) die Arbeiten auf der Dachhaut fort. Der Gartenbauer meldet wegen der möglichen Beschädigung der Dachhaut Bedenken an und lehnt

die Gewährleistung für die Dichtigkeit des Daches ab. Er führt die Dachbegrünung aus. Später – nach Abnahme – kommt es zu Feuchtigkeitsschäden. Ursächlich sind Löcher in der Dachhaut, die nach der Übergabe an den Gartenbauer – wahrscheinlich durch die auf dem Flachdach tätigen Handwerker – entstanden sind. Der Gartenbauer verlangt seinen Werklohn in Höhe von 135.000 DM, die Bauherrengemeinschaft erklärt die Aufrechnung mit einem Schadensersatzanspruch in Höhe von 700.000 DM.

Der Gartenbauer unterliegt. Das Gericht verweist nicht nur auf die ausdrückliche Haftungsübernahme im Vertrag, sondern auch auf die Flachdachrichtlinie (Ziff. 9.4). Insbesondere durfte sich der Gartenbauer nicht mit einer Überprüfung der auf der Dachfolie liegenden Schutzmatten zufrieden geben: Gerade weil Handwerker auf der Dachhaut tätig waren und somit die Gefahr einer mechanischen Beschädigung der Folie bestand, hätte der Gartenbauer die Folie selbst – entweder durch Sichtprüfung oder durch erneute Flutung des Daches – auf etwaige Schäden untersuchen müssen. Die Flachdachrichtlinien schreiben für „Problemfälle" vor, dass die Abdichtung sorgfältig geprüft werden muss. Eine Sichtkontrolle der darüber liegenden Schutzmatten reicht allerdings nicht aus. Das Gericht lässt offen, ob dem Unternehmer für einen etwaigen Mehraufwand bei der Dichtigkeitskontrolle möglicherweise eine Zusatzvergütung zusteht

Hinweis:
In solchen Situationen muss der Garten- und Landschaftsbauer dafür sorgen, dass der Baubeginn nahtlos an die Dichtigkeitsprüfung des Flachdaches anschließt. Fremde Handwerker haben danach auf dem Flachdach nichts mehr zu suchen. Das sollte der Unternehmer ausdrücklich im Vertrag regeln. Sind dann immer noch Handwerker auf der Dachhaut tätig und ergibt sich daraus die Gefahr einer Beschädigung, werden weitere Kontrollmaßnahmen notwendig, für deren Durchführung der Unternehmer dann eine gesonderte Vergütung verlangen kann.

Beispiel 4: VOB-Stelle Sachsen-Anhalt, 06/2000 - Fall 253
Es ergeht ein Auftrag zur Betonsanierung und -instandsetzung einer rund 10 Jahre alten Wehranlage. Dabei sind Mängel an den massiven Betonbauteilen in Form von Lunkern in Betonoberflächen bzw. Abplatzungen von Betonoberflächen sowie von durch Hydrationswärme entstandenen Rissen zu beseitigen. Als abschließende Oberflächenbeschichtung sieht das Leistungsverzeichnis (LV) einen Versiegelungsanstrich auf Acrylat-Basis vor. Wegen der anhaltenden Diskussionen der Fachwelt über die Verwendung von neuen Produkten bei Betonbeschichtungen lässt sich der Auftragnehmer (AN) vor dem Aufbringen des Versiegelungsanstrichs vom Baustoffhersteller und von einer Technischen Universität beraten. Das Ergebnis ist, dass der AN dem Auftraggeber (AG) ein anderes Versiegelungssystem in Form eines Epoxidharz-Systems vorschlägt, womit dieser einverstanden ist. Innerhalb der Gewährleistungsfrist zeigt sich, dass die Epoxidharz-Beschichtung nicht standhält, sondern abblättert bzw. abplatzt; auch an den verpressten Rissen zeigen sich Schäden. Eine namhafte Institution begutachtet die Mängel dahin, dass eine Versiegelung des Betons bereits im Zeitpunkt der Ausführung nicht mehr dem Stand der Technik entsprochen habe. Der AN erkennt das Gutachten an, entfernt die Epoxidharz-Beschichtung und stellt auch sonst auf seine Kosten einen ordnungsgemäßen Zustand her. Der AG begnügt sich damit aber nicht, sondern fordert unter Berufung auf § 13 Nr. 7 VOB/B eine Rückvergütung hinsichtlich der Epoxidharz-Beschichtung mit der Begründung, der Erfolg dieser Teilleistung sei ausgeblieben.

Der AG hat keinen Rückvergütungsanspruch, da § 13 Nr. 7 VOB/B generell ein Verschulden des AN voraussetzt und ein solches hier zu verneinen ist. Durch Einschalten von fachlich versierten Stellen und Ausführung nach dem Ergebnis von deren Beratung hat der AN seiner Sorgfaltspflicht genügt, was ein Verschulden ausschließt.

Hinweis:
Nachdem ein Verschulden des AN ausschied, brauchte sich der Ausschuss nicht mehr mit der Frage zu befassen, ob der AG seinen Anspruch auf einen der Tatbestände des § 13 Nr. 7 VOB/B stützen konnte. Absatz 1 wäre jedenfalls nicht einschlägig gewesen, da es nach den Gewährleistungsarbeiten des AN einen Schaden an der baulichen Anlage nicht mehr gab. Vielmehr handelt es sich um einen Vermögensschaden des AG, der unter Absatz 2 zu subsumieren ist (als „entfernterer Mangelfolgeschaden"). Buchstabe b (Mangel wegen Verstoßes gegen die anerkannten Regeln der Technik) wäre nicht unbedingt einschlägig gewesen, da der Stand der Technik den anerkannten Regeln der Technik vorauseilt. Ob ein Verschulden des AN als grobe Fahrlässigkeit im Sinne von Buchstabe a zu bewerten gewesen wäre, wäre von den Umständen abhängig gewesen. Buchstaben c und d wären wohl von vornherein nicht in Frage gekommen.

Beispiel 5: OLG Karlsruhe, Urteil vom 13.06.2002 - 9 U 153/01
Der Bauherr beauftragte einen Architekten mit Baugenehmigungsplanung, Ausführungsplanung (einschließlich Entwässerung) und Objektüberwachung. Des Weiteren beauftragte er einen Rohbauunternehmer mit der Herstellung des Kellers samt Drainage und Abdichtung. Nach Fertigstellung des Kellers tritt Wasser ein. Der Bauherr nimmt den Rohbauunternehmer auf Schadensersatz in Anspruch und verlangt Sanierungskosten von 43.000 Euro ersetzt.

Das OLG spricht ihm nur 30.000 Euro zu. Es kürzt den Schadensersatzanspruch zunächst um 3.000 Euro Sowieso-Kosten: In der Bau- und Leistungsbeschreibung, die der Bauherr dem Rohbauunternehmer an die Hand gegeben hat, heißt es, dass der Grundwasserstand wenigstens 100 cm unterhalb der Baugrubensohle liege; mit Schichtwasser oder drückendem Wasser sei nicht zu rechnen. Diese Annahme erweist sich als unrichtig. Nach Aushub der Baugrube bleibt Wasser auf der Baugrubensohle stehen. Es muss abgepumpt werden. Der Grundwasserstand liegt höher als angenommen. Um den Keller sicher aus dem Grundwasser herauszuheben, hätte die Bodenplatte um einen halben Meter angehoben werden müssen. Das hätte 3.000 Euro zusätzlich gekostet. Diese Mehrkosten hat der Bauherr zu tragen, denn sie wären auch dann angefallen, wenn der Bauunternehmer angesichts des Wasseranfalls sofort Bedenken angemeldet hätte. Das OLG kürzt den Schadensersatzanspruch des Bauherrn um weitere 10.000 Euro.

Begründung: Mitverschulden. Soweit nichts anderes vereinbart ist, muss der Bauherr dem Unternehmer die für die Ausführung nötigen Unterlagen, also eine funktionsfähige Planung, aushändigen (vgl. VOB/B § 3 Nr. 1). Daran fehlt es. Der Architekt hat den tatsächlichen Grundwasserstand nicht zutreffend ermittelt. Dieses planerische Fehlverhalten seines Architekten muss sich der Bauherr zurechnen lassen. Haften sowohl Architekt als auch Bauunternehmer für einen Bauschaden, ist das Ausmaß des Verschuldens beider Beteiligten gegeneinander abzuwägen. Im vorliegenden Fall trifft der größere Anteil den Rohbauunternehmer, weil er das Wasser in der Baugrube gesehen und deshalb allen Anlass gehabt hat, beim Bauherrn eine planerische Bewältigung der Situation einzufordern. Das Gericht lässt ihn drei Viertel des Schadens tragen, den Architekten nur ein Viertel. Dem Schadensersatzanspruch des Bauherrn kann der Unternehmer das eine Viertel Planungsverschulden des Architekten entgegen halten. Im Bereich der Planung ist der Architekt Erfüllungsgehilfe des Bauherrn.

Hinweis:
Es ist Aufgabe des Architekten, das Problem „Schutz gegen Wasser" zu lösen. Er muss das Abdichtungssystem so planen, dass ein Eindringen von Wasser in Kellerräume mit Sicherheit verhindert wird (vgl. OLG Düsseldorf, Urteil vom 20.08.2001 - 23 U 191/00) Der Bauunternehmer seinerseits muss beim Bauherrn Bedenken anmelden, wenn er erkennen muss, dass die Planung ungenügend ist. Nimmt der Bauherr den Unternehmer in Anspruch, muss er sich ein Planungsverschulden seines Architekten zurechnen lassen; sein Anspruch wird um den Haftungsanteil des Architekten gekürzt. Damit dem Bauherrn der gekürzte Teil des Schadens nicht endgültig zur Last fällt, kann er dem Architekten den Streit verkünden und ihn danach auf Zahlung seines Anteils in Anspruch nehmen.

Beispiel 6: OLG Köln, Urteil vom 30.01.2002 - 27 U 4/01
Bei der Ausführung von Handwerksarbeiten auf der Grundlage der VOB/B wird Steinmaterial durch Scheidarbeiten und Verschmutzungen beim Verfugen massiv verunreinigt. Der Auftraggeber hält das für einen „wesentlichen Mangel" im Sinne des § 13 Nr. 7 VOB/B und verlangt Schadensersatz.

Das Gericht teilt diese Auffassung nach der Auswertung von Fotos, die der Bauherr vorgelegt hat. Diese Fotos zeigen erhebliche optische Beeinträchtigungen, die sich auf die Wertschätzung bei der Veräußerung oder Vermietung des Gebäudes auswirken und damit zu einer Minderbewertung des Hauses führen. Hierbei handle es sich um den so genannten merkantilen Minderwert, der von § 13 Nr. 7 VOB/B umfasst werde.

Hinweis:
1. Der so genannte kleine Schadensersatz nach § 13 Nr. 7 Abs. 1 VOB/B setzt einen wesentlichen Mangel voraus, der zusätzlich auch die Gebrauchsfähigkeit erheblich beeinträchtigt. Die Gebrauchsfähigkeit wird dabei allgemein in einem technisch und wirtschaftlich umfassenden Sinne verstanden. Es geht also nicht nur um funktionale und optisch-gestalterische Merkmale und Eigenschaften, sondern auch um die Vermarktung der Objekte, d.h. um Verkauf und Vermietung. Wesentlich sind in diesem Zusammenhang alle optischen Mängel, die das ästhetische Empfinden bei Wahrnehmung aus betrachtungs- und gebrauchsüblichen Entfernungen bzw. Lichtverhältnissen bereits empfindlich stören und die in Bereichen bzw. an Bauteilen mit nicht lediglich völlig untergeordnetem optisch-gestalterischem Gewicht aufgetreten sind. Subjektiv werden solche Mängel in der Regel auch den Interessen des Auftraggebers an der Erreichung bestimmter gestalterischer Nutzungs- oder sonstiger ähnlicher Verwendungszwecke zuwider laufen.
2. Die Rechts- und Sachverständigenpraxis unterscheidet herkömmlicherweise – und zutreffend – verschiedene Arten von Minderwerten, die in ihrer Summe die schadensersatzrechtlich relevante Verkehrswertminderung ausmachen (können). Der so genannte technisch-wirtschaftliche Minderwert erfasst dabei das „Greifbare" und „Sichtbare" (insbesondere z. B. alle Funktions- und Gestaltungswertminderungen), der so genannte merkantile Minderwert dagegen psychologische Marktvorbehalte, die insbesondere an den Verdacht anknüpfen, nach einer Mangelbeseitigung könnten gegebenenfalls verborgene Schäden erneut auftreten. Im Rahmen dieser Systematik bewirkt ein optischer Mangel – anders als es das Gericht meint – keinen merkantilen Minderwert. Die Beurteilung merkantiler Minderwerte von Immobilien ist im Übrigen auch heute noch (insbesondere mangels statistisch verifizierter Bewertungsansätze) häufig sehr schwierig. Technisch-wirtschaftliche Wertminderungen werden dagegen von qualifizierten Sachverständigen in aller Regel erfolgreich und überzeugend nach der Zielbaummethode bewertet.

3. Die VOB 2002 wird an der rechtlichen Abwicklung optischer Mängel beim Schadensersatz nach § 13 Nr. 7 Abs. 1 VOB/B nichts ändern.

Beispiel 7: OLG Frankfurt, Urteil vom 01.03.2000 - 23 U 221/96
In einem Frankfurter Geschäft wird ein Teppich verlegt. Der Ladenbetreiber und Bauherr verspricht sich die Aufwertung seines Geschäfts und natürlich auch mehr Kunden. Als der Teppichleger fertig ist, stellt der Bauherr übel riechende Ausgasungen fest. Diese sind so penetrant, dass die Kunden nunmehr den Laden meiden. Er fordert den Teppichleger auf, Maßnahmen zur Nachbesserung zu ergreifen. Das lehnt der Teppichleger ab. Der Bauherr beauftragt einen Gutachter, um die Ursachen feststellen zu lassen. Dabei ergibt sich, dass es die Kombination von Kleber und Teppichboden ist, die diese übel riechenden Ausgasungen verursacht. Der Bauherr lässt den Teppichboden nunmehr durch einen Parkettboden ersetzen und verlangt Schadensersatz für Umsatzverluste? unnütz bezahlten Werklohn? Gutachterkosten? – insgesamt 280.000 DM. Der Teppichleger verteidigt sich wie folgt: Er sei ein einfacher Handwerker und habe die chemische Reaktion aus dem Zusammenwirken von Kleber und Teppichboden nicht vorhersehen können. Ihn treffe kein Verschulden.

Das sieht das OLG Frankfurt anders. Unstreitig ist die Werkleistung des Teppichlegers mangelhaft. Zwischen der gelieferten Auslegware und dem verwendeten Kleber bestand eine chemische Unverträglichkeit, die zu den übel riechenden Ausgasungen geführt hat. Weil der Teppichleger diesen Mangel auch verschuldet hat, muss er auch den gesamten Schaden einschließlich Folgeschäden ersetzen. Er hat nämlich die Herstelleranweisungen nicht beachtet. Auf dem Kleberbehälter war folgender Vermerk deutlich sichtbar aufgebracht: „Wir empfehlen durch ausreichende Eigenversuche festzustellen, ob das Produkt den jeweiligen Forderungen gerecht wird.“ Diese Empfehlung hat der Teppichleger fahrlässig missachtet. Hätte er in ausreichender Anzahl Eigenversuche durchgeführt, hätte er die Unverträglichkeit zwischen dem Kleber und dem Teppichboden festgestellt und diese Kombination nicht verwendet. Weil somit der Teppichleger den Mangel verschuldet hat, muss er sämtlichen daraus folgenden Schaden ersetzen, das gilt insbesondere für die Umsatzverluste.

Hinweis:
Der Fall bietet ein sehr anschauliches Beispiel für die Systematik unseres Gewährleistungsrechts. Hätte man dem Teppichleger kein Verschulden vorwerfen können, so hätte der Bauherr gleichwohl Gewährleistungsansprüche auf Nachbesserung oder Minderung gehabt. Er hätte aber den Schaden (insbesondere die Umsatzverluste des Geschäftsbetriebs) nicht ersetzt verlangen können. Für einen Schadensersatz ist grundsätzlich Verschulden erforderlich. Der Fall zeigt auch, welch hohe Anforderungen die Gerichte an die Sorgfaltspflicht aller Werkunternehmer stellen. Ein Verschulden ist regelmäßig gegeben, wenn der Unternehmer Empfehlungen bzw. Anweisungen des Herstellers nicht beachtet. Eine ganz andere Frage ist es, ob der Bauhandwerker Regressansprüche gegen den Lieferanten bzw. Hersteller des Klebers und der Auslegware hat. Hier kommen Ansprüche aus der Verletzung des Kaufvertrags und auch aus Produkthaftung in Betracht.

Beispiel 8: OLG München, Urteil vom 23.09.1998 - 27 U 425/97: BGH, Beschluss vom 27.07.2000 - VII ZR 429/98 (Revision nicht angenommen)
Ein Masseur (Bauherr) wollte für seine Praxis mit medizinischer Sauna ein Haus errichten. Der beauftragte Architekt erstellte mehrere Kostenermittlungen: Kostenschätzung im Rahmen der Vorplanung: zirka 2,09 Millionen DM netto, Angabe im Bauantrag: zirka 1,83 Millionen DM netto. Während der Ausführungsplanung: zirka 4,22 Millionen DM netto, auf Beanstandung, dass maximal 3 Millionen DM finanzierbar seien, neue Kostenberechnung: zirka 3,2 Millionen

DM netto. Das günstigste Generalunternehmerangebot lag dann bei 5,66 Millionen DM netto. Die Vereinbarung eines Kostenlimits mit 2 Millionen DM netto + 20 Prozent Toleranz konnte der Bauherr nicht beweisen. Die korrigierte Kostenermittlung mit zirka 3,2 Millionen DM wurde von der Bank als unrealistisch abgelehnt. Der Architekt beharrte auf der Richtigkeit seiner Kostenermittlung. Der Bauherr kündigte daraufhin den Architektenvertrag fristlos und verlangte für die von ihm getätigten Aufwendungen, die er im Vertrauen auf die ursprüngliche Kostenermittlung mit zirka 2,09 Millionen DM gemacht habe, Schadensersatz.

Der Bauherr behielt in allen Instanzen Recht. Bereits zur Grundlagenermittlung gehört die Klärung der wirtschaftlichen Möglichkeiten und der Vorstellungen des Bauherrn samt Überprüfung, ob beides in Einklang zu bringen ist. Der Architekt muss den Bauherrn bereits in der Leistungsphase 1 (Grundlagenermittlung) umfassend und richtig über die Kosten beraten. Auf den dem Architekten zustehenden Toleranzrahmen kam es nicht an, da die Überschreitung über 60 Prozent gegenüber der Kostenschätzung beträgt. Der Architekt hat seine vertragliche Hauptverpflichtung, die Kosten unter Berücksichtigung der wirtschaftlichen Möglichkeiten des Bauherrn richtig zu ermitteln, verletzt und sich dadurch gegenüber dem Bauherrn für den Schaden ersatzpflichtig gemacht.

Hinweis:
Die Grundpflichten im wirtschaftlichen Bereich werden von Architekten und Ingenieuren häufig missachtet, trotz des hohen Risikos im Hinblick auf den fehlenden Versicherungsschutz (Ziff. IV 2 BBR). Auch soweit kein Kostenlimit und keine Kostengarantie (äußerst selten) vereinbart werden, muss der Architekt bereits in der Leistungsphase 1 mit Verfeinerung in den folgenden Leistungsphasen die Wünsche des Bauherrn den anfallenden Kosten gegenüberstellen und dem Bauherrn eine klare Aussage über die Realisierbarkeit machen. Ein Toleranzrahmen besteht nur für nicht vorhersehbare Unwägbarkeiten

Beispiel 9: OLG Oldenburg, Urteil vom 16.06.1999 - 2 U 56/99
Bei einer 1983 hergestellten gepflasterten Hoffläche für Lkw-Verkehr zeigten sich muldenförmige Setzungen und Zerstörungen von Pflastersteinen. Durch einen Sachverständigen wurden solche Mängel auf 26 Prozent der gesamten Fläche festgestellt. Nach dem Gutachten lag der „Kardinalfehler“ in einem grob fehlerhaften Unterbau. Der Bauherr verlangt Mangelbeseitigungskosten von nahezu 400.000 Mark als Schadensersatz nach § 13 Nr. 7 VOB/B. Der Unternehmer, der jahrelang die Mangelbeseitigung verweigert hat, beruft sich auf Unverhältnismäßigkeit des Aufwandes.

Das OLG lässt keinen Zweifel, dass hier ein wesentlicher Mangel vorliegt, der zu erheblichen Funktionsbeeinträchtigungen sowie zu weiteren Folgeschäden führe. Der Kostenaufwand für die Mangelbeseitigung und der Sanierungserfolg würden deshalb unter Berücksichtigung aller Umstände des Einzelfalles in keinem unvernünftigen Missverhältnis stehen. Hieran ändere auch nichts, dass der Bauherr die Hoffläche seit langem – wohl oder übel – genutzt habe und Lkw auch eine unebene Fläche hätten befahren können. Der Unternehmer, der zudem lange Zeit unberechtigt die Mangelbeseitigung verweigere, könne sich auch dann nicht auf eine Vorteilsausgleichung (Abzug neu für alt) bei Herstellung eines neuen Pflasterbelages mit gegebenenfalls erhöhter Lebensdauer berufen, wenn der lange Zeitablauf teilweise auch durch eine zögerliche Sachbehandlung des Landgerichts eingetreten sei.

Hinweis:
Über die Beurteilung der Unverhältnismäßigkeit des Behebungsaufwandes ist in der letzten Zeit kontrovers diskutiert worden, wobei insbesondere einzelnen Sachverständigen von Juris-

ten zu Recht vorgehalten worden ist, von unzutreffenden Bewertungsmaßstäben auszugehen (dazu Quack, FS Vygen, 1999, 368, gegen Oswald, Hinzunehmende Unregelmäßigkeiten 1998, 105). Insbesondere fällt es Technikern erfahrungsgemäß schwer, in rechtlich vorgeprägten Regel-Ausnahme-Verhältnissen zu denken. Wenn ein Unternehmer Mängel „produziert" hat, dann geht es zuallererst immer um das Interesse des Bauherrn an einer Mangelbeseitigung. Erst sekundär kommt gegebenenfalls eine Werklohnminderung wegen eines unverhältnismäßig hohen Behebungsaufwandes in Betracht. Dessen ungeachtet lassen sich die insbesondere vom BGH entwickelten Beurteilungsmaßstäbe auch für die Sachverständigenpraxis systematisieren und in einen sachgerechten Ablaufplan bringen.

Beispiel 10: OLG Brandenburg, Urteil vom 14.01.1999 12 U 121/96:BGH, Beschluss vom 20.01.2000 - VII ZR 56/99 (Revision nicht angenommen)
Der Bauherr beauftragt den Maurer, an seinem Wohn- und Geschäftshaus ein Verblendmauerwerk anzubringen. Schon vor Abnahme und Schlussrechnung rügt der Bauherr Mängel: Die Steinqualität lasse zu wünschen übrig, der Steinverband sei nicht fachgerecht angeordnet, die Hinterlüftung sei funktionsunfähig. Es kommt zum Streit. Der Bauherr verweigert die Bezahlung der mittlerweile erteilten Schlussrechnung des Maurers über DM 65.000,- und verlangt im Gegenzug Zahlung von mehr als DM 200.000,-. Diese Kosten benötige er, um das fehlerhafte Verblendmauerwerk auszutauschen und durch ein neues zu ersetzen.

Das OLG Brandenburg gibt dem Bauherrn überwiegend Recht. Das Verblendmauerwerk weise eine Vielzahl von Mängeln auf, die nur durch eine völlige Neuherstellung des Mauerwerks beseitigt werden könnten. Beraten von einem Sachverständigen stellt das OLG fest, dass die verwendeten Steine fehlerhaft seien; sie wiesen Kalkeinschlüsse auf, die zu Abplatzungen führten; hierdurch werde die statisch erforderliche Mindestdicke der Steinaußenwände unzulässig verringert. Der Steinverband sei nicht in Ordnung: Stoß- und Lagerfugen seien unterschiedlich groß; das von DIN 1053 geforderte Überbindemaß werde auf wenigstens 20 % der Fläche unterschritten. Die Hinterlüftung sei ungenügend:Die erforderliche Luftschicht von mindestens 400 mm zwischen Außenseite Wärmedämmung und Innenseite Verblendmauerwerk sei wiederholt durch herausquellende Mörtelreste verringert; zudem sei die untere Luftzufuhr im Sockelbereich durch herabfallende Mörtelreste nahezu geschlossen. Der Sachverständige bezeichnet die Mängel als „irreparabel". Diesem Urteil schließt sich das OLG an. Der Bauherr habe dem Maurer zu Recht eine Frist zur Mängelbeseitigung gesetzt, der dieser nicht nachgekommen sei. Mit Fristablauf sei – ohne dass es auf eine Abnahme noch ankomme – ein „Abrechnungsverhältnis" entstanden, in das die beiderseitigen Aktiv- und Passivposten (Werklohn einerseits, Schadensersatzanspruch andererseits) einzustellen und zu „verrechnen" (nicht: aufzurechnen) seien. Da die Neuherstellung des Verblendmauerwerks DM 201.000,- koste, stünden dem Bauherrn – nach Abzug der restlichen Werklohnforderung von DM 65.000,- – noch DM 136.000,- zu.

Hinweis:
Die Abnahme ist ein wichtiger Scheidepunkt im zeitlichen Ablauf eines Bauvertrages: Der Werklohn wird fällig, aus Vertragserfüllungsansprüchen werden Gewährleistungsansprüche. Der auf Vertragserfüllung gerichtete Vertrag wandelt sich um in ein Abrechnungsverhältnis. Zunehmend setzt sich im Gerichtsalltag die Erkenntnis durch, dass auch ohne Abnahme ein solches Abrechnungsverhältnis entstehen kann, etwa wenn ein Vertragspartner den Bauvertrag kündigt oder in Konkurs fällt. Mittlerweile nehmen die Richter ein solches Abrechnungsverhältnis auch an, wenn der Auftraggeber seinem Auftragnehmer eine Frist zur Nachbesserung setzt und damit die Ankündigung verbindet, nach Fristablauf eine Nachbesserung durch den

Auftragnehmer abzulehnen. Denn mit Fristablauf entfällt der Nachbesserungsanspruch. Dem Auftraggeber steht fortan ein Geldanspruch zu. Es stehen sich restlicher Werklohn einerseits und Zahlungsansprüche des Auftraggebers andererseits (Minderung, Kostenvorschuss, Schadensersatz) gegenüber. Diese gegenseitigen Ansprüche sind als Aktiv- und Passivposten zu verrechnen. Ein Überschuss zugunsten der einen oder anderen Seite ist zu bezahlen. Diese Auffassung ist zu begrüßen, führt sie doch in aller Regel zu einer endgültigen Erledigung des Streits.

Beispiel 11: OLG München, Urteil vom 12.01.1999 – 13 U 6012/97:BGH, Beschluss vom 20.01.2000 - VII ZR 55/99 (Revision nicht angenommen)
Bei dem Neubau eines Wohnhauses in unmittelbarer Nähe eines Flusslaufes sollte der Keller gemäß den behördlichen Auflagen wegen der Lage in einem „Überschwemmungsgebiet" als „wasserdichte Wanne" ausgeführt werden. Der Bauherr hat dafür eine 30 cm dicke Bodenplatte vorgesehen, die der Bauunternehmer tatsächlich nur ca. 15-20 cm dick hergestellt hat. In der Bodenplatte traten Risse auf. Der Keller des Hauses, das seit Jahren im Rohbaustadium liegengeblieben ist, überschwemmte. Ein Sachverständiger stellte fest, dass Grundwasser schon bei normalen Verhältnissen ständig in Höhe der Bodenplatte des Kellers ansteht.

Das Gericht verurteilt den Unternehmer voll zum Ersatz der Kosten für den Abriss des Rohbaus und die Herstellung einer wasserdichten („weißen" oder „schwarzen") Wanne in Höhe von rd. DM 250.000,-. Der Bauherr brauche sich nicht mit einer – nach Sachverständigenbekundungen – mit Unsicherheiten behafteten Innensanierung zufrieden geben, weil hierdurch eine sichere und nachhaltige Mangelbeseitigung gerade nicht gewährleistet sei. Es komme auch nicht darauf an, ob am Gebäude zeitweise drückendes Wasser durch Grundwasser oder als Folge starker Regenfälle entstanden sei. Bei der dem Unternehmer bekannt problematischen Grund- und Hochwassersituation sei das Abweichen von den Vereinbarungen mit dem Bauherrn und den behördlichen Auflagen mindestens grob fahrlässig und schließe bereits deshalb den Einwand der unverhältnismäßig hohen Aufwendungen aus. Ferner sei auch das Ausmaß des Mangels beträchtlich, weil das Haus durch einen wasserdurchlässigen Keller massiv mängelbehaftet und im Wert gemindert sei. Ob der Unternehmer sich versichert habe, könne an der Beurteilung der Zumutbarkeit des Schadensersatzes nichts ändern.

Hinweis:
Ein Gebäude ohne druckwasserhaltenden Keller weist einen gravierenden Funktionsmangel auf. Wird eine den anerkannten Regeln der Bauwerksabdichtung entsprechende druckwasserhaltende Wanne nicht gleich ordnungsgemäß hergestellt, gerät der Bauherr u. U. sehr leicht in die Position eines „Dauer-Sanierungs-Versuchskaninchens". Merke: Mit Druckwasser auf Keller ist nicht zu spaßen! Hierbei ist es dem Wasser völlig egal, ob es als Grundwasser oder - wie es die neue DIN 18195 im Teil 6 vermutlich verharmlosend bezeichnen wird – als (wirklich nur?) temporär „aufstauendes Sickerwasser" drückt. Fazit: „Druckwasser-Schadensfälle" werden die Gerichte weiterhin beschäftigen. Mit dem „Segen des BGH" werden sich Bauunternehmer (und auch „Fehl-Planer") allerdings jetzt endgültig darauf einzustellen haben, dass die Mangelbeseitigung häufig kompromisslos nach dem Prinzip „Abriss und Neubauen" zu erfolgen hat.

Beispiel 12: OLG Celle, Urteil vom 23.12.1999 - 22 U 15/99
1990/91 wird in Weyhe bei Bremen ein unterkellertes Einfamilienhaus errichtet. Die Architektin schreibt für die Gebäudeabdichtung einen Isolierputz gegen nichtdrückendes Wasser mit Drainage aus. Das Bauunternehmen hat in der näheren und weiteren Umgebung seit 1983 zehn verschiedene Objekte realisiert und schlägt aufgrund entsprechender Erfahrungen vor, statt

Isolierputz und Drainage eine kostengünstige Dickbeschichtung zu verwenden. Architektin und Bauherren stimmen dem zu. Wegen ungünstiger Witterungsverhältnisse wird dann eine Beschichtung mit AIDA-Kiesol und AIDO-Elastoschlämme ausgeführt. Nach Bezug kommt es in den Jahren 1993 - 1995 zu Durchfeuchtungen des Kellers, weil zeitweilig Grundwasser über den Horizont der Kellersohle steigt. Die Bauherren verlangen vom Bauunternehmen im Klagewege Schadensersatz in Höhe von DM 32.000,- (verbunden mit einem Feststellungsantrag) für Mangelbeseitigungskosten und Folgeschäden.

Das OLG verurteilt das Bauunternehmen zu 2/3. Der Mangel der Wasserdurchlässigkeit der Kellerwand sei auf ein Verschulden des Bauunternehmens zurückzuführen. Es habe die Bauherren durch seinen Vorschlag dazu „veranlasst", letztlich den Keller nur durch die ausgeführte Beschichtung abdichten zu lassen. Allein aufgrund von Erfahrungen mit Baumaßnahmen in der Nachbarschaft habe das Bauunternehmen die ausgeführte Abdichtung, die nur gegen nichtdrückendes Wasser wirksam sei, nicht „empfehlen" dürfen. Vielmehr hätte das Bauunternehmen sich über die konkreten Bodenverhältnisse vergewissern müssen, ehe ein solcher „Vorschlag" gemacht wird. Die Architektin hafte zu 1/3, weil es einen schwerwiegenden Fehler darstelle, eine Abdichtung gegen Außenfeuchte zu planen, ohne sich über die Bodenverhältnisse Klarheit zu verschaffen. Insoweit könne das Bauunternehmen ein Mitverschulden der Bauherren einwenden. Bei der Abwägung der Verursachungsbeiträge falle ins Gewicht, dass sich das Bauunternehmen „in die Planung eingemischt" und eine „noch weniger wirksame Maßnahme" als diejenige vorgeschlagen habe, die die Architektin vorgesehen hatte.

Hinweis:
Das Urteil überzeugt nicht. Der treusorgende Geschäftsführer des Bauunternehmens macht sich Gedanken um die Geldbörse seiner Auftraggeber mit einem Alternativvorschlag. Sodann wird ihm dies zum Verhängnis, weil LG und OLG die Pflichtenkreise der Baubeteiligten verkennen. Nach h. M. hat der Bauherr dem Bauunternehmen eine einwandfreie Planung zur Verfügung zu stellen (Soergel, ZfBR 95, 165). Planung ist Sache des Bauherrn. Sie blieb es auch hier. Das Gericht bleibt die Erklärung schuldig, weshalb aus einem Vorschlag, der zur Entscheidung des Bauherrn gestellt wird, eine Einmischung in die Planung wird. Bezeichnenderweise wird an anderer Stelle im Urteil nur von einer Empfehlung bzw. von einem Vorschlag gesprochen. Den Bauunternehmen kann nach diesem Urteil nur geraten werden, sich mit gutmeinenden Alternativvorschlägen zurückzuhalten. Stattdessen ist auf „Boden-Alarmsignale" zu achten, ggf. sind Bedenken anzumelden und Nachträge zu stellen.

Beispiel 13: OLG Düsseldorf, Urteil vom 23.07.1999 - 22 U 12/99
Eine Tragkonstruktion aus massivem Bauholz ist für einen Wintergarten ungeeignet. Zu dieser Feststellung kam das OLG Düsseldorf bereits in seinem Urteil vom 11.10.1998. Deshalb verurteilt es den Zimmermann, an den Bauherrn einen Vorschuss von DM 30.000,- auf die voraussichtlichen Kosten der Mängelbeseitigung zu bezahlen. Jetzt verlangt der Bauherr einen Nachschlag: weitere DM 47.000,-. Zur Begründung führt er an: Laut Angebot eines Ersatzunternehmers benötige er für den Austausch der Holzkonstruktion insgesamt DM 67.000,-, für die Erneuerung des Teppichbodens, der im Zuge der früheren Wassereintritte Schaden genommen habe, nochmals DM 10.000,-, also insgesamt DM 77.000,-. DM 30.000,- habe der Zimmermann bereits bezahlt. Weitere DM 47.000,- sind im Streit.

Mit seiner weitergehenden Forderung dringt der Bauherr nicht durch. Das OLG spricht dem Bauherrn zwar nicht generell das Recht ab, einen Nachschlag auf den früher geforderten und ihm zugesprochenen Vorschuss zu verlangen. Im vorliegenden Fall sei das vorgelegte Angebot aber zu ungenau. Das Gericht könne nicht überprüfen, ob die angebotenen Leistungen zur

Mängelbeseitigung notwendig seien und dem entsprächen, was der Zimmermann aufgrund des Ursprungsvertrages liefern musste. Das Angebot enthalte keine Mengenberechnungen und keine Einheitspreise. Bei vielen Positionen sei nicht plausibel, dass die Arbeiten wirklich nötig seien. Der Bauherr müsse einen bezahlten Vorschuss abrechnen; Überschüsse in der einen oder anderen Richtung seien auszugleichen. Unwesentliche Überschreitungen der voraussichtlichen Mängelbeseitigungskosten über den bezahlten Vorschuss hinaus habe der Bauherr vorzustrecken und könne er erst nach Abschluss der Mängelbeseitigung erstattet verlangen. Die Kosten für den Austausch des Teppichbodens könne der Bauherr ohnehin nicht im Wege eines Kostenvorschusses geltend machen; dies sei vielmehr ein „Mangelfolgeschaden", der nach Schadensersatzrecht ausgeglichen werden müsse.

Hinweis:
Gerade im Hinblick darauf, dass der Auftraggeber einen Vorschuss zur Mängelbeseitigung später abrechnen muss, stellen die Gerichte häufig keine besonders strengen Anforderungen an die Ausführungen des Auftraggebers zur Höhe des begehrten Vorschusses. Nötig ist aber, dass der Auftraggeber darlegt, welche Nacharbeiten seiner Ansicht nach erforderlich sind und welche Kosten voraussichtlich hierfür anfallen werden. Bloß allgemein gehaltene Angaben reichen hierzu nicht aus.

4 Verjährungsprobleme

4.1 Verjährung der Ansprüche nach § 13 VOB Teil B 2002

§ 13 Nr. 4 VOB/B bestimmt folgende Regelverjährungsfristen wenn vertraglich nichts anderes vereinbart ist:

- vier Jahre für Bauwerke
- zwei Jahre für Arbeiten an einem Grundstück und für die vom Feuer berührten Teile von Feuerungsanlagen; abweichend davon gilt für feuerberührte und abgasdämmende Teile von industriellen Feuerungsanlagen ein Jahr
- bei maschinellen und elektronischen Anlagen oder Teilen davon, bei denen die Wartung Einfluss auf die Sicherheit und Funktionsfähigkeit hat 2 Jahre, wenn der Auftraggeber sich dafür entschieden hat, dem Auftragnehmer die Wartung für die Dauer der Verjährungsfrist nicht zu übertragen.

Die Frist beginnt mit der Abnahme der gesamten Leistung; nur für in sich geschlossene Teile der Leistung beginnt sie mit der Teilabnahme (§ 12 Nr. 2).

Ergänzend bestimmt § 13 Nr. 5 Abs. 1 Satz 1 VOB/B, dass der Auftragnehmer alle während der Verjährungsfrist hervortretenden Mängel, die in seinen Verantwortungsbereich fallen, zu beseitigen hat, wenn es der Auftraggeber vor Ablauf der Frist schriftlich verlangt. Oft wir verkannt, dass die erste schriftliche Rüge zu der Unterbrechung der Verjährungsfrist führt. Zu Beweiszwecken sollte die erste schriftliche Mängelrüge als einschreiben mit Rückschein/Telefax erfolgen.

Beispiel 1: Die ersten zwei Mängelrügen erfolgen als einfache Schreiben. die dritte Rüge mit Nachfristsetzung einige Monate später als Einschreiben mit Rückschein. Man weiß nie, ob die beiden ersten Schreiben dem Auftragnehmer überhaupt zugegangen sind bzw. dieser im Prozess den Zugang bestreiten wird. In solchen Fällen ist die Fristberechnung deshalb sehr unsicher.

Außerdem: Die Mängelrüge muss gegenüber dem Auftragnehmer selbst erfolgen.

Beispiel 2: Der Auftragnehmer befindet sich in Konkurs; glücklicherweise verfügt der Auftraggeber über eine Gewährleistungsbürgschaft. Vor Ablauf der Gewährleistungsfrist rügt der Auftraggeber Mängel gegenüber der Bank und fordert diese zur Zahlung auf. Die Mängelrüge gegenüber der Bank hat keine Wirkungen. Insbesondere unterbricht diese Mängelrüge nicht die Verjährung. Die Bank kann also getrost den Ablauf der Verjährungsfrist abwarten. Hat der Auftraggeber hingegen rechtzeitig vor Ablauf der Frist Mängel gegenüber dem Auftragnehmer gerügt, dann bleibt ihm die Mängeleinrede auch nach eingetretener Verjährung gegenüber dem Restzahlungsanspruch des Auftragnehmers erhalten. In diesem Fall kann der Auftraggeber sogar eine noch vorhandene Gewährleistungsbürgschaft zurückhalten und sich aus einer solchen Bürgschaft befriedigen, obwohl seine Gewährleistungsrechte an sich verjährt sind.

Die Nachbesserungsarbeiten unterliegen ihrerseits einer eigenständigen zweijährigen Verjährung, § 13 Nr. 5 Abs. 1 Satz 3 VOB/B. Ist die VOB/B nicht als Ganzes vereinbart. so hält das OLG Hamm diese Bestimmung für unwirksam. Denn das gesetzliche Werksvertragsrecht kenne keine eigenständige Verjährungsfrist für Nachbesserungsarbeiten. Die Nachbesserungsleistung muss gesondert abgenommen werden; erst mit der Abnahme beginnt die neue, zweijährige Verjährungsfrist für Mängelbeseitigungsleistung. Diese kann durch schriftliche Rüge erneut unterbrochen werden. In der Regel wird bei den Nachbesserungsarbeiten eine stillschweigende Abnahme vorliegen. Wird jedoch auch für die Nachbesserungsarbeiten eine förmliche Abnahme vereinbart, so beginnt die neue Verjährungsfrist erst mit dieser förmlichen Abnahme.

4.2 BGB-Werkvertrag

Beim BGB-Werkvertrag beträgt die Gewährleistungsfrist fünf Jahre. Eine schriftliche Mängelrüge unterbricht die Verjährungsfrist hier – anders als beim VOB-Vertrag – nicht.

Auch Nachbesserungsarbeiten unterliegen beim BGB Vertrag keiner gesonderten Verjährung.

4.3 Regelfrist

Die „reine VOB-Gewährleistung", also die lediglich ,zweijährige Verjährungsfrist für Baumängel, kommt in der Praxis kaum vor.

Wie sich unmittelbar aus § 13 Nr. 4 Satz 1 VOB/B ergibt, ist es auch ohne weiteres zulässig, die zweijährige Regelfrist der VOB zu verlängern, z. B. auf die fünfjährige Verjährungsfrist gem. § 638 Abs.1 BGB oder gar auf eine Frist von 5 Jahren und 4 Wochen. Allerdings muss im Einzelfall darauf geachtet werden. ob tatsächlich eine VOB-Gewährleistung mit entsprechend verlängerter Frist vereinbart wurde oder, was auch nicht selten vorkommt. eine „BGB-Gewährleistung", bei der die Gewährleistungsansprüche des Auftraggebers sich nach den Regeln des BGB und nicht der VOB/B richten.

Nach zutreffender Auffassung stellt eine Verlängerung der VOB-Gewährleistungsfrist auch keinen Eingriff in den Kernbereich der VOB/B dar.

Liegt der Fall vor, dass im Bauvertrag die Gewährleistung nach den Regeln der VOB/B vereinbart wurde, die Verjährungsfrist aber – z. B. – fünf Jahre betragen soll. dann wird auch die Regelung des § 13 Nr. 1 Abs. 1 Satz 2 VOB/B verständlich. Denn hiernach verjährt der Mängelbeseitigungsanspruch mit Ablauf der Regelfristen der Nr. 4, gerechnet vom Zugang des schriftlichen Verlangens an, jedoch nicht vor Ablauf der vereinbarten Frist. Hieraus ergibt sich, dass durch die (erste) schriftliche Mängelrüge lediglich die zweijährige Regelfrist erneut in Gang gesetzt wird, und zwar auch dann, wenn eine z. B. fünfjährige Verjährungsfrist vereinbart wurde. Wird in einem solchen Fall also z. B. zwei Jahre nach der Abnahme ein Mangel schriftlich gerügt, dann unterbricht diese schriftlichte Mängelrüge die Verjährungsfrist, allerdings nur mit der Folge, dass die zweijährige Regelfrist erneut läuft, die Verjährung also nach ca. vier ,Jahren eintreten würde. Da die Verjährung jedoch nicht vor Ablauf der vereinbarten Frist (von fünf Jahren) eintreten kann, bleibt in solchen Fällen die Unterbrechung durch schriftliche Mängelrüge also letztlich wirkungslos.

Hinweis:
Will der Auftraggeber erreichen, dass nicht nur die (ursprüngliche) Verjährungsfrist für Gewährleistungsansprüche fünf Jahre beträgt, sondern auch die Gewährleistungsfrist für Nachbesserungsarbeiten (gem. §13 Nr.5 Abs.1 Satz 3 VOB/B), so muss dies im Vertrag ausdrücklich vereinbart werden. Die bloße Vereinbarung im VOB/B-Vertrag, dass die Verjährungsfrist für Gewährleistungsansprüche fünf Jahre betrage, erfasst nur die ursprünglichen Gewährleistungsansprüche, nicht die Gewährleistungsansprüche aus fehlgeschlagenen Nachbesserungsarbeiten.

4.4 Qualitätskontrolle und dreißigjährige Haftung

Verschweigt der Auftragnehmer einen Mangel arglistig, so beträgt die Verjährungsfrist nicht 2 oder 5, sondern 30 Jahre. Arglist setzt grundsätzlich vorsätzliches handeln des Auftragnehmers voraus. Nach neuerer BGH Rechtssprechung greift jedoch auch dann die dreißigjährige Haftung ein, wenn der Auftragnehmer in seinem Betrieb nicht organisatorisch sicherstellt, dass im Rahmen einer Qualitätskontrolle vor der Abnahme Mängel festgestellt werden.

Konkreter Fall:
Der Auftragnehmer errichtet 1978 eine Scheune aus Spannbeton-Fertigteilen, die 1998 teilweise einstürzte. Der Grund lag darin, dass die Pfetten des Flachdachs nicht ausreichend auf den Konsolen auflagen, was vor oder während der Abnahme niemand vom Auftragnehmer kontrolliert hatte, aber ohne weiteres erkennbar gewesen war. Der BGH verneinte die Verjährung. Ähnlich jetzt OLG Köln für eine mangelhafte Organisation des Herstellerprozesses und OLG Oldenburg wiederum zur mangelhaften Betriebsorganisation unter besonderer Berücksichtigung der Überwachung des Herstellungsprozesses und der Qualitätsprüfung vor Abnahme. Auch das OLG Stuttgart hat in einem Urteil eine 30-jährige Haftung des Auftragnehmers bestätigt, der nach Meinung des Gerichts keine ausreichende Qualitätskontrolle bei der Herstellung von Spannbetonplatten sichergestellt hatte, so dass offenkundige Mängel unentdeckt blieben.

4.5 Hemmung und Unterbrechung der Verjährungsfrist durch Untersuchung und Nachbesserung

Hemmung bedeutet, dass die Frist, während derer die Verjährung des Anspruchs gehemmt ist, der Verjährungsfrist (neu) hinzugerechnet wird.

Beispiel: Die Verjährung wird für einen Monat gehemmt. Die Verjährungsfrist beträgt dann zwei Jahre und einen Monat. § 639 Abs. 2 BGB bestimmt, dass die Verjährungsfrist so lange gehemmt ist, wie der Auftragnehmer auf Veranlassung des Auftraggebers angezeigte Mängel überprüft und bis er das Ergebnis seiner Überprüfung dem Auftraggeber mitteilt. Von der Hemmung zu unterscheiden ist die Unterbrechung der Verjährung. Unterbrechung bedeutet, dass ab dem Zeitpunkt der Unterbrechung die volle Verjährungsfrist erneut läuft.

Beispiele für die Verjährungsunterbrechung:

a) die schriftliche Mängelrüge nach §13 Nr.5 VOB/B; mit Zugang der schriftlichen Mängelrüge beginnt die zweijährige Verjährungsfrist erneut.
b) Wenn der Auftragnehmer seine Gewährleistungspflicht ausdrücklich anerkennt, wird ebenfalls die Verjährungsfrist unterbrochen.
c) Weitere Möglichkeit: Einleitung eines gerichtlichen Beweisverfahrens. Erst nach Abschluss des Verfahrens beginnt die neue Verjährungsfrist. Hemmung und Unterbrechung können sogar gleichzeitig eintreten. Die neue Verjährungsfrist wird dann ab Ende der Hemmung berechnet. Aber: Leitet der AN das Verfahren selbst ein, dann wird die Frist regelmäßig weder unterbrochen noch gehemmt.

4.6 Verzicht auf die Einrede der Verjährung

Der Verzicht auf die Einrede der Verjährung führt dazu, dass die Verjährung zwar möglicherweise eintritt, der Auftragnehmer sich hierauf aber nicht berufen darf, weil er auf die Einrede

Verzichtet hat. Der Sinn und Zweck besteht regelmäßig darin, dass Verhandlungen über Gewährleistungsprobleme nicht unter Zeitdruck geraten im Hinblick auf den kurz bevorstehenden Verjährungseintritt. Ein Rechtsstreit oder Beweissicherungsverfahren kann dann häufig zunächst vermieden werden. Der Auftragnehmer sollte einen Verzicht auf Einrede der Verjährung aber niemals voreilig oder gar unbefristet abgeben, sondern allenfalls befristet auf eine solche Zeit, innerhalb derer normalerweise eine Klärung herbeigeführt werden kann. Sind die Verhandlungen dann immer noch nicht abgeschlossen, kann der Verzicht nötigenfalls auch verlängert werden.

Fallbeispiele:

Beispiel 1: OLG Bamberg, Urteil vom 31.05.2001 - 1 U 20/00
Der Auftraggeber (AG) beauftragt einen Auftragnehmer (AN) 1983 mit der Erstellung einer Heizungsanlage. Im Leistungsverzeichnis sind hierfür nahtlose Stahlrohre vorgesehen. Der AN lässt durch seinen Subunternehmer (SubU) jedoch ab den Unterverteilern nicht diffusionsdichte Kunststoffrohre einbauen, was zur Verschlammung der Anlage führt. Nach Abnahme 1984 „impft" der AN das Heizungssystem mit sauerstoffbindenden Zusätzen, nachdem der AG ein entsprechendes Privatgutachten vorgelegt hat. Im Jahre 1998 wechselt der AG die angeblich arglistig verschwiegenen Kunststoffrohre gegen Stahlrohre aus und verlangt Sanierungskosten von knapp 300.000 DM. Der AN beruft sich auf Verjährung. Die Verwendung der billigeren Kunststoffrohre sei besprochen worden, zudem sei dem AG ein geringerer Materialpreis gutgeschrieben worden.

Das OLG weist die Klage aufgrund Verjährung ab. Die Darlegungs- und Beweislast für arglistiges Verschweigen trifft den AG. Zwar kann der AN nicht mehr beweisen, dass der AG mit der Verwendung der Rohre aus Kunststoff einverstanden gewesen war. Er kann jedoch auch ohne Vorlage des Bautagebuches, der Besprechungsprotokolle und der Schlussrechnung (Gutschrift des Materialminderpreises) durch Zeugen nachweisen, dass dem AG die Leistungsabweichung bekannt war. Oberbauleiter und Bauleiter erinnern sich daran, dass das abweichende Material bereits in der Planung mehrfach diskutiert und nachher vom AG gebilligt wurde. Ein Haustechniker bestätigt, dass er damals bei Herstellung von beiden Seiten gehört habe, der AG habe die Kunststoffrohre akzeptiert. Schließlich erinnert sich der SubU konkret daran, dass er dem AN und dem AG das Anschlussstück vom Kunststoffrohr an die Heizkörper auf der Baustelle vorgestellt hat. Diese Zeugenaussagen genügen dem OLG in der Beweiswürdigung, um ein bewusstes Verschweigen des Materialwechsels durch den AN abzulehnen.

Hinweis:
Der BGH hat beim arbeitsteilig organisierten AN entschieden, dass es einem arglistigen Verschweigen gleichsteht, wenn der AN auf der Baustelle nicht die organisatorischen Voraussetzungen schafft, um sachgerecht beurteilen zu können, ob die Bauleistung bei Ablieferung mangelfrei ist. Hierdurch soll verhindert werden, dass sich der AN durch geschickten Personaleinsatz unwissend hält. Er muss sich nämlich nur das Wissen weniger Personen (Geschäftsführer, Subunternehmer, Bauleiter usw.) zurechnen lassen. Auf diese Rechtsprechung kommt es jedoch nicht an, wenn der Mangel bei Abnahme allseits bekannt war. Die Entscheidung zeigt, dass ausreichende Beweismittel für den AN auch nach vielen Jahren von erheblicher Bedeutung sind. Bautagebücher, Protokolle und Schriftverkehr sollten daher in eigenem Interesse archiviert werden. Trost spendet da nur die Schuldrechtsreform. Die Verjährungsfrist bei Arglist wird auf drei Jahre ab Kenntnis, unabhängig von der Kenntnis auf zehn Jahre verkürzt.

Beispiel 2: BGH, Urteil vom 28.11.2002 – VII ZR 4/00
Bauherr und Generalunternehmer (GU) stritten in erster Instanz um einen relativ geringfügigen Betrag; der in zweiter Instanz tätige Anwalt empfahl dem Bauherren eine sorgfältige Untersuchung des Gesamtobjektes. Dabei stellten sich bisher nicht erkannte Mängel im Kellerabdichtungsbereich heraus, deren Sanierungsaufwand die Restwerklohnforderung um ein Vielfaches überschritt. Nach einer umfassenden Beweisaufnahme wies das OLG die in zweiter Instanz erstmalig geltend gemachten Schadensersatzansprüche als verjährt zurück.

Leider ohne Prüfung der heftig umstrittenen Frage der Einbeziehung der VOB/B gab der BGH der Revision im Zusammenhang mit der Gewährleistungsfrist statt; die Frage des ebenfalls eingewandten Organisationsverschuldens wurde nicht vertieft. Der BGH sieht einen so starken Eingriff in den Kernbereich der VOB/B, dass diese nicht mehr „als Ganzes" vereinbart ist. In der Klausel, wonach Sonderwünsche nur bis zur Werkplanung auf der Basis einer gesonderten Vereinbarung möglich seien, liege ein Verstoß gegen § 1 Nr. 3 VOB/B. Die Beschränkung, Kündigungen nur aus wichtigem Grund auszusprechen, verstoße gegen § 8 Nr. 1 Abs. 1 VOB/B; die weitere Klausel, wonach Bauleistungen im Falle der Kündigung nach Einheitspreisen abzurechnen sind, verstoße gegen die Verpflichtung, beim gekündigten Pauschalpreisvertrag die Höhe der Teilvergütung im Verhältnis des Werts der Gesamtleistung zu ermitteln. Dies gelte auch für die Vorgabe, erbrachte Architektenleistungen nach HOAI abzurechnen. All dies führe zu einem Eingriff in den Kernbereich der VOB/B mit der Folge, dass die in § 13 Nr. 4 VOB/B enthaltene zweijährige Gewährleistungsfrist der isolierten Inhaltskontrolle nach dem AGB-Gesetz nicht standhalte.

Hinweis:
Die Entscheidung ist zutreffend; aus rechtlichen Gründen war der BGH nicht veranlasst, sich mit der Frage der Einbeziehung der VOB/B und der Frage des Organisationsverschuldens zu beschäftigen. Sie bestätigt die Tendenz des BGH, den „Eingriff" in den Kernbereich der VOB/B und die damit zusammenhängende isolierte Inhaltskontrolle noch verbraucherfreundlicher zu gestalten - dies zu Recht, denn die mit den angegriffenen Klauseln verbundene Problematik ist für einen Bauherrn ohne spezielle juristische Kompetenz nicht erkennbar. Im Sinne fairer Partnerschaft sollten GU auf derartige Klauseln verzichten; der Bauherr hätte sich viel Geld, Zeit und Ärger sparen können, wenn er während der Bauzeit, spätestens aber bei der Abnahme einen wirklich kompetenten Fachmann zur technischen Prüfung hinzugezogen hätte, aufgrund dessen Empfehlung er vor allem die sehr aufwändigen Abdichtungsmängel in jedem Falle rechtzeitig hätte rügen können. Angesichts der zwischenzeitlich eingetretenen Insolvenz des GU sind die interessanten Rechtsfragen ohnehin nur noch akademischer Art.

Beispiel 3: OLG Brandenburg, Urteil vom 30.06.1999 - 13 U 141/98
Der Bauunternehmer (AN) hat den Betonboden in der Kfz-Werkstatt des Bauherrn (AG) mangelhaft hergestellt. Der AG behauptet, der AN sei von der maßgeblichen Planung abgewichen, was letztlich zur Bildung von Rissen und Hohllagen im Estrich geführt habe. Die Parteien haben die Geltung der VOB/B vereinbart. Die Abnahme der Bauleistungen erfolgte im Februar 1994. Mit der im Februar 1998 eingereichten Klage verlangt der AG als Schadensersatz den Betrag, der zur Sanierung des Bodens aufzuwenden ist.

Die Klage auf Zahlung von DM 32.000,- wird wegen Verjährung abgewiesen. Der vom AG geltend gemachte Schadensersatzanspruch verjähre gem. § 13 Nr. 4 VOB/B in zwei Jahren. Die Voraussetzungen für eine 30-jährige Verjährung, die in Betracht komme, wenn der AN den Mangel arglistig verschwiegen hat oder die Überwachung und Prüfung des Werkes nicht oder nicht richtig organisiert hat und der Mangel bei richtiger Organisation entdeckt worden wäre, seien vom AG nicht dargetan. Zwar könne auch die Art des Mangels ein Indiz für eine fehlende oder grob fehlerhafte Organisation beim AN sein. Dies gelte jedoch nur für besonders gravierende, offensichtliche Mängel. Dabei dürfe die Indizwirkung selbst eines solchen Mangels nicht überspannt werden, da fast jeder Baumangel bei einer besseren Kontrolle des Herstellungsprozesses vermeidbar wäre. Der AG habe daher das Vorliegen eines besonders gravierenden Mangels, dessen Art und Umfang auf ein erhebliches Fehlverhalten des AN bei der Organisation der Bauausführung schließen lässt, das in seinen wesentlichen Auswirkungen und von der Rechtsfolgenseite her mit einem arglistigen Verhalten gleichgestellt werden kann, darzutun. Dem genüge der Vortrag des AG hier nicht. Der AN habe den vorhandenen Baumangel zwar zu vertreten, dieser indiziere jedoch kein schwerwiegendes bewusstes Versäumnis bei der Überwachung der Bauausführung.

Hinweis:
Die 30-jährige Verjährung von Gewährleistungsansprüchen entsprechend § 638 Abs. 1 Satz 1 BGB ist der Ausnahmefall. Die Rspr. stellt zu Recht hohe Anforderungen. Das OLG Stuttgart hat die 30-jährige Verjährung wegen Organisationsverschuldens angenommen in einem Fall, wo Spannbetondeckenplatten lediglich eine Betongüte von B 25 statt der nach der Zulassung geforderten Mindestbetongüte von B 45 aufwiesen, so dass die volle Tragfähigkeit der Platten nicht gewährleistet war. Hingegen hat das OLG München arglistiges Verschweigen von Mängeln und Organisationsverschulden bei mangelhafter Verdichtung des Untergrundes im Rahmen von Straßenbauarbeiten verneint.

Beispiel 4: OLG Brandenburg, Urteil vom 30.06.1999 - 13 U 141
Der Bauunternehmer hat den Betonboden in der Kfz-Werkstatt des Bauherrn – mangelhaft – hergestellt. Vereinbart war die VOB/B. Die Abnahme erfolgte im Februar 1994. Im Vorprozess auf Zahlung restlichen Werklohnes in Anspruch genommen, rechnete der Bauherr hilfsweise mit einem Schadensersatzanspruch in Höhe von DM 42.000,- auf. Dieser Betrag ist zur Sanierung des Bodens aufzuwenden. Die Klage des Bauunternehmers wurde abgewiesen, da seine Forderung, die lediglich in Höhe von DM 10.000,- bestand, durch die Aufrechnung erlosch. Das Urteil im Vorprozess wurde dem Bauherrn am 16.06.1997 zugestellt. Mit der am 27.02.1998 eingereichten Klage verfolgte der Bauherr seinen Schadensersatzanspruch – soweit nicht durch Aufrechnung verbraucht – in Höhe von DM 32.000,- weiter.

Die Klage wird wegen Verjährung abgewiesen. Der geltend gemachte Schadensersatzanspruch verjähre gem. § 13 Nr. 4 VOB/B innerhalb von zwei Jahren. Ein Anspruch aus positiver Vertragsverletzung, der der 30-jährigen Verjährungsfrist unterfallen könnte, liege nicht vor. Der Bauherr verlange Erstattung der Kosten für den Abbruch und Neuaufbau des fehlerhaft hergestellten Bodens und mache damit keinen Mangelfolgeschaden geltend. Ein solcher setze Nachteile voraus, die dem Auftraggeber außerhalb des zu erbringenden Werkes erwachsen. Durch die (hilfsweise) Aufrechnung sei die Verjährung zwar zunächst insgesamt unterbrochen worden (§ 209 Abs. 2 Nr. 3 BGB). Die Wirkung der Unterbrechung sei jedoch entfallen, da nicht innerhalb von sechs Monaten nach rechtskräftiger Entscheidung des Vorprozesses Klage erhoben wurde (§ 215 Abs. 2 BGB).

Hinweis:
Im Bereich der VOB/B spielt die Unterscheidung zwischen engem und entfernterem Mangelfolgeschaden – beim BGB-Werkvertrag Abgrenzungskriterium zwischen kurzer und 30-jähriger Verjährung – eine praktisch geringe Rolle. Sämtliche Mangelfolgeschäden unterliegen grundsätzlich der Verjährungsfrist des § 13 Nr. 4 VOB/B, sofern sie ihre Grundlage in der Bauleistung selbst haben. Eine Ausnahme gilt für entferntere Mangelfolgeschäden, die unter

§ 13 Nr. 7 Abs. 2 VOB/B fallen und bezüglich derer Versicherungsschutz für den Auftragnehmer bestand oder hätte eingedeckt werden können. Insoweit gilt die gesetzliche (30-jährige) Verjährungsfrist (§ 13 Nr. 7 Abs. 3 VOB/B). Mangelbeseitigungskosten können nach der Rechtsprechung des BGH als Schaden gem. § 13 Nr. 7 Abs. 1 VOB/B geltend gemacht werden, sofern der Bauherr zunächst erfolglos zur Beseitigung des Mangels aufgefordert hat. Zu beachten ist, dass die (hilfsweise) Aufrechnung - genauso wie die Streitverkündung - zwar die Verjährung unterbricht. Diese Unterbrechungswirkung entfällt jedoch, wird nicht innerhalb von sechs Monaten nach rechtskräftiger Entscheidung des Vorprozesses Folgeklage erhoben.

Beispiel 5: OLG Düsseldorf, Urteil vom 21.08.1998 - 22 U 28/98
Die Bauträgerin bestellt 1991 bei der Herstellerfirma 14 Stahlbetonfertiggaragen, welche für ein Bauvorhaben der Bauträgerin bestimmt sind. Hinsichtlich der Gewährleistung übernimmt die Herstellerin Gewährleistung für die Konstruktion der Garagen, nach BGB fünf Jahre, für alle anderen Arbeiten wie Anstrich, Dacheindeckung, bewegliche Teile (Tor) usw. nach VOB zwei Jahre. Nach Ablauf der Zwei-Jahres-Frist, jedoch noch vor Ablauf der Fünf-Jahres-Frist tritt durch Risse in den Decken und Außenwänden Feuchtigkeit in die Garagen ein, deren Sanierung laut Sachverständigengutachten DM 32.810,- erfordert. Dieser Betrag wird von der Bauträgerin der Herstellerin gegenüber gerichtlich geltend gemacht.

Die Klage hat keinen Erfolg, da etwaige Gewährleistungsansprüche der Bauträgerin wegen dieser Mängel aufgrund der vertraglichen Vereinbarungen verjährt sind. Die Mängel der Garagen, für deren Beseitigung die Bauträgerin die Mängelbeseitigungskosten ersetzt verlangt, unterliegen der zweijährigen Verjährungsfrist. Die aufgetretenen Risse sind nach Ausführung des Sachverständigen bei Fertiggaragen völlig normal und berühren in der Regel auch weder die Standsicherheit noch die Lebensdauer der Bauwerke. Das bloße Vorhandensein von Rissen im Beton, welche zu keinen Weiterungen führen, stellt noch keinen Mangel dar. Ein Mangel liegt jedoch dann vor, wenn die entstandenen Risse dazu führen, dass die Benutzbarkeit der Garagen zu dem vertraglich vorausgesetzten Zweck und/oder die Haltbarkeit und Lebensdauer der Garagen beeinträchtigt werden. Dieser Fall ist hier in der zuerst genannten Alternative gegeben, da infolge des eindringenden Niederschlagswassers die Eignung der Garage zu dem vertraglich vorausgesetzten Zweck erheblich beeinträchtigt ist. In keinem Fall handelt es sich aber um Mängel der Konstruktion im Sinne der getroffenen Gewährleistungsregelung. Undichtigkeiten von Wänden und Decken der Garagen beruhen vielmehr auf Mängeln von Werkteilen, für die die Parteien die zweijährige Gewährleistungsfrist vereinbart haben.

Hinweis:
Die Entscheidung des OLG Düsseldorf trägt der vertraglichen Vereinbarung der Parteien Rechnung. Die vorhandenen Risse für sich betrachtet stellen im konkreten Fall keinen Mangel dar, mangelhaft sind die Anschlussarbeiten (Eindichtung), welche nicht zur Konstruktion zu rechnen sind, für die eine Fünf-Jahres-Frist vereinbart ist.

Teil IV Wirksame und unwirksame Vertragsklauseln

Bei Verträgen verändertes Schuldrecht beachten

(18.03.2002) Das zum Jahresanfang geänderte Schuldrecht hat nach Expertenangaben kaum Auswirkungen auf Verträge, die vor dem 1. Januar 2002 abgeschlossen wurden. Ausnahmen gebe es lediglich bei auf Dauer angelegten Schuldverhältnissen wie Miet- oder Pachtverträgen, teilt der Informationsdienst Notar und Recht in Frankfurt mit. Diese würden vom 1. Januar 2003 an automatisch umgestellt. Für alle anderen Altverträge gelte grundsätzlich das alte Recht. Die Änderungen im Bürgerlichen Gesetzbuch (BGB) betreffen vor allem Verjährungsfristen etwa bei Reklamationen und Mängeln.

In der Übergangszeit empfehle es sich, Unklarheiten auszuräumen, heißt es weiter. Wenn zum Beispiel das Angebot für einen Grundstückskauf 2001 unterbreitet wurde und der Kaufvertrag erst 2002 geschlossen wird, könne ein Notar eine klarstellende Regelung vereinbaren, welches Recht zur Anwendung kommen solle. (Quelle: dpa/gms)

1 Prüfliste für Bauvertragsbedingungen

a) VOB/Teil A

nein

VOB/A enthält keine Vertragsbedingungen gem. § 1AGBG. Ausnahme allerdings §§ 1 und 19 VOB/A.

b) VOB/Teil B

ja

Bei der VOB/B handelt es sich um für eine Vielzahl von Verträgen vorformulierte Vertragsbedingungen, die in der Regel eine Vertragspartei (Verwender) der anderen bei Abschluss des Bauvertrags stellt (§ 1 Abs.1 AGBG).

c) VOB/Teil C

ja

VOB/C ohne Abschn. O (Hinweise für das Aufstellen der Leistungsbeschreibung).

Vgl. OLG Düsseldorf vom 7.5.1991, Az: 23 U 165/90, BauR 91, 772.

d) Zusätzliche technische Vertragsbedingungen

ja

e) Zusätzliche Vertragsbedingungen

ja

f) Besondere Vertragsbedingungen

ja

g) Leistungsbeschreibung/Leistungsverzeichnis

ja

h) Verhandlungsprotokoll

ja

d) - h) Soweit nicht einzeln zwischen den Vertragspartnern ausgehandelt, sondern für eine Vielzahl von Verträgen vorformuliert (im Übrigen vgl. Teil I Ziff. 4.1 ff.).

i) Preisvereinbarungen

nein

Etwas **anderes** gilt allerdings für so genannte Preisnebenbestimmungen (siehe hierzu Teil I Ziff. 11. ff.).

2 Äußere Form der Bedingung

Kommt es für die Frage, ob es sich um AGB handelt, auf die äußere Form der Bedingung an?

nein

Für AGB ist es gleichgültig, ob sie lang oder kurz, gedruckt, anders vervielfältigt, mit der Schreibmaschine oder der Hand geschrieben sind, auf der Rückseite von Vertragstexten oder auf gesondertem Blatt oder auch im Vertragstext selbst stehen (§ 1 Abs. 1 Satz 2 AGBG); entscheidend ist nur, dass sie für eine Vielzahl von Verträgen vorformuliert und nicht im Einzelfall ausgehandelt sind. Die äußere Form lässt allerdings Rückschlüsse im Sinne eines so genannten Anscheinsbeweises zu.

3 Aufdrucke auf Rechnungsformularen

Sind Aufdrucke auf Rechnungsformularen sinnvoll?

nein

AGB können nur bei **Vertragsschluss** wirksam vereinbart werden, nicht hinterher durch einseitige Erklärung (§ 2 Abs. 1 AGBG); an diesem auch bisher schon geltenden Grundsatz des Vertragsrechts hat sich durch das AGBG nichts geändert (LG München I vom 31.5.1979, Az: 7 O 3595/79, BB 1979, 1789). **Allerdings:** Im Rahmen laufender Geschäftsbeziehungen unter Kaufleuten können geänderte AGB dadurch für künftige Verträge einbezogen werden, dass auf Rechnungen auf die Neufassung der AGB **deutlich** hingewiesen wird (BGH vom 6.12.1990, Az: I ZR 138/89; BB 91, 501).

4 Einklang mit dem AGB-Gesetz

Ist daher gleichgültig, ob die AGB auf Rechnungsvordrucken mit dem AGB- Gesetz in Einklang steht?

nein

Auch das nachträgliche Verwenden von AGB auf einem Rechnungsformular ist „Verwendung“ im Sinne von § 13 AGBG und kann mit der „Verbandsklage“ angegriffen werden (vgl. LG München I vom 31.5.1979, Az: 7 O 3595/79; BB 1979, 1789).

5 Unterschiede im Geschäftsverkehr

Macht das AGB- Gesetz wesentliche Unterschiede zwischen dem kaufmännischen und dem nichtkaufmännischen Geschäftsverkehr bei Bauverträgen?

nein

Bei der Durchführung von Bauverträgen hat sich für den kaufmännischen Geschäftsverkehr kein typischer Handelsbrauch gebildet. Die im Gesetz für den kaufmännischen Verkehr geregelten Einschränkungen führen deshalb bei Bauverträgen nur in seltenen Ausnahmefällen zu abweichender Beurteilung (siehe Frikell/ Glatzel/Hofmann, Bauvertragsklauseln und AGB-Gesetz, 2. Aufl. Anm. E 3.26 ff.).

a) Die im Vertrag festgelegten Klauseln wurden heute zwischen den Parteien im Einzelnen ausgehandelt und endgültig festgelegt.

   nein

Die Klausel will dem Verwender den Beweis ersparen, dass die Klauseln nach § 1 Nr. 2 AGBG „ausgehandelt“ wurden. Der BGH (Urteil vom 28.1.1987, Az: IV a ZR 173/85; BauR 87, 308) hält die Klausel wegen Verstoßes gegen § 11 Nr. 15a AGBG für unwirksam: „Nach dem Gesetz ist eine (unzulässige) Änderung der Beweislast schon der Versuch des Verwenders, die Beweisposition des Kunden zu verschlechtern.“ Eine „Beweislastumkehr“ ist zur Erfüllung des Tatbestandes des § 11 Nr. 15a AGBG nicht erforderlich.

b) Die Vertragsunterlagen, insbesondere die Allgemeinen Bedingungen für Nachunternehmerverträge des AG wurden im Einzelnen durchgesprochen.

   nein

„Diese Klausel ist wegen Verstoßes gegen § 9 Abs. 1 AGBG, § 11 Nr. 15b AGBG ebenfalls unwirksam. Die Klausel zielt darauf ab, den Vertragspartner in die unangenehme Situation zu bringen, gegen seine eigene Erklärung im Streitfall argumentieren zu müssen, auch wenn sie nicht der Wahrheit entspricht. Gemäß § 11 Nr. 15b AGBG stellt dies einen besonders krassen Fall der Beweislastumkehr zum Nachteil des Vertragspartners dar„ (LG München I vom 22.9.1988, Az: 7 O.

c) Sofern Sie mit einzelnen Klauseln nicht einverstanden sind, bitten wir, diese in dem übersandten Vertragsmuster zu streichen.

   ja

Nach dem Urteil des BGH vom 9.4.1987, Az: III ZR 84/86, DB 87, 1678, ist die fragliche Klausel wirksam. Sie ist allerdings **weitestgehend wirkungslos.** Insbesondere kann die fragliche Klausel ein tatsächliches „Aushandeln" i. S. von § 1 Abs. 2. AGBG nicht ersetzen. Das bedeutet, dass sich unwirksame AGB-Klauseln nicht mit Hilfe der genannten Klausel zu wirksamen Individualvereinbarungen umwandeln.2820/88, nicht veröffentlicht).

6 Kenntnis der umseitig abgedruckten Vertragsbedingungen

a) Der Vertragspartner hat von den umseitig abgedruckten Vertragsbedingungen Kenntnis genommen und ist mit ihnen einverstanden.

ja

Allerdings bestätigt der Vertragspartner „nur den Inhalt seines Willens, auch die Geltung der Allgemeinen Geschäftsbedingungen vereinbaren zu wollen, auf die er im Vertragsformular unmissverständlich hingewiesen wird„ (BGH vom 1.3.1982, Az: VII ZR 63/81, BB 1983, 16), d. h., dass die nach § 2 Abs. 1 AGBG für die Einbeziehung in den Vertrag verlangten Voraussetzungen erfüllt sind.

Aber: Nur die tatsächlich abgedruckten oder ausgehändigten Vertragsbedingungen werden (zumindest im nichtkaufmännischen Geschäftsverkehr) Vertragsbestandteil. Der Vertragspartner hat keine Pflicht, die AGB auf ihre Vollständigkeit zu überprüfen (OLG Frankfurt vom 2.11.1988, Az: 17 U 148/87, WM 89, 760).

b)

(I) Der Bieter (Subunternehmer) muss den Hauptvertrag, der Vertragsbestandteil wird, beim Auftraggeber **einsehen.**

ja

Abs. 1 ist **zulässig. Aber Vorsicht,** § 2 Abs. 1 AGBG! Die Klausel genügt für sich nicht dem Verständlichkeitsgebot des § 2 AGBG. Allgemeine Geschäftsbedingungen werden auch im kaufmännischen Verkehr nur dann Vertragsbestandteil, wenn die Vertragsparteien ihre Anwendung ausdrücklich oder unter bestimmten Voraussetzungen wenigstens stillschweigend vereinbaren (BGH, NJW 1985, 1838). Wenn auch nicht in jedem Fall die Aushändigung solcher Zusätzlicher Vertragsbedingungen an den kaufmännischen Vertragspartner notwendig ist, muss jedoch regelmäßig klar und eindeutig darauf hingewiesen werden. Dabei muss die Bezugnahme auf solche Vertragsbedingungen so gefasst sein, dass bei dem Vertragspartner keine Zweifel auftreten können und er auch sonst in der Lage ist, sich über die Bedingungen ohne weiteres Kenntnis zu verschaffen (vgl. BGH, WM 88, 463).

(II) Der Bieter **kann sich nicht auf Unkenntnis** der Vertragsgrundlagen **berufen,** außer wenn er bei Angebotsabgabe in einem Begleitschreiben auf diesen Umstand hingewiesen hat.

nein

Abs. 2 ist **unzulässig.** Sie verstößt gegen § 9 und § 10 Nr. 1 AGBG. Sie lässt völlig im Unklaren, um welche „Vertragsgrundlagen„ es sich handelt, setzt also den Bieter dem Risiko aus, später bei fehlendem Begleitschreiben auf ihm unbekannte Vertragsbedingungen verwiesen zu werden (LG München v. 13.6.1991, Az: 7 O 22256/90; Baurechts-Report 8/ 91).

c) Der Auftragnehmer bestätigt, **Vollkaufmann** zu sein.

nein

Nach BGH vom 17. 5. 1982, Az: VII ZR 316/ 81, Schäfer-Finnern-Hochstein Nr. 1 zu § 2 Nr. 3 VOB/B verstößt diese Klausel gegen § 3 AGBG. „Ein Vertragspartner ... braucht mit einer solchen Klausel nicht zu rechnen. ... Er muss sich nicht darauf einstellen, dass der Auftraggeber, der sich ... von Art und Größe seines Gewerbebetriebes überzeugen konnte, eine in einer Klausel enthaltene Erklärung von ihm fordert, die mit der Abwicklung des zustande gekommenen Vertrags nicht unmittelbar etwas zu tun hat."

d) Vertragsgrundlage sind die Zusätzlichen Vertragsbedingungen für die Ausführung von Bauleistungen im Hochbau, Ausgabe 1976 (ZVH). (Verwendet von einem Öffentlichen Auftraggeber unter Hinweis auf ein Ministerialamtsblatt, in dem die AGB abgedruckt sind.

ja

Zumindest im kaufmännischen Geschäftsverkehr genügt der Hinweis des Verwenders auf eine **allgemein zugängliche Fundstelle,** um AGB wirksam in den Vertrag einzubeziehen. Der § 2 AGBG findet bei Kaufleuten keine Anwendung (§ 24 AGBG) (OLG München vom 29.9.1994, Az: U (K) 111/93; NJW 95, 733).

e) Vertragsgrundlage sind die Vorschriften und Bedingungen der Straßenbauverwaltung von Rheinland-Pfalz.

ja

Aber Vorsicht: Die genannte Klausel gewährleistet **auch im kaufmännischen Geschäftsverkehr** nicht, dass damit die „Vorschriften und Bedingungen„ der genannten Verwaltung Vertragsgrundlage werden. Gegenüber Kaufleuten hat man zwar keine generelle Pflicht, alle Vertragsbedingungen, die man zur Grundlage des Vertrages machen will, auszuhändigen. Der Auftraggeber muss jedoch auf seine Geschäftsbedingungen so deutlich hinweisen, dass bei dem Vertragspartner keine Zweifel auftreten können und er auch sonst in der Lage ist, sich über die Bedingungen ohne weiteres Kenntnis zu verschaffen. Bei der genannten unbestimmten Umschreibung ist dies nicht der Fall. Angesichts der Vielzahl der in Betracht kommenden Bedingungen hätte es einer klaren und unverwechselbaren Bezeichnung bedurft (BGH vom 3.12.1987, Az: VII ZR 374/ 86, WM 88, 460 = DB 88, 648).

f) Der Empfänger bestätigt, die vorgenannten Bedingungen **ausgehändigt** bekommen zu haben.

nein

Zumindest im **nichtkaufmännischen** Geschäftsverkehr unwirksam. Der Verwender von Geschäftsbedingungen trägt die Beweislast dafür, dass er seinem Vertragspartner die Vertragsbedingungen zur Kenntnis gebracht bzw. ausgehändigt hat. Somit enthält die Klausel eine nach § 11 Nr. 15 AGBG unzulässige Beweislastumkehr (BGH vom 24.3.1988, WM 88, 607).

g) „Der Auftragnehmer **bestätigt** hiermit, dass er das Leistungsverzeichnis, sämtliche erforderlichen Werk- und Detailpläne sowie folgende Unterlagen/ Gutachten ... bereits **vor Abschluss dieser Vereinbarung erhalten** hat und dass er ausreichend Zeit hatte, die Pläne und die sonstigen Unterlagen zu **überprüfen.**"

nein

Die Klausel verstößt gegen § 9 AGBG. Sie beinhaltet eine Fiktion in Kombination mit einer aus dieser folgenden Beweislastumkehr und Haftungsfreizeichnung. Die Klausel versucht im Wege der Tatsachenfiktion die Aushändigung und Überprüfung **sämtlicher erforderlicher** Unterlagen auch für den Fall festzuschreiben, in dem der AG dieser Verpflichtung nicht oder nicht vollständig nachkommt. Auch bei einem Pauschalvertrag kann der AN üblicherweise nicht übersehen, ob für das fragliche Projekt sämtliche erforderlichen statischen Pläne und sonstigen Unterlagen vorliegen. Dies führt gleichzeitig zu einer unzulässigen Beweislastumkehr und zu einer Haftungsfreizeichnung, weil dem AN das Argument abgeschnitten wird, die vom AG zu liefernden Unterlagen und Pläne hätten nicht bzw. nur lückenhaft oder fehlerhaft vorgelegen (LG München vom 24.1.1989, Az: 7 O 1978/88, nicht veröffentlicht).

h) „Der AN **bestätigt,** dass er außerdem von ihm gewünschte **Auskünfte** vom AG **erhalten** hat."

nein

Auch hier wird eine Bestätigung des AN fingiert und mit Hilfe dieser Fiktion eine Beweislaständerung erreicht. Schließlich wird auch mit dieser Klausel versucht, eine etwaige Mithaftung des Verwenders für evtl. unrichtige Auskünfte von vorneherein auszuschließen. Verstoß gegen § 9 und § 11 Nr. 15 AGBG (LG München vom 24.1.1989, Az: 7 O 19798/88, Baurechts-Report 3/89).

i) Falls den Bietern die zusätzlichen Vertragsbedingungen und Technischen Vorschriften nicht bekannt sind, können sie diese, ebenso die nicht beigefügten weiteren Verdingungsunterlagen **bei der ausschreibenden Stelle einsehen**. Die Bieter können sich nicht auf Unkenntnis der Vertragsgrundlagen berufen, außer wenn sie bei Angebotsabgabe in einem Begleitschreiben auf diesen Umstand hingewiesen haben.

nein

Die Klausel verstößt gegen § 9 und § 10 Nr. 1 AGBG. Sie lässt völlig im Unklaren, um welche „Vertragsgrundlagen" es sich handelt, setzt also den Bieter dem Risiko aus, später bei fehlendem „Begleitschreiben" auf ihm unbekannte „Vertragsbedingungen„ verwiesen zu werden. Somit verletzt die Klausel das sog. **Transparenzgebot.** (LG München vom 13.6.1991, Az: 7 O 22256/90; Baurechts-Report 8/91).

j) Allen Verträgen – **auch zukünftigen** – liegen unsere allgemeinen Verkaufs- und Lieferbedingungen zugrunde.

ja

Aber: Auch im **kaufmännischen** Geschäftsverkehr genügt diese Klausel nicht für die Möglichkeit zumutbarer Kenntnisnahme von AGB, die die Geltung der Bedingungen für künftige Verträge regeln. Diese müssen dem Vertragspartner zugegangen sein (BGH v. 12.2.1992, VIII ZR 84/91, BauR 92, 496).

7 Unwirksame vorstehende Bedingungen

a) Sollten einzelne der vorstehenden Bedingungen unwirksam oder aus einem sonstigen Grund nicht anwendbar sein, so bleiben die übrigen Bestimmungen gültig. Eine unwirksame Bedingung ist durch solche zu ersetzen, die dem gewollten **wirtschaftlichen Zweck am nächsten** kommt.

nein

Nach § 6 AGBG soll grundsätzlich den Verwender das Risiko treffen, dass die von ihm in unangemessener Weise formulierten Klauseln unwirksam sind. Eine Änderung dieser Grundsätze benachteiligt den Vertragspartner. Daher „sind vorformulierte **salvatorische Klauseln,** die bezwecken, dass an die Stelle der unwirksamen Regelung eine dieser möglichst nahe kommende wirksame treten soll, grundsätzlich gemäß § 9 AGBG unwirksam„. (LG Hamburg, vom 7.11.1983, Az: 74 O 389/82 – Bunte IV, § 6 Nr. 24). Daran ändere auch nichts die Besonderheit des hier vorliegenden Vertrags (Fertighausvertrag), der nur wenige spezielle „gesetzliche Regelungen„ kenne (vgl. auch LG München vom 22.9.1988, Az: 7 O 3095/ 88; LG München vom 30.3.1989, Az: 7 O 20301/88; LG München vom 7.2.1991, Az: 7 O 16246/90; alle nicht veröffentlicht). Die Klausel genügt auch nicht dem durch § 9 AGBG geschützten **Transparenzgebot** (Gebot der Klarheit). Ebenso OLG Celle v. 12.1.1994, Az: 2 U 28/93; WM 94, 893.

b) Ansprüche des Vertragspartners werden, **soweit gesetzlich zulässig,** ausgeschlossen.

nein

Verstoß gegen das Gebot der Klarheit (Transparenzgebot). Die Rechtsfolge, dass anstelle der unwirksamen AGB die gesetzlichen Vorschriften treten (§ 6 Abs. 2 AGBG), kann der Verwender nicht dadurch umgehen, dass die AGB nur „soweit gesetzlich zulässig„ gelten sollen (BGH vom 5.12.1995, Az: X ZR 14/ 93; NJW-RR 96, 788).

c) Stehen vertragliche Regelungen im Widerspruch zueinander, so ist die **für den Auftraggeber Günstigste** anzuwenden.

nein

Verstoß gegen das Transparenzgebot und Verletzung der Unklarheitenregel des § 5 AGBG (OLG Hamburg vom 6. 12. 1995, Az: 5 U 215/94, Revision mit Beschluss des BGH vom 5.6.1997, Az: VII ZR 54/96 nicht angenommen.)

8 Reihenfolge der Bedingungen

a) Es gelten die nachstehenden Bedingungen in der aufgeführten Reihenfolge:

1. Der Vertrag einschließlich getroffener Zusatzvereinbarungen
2. Diese Vertragsbedingungen
3. Die Vertrags-Zeichnungen
4. Die Bau-Leistungsbeschreibung
5. Die VOB Teil B

ja

Solche „gestaffelten Verweisungsklauseln„ sind grundsätzlich zulässig. Dabei ist allerdings der Verwender gehalten, die Rechte und Pflichten seiner Vertragspartner klar überschaubar darzustellen. **Aber:**

Ist die Klausel nicht **überschaubar**, verstößt sie gegen das durch § 9 AGBG geschützte **Transparenzgebot** [vgl. BGH vom 21. 6. 1990, Az: VII ZR 308/89; WM 1990, 1785 und OLG Düsseldorf vom 23. 5. 1995; vgl. Klausel d)].

b) Vertragsbestandteile sind in nachstehender Reihenfolge: Dieser Bauvertrag, die besonderen Vertragsbedingungen, die VOB/B.

ja

Aber: Nach dem Urteil des OLG München vom 15. 4. 1988, Az: 23 U 6557/88 (NJW-RR 88, 786) lässt sich die Klausel nur so auslegen, dass die jeweils nachgeordneten Vertragsbestandteile nur für den Fall gelten sollen, dass die vorangestellten Vertragsbestandteile keine einschlägigen Regelungen enthalten. „Die Parteien haben nicht vereinbart, dass bei Unwirksamkeit einzelner Vertragsbestimmungen subsidiär andere AGB gelten sollten – auch bei der VOB/B handelt es sich um AGB." Das OLG München stellt weiterhin fest, dass eine Klausel, die versuchen würde, bei Unwirksamkeit einzelner Vertragsbestimmungen andere Vertragsbedingungen (z. B. die VOB) durchzusetzen, **unwirksam** wäre. „Vorformulierte Ersatzklauseln zur Einschränkung der Vorschriften des § 6 Abs. 2 AGBG würden als Umgehung (§ 7 AGBG) gegen § 9 AGBG verstoßen; Münchener Kommentar, 2. Aufl. § 7 AGBG Rdn. 14; Palandt/Heinrichs, § 6 AGBG Anm. 7). Der **BGH** lässt in WM 1990, 1785 (vgl. Klausel a) im Unklaren, wie er zu dieser Frage steht.

c) Grundlage dieses Vertrages sind in nachstehender Reihenfolge: Die VOB Teile B und C, das BGB, die Unfallverhütungsvorschriften, die Werkpläne, das Leistungsverzeichnis.

nein

Entgegen der Regel werden hier allgemeine Vertragsbestandteile den individuellen bzw. individuell ausgehandelten Vertragsbestandteilen vorangestellt. Dies ist schon aus der Sicht des durch § 9 AGBG geschützten Vorrangs der Individualabrede (§ 4 AGBG) bedenklich. Weiterhin „ist eine solche Klausel zumindest unklar, was nach § 5 AGBG zu Lasten des Verwenders geht. Außerdem kann man hier von überraschenden, insoweit daher unwirksamen Klauseln nach § 3 AGBG sprechen". (Korbion/Locher, Teil I Rdn. 106).

d) Die in diesen Bedingungen nicht ausdrücklich geregelten Rechte und Pflichten bestimmen sich ausschließlich nach der VOB/B.

nein

Verstoß gegen das Verständlichkeitsgebot des § 2 Abs. 2 Nr. 2 AGBG und Verstoß gegen § 9 AGBG (OLG Stuttgart v. 25. 3. 1988, Az: 2 U 155/87, NJW-RR 1988, 786). **Ebenso**: Neben dem Vertrag gilt ergänzend die VOB/B (OLG Düsseldorf vom 23. 5. 1995, Az: 23 U 133/94; BB 96, 658).

Anhang: Änderungen der VOB/B 2002

1 Vorbemerkung zu den Änderungen der VOB/B 2002

Nach einem Beschluss des DVA wurden die VOB/A 2000 und die VOB/B 2000 in einer neuen Fassung, der VOB/A 2002 und VOB/B 2002, neu herausgegeben. Aufgrund von Änderungen im EU-Recht und im deutschen Recht – hier insbesondere der Schuldrechtsmodernisierung – war der DVA dazu gezwungen.

Eine Überprüfung sämtlicher Vorschriften der VOB/B auf etwaige erforderliche Änderungen durch den DVA führte zu den nachstehenden, im Vergleich zur VOB/B Fassung 2000 erläuterten Änderungen.

Die Änderung der Vergabeverordnung beschränkt sich auf eine Aktualisierung der Verweise auf die neu bekannt zu machenden Verdingungsordnungen (VOB, VOL, VOF).

Der Deutsche Vergabe- und Vertragsausschuss (DVA) ist ein nicht rechtsfähiger Verein. Mitglieder können nach der Satzung nur Institutionen aus dem Bereich des öffentlichen Auftragswesens sein.

Mitglieder auf Auftraggeberseite sind die obersten Bundes- und Landesbehörden, also alle mit dem Bauen befassten Ministerien der 16 Bundesländer, die entsprechenden Bundesministerien und ebenso der Deutsche Städte- und Gemeindebund und der Deutsche Städtetag. Auch neuere Organisationsformen sind vertreten, z. B. Deutsche Bahn AG und Sektorenauftraggeber.

Auf Auftragnehmerseite sind insbesondere die Spitzenverbände zu nennen, welche die Interessen der Auftragnehmer im Bereich des öffentlichen Auftragswesens vertreten, z. B. der Hauptverband der Deutschen Bauindustrie, der Zentralverband des Deutschen Baugewerbes, auch die Verbände der Ausbaugewerke, die zunehmend an Bedeutung gewinnen. Ferner sind im DVA auch Institutionen vertreten, die weder der einen noch der anderen Seite zuzurechnen sind, z. B. der Bundesrechnungshof, die IG Bau Steine Erde, die Bundesarchitektenkammer und die Bundesingenieurkammer.

Zur Zeit sind 65 Institutionen vertreten. Mitglied kann jede Institution werden, die satzungsgemäß die Voraussetzungen erfüllt. Es kommt nicht darauf an, ob diese zur Auftraggeber- oder Auftragnehmerseite gehört. Zurzeit sind 35 Institutionen der Auftraggeberseite zuzuordnen.

Davon zu unterscheiden ist die Tätigkeit der drei Hauptausschüsse. In diesem Fall ist der Hauptausschuss Allgemeines (HAA) zuständig, der die VOB, Teile A und B, herausgibt. Hier wird streng auf paritätische Besetzung geachtet. Nach der Satzung besteht der HAA aus 22 ordentlichen Mitgliedern, von denen 11 der Auftraggeberseite und 11 der Auftragnehmerseite angehören müssen.

In der Regel kommt eine einheitliche Willensbildung zu Stande. Damit belastbare Ergebnisse herauskommen. Die Abstimmungen setzen eine Dreiviertel-Mehrheit voraus, um einen Minderheitenschutz zu gewährleisten. Es ist also ausgeschlossen, dass die Auftraggeberseite die Auftragnehmerseite – oder umgekehrt – beherrscht. Auch bei der Abstimmung über die Änderungen der VOB gab es in einigen wenigen Fällen Mehrheitsentscheidungen.

Die VOB insgesamt ist als Einkaufsvorschrift der öffentlichen Hand konzipiert. Bei der VOB/B handelt es sich um eine Art Muster-Bauvertrag. Offensichtlich ist seine Qualität so überzeugend, dass dieser Mustervertrag auch außerhalb des öffentlichen Auftragswesens verwendet wird, z. B. bei gewerblichen Bauverträgen. In der Satzung ist vorgesehen, dass in dem Hauptausschuss Allgemeines (HAA), der für die Ausgabe der VOB/B zuständig ist, auch außerordentliche Mitglieder vertreten sein müssen. Damit soll erreicht werden, dass der VOB-Vertrag nicht ausschließlich aus der Sicht des öffentlichen Auftragswesens, sondern auch aus anderen Perspektiven gesehen wird.

Die Interessen des öffentlichen und des privaten Auftraggebers dürften durchaus weitgehend identisch sein. Zusätzliche verbraucherspezifische Gesichtspunkte stehen bei der Tätigkeit des DVA nicht im Mittelpunkt.

Die Privilegierung der VOB/B ist für den öffentlichen Auftraggeber von überragender Bedeutung. Die Vergabestellen und Bauverwaltungen brauchen Rechtssicherheit bei der Ausschreibung und Anwendung der Vertragsbedingungen bei schätzungsweise 750 000 öffentlichen Bauaufträgen pro Jahr. Die Rechtsprechung des BGH hält die VOB für privilegiert, sofern sie „als Ganzes" vereinbart wird. Auch das Schuldrechtsmodernisierungsgesetz hat die Privilegierung der VOB/B eindeutig bestätigt.

Der DVA und damit die VOB/B beziehen sich zunächst auf das öffentliche Auftragswesen. Für den Anwendungsbereich der Verbraucherverträge ist es nicht Aufgabe des DVA, einen Mustervertrag herauszugeben. Eine andere Frage ist, was passiert, wenn die VOB/B freiwillig auch im Verbraucherbereich Anwendung findet. Wenn man auf die BGH-Rechtsprechung abstellt, gilt die Privilegierung der VOB/B wegen ihrer Ausgewogenheit auch in Verbraucherverträgen, jedoch unter der Voraussetzung, dass die VOB insgesamt vereinbart worden ist. Man kann jedoch nicht ausschließen, dass auch bei reinen VOB-Verträgen mit privatem Bauherrn Verbraucherschutzgesichtspunkte zusätzlich zu berücksichtigen sind. Insbesondere dürfte die Anwendung europäischer Verbraucherschutzvorschriften wohl nicht an der Privilegierung der VOB/B scheitern

Die §§ 4 Nr. 7, 5 Nr. 4 VOB/B wurden nicht geändert. Der DVA hält also an dem Erfordernis der Kündigung fest, bevor der Auftraggeber bei Mängeln oder bei Verzögerung den Weg der Ersatzvornahme bzw. Selbstvornahme wählen kann. Der Auftraggeber kann also keine Ersatzvornahme ohne vorhergehende Kündigung durchführen lassen. Es wurden aber im öffentlichen Auftragswesen mit dieser Regelung sehr gute Erfahrungen gemacht. Mit einer Kündigung bzw. Teilkündigung werden klare Verhältnisse auf der Baustelle geschaffen. Gerade im Gewährleistungsbereich soll vermieden werden, dass die Verantwortlichkeit zwischen den Unternehmern hin und her geschoben wird.

In der Praxis der öffentlichen Auftraggeber kommt die fiktive Abnahme so gut wie nicht mehr vor. Das liegt vor allem daran, dass in den allermeisten Verträgen eine so genannte förmliche Abnahme vereinbart wird. Damit ist die fiktive Abnahme automatisch ausgeschlossen. Auch die förmliche Abnahme ist für beide Seiten interessengerecht, da dadurch Rechtssicherheit hergestellt wird. Allerdings haben einige Vertreter der Auftragnehmer auf eine Beibehaltung der fiktiven Abnahme bestanden. Diese soll in einzelnen Praxisfällen doch noch eine Rolle spielen. Im Hinblick auf die vom BGH angenommene Privilegierung der VOB/B wurde es daher bei der Regelung belassen.

Die Bedeutung der VOB/B als privilegiertes Regelwerk blieb auch nach In-Kraft-Treten des Gesetzes zur Modernisierung des Schuldrechts unberührt.

2 Die Änderungen der VOB/B 2002 im Einzelnen

§ 10 VOB/B

§ 10 Nr. 2 Abs. 2 VOB/B (Haftung und genehmigte Allgemeine Versicherungsbedingungen)

„(2) Der Auftragnehmer trägt den Schaden allein, soweit er ihn durch Versicherung seiner gesetzlichen Haftpflicht gedeckt hat oder durch eine solche zu tarifmäßigen, nicht auf außergewöhnliche Verhältnisse abgestellten Prämien und Prämienzuschlägen bei einem im Inland zum Geschäftsbetrieb zugelassenen Versicherer hätte decken können."

Nach § 5 Abs. 3 Nr. 2 Versicherungsaufsichtsgesetz (VAG) alter Fassung waren die Allgemeinen Versicherungsbedingungen im Rahmen der Betriebserlaubnis für das Versicherungsunternehmen durch die Aufsichtsbehörden zu genehmigen. Mit dem 3. Gesetz zur Durchführung der versicherungsrechtlichen Richtlinien des Rates der EG vom 21.07.1994 wurde diese Vorschrift des VAG neu gefasst. Die Versicherungsbedingungen sind nach dieser Neufassung nicht mehr vorzulegen und damit auch nicht mehr zu genehmigen. Daher wurde die Bezugnahme auf von den Versicherungsaufsichtsbehörden genehmigte Allgemeine Versicherungsbedingungen gestrichen.

§ 12 VOB/B

§ 12 Nr. 5 Abs. 2 VOB/B (Abnahmefiktion)

„(2) Wird keine Abnahme verlangt und hat der Auftraggeber die Leistung oder einen Teil der Leistung in Benutzung genommen, so gilt die Abnahme nach Ablauf von 6 Werktagen nach Beginn der Benutzung als erfolgt, wenn nichts anderes vereinbart ist. Die Benutzung von Teilen einer baulichen Anlage zur Weiterführung der Arbeiten gilt nicht als Abnahme."

Die Änderung dient der Klarstellung, dass Abs. 2 wie Abs. 1 nur eingreift, wenn keine Abnahme verlangt wird. Damit wird klargestellt, dass der neue § 640 Abs. 1 Satz 3 BGB eingreift, wenn eine Abnahme verlangt wird.

Mit dem Gesetz zur Beschleunigung fälliger Zahlungen wurde § 640 Abs. 1 BGB um einen Satz 3 ergänzt. Danach steht es der Abnahme gleich, wenn der Besteller das Werk nicht innerhalb einer vom Unternehmer bestimmten angemessenen Frist abnimmt, obwohl er dazu verpflichtet ist. Diese Abnahmefiktion des § 640 Abs. 1 Satz 3 BGB hat in erster Linie eine prozessuale Funktion. Die Schlüssigkeitsvoraussetzungen für eine Werklohnklage sollten klargestellt werden. Die Werklohnklage ist nach dem neuen Gesetz schlüssig, wenn der Auftragnehmer die Abnahmereife und den Ablauf der Abnahmefrist vorträgt. Materiellrechtlich treten nach § 640 Abs. 1 Satz 3 BGB die Abnahmewirkungen ein. Jedoch gilt das nur, wenn das Werk abnahmereif war.

§ 12 Nr.5 VOB/B regelt einen hiervon verschiedenen Sachverhalt.

§ 12 Nr. 5 Abs. 1 VOB/B regelt die Fiktion der Abnahme nach Ablauf einer Frist von 12 Werktagen nach schriftlicher Fertigstellungsmitteilung.

§ 12 Nr. 5 Abs. 2 VOB/B regelt die Fiktion der Abnahme, wenn das Werk in Benutzung genommen wurde und 6 Werktage nach Beginn der Benutzung vergangen sind.

In beiden Fällen ist anders als nach § 640 Abs. 1 Satz 3 BGB Voraussetzung, dass von beiden Parteien keine Abnahme verlangt wird. § 640 Abs. 1 Satz 3 BGB setzt zudem voraus, dass das Werk Abnahmereif ist und die vom Unternehmer unter Fristsetzung verlangte Abnahme nicht stattfindet, während es in den Fällen des § 12 Nr. 5 Abs. 1 VOB/B auf die Abnahmereife nicht ankommt. Sie wird aufgrund der Fertigstellung bzw. Benutzung unterstellt.

Nach dem Wortlaut des § 12 VOB/B a. F. war die Anwendung des § 640 Abs. 1 Satz 3 BGB nicht ausgeschlossen. Es wäre aber möglich, im Wege der Auslegung in § 12 VOB/B a. F. eine abschließende, den § 640 Abs. 1 Satz 3 BGB ausschließende Regelung zusehen. Der Ausschluss des § 640 Abs. 1 Satz 3 BGB im VOB-Vertrag hätte dann folgende Konsequenz: Verlangt der Auftragnehmer im VOB-Vertrag die Abnahme, so scheidet die Fiktion jedenfalls nach § 12 Nr. 5 Abs. 1 VOB/B aus. Gleiches gilt, wenn eine förmliche Abnahme vereinbart ist. Dann kommt überhaupt keine Fiktion in Betracht. Die Abnahmewirkungen könnten dann auch bei ordnungsgemäßer Leistung nicht eintreten, es sei denn, sie träten über den Annahme-/Schuldnerverzug oder nach Treu und Glauben ein. Der Auftraggeber könnte also durch eine unberechtigte Abnahmeverweigerung oder auch nur durch Untätigkeit den Eintritt der Abnahmewirkungen verhindern; gerade dieses Ergebnis soll mit § 640 Abs. 1 Satz 3 BGB gesetzlich verhindert werden, bzw. es sollte Rechtsklarheit geschaffen werden. Dies wird mit der Einfügung von „Wird keine Abnahme verlangt“ erreicht. Durch diese Worte wird klargestellt, dass dann, wenn eine Abnahme verlangt wird, § 640 Abs. 1 Satz 3 BGB gelten soll, § 640 Abs. 1 Satz 3 BGB also neben § 12 VOB/B anzuwenden ist.

Der Regelungsgehalt des § 12 Nr. 5 VOB/B wird durch § 640 Abs. 1 Satz 3 BGB nicht eingeschränkt. Die Regelung des § 640 Abs. 1 Satz 3 BGB bleibt hinter der VOB-Regelung insoweit zurück, als sie Abnahmereife voraussetzt. Das fordert die VOB-Regelung nicht.

Die Regelung des § 12 Nr. 5 VOB/B hat auch nach Einführung des § 640 Abs. 1 Satz 3 BGB einen Sinn. So dürfte eine Abnahmefiktion nach § 12 Nr. 5 VOB/B jedenfalls dann greifen, wenn das Werk im Wesentlichen fertig gestellt ist und keine erkennbaren Mängel hat. Tauchen Mängel erst später auf, bleibt es bei der Fiktion. § 640 Abs. 1 Satz 3 BGB regelt dies anders und lässt im Falle eines Mangels die Abnahmewirkung nicht eintreten.

Um sich diesen Vorteil zu erhalten, kann der Auftragnehmer den Weg des § 12 Nr. 5 VOB/B wählen und in den Fällen, in denen keine förmliche Abnahme vereinbart ist, die Schlussrechnung stellen oder warten bis das Werk genutzt wird. Dann hat er eine weitergehende Wirkung als in § 640 Abs. 1 Satz 3 BGB.

§ 13 VOB/B

§ 13 Nr. 1 Sätze 1 bis 3 VOB/B (Gewährleistungsrecht – Mangelbegriff)

„1. Der Auftragnehmer hat dem Auftraggeber seine Leistung zum Zeitpunkt der Abnahme frei von Sachmängeln zu verschaffen. Die Leistung ist zur Zeit der Abnahme frei von Sachmängeln, wenn sie die vereinbarte Beschaffenheit hat und den anerkannten Regeln der Technik entspricht. Ist die Beschaffenheit nicht vereinbart, so ist die Leistung zur Zeit der Abnahme frei von Sachmängeln,

a) wenn sie sich für die nach dem Vertrag vorausgesetzte,

sonst

b) für die gewöhnliche Verwendung eignet und eine Beschaffenheit aufweist, die bei Werken der gleichen Art üblich ist und die der Auftraggeber nach der Art der Leistung erwarten kann."

Weitgehend wörtliche Übernahme des neuen Mängelbegriffs des § 633 BGB. Inhaltliche Änderungen ergeben sich keine, da die neue Mangeldefinition dem subjektiv- (vereinbarte Beschaffenheit) objektiven (wenn nichts vereinbart ist dann übliche Beschaffenheit) Fehlerbegriff der bereits zum alten Recht herrschenden Meinung entspricht.

Der bisherige Mangelbegriff in § 13 Nr. 1 VOB/B a. F. deckte sich in seinem Tatbestand mit der gesetzlichen Regelung des Mangelbegriffes in § 633 Abs. 1 BGB. Diese Übereinstimmung wird durch die in § 13 Nr. 1 VOB/B zusätzlich geschriebenen Tatbestandsmerkmale „zur Zeit der Abnahme" und „anerkannte Regeln der Technik" nicht gestört, da beide Tatbestandsmerkmale ungeschriebene Tatbestandsmerkmale des § 633 Abs. 1 BGB sind. Aus Gründen der Parallelität und der daraus abzuleitenden Legitimation wurde der Mangelbegriff des § 13 Nr. 1 VOB/B an den Mangelbegriff des § 633 BGB angepasst.

§ 13 Nr. 2 VOB/B (Zugesicherte Eigenschaften bei Leistungen nach Probe)

2. Bei Leistungen nach Probe gelten die Eigenschaften der Probe als vereinbarte Beschaffenheit, soweit nicht Abweichungen nach der Verkehrssitte als bedeutungslos anzusehen sind. Dies gilt auch für Proben, die erst nach Vertragsabschluss als solche anerkannt sind.

Eigenschaften der Probe gelten nicht mehr als „zugesichert" sondern als „vereinbarte Beschaffenheit."

Im Werkvertragsrecht gab und gibt es keine dem § 13 Nr. 2 VOB/B entsprechende Regelung. In der Grundstruktur entsprach § 13 Nr. 2 VOB/B a. F. dem § 494 BGB a. F. (Kauf auf Probe). Aus diesem und § 13 Nr. 2 VOB/B (Leistungen nach Probe) ergaben sich grundsätzlich dieselben Folgen - die Eigenschaften der Probe galten als zugesichert. Wegen Wegfalls des Tatbestandsmerkmals „zugesicherte Eigenschaften" in § 633 BGB und in der Folge auch in § 13 Nr. 1 VOB/B n. F., sah sich der DVA gezwungen, auch § 13 Nr. 2 VOB/B anzupassen. Eine Anlehnung an § 494 BGB a. F. kam nicht mehr in Betracht, da die Vorschrift durch die Schuldrechtsreform ersatzlos entfiel. Die Beibehaltung des Begriffes „*zugesichert*" hätte nach neuem Recht zudem als Garantieübernahme im Sinne des § 276 Abs. 1 S. 1 BGB verstanden werden können. Da die Zusicherung anders als nach altem Kaufrecht nach Werkvertragsrecht nicht die Folge hatte, dass der Unternehmer verschuldensunabhängig auf Schadensersatz haftete, die Zusicherung also keine andere Folge als eine schlichte Eigenschaftsvereinbarung hatte und der Begriff der Zusicherung somit „*weicher*" als im Kaufrecht zu verstehen war, wäre damit eine gravierende inhaltliche Änderung verbunden gewesen. Mit der Änderung der Begriffe wurden diese Änderungen vermieden.

§ 13 Nr. 3 VOB/B

> *3. Ist ein Mangel zurückzuführen auf die Leistungsbeschreibung oder auf Anordnungen des Auftraggebers, auf die von diesem gelieferten oder vorgeschriebenen Stoffe oder Bauteile oder die Beschaffenheit der Vorleistung eines anderen Unternehmers, haftet der Auftragnehmer, es sei denn er hat die ihm nach § 4 Nr. 3 obliegende Mitteilung gemacht.*

Anpassung des Begriffs Gewährleistung an den geänderten Wortlaut der §§ 633, 634 BGB, vgl. oben zur Überschrift. Sprachliche Umstellung, die die Beweislastverteilung verdeutlichen soll. Der Auftragnehmer trägt nun eindeutig die Beweislast dafür, dass er die Mitteilung nach § 4 Nr. 3 gemacht hat. Kann er dies nicht beweisen haftet er.

§ 13 Nr. 4 VOB/B (Verjährungsfrist für Mängelansprüche)

> *4. (1) Ist für Mängelansprüche keine Verjährungsfrist im Vertrag vereinbart, so beträgt sie für Bauwerke 4 Jahre, für Arbeiten an einem Grundstück und für die vom Feuer berührten Teile von Feuerungsanlagen 2 Jahre. Abweichend von Satz 1 beträgt die Verjährungsfrist für Feuerberührte und Abgasdämmende Teile von industriellen Feuerungsanlagen 1 Jahr.*
>
> *(2) Bei maschinellen und elektrotechnischen/elektronischen Anlagen oder Teilen davon, bei denen die Wartung Einfluss auf die Sicherheit und Funktionsfähigkeit hat, beträgt die Verjährungsfrist für Mängelansprüche abweichend von Abs. 1 2 Jahre, wenn der Auftraggeber sich dafür entschieden hat, dem Auftragnehmer die Wartung für die Dauer der Verjährungsfrist nicht zu übertragen.*
>
> *(3) Die Frist beginnt mit der Abnahme der gesamten Leistung; nur für in sich abgeschlossene Teile der Leistung beginnt sie mit der Teilabnahme (§ 12 Nr. 2).*

Das Wort „Gewährleistung“ wurde durch „Mängelansprüche“ ersetzt, da § 13 Nr. 1 VOB/B mit der Anpassung an den Wortlaut des § 633, 634 BGB eine Neufassung erhalten hat.

Die Worte **„und Holzerkrankungen“** sind ersatzlos gestrichen worden. Sind Bauwerke oder Teile davon aus Holz gefertigt und weist dieses Holz Erkrankungen auf, wird stets auch eine Abweichung von der vertraglich vereinbarten Beschaffenheit des Bauwerkes vorliegen. Damit bedürfen Holzerkrankungen keiner besonderen Erwähnung. Auch in der Kommentarliteratur sind keine herausragenden Fälle der Rechtsprechung genannt, die eine gesonderte Erwähnung der Holzerkrankungen rechtfertigen würde.

Die Verjährungsfristen des § 13 Nr. 4 VOB/B sind verlängert worden, um eine ausgewogene Regelung zu erreichen. Manche Baumängel treten häufig erst nach mehreren Jahren auf. Dies hatte den Gesetzgeber veranlasst, in § 638 BGB a. F. für Mängel an Bauwerken eine fünfjährige Gewährleistungsfrist vorzusehen. Die Diskrepanz zwischen der gesetzlichen Regelung und der zwei- bzw. einjährigen Gewährleistungsfristen des § 13 Nr. 4 VOB/B und der dadurch in der Vergangenheit häufig formulierten Kritik an der VOB/B haben den DVA veranlasst, die Verjährungsfristen deutlich zu erhöhen. Außerdem ist zu berücksichtigen, dass ein Grund der kurzen Verjährungsfristen des § 13 Nr. 4 VOB/B darin lag, dass in den Fällen, in denen der Mangel am Bauwerk auf einem Mangel am Baustoff zurückzuführen ist, der Werkunternehmer wegen § 477 Abs. 1 BGB a. F. (kaufrechtliche Verjährungsfrist von 6 Monaten) nur innerhalb von sechs Monaten Regress beim Baustoffhändler nehmen konnte. Dieser Gesichtspunkt hat angesichts der Regelung des § 438 Abs. 2 Buchst. b BGB (der eine fünfjährige Gewährleistungsfrist für Baustoffe, die für ein Bauwerk verwendet werden, regelt) nicht mehr die entscheidende Bedeutung. Aus Sicht des DVA dürfte eine Verkürzung dieser Gewährleistungsfrist – auch zwischen Kaufleuten - einer AGB-Kontrolle nach § 307 BGB nicht standhalten. Hierfür spricht insbesondere der Wortlaut des § 309 Nr. 8 Buchst b ff BGB sowie die Rechtsprechung des BGH, die auch zwischen Kaufleuten eine Verkürzung der Gewährleistungsfrist des § 638 BGB a. F. bei Bauwerkverträgen nicht zulässt.

Eine Sonderstellung nehmen die vom Feuer berührten und Abgasdämmenden Teile von industriellen Feuerungsanlagen, wie z. B. Hochöfen ein. Dort werden z. B. Schamottsteine eingesetzt, die ständig sehr hohen Temperaturen ausgesetzt sind und daher eine natürliche Lebensdauer von nicht mehr als einem Jahr aufweisen. Dies rechtfertigt die Sonderregelung des letzten Halbsatzes in § 13 Nr. 4 Abs. 1 VOB/B.

§ 13 Nr. 5 VOB/B (Neubeginn der Verjährung)

5. (1) Der Auftragnehmer ist verpflichtet, alle während der Verjährungsfrist hervortretenden Mängel, die auf vertragswidrige Leistung zurückzuführen sind, auf seine Kosten zu beseitigen, wenn es der Auftraggeber vor Ablauf der Frist schriftlich verlangt. Der Anspruch auf Beseitigung der gerügten Mängel verjährt in 2 Jahren, gerechnet vom Zugang des schriftlichen Verlangens an, jedoch nicht vor Ablauf der Regelfristen nach Nummer 4 oder der an ihrer Stelle vereinbarten Frist. Nach Abnahme der Mängelbeseitigungsleistung beginnt für diese Leistung eine Verjährungsfrist von 2 Jahren neu, die jedoch nicht vor Ablauf der Regelfristen nach Nummer 4 oder der an ihrer Stelle vereinbarten Frist endet.

(2) Kommt der Auftragnehmer der Aufforderung zur Mängelbeseitigung in einer vom Auftraggeber gesetzten angemessenen Frist nicht nach, so kann der Auftraggeber die Mängel auf Kosten des Auftragnehmers beseitigen lassen.

Die Länge der Verjährungsfrist nach der Unterbrechung der Verjährung durch schriftliches Mangelbeseitigungsverlangen bzw. Mangelbeseitigung wurde auf 2 Jahre begrenzt, wenn nicht die Regelfrist des § 13 Nr. 4 VOB/B oder die vereinbarte Verjährungsfrist die Verjährung später enden lässt. Die Begrenzung auf zwei Jahre erfolgte, um einen Ausgleich zur verlängerten Verjährungsfrist in § 13 Nr. 4 VOB/B zu schaffen. Hierbei wurde berücksichtigt, dass auch nach der bestehenden Rechtsprechung des BGH z. B. bei einer von § 13 Nr. 4 Abs. 1 VOB/B abweichend vereinbarten 5-jährigen Verjährungsfrist, die Verjährungsunterbrechung nach § 13 Nr. 5 VOB/B nur zu einer Verjährungsverlängerung um 2 Jahre führen kann. Der vom BGH entwickelte Rechtsgedanke, dass eine darüber hinausgehende Verlängerung der Verjährungsfrist zu einer Härte für den Auftragnehmer führen kann, wurde auch bei der Ausgestaltung des § 13 Nr. 5 VOB/B berücksichtigt.

§ 13 Nr. 6 VOB/B (Minderung)

6. Ist die Beseitigung des Mangels für den Auftraggeber unzumutbar oder ist sie unmöglich oder würde sie einen unverhältnismäßig hohen Aufwand erfordern und wird sie deshalb vom Auftragnehmer verweigert, so kann der Auftraggeber durch Erklärung gegenüber dem Auftragnehmer die Vergütung mindern (§ 638 BGB).

Mit der Änderung wird sprachlich herausgestellt, dass die Minderung ein Gestaltungsrecht ist. Gegenüber den Bestimmungen des Werkvertragsrechts, die eine Minderung im weiteren Umfang zulassen, ist die Einschränkung aus den Besonderheiten des Bauvertrags zu erklären. Zur

Berechnung der Minderung wurde bisher auf § 634 Abs. 4 BGB a. F., § 472 BGB a. F. verwiesen. In der Neufassung wird auf § 638 BGB verwiesen.

§ 13 Nr. 7 VOB/B (Haftung)

7. (1) Der Auftragnehmer haftet bei schuldhaft verursachten Mängeln für Schäden aus der Verletzung des Lebens, des Körpers oder der Gesundheit.

(2) Bei vorsätzlich oder grob fahrlässig verursachten Mängeln haftet er für alle Schäden.

(3) Im Übrigen ist dem Auftraggeber der Schaden an der baulichen Anlage zu ersetzen, zu deren Herstellung, Instandhaltung oder Änderung die Leistung dient, wenn ein wesentlicher Mangel vorliegt, der die Gebrauchsfähigkeit erheblich beeinträchtigt und auf ein Verschulden des Auftragnehmers zurückzuführen ist. Einen darüber hinausgehenden Schaden hat der Auftragnehmer nur dann zu ersetzen,

a) wenn der Mangel auf einem Verstoß gegen die anerkannten Regeln der Technik beruht,

b) wenn der Mangel in dem Fehlen einer vertraglich vereinbarten Beschaffenheit besteht oder

c) soweit der Auftragnehmer den Schaden durch Versicherung seiner gesetzlichen Haftpflicht gedeckt hat oder durch eine solche zu tarifmäßigen, nicht auf außergewöhnliche Verhält-nisse abgestellten Prämien und Prämienzuschlägen bei einem im Inland zum Geschäftsbetrieb zugelassenen Versicherer hätte decken können.

(4) Abweichend von Nummer 4 gelten die gesetzlichen Verjährungsfristen, soweit sich der Auftragnehmer nach Absatz 3 durch Versicherung geschützt hat oder hätte schützen können oder soweit ein besonderer Versicherungsschutz vereinbart ist.

(5) Eine Einschränkung oder Erweiterung der Haftung kann in begründeten Sonderfällen vereinbart werden.

Die Haftungsbegrenzung in § 13 Nr. 7 VOB/B wurde an die Neufassung des Rechts der AGB in § 309 Nr. 7 BGB angepasst. Hierauf beruht auch die Neugliederung der Regelung. Der Begriff der zugesicherten Eigenschaft in § 633 BGB ist entfallen, § 13 Nr. 7 (3) b) VOB/B. Entsprechend der Diktion des neuen § 13 Nr. 1 VOB/B wurde auf die „vereinbarte Beschaffenheit" abgestellt. Zum Grund hierfür vergleiche oben zu 13 Nr. 2.

Die Bezugnahme auf von den Versicherungsaufsichtsbehörden genehmigte Allgemeine Versicherungsbedingungen in § 13 Nr. 7 (3) c) VOB/B wurde gestrichen. Nach § 5 Abs. 3 Nr. 2 Versicherungsaufsichtsgesetz (VAG) alter Fassung waren die Allgemeinen Versicherungsbedingungen im Rahmen der Betriebserlaubnis für das Versicherungsunternehmen durch die Aufsichtsbehörden zu genehmigen. Mit dem 3. Gesetz zur Durchführung der versicherungsrechtlichen Richtlinien des Rates der EG vom 21.07.1994 wurde diese Vorschrift des VAG neu gefasst. Die Versicherungsbedingungen sind nach dieser Neufassung nicht mehr vorzulegen und damit auch nicht mehr zu genehmigen.

§ 16 VOB/B

§ 16 Nr. 1 Abs. 3 VOB/B (Fälligkeit)

(3) Ansprüche auf Abschlagszahlungen werden binnen 18 Werktagen nach Zugang der Aufstellung fällig.

Klarstellung, dass Zugang der Aufstellung bzw. Schlussrechnung sowie der Ablauf der Prüffrist Fälligkeitsvoraussetzung ist.

§ 286 BGB stellt in Abs. 3 Satz 1 darauf ab, dass der Schuldner einer Geldforderung spätestens in Verzug gerät, wenn er nicht innerhalb von 30 Tagen nach Fälligkeit und Zugang einer Rechnung oder einer gleichwertigen Forderungsaufstellung leistet. Bei Unsicherheiten über den Eingang der Rechnung/Zahlungsaufstellung kommt es statt auf den Zugang auf den Empfang der Leistung an, wie sich aus § 286 Abs. 3 Satz 2 BGB ergibt. Dieser Satz wurde eingefügt, um der EU-Zahlungsverzugsrichtlinie gerecht zu werden. Der Empfang der Gegenleistung tritt nach dieser Bestimmung an die Stelle des Zugangs der Rechnung als Beginn der Frist von 30 Tagen, nicht aber an die Stelle der Fälligkeit. Ist die Erteilung einer Rechnung aufgrund einer vertraglichen Vereinbarung oder einer Rechtsnorm gleichzeitig Fälligkeitsvoraussetzung, so ändert § 286 Abs. 3 Satz 2 BGB hieran nichts. Die Bestimmung betrifft nämlich den Eintritt des Verzugs, der seinerseits die Fälligkeit voraussetzt, deren Voraussetzungen wiederum aber an anderer Stelle geregelt sind (s. etwa § 271 BGB). Im Hinblick auf diese Vorschrift ist es sinnvoll herauszustellen, dass der Zugang der Aufstellung bzw. Schlussrechnung sowie der Ablauf der Prüffrist Fälligkeitsvoraussetzung sind. Daher wurden die Worte „zu leisten" durch das Wort „fällig" ersetzt. Dadurch wird auch deutlich, dass § 286 Abs. 3 Satz 2 BGB im VOB/B – Vertrag praktisch keine Anwendung finden kann. Dies ist auch gerechtfertigt, da im Regelfall des Einheitspreisvertrages der Auftraggeber erst nach Zugang und Prüfung der Aufstellung bzw. Rechnung (die die ausgeführten Massen und Mengen enthält) Kenntnis vom geschuldeten Betrag hat. Die o. g. Vorschriften sind nach allgemeiner Auffassung Fälligkeitsregeln. Daher tritt auch keine inhaltliche Änderung ein, wenn in diesen Regelungen auch im Wortlaut ausdrücklich auf die Fälligkeit abgestellt wird.

§ 16 Nr. 1 Abs. 4 VOB/B

(4) Die Abschlagszahlungen sind ohne Einfluss auf die Haftung des Auftragnehmers; sie gelten nicht als Abnahme von Teilen der Leistung.

Streichung des Begriffs Gewährleistung. Der Begriff der Gewährleistung wird in BGB und VOB/B nicht mehr verwendet. Daher kann er auch in § 16 Nr. 1 Abs. 4 VOB/B gestrichen werden. Das Wort Haftung ist ausreichend, da damit sowohl die Sachmängelhaftung, wie auch die Haftung aus sonstigen Rechtsgründen umfasst sind.

§ 16 Nr. 2 Abs. 1 Satz 2 (Zinssatz Vorauszahlungen)

2. (1) Vorauszahlungen können auch nach Vertragsabschluß vereinbart werden; hierfür ist auf Verlangen des Auftraggebers ausreichende Sicherheit zu leisten. Diese Vorauszahlungen sind, sofern nichts anderes vereinbart wird, mit 3 v. H. über dem Basiszinssatz des § 247 BGB zu verzinsen.

Abstellen auf den Basiszinssatz nach § 247 BGB. Der gesetzliche Zinssatz im BGB stellt auf den Basiszinssatz der Deutschen Bundesbank ab, während die Regelungen der VOB/B auf den Spitzenrefinanzierungssatz der Europäischen Zentralbank (als Nachfolger des Lombardsatzes) abstellen. Um ein Arbeiten mit unterschiedlichen Bezugsgrößen zu vermeiden, wurde auf einen einheitlichen Zinssatz abgestellt. Zu berücksichtigen ist aber, dass Basiszinssatz und Spitzenrefinanzierungssatz in der Höhe unterschiedlich sind und in unterschiedlichen Rhythmen angepasst werden. Dadurch, dass im BGB auf den Basiszinssatz der Deutschen Bundesbank und in der VOB/B auf den Spitzenrefinanzierungssatz abgestellt wird, kann es in der Praxis zu unnötigen Umrechnungsschwierigkeiten kommen. Diese können vermieden werden, wenn auch in der VOB/B auf den Basiszinssatz abgestellt wird. Angesichts des bislang stets niedrigeren Basiszinssatzes (z. Zt. 2,57 % gegenüber 4,25 %) ist in § 16 Nr. 2 Abs. 1 VOB/B die Höhe des Zuschlags zum Zinssatz des Basiszinssatzes zu erhöhen. Im statistischen Mittel liegt die Abweichung bei 2,59 % (vgl. Anlage). Der Zinszuschlag wird daher zur Vereinfachung aufgerundet und beträgt damit 3 % über dem Basiszinssatz.

§ 16 Nr. 3 Abs. 1 Satz 1 VOB/B (Zahlungsverzug)

3. (1) Der Anspruch auf die Schlusszahlung wird alsbald nach Prüfung und Feststellung der vom Auftragnehmer vorgelegten Schlussrechnung fällig, spätestens innerhalb von 2 Monaten nach Zugang. Die Prüfung der Schlussrechnung ist nach Möglichkeit zu beschleunigen. Verzögert sie sich, so ist das unbestrittene Guthaben als Abschlagszahlung sofort zu zahlen.

Ersetzung der Worte „zu leisten“ durch das Wort „fällig“ zur Klarstellung, dass der Zugang der Aufstellung bzw. Schlussrechnung sowie der Ablauf der Prüffrist Fälligkeitsvoraussetzung ist.

§ 286 BGB stellt in Abs. 3 Satz 1 darauf ab, dass der Schuldner einer Geldforderung spätestens in Verzug gerät, wenn er nicht innerhalb von 30 Tagen nach Fälligkeit und Zugang einer Rechnung oder einer gleichwertigen Forderungsaufstellung leistet. Im Hinblick auf diese Vorschrift ist es sinnvoll herauszustellen, dass der Zugang der Schlussrechnung sowie der Ablauf der Prüffrist Fälligkeitsvoraussetzung ist, vgl. oben zu Nr. 1 Abs. 3.

§ 16 Nr. 5 Abs. 3 VOB/B

(3) Zahlt der Auftraggeber bei Fälligkeit nicht, so kann ihm der Auftragnehmer eine angemessene Nachfrist setzen. Zahlt er auch innerhalb der Nachfrist nicht, so hat der Auftragnehmer vom Ende der Nachfrist an Anspruch auf Zinsen in Höhe der in § 288 BGB angegebenen Zinssätze, wenn er nicht einen höheren Verzugsschaden nachweist.

Abstellen auf den Basiszinssatz nach § 247 BGB. Nach § 288 Abs. 2 BGB beträgt bei Rechtsgeschäften, an denen ein Verbraucher nicht beteiligt ist, der gesetzliche Zinssatz 8 Prozentpunkte über dem Basiszinssatz, also 10,57 % (2,57 % + 8 %), bezogen auf das erste Halbjahr 2002. Um diesen gesetzlichen Zinssatz der Höhe nach in das Regelungswerk der VOB/B übernehmen zu können, musste berücksichtigt werden, dass der der bislang in § 16 Nr. 5 Abs. 3 Satz 2 VOB/B geregelte Zinssatz in Höhe von 5 % über dem Spitzenrefinanzierungssatz (4,25 % + 5 %= 9,25%) nicht ausreichte. Im Interesse einer wirksamen Bekämpfung des Zahlungsverzuges als Leitgedanken ist es angemessen und notwendig, auf die Höhe des gesetzlichen Zinssatzes des § 288 Abs. 2 BGB abzustellen. Es wäre also ein Zinszuschlag von mindestens

6,32% (4,25 + 6,32 = 10,57%) aufzunehmen gewesen, wenn weiterhin auf den Spitzenrefinanzierungssatz abgestellt worden wäre. Da aber Basiszinssatz und Spitzenrefinanzierungssatz in der Höhe unterschiedlich sind und in unterschiedlichen Rhythmen angepasst werden, hätte ein Abstellen auf den Spitzenrefinanzierungssatz gewisse Risiken. Beispielsweise hatten die Vorgänger dieser Zinssätze, nämlich Diskontsatz und Lombardsatz, in den Jahren 1967 und 1977 Zinsdifferenzen von nur 0,5 %. Würde sich eine ähnliche Zinsentwicklung wiederholen, wäre der Zinszuschlag von 6,32 % nicht ausreichend. Es bestünde die Gefahr, dass wegen einer Unterschreitung des gesetzlichen Zinssatzes § 16 Nr. 5 Abs. 3 VOB/B AGB-widrig wäre. Insoweit müsste der Zinszuschlag mit einem „Sicherheitszuschlag" versehen werden. Um die beschriebene Problematik zu vermeiden, war es sinnvoll den Zinssatz an den im BGB genannten Basiszinssatz zu koppeln.

§ 16 Nr. 5 Abs. 3 bis 5 VOB/B

(3) Zahlt der Auftraggeber bei Fälligkeit nicht, so kann ihm der Auftragnehmer eine angemessene Nachfrist setzen. Zahlt er auch innerhalb der Nachfrist nicht, so hat der Auftragnehmer vom Ende der Nachfrist an Anspruch auf Zinsen in Höhe der in § 288 BGB angegebenen Zinssätze, wenn er nicht einen höheren Verzugsschaden nachweist.

(4) Zahlt der Auftraggeber das fällige unbestrittene Guthaben nicht innerhalb von 2 Monaten nach Zugang der Schlussrechnung, so hat der Auftragnehmer für dieses Guthaben abweichend von Absatz 3 (ohne Nachfristsetzung) ab diesem Zeitpunkt Anspruch auf Zinsen in Höhe der in § 288 BGB angegebenen Zinssätze, wenn er nicht einen höheren Verzugsschaden nachweist.

(5) Der Auftragnehmer darf in den Fällen der Absätze 3 und 4 die Arbeiten bis zur Zahlung einstellen, sofern eine dem Auftraggeber zuvor gesetzte angemessene Nachfrist erfolglos verstrichen ist.

Die Neuformulierung der Absätze 3 bis 5 bedeutet, dass im Regelfall für einen Zahlungsverzug des Auftraggebers das Setzen einer angemessenen Nachfrist erforderlich ist. Nach erfolglosem Ablauf der Nachfrist können Verzugszinsen in der in § 288 BGB angegebenen Höhe verlangt werden. In den Fällen, in denen der Auftraggeber unbestrittene Guthaben aus Schlussrechnungen nicht innerhalb der 2 Monatsfrist auszahlt, kann der Auftragnehmer nach Abs. 4 auch ohne Nachfristsetzung Verzugszinsen verlangen. Unbestritten sind Guthaben, soweit der Auftraggeber die vorgelegte Schlussrechnung geprüft und festgestellt hat (vgl. § 16 Nr. 3 Abs. 1 VOB/B). Die Regelung zum Recht der Arbeitseinstellung wurde im Anschluss an die Absätze 3 und 4 in Abs. 5 aufgenommen, weil sie nicht nur für Abschlagszahlungen (Fälle des Abs. 3) sondern auch für Teilschlusszahlungen (Fälle des Abs. 4) gilt.

§ 16 Nr. 6 VOB/B

(6) Der Auftraggeber ist berechtigt, zur Erfüllung seiner Verpflichtungen aus den Nummern 1 bis 5 Zahlungen an Gläubiger des Auftragnehmers zu leisten, soweit sie an der Ausführung der vertraglichen Leistung des Auftragnehmers aufgrund eines mit diesem abgeschlossenen Dienst- oder Werkvertrags beteiligt sind, wegen Zahlungsverzugs des Auftragnehmers die Fortsetzung ihrer Leistung zu Recht verweigern und die Direktzahlung die Forstsetzung der Leistung sicherstellen soll. Der Auftragnehmer ist verpflichtet, sich auf Verlan-

gen des Auftraggebers innerhalb einer von diesem gesetzten Frist darüber zu erklären, ob und inwieweit er die Forderungen seiner Gläubiger anerkennt; wird diese Erklärung nicht rechtzeitig abgegeben, so gelten die Voraussetzungen für die Direktzahlung als anerkannt.

Nach BGH, NJW 1990, 2384 hielt § 16 Nr. 6 S. 1 VOB/B der AGB-rechtlichen Inhaltskontrolle nicht stand. Nach dem gesetzlichen Leitbild befreit eine Zahlung an einen Dritten nur dann von der eigenen Schuld, wenn der Dritte vom Gläubiger zur Entgegennahme der Leistung ermächtigt ist, §§ 362 Abs. 2, 185 BGB. Auch der Zahlungsverzug des Auftragnehmers gegenüber Subunternehmern oder Arbeitnehmern ändert hieran nichts. Der BGH hat aber offengelassen, ob ein erhebliches Interesse des Auftraggebers den Eingriff in das Recht des Auftragnehmers zur Bestimmung der Empfangszuständigkeit rechtfertigen kann. Ein solches Interesse könnte im nun geregelten Fall der berechtigten Leistungsverweigerung vorliegen. Auf diesen Fall wurde die Regelung daher beschränkt.

§ 17 VOB/B

§ 17 Nr. 1 VOB/B

(2) Die Sicherheit dient dazu, die vertragsgemäße Ausführung der Leistung und die Mängelansprüche sicherzustellen.

Da der Wortlaut des § 13 Nr. 1 VOB/B umgestellt wurde und dort in Anpassung an das BGB der Begriff Mängelansprüche verwendet wird, wurde § 17 Nr. 1 Abs. 2 VOB/B angepasst.

§ 17 Nr. 4 VOB/B (Ausschluss der Bürgschaft auf erstes Anfordern)

(4) Bei Sicherheitsleistung durch Bürgschaft ist Voraussetzung, dass der Auftraggeber den Bürgen als tauglich anerkannt hat. Die Bürgschaftserklärung ist schriftlich unter Verzicht auf die Einrede der Vorausklage abzugeben (§ 771 BGB); sie darf nicht auf bestimmte Zeit begrenzt und muss nach Vorschrift des Auftraggebers ausgestellt sein. Der Auftraggeber kann als Sicherheit keine Bürgschaft fordern, die den Bürgen zur Zahlung auf erstes Anfordern verpflichtet.

Ausschluss der Möglichkeit eine Bürgschaft auf erstes Anfordern zu Verlangen. Eine Bürgschaft auf erstes Anfordern ist gesetzlich nicht geregelt. Inhalt einer solchen Bürgschaft ist es, dass der Bürge bereits auf eine (meist formalisierte) Zahlungsaufforderung zu zahlen hat. Anders als nach dem gesetzlich geregelten Bürgschaftsrecht können Einwendungen gegen die Hauptschuld (z. B. Mangel wird bestritten) nicht geltend gemacht werden. Erst in einem Rückforderungsprozess können solche Einwendungen vorgetragen werden. Die Vereinbarung des Erfordernisses einer Gewährleistungsbürgschaft auf erstes Anfordern in AGB wird von der Rechtsprechung in einigen Fallgestaltungen als unzulässig angesehen. Bürgschaften auf erstes Anfordern schränken den Kreditrahmen der Auftragnehmer ein. Daher wurde in § 17 Nr. 4 VOB/B ein neuer Satz 3 aufgenommen werden, dass eine Bürgschaft auf erstes Anfordern nicht verlangt werden kann.

§ 17 Nr. 8 VOB/B (Rückgabe der Sicherheiten)

(8) (1) Der Auftraggeber hat eine nicht verwertete Sicherheit für die Vertragserfüllung zum vereinbarten Zeitpunkt, spätestens nach Abnahme und Stellung der Sicherheit für Mängelansprüche zurückzugeben, es sei denn, dass Ansprüche des Auftraggebers, die nicht von der gestellten Sicherheit für Mängelansprüche umfasst sind, noch nicht erfüllt sind. Dann darf er für diese Vertragserfüllungsansprüche einen entsprechenden Teil der Sicherheit zurückhalten.

(2) Der Auftraggeber hat eine nicht verwertete Sicherheit für Mängelansprüche nach Ablauf von 2 Jahren zurückzugeben, sofern kein anderer Rückgabezeitpunkt vereinbart worden ist. Soweit jedoch zu diesem Zeitpunkt seine geltend gemachten Ansprüche noch nicht erfüllt sind, darf er einen entsprechenden Teil der Sicherheit zurückhalten.

Zu § 17 Nr. 8:

In Zusammenhang mit der Änderung der Fristen in § 13 Nr. 4 VOB/B erfolgte auch eine Anpassung des § 17 Nr. 8 VOB/B. Mit Abs. 1 wurde die Verpflichtung zur Rückgabe der nicht verwerteten Vertragserfüllungssicherheit geregelt. Abs. 1 S. 1 letzter Halbsatz dient der Klarstellung, dass die Sicherheit trotz Abnahme und Stellung der Sicherheit für Mängelansprüche nicht zurückgegeben werden muss, wenn noch Ansprüche des Auftraggebers, etwa aus Verzug bestehen. Mit Abs. 1 S. 2 wird deutlich gemacht, dass der Auftraggeber dann einen entsprechenden Teil der Sicherheit zurückhalten darf.

Abs. 2 enthält eine gesonderte Regelung zur Rückgabe der nicht verwerteten Sicherheit für Mängelansprüche. Demnach ist die Sicherheit in der Regel nach Ablauf von 2 Jahren zurückzugeben. Bei dieser Regelung steht die Erwägung im Hintergrund, dass es meist eine starke Belastung für den Auftragnehmer darstellt, wenn dieser für die gesamte 4-jährige Verjährungsfrist für Mängelansprüche die Sicherheit vorhalten muss.

§ 18 Nr. 2 VOB/B

(2) (1) Entstehen bei Verträgen mit Behörden Meinungsverschiedenheiten, so soll der Auftragnehmer zunächst die der auftraggebenden Stelle unmittelbar vorgesetzte Stelle anrufen. Diese soll dem Auftragnehmer Gelegenheit zur mündlichen Aussprache geben und ihn möglichst innerhalb von 2 Monaten nach der Anrufung schriftlich bescheiden und dabei auf die Rechtsfolgen des Satzes 3 hinweisen. Die Entscheidung gilt als anerkannt, wenn der Auftragnehmer nicht innerhalb von 3 Monaten nach Eingang des Bescheides schriftlich Einspruch beim Auftraggeber erhebt und dieser ihn auf die Ausschlussfrist hingewiesen hat.

(2) Mit dem Eingang des schriftlichen Antrages auf Durchführung eines Verfahrens nach Abs. 1 wird die Verjährung des in diesem Antrag geltend gemachten Anspruchs gehemmt. Wollen Auftraggeber oder Auftragnehmer das Verfahren nicht weiter betreiben, teilen sie dies dem jeweils anderen Teil schriftlich mit. Die Hemmung endet 3 Monate nach Zugang des schriftlichen Bescheides oder der Mitteilung nach Satz 2.“

3 Die VOB/B 2002

§ 1 – Art und Umfang der Leistung

1. Die auszuführende Leistung wird nach Art und Umfang durch den Vertrag bestimmt. Als Bestandteil des Vertrags gelten auch die Allgemeinen Technischen Vertragsbedingungen für Bauleistungen.

2. Bei Widersprüchen im Vertrag gelten nacheinander:

a) die Leistungsbeschreibung,

b) die Besonderen Vertragsbedingungen,

c) etwaige zusätzliche Vertragsbedingungen,

d) etwaige zusätzliche Technische Vertragsbedingungen,

e) die Allgemeinen Technischen Vertragsbedingungen für Bauleistungen,

f) die Allgemeinen Vertragsbedingungen für die Ausführung von Bauleistungen.

3. Änderungen des Bauentwurfs anzuordnen, bleibt dem Auftraggeber vorbehalten.

4. Nicht vereinbarte Leistungen, die zur Ausführung der vertraglichen Leistung erforderlich werden, hat der Auftragnehmer auf Verlangen des Auftraggebers mit auszuführen, außer wenn sein Betrieb auf derartige Leistungen nicht eingerichtet ist. Andere Leistungen können dem Auftragnehmer nur mit seiner Zustimmung übertragen werden.

§ 2 – Vergütung

1. Durch die vereinbarten Preise werden alle Leistungen abgegolten, die nach der Leistungsbeschreibung, den Besonderen Vertragsbedingungen, den Zusätzlichen Vertragsbedingungen, den Zusätzlichen Technischen Vertragsbedingungen, den Allgemeinen Technischen Vertragsbedingungen für Bauleistungen und der gewerblichen Verkehrssitte zur vertraglichen Leistung gehören.

2. Die Vergütung wird nach den vertraglichen Einheitspreisen und den tatsächlich ausgeführten Leistungen berechnet, wenn keine andere Berechnungsart (z. B. durch Pauschalsumme, nach Stundenlohnsätzen, nach Selbstkosten) vereinbart ist.

3.
(1) Weicht die ausgeführte Menge der unter einem Einheitspreis erfassten Leistung oder Teilleistung um nicht mehr als 10 v. H. von dem im Vertrag vorgesehenen Umfang ab, so gilt der vertragliche Einheitspreis.

(2) Für die über 10 v. H. hinausgehende Überschreitung des Mengenansatzes ist auf Verlangen ein neuer Preis unter Berücksichtigung der Mehr- oder Minderkosten zu vereinbaren.

(3) Bei einer über 10 v. H. hinausgehenden Unterschreitung des Mengenansatzes ist auf Verlangen der Einheitspreis für die tatsächlich ausgeführte Menge der Leistung oder Teilleistung zu erhöhen, soweit der Auftragnehmer nicht durch Erhöhung der Mengen bei anderen Ordnungszahlen (Positionen) oder in anderer Weise einen Ausgleich erhält. Die Erhöhung des Einheitspreises soll im Wesentlichen dem Mehrbetrag entsprechen, der sich durch Verteilung der Baustelleneinrichtungs- und Baustellengemeinkosten und der Allgemeinen Geschäftskosten auf die verringerte Menge ergibt. Die Umsatzsteuer wird entsprechend dem neuen Preis vergütet.

(4) Sind von der unter einem Einheitspreis erfassten Leistung oder Teilleistung andere Leistungen abhängig, für die eine Pauschalsumme vereinbart ist, so kann mit der Änderung des Einheitspreises auch eine angemessene Änderung der Pauschalsumme gefordert werden.

4. Werden im Vertrag ausbedungene Leistungen des Auftragnehmers vom Auftraggeber selbst übernommen (z. B. Lieferung von Bau-, Bauhilfs- und Betriebsstoffen), so gilt wenn nichts anderes vereinbart wird, § 8 Nr. 1 Abs.2 entsprechend.

5. Werden durch Änderung des Bauentwurfs oder andere Anordnungen des Auftraggebers die Grundlagen des Preises für eine im Vertrag vorgesehene Leistung geändert, so ist ein neuer Preis unter Berücksichtigung der Mehr- oder Minderkosten zu vereinbaren. Die Vereinbarung soll vor der Ausführung getroffen werden.

6. (1) Wird eine im Vertrag nicht vorgesehene Leistung gefordert, so hat der Auftragnehmer Anspruch auf besondere Vergütung. Er muss jedoch den Anspruch dem Auftraggeber ankündigen, bevor er mit der Ausführung der Leistung beginnt.

(2) Die Vergütung bestimmt sich nach den Grundlagen der Preisermittlung für die vertragliche Leistung und den besonderen Kosten der geforderten Leistung. Sie ist möglichst vor Beginn der Ausführung zu vereinbaren.

7. (1) Ist als Vergütung der Leistung eine Pauschalsumme vereinbart, so bleibt die Vergütung unverändert. Weicht jedoch die ausgeführte Leistung von der vertraglich vorgesehenen Leistung so erheblich ab, dass ein Festhalten an der Pauschalsumme nicht zumutbar ist (§ 242 BGB), so ist auf Verlangen ein Ausgleich unter Berücksichtigung der Mehr- oder Minderkosten zu gewähren.

Für die Bemessung des Ausgleichs ist von den Grundlagen der Preisermittlung auszugehen.
'Die Nummern 4, 5 und 6 bleiben unberührt.

(2) Wenn nichts anderes vereinbart ist, gilt Absatz 1 auch für Pauschalsummen, die für Teile der Leistung vereinbart sind.

Nummer 3 Abs. 4 bleibt unberührt.

8. (1) Leistungen, die der Auftragnehmer ohne Auftrag oder unter eigenmächtiger Abweichung vom Auftrag ausführt, werden nicht vergütet.

Der Auftragnehmer hat sie auf Verlangen innerhalb einer angemessenen Frist zu beseitigen; sonst kann es auf seine Kosten geschehen.

Er haftet außerdem für andere Schäden, die dem Auftraggeber hieraus entstehen.

(2) Eine Vergütung steht dem Auftragnehmer jedoch zu, wenn der Auftraggeber solche Leistungen nachträglich anerkennt. Eine Vergütung steht ihm auch zu, wenn die Leistungen für die Erfüllung des Vertrags notwendig waren, dem mutmaßlichen Willen des Auftraggebers entsprachen und ihm unverzüglich angezeigt wurden. Soweit dem Auftragnehmer eine Vergütung zusteht, gelten die Berechnungsgrundlagen für geänderte oder zusätzliche Leistungen der Nummer 5 oder 6 entsprechend.

(3) Die Vorschriften des BGB über die Geschäftsführung ohne Auftrag (§§ 677 ff. BGB) bleiben unberührt.

9. (1) Verlangt der Auftraggeber Zeichnungen, Berechnungen oder andere Unterlagen, die der Auftragnehmer nach dem Vertrag, besonders den Technischen Vertragsbedingungen oder der gewerblichen Verkehrssitte, nicht zu beschaffen hat, so hat er sie zu vergüten.

(2) Lässt er vom Auftragnehmer nicht aufgestellte technische Berechnungen durch den Auftragnehmer nachprüfen, so hat er die Kosten zu tragen.

10. Stundenlohnarbeiten werden nur vergütet, wenn sie als solche vor ihrem Beginn ausdrücklich vereinbart worden sind

§ 3 – Ausführungsunterlagen

1. Die für die Ausführung nötigen Unterlagen sind dem Auftragnehmer unentgeltlich und rechtzeitig zu übergeben.

2. Das Abstecken der Hauptachsen der baulichen Anlagen, ebenso der Grenzen des Geländes, das dem Auftragnehmer zur Verfügung gestellt wird, und das Schaffen der notwendigen Höhenfestpunkte in unmittelbarer Nähe der baulichen Anlagen sind Sache des Auftraggebers.

3. Die vom Auftraggeber zur Verfügung gestellten Geländeaufnahmen und Absteckungen und die übrigen für die Ausführung übergebenen Unterlagen sind für den Auftragnehmer maßgebend. Jedoch hat er sie, soweit es zur ordnungsgemäßen Vertragserfüllung gehört, auf etwaige Unstimmigkeiten zu überprüfen und den Auftraggeber auf entdeckte oder vermutete Mängel hinzuweisen.

4. Vor Beginn der Arbeiten ist, soweit notwendig, der Zustand der Straßen und Geländeoberfläche, der Vorfluter und Vorflutleitungen, ferner der baulichen Anlagen im Baubereich in einer Niederschrift festzuhalten, die vom Auftraggeber und Auftragnehmer anzuerkennen ist.

5. Zeichnungen, Berechnungen, Nachprüfungen von Berechnungen oder andere Unterlagen, die der Auftragnehmer nach dem Vertrag, besonders den Technischen Vertragsbedingungen, oder der gewerblichen Verkehrssitte oder auf besonderes Verlangen des Auftraggebers (§ 2 Nr. 9) zu beschaffen hat, sind dem Auftraggeber nach Aufforderung rechtzeitig vorzulegen.

6. (1) Die in Nummer 5 genannten Unterlagen dürfen ohne Genehmigung ihres Urhebers nicht veröffentlicht, vervielfältigt, geändert oder für einen anderen als den vereinbarten Zweck benutzt werden.

(2) An DV-Programmen hat der Auftraggeber das Recht zur Nutzung mit den vereinbarten Leistungsmerkmalen in unveränderter Form auf den festgelegten Geräten.

Der Auftraggeber darf zum Zwecke der Datensicherung zwei Kopien herstellen. Diese müssen alle Identifikationsmerkmale enthalten. Der Verbleib der Kopien ist auf Verlangen nachzuweisen.

(3) Der Auftragnehmer bleibt unbeschadet des Nutzungsrechts des Auftraggebers zur Nutzung der Unterlagen und der DV-Programme berechtigt.

§ 4 – Ausführung

1. (1) Der Auftraggeber hat für die Aufrechterhaltung der allgemeinen Ordnung auf der Baustelle zu sorgen und das Zusammenwirken der verschiedenen Unternehmer zu regeln. Er hat die erforderlichen öffentlich-rechtlichen Genehmigungen und Erlaubnisse z. B. nach dem Baurecht, dem Straßenverkehrsrecht, dem Wasserrecht, dem Gewerberecht - herbeizuführen.

(2) Der Auftraggeber hat das Recht, die vertragsgemäße Ausführung der Leistung zu überwachen. Hierzu hat er Zutritt zu den Arbeitsplätzen, Werkstätten und Lagerräumen, wo die vertragliche Leistung oder Teile von ihr hergestellt oder die hierfür bestimmten Stoffe und Bauteile gelagert werden. Auf Verlangen sind ihm die Werkzeichnungen oder andere Ausführungsunterlagen sowie die Ergebnisse von Güteprüfungen zur Einsicht vorzulegen und die erforderlichen Auskünfte zu erteilen, wenn hierdurch keine Geschäftsgeheimnisse preis-

gegeben werden. Als Geschäftsgeheimnis bezeichnete Auskünfte und Unterlagen hat er vertraulich zu behandeln.

(3) Der Auftraggeber ist befugt, unter Wahrung der dem Auftragnehmer zustehenden Leitung (Nummer 2) Anordnungen zu treffen, die zur vertragsgemäßen Ausführung der Leistung notwendig sind. Die Anordnungen sind grundsätzlich nur dem Auftragnehmer oder seinem für die Leitung der Ausführung bestellten Vertreter zu erteilen, außer wenn Gefahr im Verzug ist. Dem Auftraggeber ist mitzuteilen, wer jeweils als Vertreter des Auftragnehmers für die Leitung der Ausführung bestellt ist.

(4) Hält der Auftragnehmer die Anordnungen des Auftraggebers für unberechtigt oder unzweckmäßig, so hat er seine Bedenken geltend zu machen, die Anordnungen jedoch auf Verlangen auszuführen, wenn nicht gesetzliche oder behördliche Bestimmungen entgegenstehen. Wenn dadurch eine ungerechtfertigte Erschwerung verursacht wird, hat der Auftraggeber die Mehrkosten zu tragen.

2. (1) Der Auftragnehmer hat die Leistung unter eigener Verantwortung nach dem Vertrag auszuführen. Dabei hat er die anerkannten Regeln der Technik und die gesetzlichen und behördlichen Bestimmungen zu beachten. Es ist seine Sache, die Ausführung seiner vertraglichen Leistung zu leiten und für Ordnung auf seiner Arbeitsstelle zu sorgen.

(2) Er ist für die Erfüllung der gesetzlichen, behördlichen und berufsgenossenschaftlichen Verpflichtungen gegenüber seinen Arbeitnehmern allein verantwortlich. Es ist ausschließlich seine Aufgabe, die Vereinbarungen und Maßnahmen zu treffen, die sein Verhältnis zu den Arbeitnehmern regeln.

3. Hat der Auftragnehmer Bedenken gegen die vorgesehene Art der Ausführung (auch wegen der Sicherung gegen Unfallgefahren), gegen die Güte der vom Auftraggeber gelieferten Stoffe oder Bauteile oder gegen die Leistungen anderer Unternehmer, so hat er sie dem Auftraggeber unverzüglich - möglichst schon vor Beginn der Arbeiten - schriftlich mitzuteilen; der Auftraggeber bleibt jedoch für seine Angaben, Anordnungen oder Lieferungen verantwortlich.

4. Der Auftraggeber hat, wenn nichts anderes vereinbart ist, dem Auftragnehmer unentgeltlich zur Benutzung oder Mitbenutzung zu überlassen:

a) die notwendigen Lager- und Arbeitsplätze auf der Baustelle,

b) vorhandene Zufahrtswege und Anschlussgleise,

c) vorhandene Anschlüsse für Wasser und Energie. Die Kosten für den Verbrauch und den Messer oder Zähler trägt der Auftragnehmer, mehrere Auftragnehmer tragen sie anteilig.

5. Der Auftragnehmer hat die von ihm ausgeführten Leistungen und die ihm für die Ausführung übergebenen Gegenstände bis zur Abnahme vor Beschädigung und Diebstahl zu schützen. Auf Verlangen des Auftraggebers hat er sie vor Winterschäden und Grundwasser zu schützen, ferner Schnee und Eis zu beseitigen. Obliegt ihm die Verpflichtung nach Satz 2 nicht schon nach dem Vertrag, so regelt sich die Vergütung nach § 2 Nr. 6.

6. Stoffe oder Bauteile, die dem Vertrag oder den Proben nicht entsprechen, sind auf Anordnung des Auftraggebers innerhalb einer von ihm bestimmten Frist von der Baustelle zu entfernen. Geschieht es nicht, so können sie auf Kosten des Auftragnehmers entfernt oder für seine Rechnung veräußert werden.

7. Leistungen, die schon während der Ausführung als mangelhaft oder vertragswidrig erkannt werden, hat der Auftragnehmer auf eigene Kosten durch mangelfreie zu ersetzen. Hat der Auftragnehmer den Mangel oder die Vertragswidrigkeit zu vertreten, so hat er auch den daraus entstehenden Schaden zu ersetzen. Kommt der Auftragnehmer der Pflicht zur Beseitigung des Mangels nicht nach, so kann ihm der Auftraggeber eine angemessene Frist zur Beseitigung des Mangels setzen und erklären, dass er ihm nach fruchtlosem Ablauf der Frist den Auftrag entziehe (§ 8 Nr. 3).

8. (1) Der Auftragnehmer hat die Leistung im eigenen Betrieb auszuführen. Mit schriftlicher Zustimmung des Auftraggebers darf er sie an Nachunternehmer übertragen. Die Zustimmung ist nicht notwendig bei Leistungen, auf die der Betrieb des Auftragnehmers nicht eingerichtet ist. Erbringt der Auftragnehmer ohne schriftliche Zustimmung des Auftraggebers Leistungen nicht im eigenen Betrieb, obwohl sein Betrieb darauf eingerichtet ist, kann der Auftraggeber ihm eine angemessene Frist zur Aufnahme der Leistung im eigenen Betrieb setzen und erklären, dass er ihm nach fruchtlosem Ablauf der Frist den Auftrag entziehe (§ 8 Nr. 3).

(2) Der Auftragnehmer hat bei der Weitervergabe von Bauleistungen an Nachunternehmer die Verdingungsordnung für Bauleistungen zugrunde zu legen.

(3) Der Auftragnehmer hat die Nachunternehmer dem Auftraggeber auf Verlangen bekannt zu geben.

9. Werden bei Ausführung der Leistung auf einem Grundstück Gegenstände von Altertums-, Kunst- oder wissenschaftlichem Wert entdeckt, so hat der Auftragnehmer vor jedem weiteren Aufdecken oder Ändern dem Auftraggeber den Fund anzuzeigen und ihm die Gegenstände nach näherer Weisung abzuliefern. Die Vergütung etwaiger Mehrkosten regelt sich nach § 2 Nr. 6. Die Rechte des Entdeckers (§ 984 BGB) hat der Auftraggeber.

10. Der Zustand von Teilen der Leistung ist auf Verlangen gemeinsam von Auftraggeber und Auftragnehmer festzustellen, wenn diese Teile der Leistung durch die weitere Ausführung der Prüfung und Feststellung entzogen werden. Das Ergebnis ist schriftlich niederzulegen.

§ 5 – Ausführungsfristen

1. Die Ausführung ist nach den verbindlichen Fristen (Vertragsfristen) zu beginnen, angemessen zu fördern und zu vollenden. In einem Bauzeitenplan enthaltene Einzelfristen gelten nur dann als Vertragsfristen, wenn dies im Vertrag ausdrücklich vereinbart ist.

2. Ist für den Beginn der Ausführung keine Frist vereinbart, so hat der Auftraggeber dem Auftragnehmer auf Verlangen Auskunft über den voraussichtlichen Beginn zu erteilen. Der Auftragnehmer hat innerhalb von 12 Werktagen nach Aufforderung zu beginnen. Der Beginn der Ausführung ist dem Auftraggeber anzuzeigen.

3. Wenn Arbeitskräfte, Geräte, Gerüste, Stoffe oder Bauteile so unzureichend sind, dass die Ausführungsfristen offenbar nicht eingehalten werden können, muss der Auftragnehmer auf Verlangen unverzüglich Abhilfe schaffen.

4. Verzögert der Auftragnehmer den Beginn der Ausführung, gerät er mit der Vollendung in Verzug oder kommt er der in Nummer 3 erwähnten Verpflichtung nicht nach, so kann der Auftraggeber bei Aufrechterhaltung des Vertrages Schadensersatz nach § 6 Nr. 6 verlangen oder dem Auftragnehmer eine angemessene Frist zur Vertragserfüllung setzen und erklären, dass er ihm nach fruchtlosem Ablauf der Frist den Auftrag entziehe (§ 8 Nr. 3)

§ 6 - Behinderung und Unterbrechung der Ausführung

1. Glaubt sich der Auftragnehmer in der ordnungsgemäßen Ausführung der Leistung behindert, so hat er es dem Auftraggeber unverzüglich schriftlich anzuzeigen. Unterlässt er die Anzeige, so hat er nur dann Anspruch auf Berücksichtigung der hindernden Umstände, wenn dem Auftraggeber offenkundig die Tatsache und deren hindernde Wirkung bekannt waren.

2. (1) Ausführungsfristen werden verlängert, soweit die Behinderung verursacht ist:

a) durch einen Umstand aus dem Risikobereich des Auftraggebers,

b) durch Streik oder eine von der Berufsvertretung der Arbeitgeber angeordnete Aussperrung im Betrieb des Auftragnehmers oder in einem unmittelbar für ihn arbeitenden Betrieb,

c) durch höhere Gewalt oder andere für den Auftragnehmer unabwendbare Umstände.

(2) Witterungseinflüsse während der Ausführungszeit, mit denen bei Abgabe des Angebots normalerweise gerechnet werden musste, gelten nicht als Behinderung.

3. Der Auftragnehmer hat alles zu tun, was ihm billigerweise zugemutet werden kann, um die Weiterführung der Arbeiten zu ermöglichen. Sobald die hindernden Umstände wegfallen, hat er ohne weiteres und unverzüglich die Arbeiten wieder aufzunehmen und den Auftraggeber davon zu benachrichtigen.

4. Die Fristverlängerung wird berechnet nach der Dauer der Behinderung mit einem Zuschlag für die Wiederaufnahme der Arbeiten und die etwaige Verschiebung in eine ungünstigere Jahreszeit.

5. Wird die Ausführung für voraussichtlich längere Dauer unterbrochen, ohne dass die Leistung dauernd unmöglich wird, so sind die ausgeführten Leistungen nach den Vertragspreisen abzurechnen und außerdem die Kosten zu vergüten, die dem Auftragnehmer bereits entstanden und in den Vertragspreisen des nicht ausgeführten Teils der Leistung enthalten sind.

6. Sind die hindernden Umstände von einem Vertragsteil zu vertreten, so hat der andere Teil Anspruch auf Ersatz des nachweislich entstandenen Schadens, des entgangenen Gewinns aber nur bei Vorsatz oder grober Fahrlässigkeit.

7. Dauert eine Unterbrechung länger als 3 Monate, so kann jeder Teil nach Ablauf dieser Zeit den Vertrag schriftlich kündigen. Die Abrechnung regelt sich nach den Nummern 5 und 6, wenn der Auftragnehmer die Unterbrechung nicht zu vertreten hat, sind auch die Kosten der Baustellenräumung zu vergüten, soweit sie nicht in der Vergütung für die bereits ausgeführten Leistungen enthalten sind.

§ 7 – Verteilung der Gefahr

1. Wird die ganz oder teilweise ausgeführte Leistung vor der Abnahme durch höhere Gewalt, Krieg, Aufruhr oder andere objektiv unabwendbare vom Auftragnehmer nicht zu vertretende Umstände beschädigt oder zerstört, so hat dieser für die ausgeführten Teile der Leistung die Ansprüche nach § 6 Nr. 5; für andere Schäden besteht keine gegenseitige Ersatzpflicht.

2. Zu der ganz oder teilweise ausgeführten Leistung gehören alle mit der baulichen Anlage unmittelbar verbundenen, in ihre Substanz eingegangenen Leistungen, unabhängig von deren Fertigstellungsgrad.

3. Zu der ganz oder teilweise ausgeführten Leistung gehören nicht die noch nicht eingebauten Stoffe und Bauteile sowie die Baustelleneinrichtung und Absteckungen. Zu der ganz oder teilweise ausgeführten Leistung gehören ebenfalls nicht Baubehelfe, z. B. Gerüste, auch wenn diese als Besondere Leistung oder selbständig vergeben sind.

§ 8 – Kündigung durch den Auftraggeber

1. (1) Der Auftraggeber kann bis zur Vollendung der Leistung jederzeit den Vertrag kündigen.

(2) Dem Auftragnehmer steht die vereinbarte Vergütung zu. Er muss sich jedoch anrechnen lassen, was er infolge der Aufhebung des Vertrags an Kosten erspart oder durch anderweitige Verwendung seiner Arbeitskraft und seines Betriebs erwirbt oder zu erwerben böswillig unterlässt (§ 649 BGB).

2. (1) Der Auftraggeber kann den Vertrag kündigen, wenn der Auftragnehmer seine Zahlungen einstellt oder das Insolvenzverfahren beziehungsweise ein vergleichbares gesetzliches Verfahren beantragt oder ein solches Verfahren eröffnet wird oder dessen Eröffnung mangels Masse abgelehnt wird.

(2) Die ausgeführten Leistungen sind nach § 6 Nr. 5 abzurechnen. Der Auftraggeber kann Schadensersatz wegen Nichterfüllung des Restes verlangen.

3. (1) Der Auftraggeber kann den Vertrag kündigen, wenn in den Fällen

des § 4 Nr. 7 und 8 Abs. 1 und des § 5 Nr. 4 die gesetzte Frist fruchtlos abgelaufen ist (Entziehung des Auftrags).

Die Entziehung des Auftrags kann auf einen in sich abgeschlossenen Teil der vertraglichen Leistung beschränkt werden.

(2) Nach der Entziehung des Auftrags ist der Auftraggeber berechtigt, den noch nicht vollendeten Teil der Leistung zu Lasten des Auftragnehmers durch einen Dritten ausführen zu lassen, doch bleiben seine Ansprüche auf Ersatz des etwa entstehenden weiteren Schadens bestehen.
Er ist auch berechtigt, auf die weitere Ausführung zu verzichten und Schadenersatz wegen Nichterfüllung zu verlangen, wenn die Ausführung aus den Gründen, die zur Entziehung des Auftrags geführt haben, für ihn kein Interesse mehr hat.

(3) Für die Weiterführung der Arbeiten kann der Auftraggeber Geräte, Gerüste, auf der Baustelle vorhandene andere Einrichtungen und angelieferte Stoffe und Bauteile gegen angemessene Vergütung in Anspruch nehmen.

(4) Der Auftraggeber hat dem Auftragnehmer eine Aufstellung über die entstandenen Mehrkosten und über seine anderen Ansprüche spätestens binnen 12 Werktagen nach Abrechnung mit dem Dritten zuzusenden.

4. Der Auftraggeber kann den Auftrag entziehen, wenn der Auftragnehmer aus Anlass der Vergabe eine Abrede getroffen hatte, die eine unzulässige Wettbewerbsbeschränkung darstellt.

Die Kündigung ist innerhalb von 12 Werktagen nach Bekannt werden des Kündigungsgrundes auszusprechen. Nummer 3 gilt entsprechend.

5. Die Kündigung ist schriftlich zu erklären.

6. Der Auftragnehmer kann Aufmaß und Abnahme der von ihm ausgeführten Leistungen alsbald nach der Kündigung verlangen; er hat unverzüglich eine prüfbare Rechnung über die ausgeführten Leistungen vorzulegen.

7. Eine wegen Verzugs verwirkte, nach Zeit bemessene Vertragsstrafe kann nur für die Zeit bis zum Tag der Kündigung des Vertrags gefordert werden.

§ 9 – Kündigung durch den Auftragnehmer

1. Der Auftragnehmer kann den Vertrag kündigen:

a) wenn der Auftraggeber eine ihm obliegende Handlung unterlässt und dadurch den Auftragnehmer außerstande setzt, die Leistung auszuführen (Annahmeverzug nach §§ 293 ff. BGB),

b) wenn der Auftraggeber eine fällige Zahlung nicht leistet oder sonst in Schuldnerverzug gerät.

2. Die Kündigung ist schriftlich zu erklären. Sie ist erst zulässig, wenn der Auftragnehmer dem Auftraggeber ohne Erfolg eine angemessene Frist zur Vertragserfüllung gesetzt und erklärt hat, dass er nach fruchtlosem Ablauf der Frist den Vertrag kündigen werde.

3. Die bisherigen Leistungen sind nach den Vertragspreisen abzurechnen. Außerdem hat der Auftragnehmer Anspruch auf angemessene Entschädigung nach § 642 BGB; etwaige weitergehende Ansprüche des Auftragnehmers bleiben unberührt.

§ 10 – Haftung der Vertragsparteien

1. Die Vertragsparteien haften einander für eigenes Verschulden sowie für das Verschulden ihrer gesetzlichen Vertreter und der Personen, deren sie sich zur Erfüllung ihrer Verbindlichkeiten bedienen (§§ 276, 278 BGB).

2. (1) Entsteht einem Dritten im Zusammenhang mit der Leistung ein Schaden, für den auf Grund gesetzlicher Haftpflichtbestimmungen beide Vertragsparteien haften, so gelten für den Ausgleich zwischen den Vertragsparteien die allgemeinen gesetzlichen Bestimmungen, soweit im Einzelfall nichts anderes vereinbart ist. Soweit der Schaden des Dritten nur die Folge einer Maßnahme ist, die der Auftraggeber in dieser Form angeordnet hat, trägt er den Schaden allein, wenn ihn der Auftragnehmer auf die mit der angeordneten Ausführung verbundene Gefahr nach § 4 Nr. 3 hingewiesen hat.

(2) Der Auftragnehmer trägt den Schaden allein, soweit er ihn durch Versicherung seiner gesetzlichen Haftpflicht gedeckt hat oder durch eine solche zu tarifmäßigen, nicht auf außergewöhnliche Verhältnisse abgestellten Prämien und Prämienzuschlägen bei einem im Inland zum Geschäftsbetrieb zugelassenen Versicherer hätte decken können.

3. Ist der Auftragnehmer einem Dritten nach den §§ 823 ff. BGB zu Schadenersatz verpflichtet wegen unbefugten Betretens oder Beschädigung angrenzender Grundstücke, wegen Entnahme oder Auflagerung von Boden oder anderen Gegenständen außerhalb der vom Auftraggeber dazu angewiesenen Flächen oder wegen der Folgen eigenmächtiger Versperrung von Wegen oder Wasserläufen, so trägt er im Verhältnis zum Auftraggeber den Schaden allein.

4. Für die Verletzung gewerblicher Schutzrechte haftet im Verhältnis der Vertragsparteien zueinander der Auftragnehmer allein, wenn er selbst das geschützte Verfahren oder die Verwendung geschützter Gegenstände angeboten oder wenn der Auftraggeber die Verwendung vorgeschrieben und auf das Schutzrecht hingewiesen hat.

5. Ist eine Vertragspartei gegenüber der anderen nach den Nummern 2, 3 oder 4 von der Ausgleichspflicht befreit, so gilt diese Befreiung auch zugunsten ihrer gesetzlichen Vertreter und Erfüllungsgehilfen, wenn sie nicht vorsätzlich oder grob fahrlässig gehandelt haben.

6. Soweit eine Vertragspartei von dem Dritten für einen Schaden in Anspruch genommen wird, den nach den Nummern 2, 3 oder 4 die andere Vertragspartei zu tragen hat, kann sie verlangen, dass ihre Vertragspartei sie von der Verbindlichkeit gegenüber dem Dritten befreit. Sie darf den Anspruch des Dritten nicht anerkennen oder befriedigen, ohne der anderen Vertragspartei vorher Gelegenheit zur Äußerung gegeben zu haben.

§ 11 – Vertragsstrafe

1. Wenn Vertragsstrafen vereinbart sind, gelten die §§ 339 bis 345 BGB.

2. Ist die Vertragsstrafe für den Fall vereinbart, dass der Auftragnehmer nicht in der vorgesehenen Frist erfüllt, so wird sie fällig, wenn der Auftragnehmer in Verzug gerät.

3. Ist die Vertragsstrafe nach Tagen bemessen, so zählen nur Werktage; ist sie nach Wochen bemessen, so wird jeder Werktag angefangener Wochen als 1/6 Woche gerechnet.

4. Hat der Auftraggeber die Leistung abgenommen, so kann er die Strafe nur verlangen, wenn er dies bei der Abnahme vorbehalten hat.

§12 – Abnahme

1. Verlangt der Auftragnehmer nach der Fertigstellung - gegebenenfalls auch vor Ablauf der vereinbarten Ausführungsfrist - die Abnahme der Leistung, so hat sie der Auftraggeber binnen 12 Werktagen durchzuführen; eine andere Frist kann vereinbart werden.

2. Auf Verlangen sind in sich abgeschlossene Teile der Leistung besonders abzunehmen.

3. Wegen wesentlicher Mängel kann die Abnahme bis zur Beseitigung verweigert werden.

4. (1) Eine förmliche Abnahme hat stattzufinden, wenn eine Vertragspartei es verlangt. Jede Partei kann auf ihre Kosten einen Sachverständigen zuziehen. Der Befund ist in gemeinsamer Verhandlung schriftlich niederzulegen. In die Niederschrift sind etwaige Vorbehalte wegen bekannter Mängel und wegen Vertragsstrafen aufzunehmen, ebenso etwaige Einwendungen des Auftragnehmers. Jede Partei erhält eine Ausfertigung.

(2) Die förmliche Abnahme kann in Abwesenheit des Auftragnehmers stattfinden, wenn der Termin vereinbart war oder der Auftraggeber mit genügender Frist dazu eingeladen hatte. Das Ergebnis der Abnahme ist dem Auftragnehmer alsbald mitzuteilen.

5. (1) Wird keine Abnahme verlangt, so gilt die Leistung als abgenommen mit Ablauf von 12 Werktagen nach schriftlicher Mitteilung über die Fertigstellung der Leistung.

(2) Wird keine Abnahme verlangt und hat der Auftraggeber die Leistung oder einen Teil der Leistung in Benutzung genommen, so gilt die Abnahme nach Ablauf von 6 Werktagen nach Beginn der Benutzung als erfolgt, wenn nichts anderes vereinbart ist. Die Benutzung von Teilen einer baulichen Anlage zur Weiterführung der Arbeiten gilt nicht als Abnahme.

(3) Vorbehalte wegen bekannter Mängel oder wegen Vertragsstrafen hat der Auftraggeber spätestens zu den in den Absätzen 1 und 2 bezeichneten Zeitpunkten geltend zu machen.

6. Mit der Abnahme geht die Gefahr auf den Auftraggeber über, soweit er sie nicht schon nach § 7 trägt.

§ 13 – Mängelansprüche

1. Der Auftragnehmer hat dem Auftraggeber seine Leistung zum Zeitpunkt der Abnahme frei von Sachmängeln zu verschaffen. Die Leistung ist zur Zeit der Abnahme frei von Sachmängeln, wenn sie die vereinbarte Beschaffenheit hat und den anerkannten Regeln der Technik entspricht. Ist die Beschaffenheit nicht vereinbart, so ist die Leistung zur Zeit der Abnahme frei von Sachmängeln,

a) wenn sie sich für die nach dem Vertrag vorausgesetzte, sonst

b) für die gewöhnliche Verwendung eignet und eine Beschaffenheit aufweist, die bei Werken der gleichen Art üblich ist und die der Besteller nach der Art der Leistung erwarten kann.

2. Bei Leistungen nach Probe gelten die Eigenschaften der Probe als vereinbarte Beschaffenheit, soweit nicht Abweichungen nach der Verkehrssitte als bedeutungslos anzusehen sind. Dies gilt auch für Proben, die erst nach Vertragsabschluss als solche

3. Ist ein Mangel zurückzuführen auf die Leistungsbeschreibung oder auf Anordnungen des Auftraggebers, auf die von diesem gelieferten oder vorgeschriebenen Stoffe oder Bauteile oder die Beschaffenheit der Vorleistung eines anderen Unternehmers, so haftet der Auftragnehmer, es sei denn, er hat die ihm nach § 4 Nr. 3 obliegende Mitteilung gemacht.

4. (1) Ist für die Mängelansprüche keine Verjährungsfrist im Vertrag vereinbart, so beträgt sie für Bauwerke 4 Jahre, für Arbeiten an einem Grundstück und für die vom Feuer berührten Teile von Feuerungsanlagen 2 Jahre. Abweichend von Satz 1 beträgt die Verjährungsfrist für feuerberührte und abgasdämmende Teile von industriellen Feuerungsanlagen 1 Jahr.

(2) Bei maschinellen und elektrotechnischen/elektronischen Anlagen oder Teilen davon, bei denen die Wartung Einfluss auf die Sicherheit und Funktionsfähigkeit hat, beträgt die Verjährungsfrist für die Mängelansprüche abweichend von Absatz 1 2 Jahre, wenn der Auftraggeber sich dafür entschieden hat, dem Auftragnehmer die Wartung für die Dauer der Verjährungsfrist nicht zu übertragen.

(3) Die Frist beginnt mit der Abnahme der gesamten Leistung; nur für in sich abgeschlossene Teile der Leistung beginnt sie mit der Teilabnahme.(§ 12 Nr. 2)

5. (1) Der Auftragnehmer ist verpflichtet, alle während der Verjährungsfrist hervortretenden Mängel, die auf vertragswidrige Leistung zurückzuführen sind, auf seine Kosten zu beseitigen, wenn es der Auftraggeber vor Ablauf der Frist schriftlich verlangt. Der Anspruch auf Beseitigung der gerügten Mängel verjährt in 2 Jahren, gerechnet vom Zugang des schriftlichen Verlangens an, jedoch nicht vor Ablauf der Regelfrist nach Nummer 4 oder der an ihrer Stelle vereinbarten Frist. Nach Abnahme der Mängelbeseitigungsleistung beginnt für diese Leistung eine Verjährungsfrist von 2 Jahren neu, die jedoch nicht vor Ablauf der Regelfristen nach Nummer 4 oder der an ihrer Stelle vereinbarten Frist endet.

(2) Kommt der Auftragnehmer der Aufforderung zur Mängelbeseitigung in einer vom Auftraggeber gesetzten angemessenen Frist nicht nach, so kann der Auftraggeber die Mängel auf Kosten des Auftragnehmers beseitigen lassen.

6. Ist die Beseitigung des Mangels für den Auftraggeber unzumutbar oder ist sie unmöglich oder würde sie einen unverhältnismäßig hohen Aufwand erfordern und wird sie deshalb vom Auftragnehmer verweigert, so kann der Auftraggeber durch Erklärung gegenüber dem Auftragnehmer die Vergütung mindern (§ 638 BGB).

7. (1) Der Auftragnehmer haftet bei schuldhaft verursachten Mängeln aus der Verletzung des Lebens, des Körpers oder der Gesundheit.

(2) Bei vorsätzlich oder grob fahrlässig verursachten Mängeln haftet er für alle Schäden.

(3) Im übrigen ist dem Auftraggeber der Schaden an der baulichen Anlage zu ersetzen, zu deren Herstellung, Instandhaltung oder Änderung die Leistung dient, wenn ein wesentlicher Mangel vorliegt, der die Gebrauchsfähigkeit erheblich beeinträchtigt und auf ein Verschulden des Auftragnehmers zurückzuführen ist. Einen darüber hinaus gehenden Schaden hat der Auftragnehmer nur dann zu ersetzen,

a) wenn der Mangel auf einem Verstoß gegen die anerkannten Regeln der Technik beruht,

b) wenn der Mangel in dem Fehlen einer vertraglich vereinbarten Beschaffenheit besteht oder

c) soweit der Auftragnehmer den Schaden durch Versicherung seiner gesetzlichen Haftpflicht gedeckt hat oder durch eine solche zu tarifmäßigen, nicht auf außergewöhnliche Verhältnisse abgestellten Prämien und Prämienzuschlägen bei einem im Inland zum Geschäftsbetrieb zugelassenen Versicherer hätte decken können.

(4) Abweichend von Nummer 4 gelten die gesetzlichen Verjährungsfristen, soweit sich der Auftragnehmer nach Absatz 3 durch Versicherung geschützt hat oder hätte schützen können oder soweit ein besonderer Versicherungsschutz vereinbart ist.

(5) Eine Einschränkung oder Erweiterung der Haftung kann in begründeten Sonderfällen vereinbart werden.

§ 14 – Abrechnung

1. Der Auftragnehmer hat seine Leistungen prüfbar abzurechnen. Er hat die Rechnungen übersichtlich aufzustellen und dabei die Reihenfolge der Posten einzuhalten und die in den Vertragsbestandteilen enthaltenen Bezeichnungen zu verwenden. Die zum Nachweis von Art und Umfang der Leistung erforderlichen Mengenberechnungen, Zeichnungen und andere Belege sind beizufügen. Änderungen und Ergänzungen des Vertrags sind in der Rechnung besonders kenntlich zu machen; sie sind auf Verlangen getrennt abzurechnen.

2. Die für die Abrechnung notwendigen Feststellungen sind dem Fortgang der Leistung entsprechend möglichst gemeinsam vorzunehmen. Die Abrechnungsbestimmungen in den Technischen Vertragsbedingungen und den anderen Vertragsunterlagen sind zu beachten. Für Leistungen, die bei Weiterführung der Arbeiten nur schwer feststellbar sind, hat der Auftragnehmer rechtzeitig gemeinsame Feststellungen zu beantragen.

3. Die Schlussrechnung muss bei Leistungen mit einer vertraglichen Ausführungsfrist von höchstens 3 Monaten spätestens 12 Werktage nach Fertigstellung eingereicht werden, wenn nichts anderes vereinbart ist, diese Frist wird um je 6 Werktage für je weitere 3 Monate Ausführungsfrist verlängert.

4. Reicht der Auftragnehmer eine prüfbare Rechnung nicht ein, obwohl ihm der Auftraggeber dafür eine angemessene Frist gesetzt hat, so kann sie der Auftraggeber selbst auf Kosten des Auftragnehmers aufstellen.

§ 15 – Stundenlohnarbeiten

1. (1) Stundenlohnarbeiten werden nach den vertraglichen Vereinbarungen abgerechnet.

(2) Soweit für die Vergütung keine Vereinbarungen getroffen worden sind, gilt die ortsübliche Vergütung. Ist diese nicht zu ermitteln, so werden die Aufwendungen des Auftragnehmers für Lohn- und Gehaltskosten der Baustelle, Lohn- und Gehaltsnebenkosten der Baustelle, Stoffkosten der Baustelle, Kosten der Einrichtungen, Geräte, Maschinen und maschinellen Anlagen der Baustelle, Fracht-, Fuhr- und Ladekosten, Sozialkassenbeiträge und Sonderkosten, die bei wirtschaftlicher Betriebsführung entstehen, mit angemessenen Zuschlägen für Gemeinkosten und Gewinn (einschließlich allgemeinem Unternehmerwagnis) zuzüglich Umsatzsteuer vergütet.

2. Verlangt der Auftraggeber, dass die Stundenlohnarbeiten durch einen Polier oder eine andere Aufsichtsperson beaufsichtigt werden, oder ist die Aufsicht nach den einschlägigen Unfallverhütungsvorschriften notwendig, so gilt Nummer 1 entsprechend.

3. Dem Auftraggeber ist die Ausführung von Stundenlohnarbeiten vor Beginn anzuzeigen. Über die geleisteten Arbeitsstunden und den dabei erforderlichen, besonders zu vergütenden Aufwand für den Verbrauch von Stoffen, für Vorhaltung von Einrichtungen, Geräten, Maschinen und maschinellen Anlagen, für Frachten, Fuhr- und Ladeleistungen sowie etwaige Sonderkosten sind, wenn nichts anderes vereinbart ist, je nach der Verkehrssitte werktäglich oder wöchentlich Listen (Stundenlohnzettel) einzureichen.

Der Auftraggeber hat die von ihm bescheinigten Stundenlohnzettel unverzüglich, spätestens jedoch innerhalb von 6 Werktagen nach Zugang, zurückzugeben. Dabei kann er Einwen-

dungen auf den Stundenlohnzetteln oder gesondert schriftlich erheben. Nicht fristgemäß zurückgegebene Stundenlohnzettel gelten als anerkannt.

4. Stundenlohnrechnungen sind alsbald nach Abschluss der Stundenlohnarbeiten, längstens jedoch in Abständen von 4 Wochen, einzureichen. Für die Zahlung gilt §16.

5. Wenn Stundenlohnarbeiten zwar vereinbart waren, über den Umfang der Stundenlohnleistungen aber mangels rechtzeitiger Vorlage der Stundenlohnzettel Zweifel bestehen, so kann der Auftraggeber verlangen, dass für die nachweisbar ausgeführten Leistungen eine Vergütung vereinbart wird, die nach Maßgabe von Nummer 1 Abs.2 für einen wirtschaftlich vertretbaren Aufwand an Arbeitszeit und Verbrauch von Stoffen, für Vorhaltung von Einrichtungen, Geräten, Maschinen und maschinellen Anlagen, für Frachten, Fuhr- und Ladeleistungen sowie etwaige Sonderkosten ermittelt wird.

§ 16 – Zahlung

1. (1) Abschlagszahlungen sind auf Antrag in Höhe des Wertes der jeweils nachgewiesenen vertragsgemäßen Leistungen einschließlich des ausgewiesenen, darauf entfallenden Umsatzsteuerbetrags in möglichst kurzen Zeitabständen zu gewähren. Die Leistungen sind durch eine prüfbare Aufstellung nachzuweisen, die eine rasche und sichere Beurteilung der Leistungen ermöglichen muss. Als Leistungen gelten hierbei auch die für die geforderte Leistung eigens angefertigten und bereitgestellten Bauteile sowie die auf der Baustelle angelieferten Stoffe und Bauteile, wenn dem Auftraggeber nach seiner Wahl das Eigentum an ihnen übertragen ist oder entsprechende Sicherheit gegeben wird.

(2) Gegenforderungen können einbehalten werden. Andere Einbehalte sind nur in den im Vertrag und in den gesetzlichen Bestimmungen vorgesehenen Fällen zulässig.

(3) Ansprüche auf Abschlagszahlungen werden binnen 18 Werktagen nach Zugang der Aufstellung fällig.

(4) Die Abschlagszahlungen sind ohne Einfluss auf die Haftung und Gewährleistung des Auftragnehmers; sie gelten nicht als Abnahme von Teilen der Leistung.

2. (1) Vorauszahlungen können auch nach Vertragsabschluß vereinbart werden; hierfür ist auf Verlangen des Auftraggebers ausreichende Sicherheit zu leisten. Die Vorauszahlungen sind, sofern nichts anderes vereinbart ist, mit 3 v. H. über dem Basiszins des § 247 BGB zu verzinsen.

(2) Vorauszahlungen sind auf die nächstfälligen Zahlungen anzurechnen, soweit damit Leistungen abzugelten sind, für welche die Vorauszahlungen gewährt worden sind.

3. (1) Der Anspruch auf die Schlusszahlung wird alsbald nach Prüfung und Feststellung der vom Auftragnehmer vorgelegten Schlussrechnung fällig, spätestens innerhalb von 2 Monaten nach Zugang. Die Prüfung der Schlussrechnung ist nach Möglichkeit zu beschleunigen. Verzögert sie sich, so ist das unbestrittene Guthaben als Abschlagszahlung sofort zu zahlen.

(2) Die vorbehaltlose Annahme der Schlusszahlung schließt Nachforderungen aus, wenn der Auftragnehmer über die Schlusszahlung schriftlich unterrichtet und auf die Ausschlusswirkung hingewiesen wurde.

(3) Einer Schlusszahlung steht es gleich, wenn der Auftraggeber unter Hinweis auf geleistete Zahlungen weitere Zahlungen endgültig und schriftlich ablehnt.

(4) Auch früher gestellte, aber unerledigte Forderungen werden ausgeschlossen, wenn sie nicht nochmals vorbehalten werden.

(5) Ein Vorbehalt ist innerhalb von 24 Werktagen nach Zugang der Mitteilung nach den Absätzen 2 und 3 über die Schlusszahlung zu erklären.

Er wird hinfällig, wenn nicht innerhalb von weiteren 24 Werktagen eine prüfbare Rechnung über die vorbehaltenen Forderungen eingereicht oder, wenn das nicht möglich ist, der Vorbehalt eingehend begründet wird.

(6) Die Ausschlussfristen gelten nicht für ein Verlangen nach Richtigstellung der Schlussrechnung und -Zahlung wegen Aufmaß-, Rechen- und Übertragungsfehlern.

4. In sich abgeschlossene Teile der Leistung können nach Teilabnahme ohne Rücksicht auf die Vollendung der übrigen Leistungen endgültig festgestellt und bezahlt werden.

5. (1) Alle Zahlungen sind aufs äußerste zu beschleunigen.

(2) Nicht vereinbarte Skontoabzüge sind unzulässig.

(3) Zahlt der Auftraggeber bei Fälligkeit nicht, so kann ihm der Auftragnehmer eine angemessene Nachfrist setzen. Zahlt er auch innerhalb der Nachfrist nicht, so hat der Auftragnehmer vom Ende der Nachfrist an Anspruch auf Zinsen in Höhe der in § 288 BGB angegebenen Zinssätze, wenn er nicht einen höheren Verzugsschaden nachweist.

6. Der Auftraggeber ist berechtigt, zur Erfüllung seiner Verpflichtungen aus den Nummern 1 bis 5 Zahlungen an Gläubiger des Auftragnehmers zu leisten, soweit sie an der Ausführung der vertraglichen Leistung des Auftragnehmers aufgrund eines mit diesem abgeschlossenen Dienst- oder Werkvertrags, beteiligt sind wegen Zahlungsverzugs des Auftragnehmers die Fortsetzung ihrer Leistung zu Recht verweigern und die Direktzahlung die Fortset-

zung der Leistung sicherstellen soll. Der Auftragnehmer ist verpflichtet, sich auf Verlangen des Auftraggebers innerhalb einer von diesem gesetzten Frist darüber zu erklären, ob und inwieweit er die Forderungen seiner Gläubiger anerkennt; wird diese Erklärung nicht rechtzeitig abgegeben so gelten die Voraussetzungen für die Direktzahlung als anerkannt.

§ 17 – Sicherheitsleistung

1. (1) Wenn Sicherheitsleistung vereinbart ist, gelten die §§ 232 bis 240 BGB soweit sich aus den nachstehenden Bestimmungen nichts anderes ergibt.

(2) Die Sicherheit dient dazu, die vertragsgemäße Ausführung der Leistung und die Mängelansprüche sicherzustellen.

2. Wenn im Vertrag nichts anderes vereinbart ist, kann Sicherheit durch Einbehalt oder Hinterlegung von Geld oder durch Bürgschaft eines Kreditinstituts oder Kreditversicherers geleistet werden, sofern das Kreditinstitut oder der Kreditversicherer

- in der Europäischen Gemeinschaft oder

- in einem Staat der Vertragsparteien des Abkommens über den Europäischen Wirtschaftsraum oder

- in einem Staat der Vertragsparteien des WTO-Übereinkommens über das öffentliche Beschaffungswesen

zugelassen ist.

3. Der Auftragnehmer hat die Wahl unter den verschiedenen Arten der Sicherheit; er kann eine Sicherheit durch eine andere ersetzen.

4. Bei Sicherheitsleistung durch Bürgschaft ist Voraussetzung, dass der Auftraggeber den Bürgen als tauglich anerkannt hat. Die Bürgschaftserklärung ist schriftlich unter Verzicht auf die Einrede der Vorausklage abzugeben (§ 771 BGB); sie darf nicht auf bestimmte Zeit begrenzt und muss nach Vorschrift des Auftraggebers ausgestellt sein.

Der Auftraggeber kann als Sicherheit keine Bürgschaft fordern, die den Bürgen zur Zahlung auf erstes Anfordern verpflichtet.

5. Wird Sicherheit durch Hinterlegung von Geld geleistet, so hat der Auftragnehmer den Betrag bei einem zu vereinbarenden Geldinstitut auf ein Sperrkonto einzuzahlen, über das beide Parteien nur gemeinsam verfügen können. Etwaige Zinsen stehen dem Auftragnehmer zu.

6. (1) Soll der Auftraggeber vereinbarungsgemäß die Sicherheit in Teilbeträgen von seinen Zahlungen einbehalten, so darf er jeweils die Zahlung um höchstens 10 v. H. kürzen, bis die vereinbarte Sicherheitssumme erreicht ist.

Den jeweils einbehaltenen Betrag hat er dem Auftragnehmer mitzuteilen und binnen 18 Werktagen nach dieser Mitteilung auf ein Sperrkonto bei dem vereinbarten Geldinstitut einzuzahlen. Gleichzeitig muss er veranlassen, dass dieses Geldinstitut den Auftragnehmer von der Einzahlung des Sicherheitsbetrags benachrichtigt. Nummer 5 gilt entsprechend.

(2) Bei kleineren oder kurzfristigen Aufträgen ist es zulässig, dass der Auftraggeber den einbehaltenen Sicherheitsbetrag erst bei der Schlusszahlung auf ein Sperrkonto einzahlt.

(3) Zahlt der Auftraggeber den einbehaltenen Betrag nicht rechtzeitig ein, so kann ihm der Auftragnehmer hierfür eine angemessene Nachfrist setzen. Lässt der Auftraggeber auch diese verstreichen, so kann der Auftragnehmer die sofortige Auszahlung des einbehaltenen Betrags verlangen und braucht dann keine Sicherheit mehr zu leisten.

(4) Öffentliche Auftraggeber sind berechtigt, den als Sicherheit einbehaltenen Betrag auf eigenes Verwahrgeldkonto zu nehmen; der Betrag wird nicht verzinst.

7. Der Auftragnehmer hat die Sicherheit binnen 18 Werktagen nach Vertragsabschluss zu leisten, wenn nichts anderes vereinbart ist. Soweit er diese Verpflichtung nicht erfüllt hat, ist der Auftraggeber berechtigt, vom Guthaben des Auftragnehmers einen Betrag in Höhe der vereinbarten Sicherheit einzubehalten. Im Übrigen gelten die Nummern 5 und 6 außer Abs. 1 Satz 1 entsprechend.

8. (1) Der Auftraggeber hat eine nicht verwertete Sicherheit für die Vertragserfüllung zum vereinbarten Zeitpunkt, spätestens nach Abnahme und Stellung der Sicherheit für Mängelansprüche zurückzugeben, es sei denn, dass Ansprüche des Auftraggebers, die nicht von der gestellten Sicherheit für Mängelansprüche umfasst sind, noch nicht erfüllt sind. Dann darf er für diese Vertragserfüllungsansprüche einen entsprechenden Teil der Sicherheit zurückhalten.

(2) Der Auftraggeber hat eine nicht verwertete Sicherheit für Mängelansprüche nach Ablauf von 2 Jahren zurückzugeben, sofern kein anderer Rückgabezeitpunkt vereinbart worden ist. Soweit jedoch zu diesem Zeitpunkt seine geltend gemachten Ansprüche noch nicht erfüllt sind, darf er einen entsprechenden Teil der Sicherheit zurückhalten.

§ 18 – Streitigkeiten

1. Liegen die Voraussetzungen für eine Gerichtsstandvereinbarung nach § 38 Zivilprozessordnung vor, richtet sich der Gerichtsstand für Streitigkeiten aus dem Vertrag nach dem Sitz der für die Prozessvertretung des Auftraggebers zuständigen Stelle, wenn nichts anderes vereinbart ist. Sie ist dem Auftragnehmer auf Verlangen mitzuteilen.

2. (1) Entstehen bei Verträgen mit Behörden Meinungsverschiedenheiten, so soll der Auftragnehmer zunächst die der auftraggebenden Stelle unmittelbar vorgesetzte Stelle anrufen.
Diese soll dem Auftragnehmer Gelegenheit zur mündlichen Aussprache geben und ihn möglichst innerhalb von 2 Monaten nach der Anrufung schriftlich bescheiden und dabei auf die [illegible]
Die Entscheidung gilt als anerkannt, wenn der Auftragnehmer nicht innerhalb von 3 Monaten nach Eingang des Bescheides schriftlich Einspruch beim Auftraggeber erhebt und dieser ihn auf die Ausschlussfrist hingewiesen hat.

(2) Mit dem Eingang des schriftlichen Antrages auf Durchführung eines Verfahrens nach Abs. 1 wird die Verjährung des in diesem Antrag geltend gemachten Anspruchs gehemmt. Wollen Auftraggeber oder Auftragnehmer das Verfahren nicht weiter betreiben, teilen sie dies dem jeweils anderen Teil schriftlich mit. Die Hemmung endet frühestens 3 Monate nach Zugang des schriftlichen Bescheides oder Mitteilung nach Satz 2.

3. Bei Meinungsverschiedenheiten über die Eigenschaft von Stoffen und Bauteilen, für die allgemeingültige Prüfungsverfahren bestehen, und über die Zulässigkeit oder Zuverlässigkeit der bei der Prüfung verwendeten Maschinen oder angewendeten Prüfungsverfahren kann jede Vertragspartei nach vorheriger Benachrichtigung der anderen Vertragspartei die materialtechnische Untersuchung durch eine staatliche oder staatlich anerkannte Materialprüfungsstelle vornehmen lassen; deren Feststellungen sind verbindlich. Die Kosten trägt der unterliegende Teil.

4. Streitfälle berechtigen den Auftragnehmer nicht, die Arbeiten einzustellen.

4 §§ 305-310 BGB Allgemeine Geschäftsbedingungen

§ 305 Einbeziehung Allgemeiner Geschäftsbedingungen in den Vertrag

(1) Allgemeine Geschäftsbedingungen sind alle für eine Vielzahl von Verträgen vorformulierten Vertragsbedingungen, die eine Vertragspartei (Verwender) der anderen Vertragspartei bei Abschluss eines Vertrags stellt. Gleichgültig ist, ob die Bestimmungen einen äußerlich gesonderten Bestandteil des Vertrags bilden oder in die Vertragsurkunde selbst aufgenommen werden, welchen Umfang sie haben, in welcher Schriftart sie verfasst sind und welche Form der Vertrag hat. Allgemeine Geschäftsbedingungen liegen nicht vor, soweit die Vertragsbedingungen zwischen den Vertragsparteien im Einzelnen ausgehandelt sind.

(2) Allgemeine Geschäftsbedingungen werden nur dann Bestandteil eines Vertrags, wenn der Verwender bei Vertragsschluss

1. die andere Vertragspartei ausdrücklich oder, wenn ein ausdrücklicher Hinweis wegen der Art des Vertragsschlusses nur unter unverhältnismäßigen Schwierigkeiten möglich ist, durch deutlich sichtbaren Aushang am Orte des Vertragsschlusses auf sie hinweist und

2. der anderen Vertragspartei die Möglichkeit verschafft, in zumutbarer Weise, die auch eine für den Verwender erkennbare körperliche Behinderung der anderen Vertragspartei angemessen berücksichtigt, von ihrem Inhalt Kenntnis zu nehmen,

und wenn die andere Vertragspartei mit ihrer Geltung einverstanden ist.

(3) Die Vertragsparteien können für eine bestimmte Art von Rechtsgeschäften die Geltung bestimmter Allgemeiner Geschäftsbedingungen unter Beachtung der in Absatz 2 bezeichneten Erfordernisse im Voraus vereinbaren.

§ 305a Einbeziehung in besonderen Fällen

Auch ohne Einhaltung der in § 305 Abs. 2 Nr. 1 und 2 bezeichneten Erfordernisse werden einbezogen, wenn die andere Vertragspartei mit ihrer Geltung einverstanden ist,

1. die mit Genehmigung der zuständigen Verkehrsbehörde oder auf Grund von internationalen Übereinkommen erlassenen Tarife und Ausführungsbestimmungen der Eisenbahnen und die nach Maßgabe des Personenbeförderungsgesetzes genehmigten Beförderungsbedingungen der Straßenbahnen, Obusse und Kraftfahrzeuge im Linienverkehr in den Beförderungsvertrag,

2. die im Amtsblatt der Regulierungsbehörde für Telekommunikation und Post veröffentlichten und in den Geschäftsstellen des Verwenders bereitgehaltenen Allgemeinen Geschäftsbedingungen

a) in Beförderungsverträge, die außerhalb von Geschäftsräumen durch den Einwurf von Postsendungen in Briefkästen abgeschlossen werden,

b) in Verträge über Telekommunikations-, Informations- und andere Dienstleistungen, die unmittelbar durch Einsatz von Fernkommunikationsmitteln und während der Erbringung einer Telekommunikationsdienstleistung in einem Mal erbracht werden, wenn die Allgemeinen Geschäftsbedingungen der anderen Vertragspartei nur unter unverhältnismäßigen Schwierigkeiten vor dem Vertragsschluss zugänglich gemacht werden können.

§ 305b Vorrang der Individualabrede

Individuelle Vertragsabreden haben Vorrang vor Allgemeinen Geschäftsbedingungen.

§ 305c Überraschende und mehrdeutige Klauseln

(1) Bestimmungen in Allgemeinen Geschäftsbedingungen, die nach den Umständen, insbesondere nach dem äußeren Erscheinungsbild des Vertrags, so ungewöhnlich sind, dass der Vertragspartner des Verwenders mit ihnen nicht zu rechnen braucht, werden nicht Vertragsbestandteil.

(2) Zweifel bei der Auslegung Allgemeiner Geschäftsbedingungen gehen zu Lasten des Verwenders.

§ 306 Rechtsfolgen bei Nichteinbeziehung und Unwirksamkeit

(1) Sind Allgemeine Geschäftsbedingungen ganz oder teilweise nicht Vertragsbestandteil geworden oder unwirksam, so bleibt der Vertrag im Übrigen wirksam.

(2) Soweit die Bestimmungen nicht Vertragsbestandteil geworden oder unwirksam sind, richtet sich der Inhalt des Vertrags nach den gesetzlichen Vorschriften.

(3) Der Vertrag ist unwirksam, wenn das Festhalten an ihm auch unter Berücksichtigung der nach Absatz 2 vorgesehenen Änderung eine unzumutbare Härte für eine Vertragspartei darstellen würde.

§ 306a Umgehungsverbot

Die Vorschriften dieses Abschnitts finden auch Anwendung, wenn sie durch anderweitige Gestaltungen umgangen werden.

§ 307 Inhaltskontrolle

(1) Bestimmungen in Allgemeinen Geschäftsbedingungen sind unwirksam, wenn sie den Vertragspartner des Verwenders entgegen den Geboten von Treu und Glauben unangemessen benachteiligen. Eine unangemessene Benachteiligung kann sich auch daraus ergeben, dass die Bestimmung nicht klar und verständlich ist.

(2) Eine unangemessene Benachteiligung ist im Zweifel anzunehmen, wenn eine Bestimmung

1. mit wesentlichen Grundgedanken der gesetzlichen Regelung, von der abgewichen wird, nicht zu vereinbaren ist oder

2. wesentliche Rechte oder Pflichten, die sich aus der Natur des Vertrags ergeben, so einschränkt, dass die Erreichung des Vertragszwecks gefährdet ist.

(3) Die Absätze 1 und 2 sowie die §§ 308 und 309 gelten nur für Bestimmungen in Allgemeinen Geschäftsbedingungen, durch die von Rechtsvorschriften abweichende oder diese ergänzende Regelungen vereinbart werden. Andere Bestimmungen können nach Absatz 1 Satz 2 in Verbindung mit Absatz 1 Satz 1 unwirksam sein.

§ 308 Klauselverbote mit Wertungsmöglichkeit

In Allgemeinen Geschäftsbedingungen ist insbesondere unwirksam

1. (Annahme- und Leistungsfrist)

eine Bestimmung, durch die sich der Verwender unangemessen lange oder nicht hinreichend bestimmte Fristen für die Annahme oder Ablehnung eines Angebots oder die Erbringung einer Leistung vorbehält; ausgenommen hiervon ist der Vorbehalt, erst nach Ablauf der Widerrufs- oder Rückgabefrist nach § 355 Abs. 1 und 2 und § 356 zu leisten;

2. (Nachfrist)

eine Bestimmung, durch die sich der Verwender für die von ihm zu bewirkende Leistung abweichend von Rechtsvorschriften eine unangemessen lange oder nicht hinreichend bestimmte Nachfrist vorbehält;

3. (Rücktrittsvorbehalt)

die Vereinbarung eines Rechts des Verwenders, sich ohne sachlich gerechtfertigten und im Vertrag angegebenen Grund von seiner Leistungspflicht zu lösen; dies gilt nicht für Dauerschuldverhältnisse;

4. (Änderungsvorbehalt)

die Vereinbarung eines Rechts des Verwenders, die versprochene Leistung zu ändern oder von ihr abzuweichen, wenn nicht die Vereinbarung der Änderung oder Abweichung unter Berücksichtigung der Interessen des Verwenders für den anderen Vertragsteil zumutbar ist;

5. (Fingierte Erklärungen)

eine Bestimmung, wonach eine Erklärung des Vertragspartners des Verwenders bei Vornahme oder Unterlassung einer bestimmten Handlung als von ihm abgegeben oder nicht abgegeben gilt, es sei denn, dass

a) dem Vertragspartner eine angemessene Frist zur Abgabe einer ausdrücklichen Erklärung eingeräumt ist und

b) der Verwender sich verpflichtet, den Vertragspartner bei Beginn der Frist auf die vorgesehene Bedeutung seines Verhaltens besonders hinzuweisen;

dies gilt nicht für Verträge, in die Teil B der Verdingungsordnung für Bauleistungen insgesamt einbezogen ist;

6. (Fiktion des Zugangs)

eine Bestimmung, die vorsieht, dass eine Erklärung des Verwenders von besonderer Bedeutung dem anderen Vertragsteil als zugegangen gilt;

7. (Abwicklung von Verträgen)

eine Bestimmung, nach der der Verwender für den Fall, dass eine Vertragspartei vom Vertrag zurücktritt oder den Vertrag kündigt,

a) eine unangemessen hohe Vergütung für die Nutzung oder den Gebrauch einer Sache oder eines Rechts oder für erbrachte Leistungen oder

b) einen unangemessen hohen Ersatz von Aufwendungen verlangen kann;

8. (Nichtverfügbarkeit der Leistung)
die nach Nummer 3 zulässige Vereinbarung eines Vorbehalts des Verwenders, sich von der Verpflichtung zur Erfüllung des Vertrags bei Nichtverfügbarkeit der Leistung zu lösen, wenn sich der Verwender nicht verpflichtet,

a) den Vertragspartner unverzüglich über die Nichtverfügbarkeit zu informieren und

b) Gegenleistungen des Vertragspartners unverzüglich zu erstatten.

§ 309 Klauselverbote ohne Wertungsmöglichkeit

Auch soweit eine Abweichung von den gesetzlichen Vorschriften zulässig ist, ist in Allgemeinen Geschäftsbedingungen unwirksam

1. (Kurzfristige Preiserhöhungen)
eine Bestimmung, welche die Erhöhung des Entgelts für Waren oder Leistungen vorsieht, die innerhalb von vier Monaten nach Vertragsschluss geliefert oder erbracht werden sollen; dies gilt nicht bei Waren oder Leistungen, die im Rahmen von Dauerschuldverhältnissen geliefert oder erbracht werden;

2. (Leistungsverweigerungsrechte)
eine Bestimmung, durch die

a) das Leistungsverweigerungsrecht, das dem Vertragspartner des Verwenders nach § 320 zusteht, ausgeschlossen oder eingeschränkt wird oder

b) ein dem Vertragspartner des Verwenders zustehendes Zurückbehaltungsrecht, soweit es auf demselben Vertragsverhältnis beruht, ausgeschlossen oder eingeschränkt, insbesondere von der Anerkennung von Mängeln durch den Verwender abhängig gemacht wird;

3. (Aufrechnungsverbot)
eine Bestimmung, durch die dem Vertragspartner des Verwenders die Befugnis genommen wird, mit einer unbestrittenen oder rechtskräftig festgestellten Forderung aufzurechnen;

4. (Mahnung, Fristsetzung)
eine Bestimmung, durch die der Verwender von der gesetzlichen Obliegenheit freigestellt wird, den anderen Vertragsteil zu mahnen oder ihm eine Frist für die Leistung oder Nacherfüllung zu setzen;

5. (Pauschalierung von Schadensersatzansprüchen)

die Vereinbarung eines pauschalierten Anspruchs des Verwenders auf Schadensersatz oder Ersatz einer Wertminderung, wenn

a) die Pauschale den in den geregelten Fällen nach dem gewöhnlichen Lauf der Dinge zu erwartenden Schaden oder die gewöhnlich eintretende Wertminderung übersteigt oder

b) dem anderen Vertragsteil nicht ausdrücklich der Nachweis gestattet wird, ein Schaden oder eine Wertminderung sei überhaupt nicht entstanden oder wesentlich niedriger als die Pauschale;

6. (Vertragsstrafe)

eine Bestimmung, durch die dem Verwender für den Fall der Nichtabnahme oder verspäteten Abnahme der Leistung, des Zahlungsverzugs oder für den Fall, dass der andere Vertragsteil sich vom Vertrag löst, Zahlung einer Vertragsstrafe versprochen wird;

7. (Haftungsausschluss bei Verletzung von Leben, Körper, Gesundheit und bei grobem Verschulden)

a) (Verletzung von Leben, Körper, Gesundheit)

ein Ausschluss oder eine Begrenzung der Haftung für Schäden aus der Verletzung des Lebens, des Körpers oder der Gesundheit, die auf einer fahrlässigen Pflichtverletzung des Verwenders oder einer vorsätzlichen oder fahrlässigen Pflichtverletzung eines gesetzlichen Vertreters oder Erfüllungsgehilfen des Verwenders beruhen;

b) (Grobes Verschulden)

ein Ausschluss oder eine Begrenzung der Haftung für sonstige Schäden, die auf einer grob fahrlässigen Pflichtverletzung des Verwenders oder auf einer vorsätzlichen oder grob fahrlässigen Pflichtverletzung eines gesetzlichen Vertreters oder Erfüllungsgehilfen des Verwenders beruhen;

die Buchstaben a und b gelten nicht für Haftungsbeschränkungen in den nach Maßgabe des Personenbeförderungsgesetzes genehmigten Beförderungsbedingungen und Tarifvorschriften der Straßenbahnen, Obusse und Kraftfahrzeuge im Linienverkehr, soweit sie nicht zum Nachteil des Fahrgasts von der Verordnung über die Allgemeinen Beförderungsbedingungen für den Straßenbahn- und Obusverkehr sowie den Linienverkehr mit Kraftfahrzeugen vom 27. Februar 1970 abweichen; Buchstabe b gilt nicht für Haftungsbeschränkungen für staatlich genehmigte Lotterie- oder Ausspielverträge;

8. (Sonstige Haftungsausschlüsse bei Pflichtverletzung)

a) (Ausschluss des Rechts, sich vom Vertrag zu lösen)

eine Bestimmung, die bei einer vom Verwender zu vertretenden, nicht in einem Mangel der Kaufsache oder des Werkes bestehenden Pflichtverletzung das Recht des anderen Vertragsteils, sich vom Vertrag zu lösen, ausschließt oder einschränkt; dies gilt nicht für die in der Nummer 7 bezeichneten Beförderungsbedingungen und Tarifvorschriften unter den dort genannten Voraussetzungen;

b) (Mängel)

eine Bestimmung, durch die bei Verträgen über Lieferungen neu hergestellter Sachen und über Werkleistungen

aa) (Ausschluss und Verweisung auf Dritte)

die Ansprüche gegen den Verwender wegen eines Mangels insgesamt oder bezüglich einzelner Teile ausgeschlossen, auf die Einräumung von Ansprüchen gegen Dritte beschränkt oder von der vorherigen gerichtlichen Inanspruchnahme Dritter abhängig gemacht werden;

bb) (Beschränkung auf Nacherfüllung)

die Ansprüche gegen den Verwender insgesamt oder bezüglich einzelner Teile auf ein Recht auf Nacherfüllung beschränkt werden, sofern dem anderen Vertragsteil nicht ausdrücklich das Recht vorbehalten wird, bei Fehlschlagen der Nacherfüllung zu mindern oder, wenn nicht eine Bauleistung Gegenstand der Mängelhaftung ist, nach seiner Wahl vom Vertrag zurückzutreten;

cc) (Aufwendungen bei Nacherfüllung)

die Verpflichtung des Verwenders ausgeschlossen oder beschränkt wird, die zum Zwecke der Nacherfüllung erforderlichen Aufwendungen, insbesondere Transport-, Wege-, Arbeits- und Materialkosten, zu tragen;

dd) (Vorenthalten der Nacherfüllung)

der Verwender die Nacherfüllung von der vorherigen Zahlung des vollständigen Entgelts oder eines unter Berücksichtigung des Mangels unverhältnismäßig hohen Teils des Entgelts abhängig macht;

ee) (Ausschlussfrist für Mängelanzeige)

der Verwender dem anderen Vertragsteil für die Anzeige nicht offensichtlicher Mängel eine Ausschlussfrist setzt, die kürzer ist als die nach dem Doppelbuchstaben ff zulässige Frist;

ff) (Erleichterung der Verjährung)

die Verjährung von Ansprüchen gegen den Verwender wegen eines Mangels in den Fällen des § 438 Abs. 1 Nr. 2 und des § 634a Abs. 1 Nr. 2 erleichtert oder in den sonstigen Fällen eine weniger als ein Jahr betragende Verjährungsfrist ab dem gesetzlichen Verjährungsbeginn erreicht wird; dies gilt nicht für Verträge, in die Teil B der Verdingungsordnung für Bauleistungen insgesamt einbezogen ist;

9. (Laufzeit bei Dauerschuldverhältnissen)

bei einem Vertragsverhältnis, das die regelmäßige Lieferung von Waren oder die regelmäßige Erbringung von Dienst- oder Werkleistungen durch den Verwender zum Gegenstand hat,

a) eine den anderen Vertragsteil länger als zwei Jahre bindende Laufzeit des Vertrags,

b) eine den anderen Vertragsteil bindende stillschweigende Verlängerung des Vertragsverhältnisses um jeweils mehr als ein Jahr oder

c) zu Lasten des anderen Vertragsteils eine längere Kündigungsfrist als drei Monate vor Ablauf der zunächst vorgesehenen oder stillschweigend verlängerten Vertragsdauer;

dies gilt nicht für Verträge über die Lieferung als zusammengehörig verkaufter Sachen, für Versicherungsverträge sowie für Verträge zwischen den Inhabern urheberrechtlicher Rechte und Ansprüche und Verwertungsgesellschaften im Sinne des Gesetzes über die Wahrnehmung von Urheberrechten und verwandten Schutzrechten;

10. (Wechsel des Vertragspartners)

eine Bestimmung, wonach bei Kauf-, Dienst- oder Werkverträgen ein Dritter anstelle des Verwenders in die sich aus dem Vertrag ergebenden Rechte und Pflichten eintritt oder eintreten kann, es sei denn, in der Bestimmung wird

a) der Dritte namentlich bezeichnet oder

b) dem anderen Vertragsteil das Recht eingeräumt, sich vom Vertrag zu lösen;

11. (Haftung des Abschlussvertreters)

eine Bestimmung, durch die der Verwender einem Vertreter, der den Vertrag für den anderen Vertragsteil abschließt,

a) ohne hierauf gerichtete ausdrückliche und gesonderte Erklärung eine eigene Haftung oder Einstandspflicht oder

b) im Falle vollmachtsloser Vertretung eine über § 179 hinausgehende Haftung auferlegt;

12. (Beweislast)

eine Bestimmung, durch die der Verwender die Beweislast zum Nachteil des anderen Vertragsteils ändert, insbesondere indem er

a) diesem die Beweislast für Umstände auferlegt, die im Verantwortungsbereich des Verwenders liegen, oder

b) den anderen Vertragsteil bestimmte Tatsachen bestätigen lässt;

Buchstabe b gilt nicht für Empfangsbekenntnisse, die gesondert unterschrieben oder mit einer gesonderten qualifizierten elektronischen Signatur versehen sind;

13. (Form von Anzeigen und Erklärungen)

eine Bestimmung, durch die Anzeigen oder Erklärungen, die dem Verwender oder einem Dritten gegenüber abzugeben sind, an eine strengere Form als die Schriftform oder an besondere Zugangserfordernisse gebunden werden.

§ 310 Anwendungsbereich

(1) § 305 Abs. 2 und 3 und die §§ 308 und 309 finden keine Anwendung auf Allgemeine Geschäftsbedingungen, die gegenüber einem Unternehmer, einer juristischen Person des öffentlichen Rechts oder einem öffentlich-rechtlichen Sondervermögen verwendet werden. § 307 Abs. 1 und 2 findet in den Fällen des Satzes 1 auch insoweit Anwendung, als dies zur Unwirksamkeit von in den §§ 308 und 309 genannten Vertragsbestimmungen führt; auf die im Handelsverkehr geltenden Gewohnheiten und Gebräuche ist angemessen Rücksicht zu nehmen.

(2) Die §§ 308 und 309 finden keine Anwendung auf Verträge der Elektrizitäts-, Gas-, Fernwärme- und Wasserversorgungsunternehmen über die Versorgung von Sonderabnehmern mit elektrischer Energie, Gas, Fernwärme und Wasser aus dem Versorgungsnetz, soweit die Versorgungsbedingungen nicht zum Nachteil der Abnehmer von Verordnungen über Allgemeine Bedingungen für die Versorgung von Tarifkunden mit elektrischer Energie, Gas, Fernwärme und Wasser abweichen. Satz 1 gilt entsprechend für Verträge über die Entsorgung von Abwasser.

(3) Bei Verträgen zwischen einem Unternehmer und einem Verbraucher (Verbraucherverträge) finden die Vorschriften dieses Abschnitts mit folgenden Maßgaben Anwendung:

1. Allgemeine Geschäftsbedingungen gelten als vom Unternehmer gestellt, es sei denn, dass sie durch den Verbraucher in den Vertrag eingeführt wurden;

2. § 305c Abs. 2 und die §§ 306 und 307 bis 309 dieses Gesetzes sowie Artikel 29a des Einführungsgesetzes zum Bürgerlichen Gesetzbuche finden auf vorformulierte Vertragsbedingungen auch dann Anwendung, wenn diese nur zur einmaligen Verwendung bestimmt sind und soweit der Verbraucher auf Grund der Vorformulierung auf ihren Inhalt keinen Einfluss nehmen konnte;

3. bei der Beurteilung der unangemessenen Benachteiligung nach § 307 Abs. 1 und 2 sind auch die den Vertragsschluss begleitenden Umstände zu berücksichtigen.

(4) Dieser Abschnitt findet keine Anwendung bei Verträgen auf dem Gebiet des Erb-, Familien- und Gesellschaftsrechts sowie auf Tarifverträge, Betriebs- und Dienstvereinbarungen. Bei der Anwendung auf Arbeitsverträge sind die im Arbeitsrecht geltenden Besonderheiten angemessen zu berücksichtigen; § 305 Abs. 2 und 3 ist nicht anzuwenden. Tarifverträge, Betriebs- und Dienstvereinbarungen stehen Rechtsvorschriften im Sinne von § 307 Abs. 3 gleich.

Sachwortverzeichnis

A

B

D

E

F

G

H

I

K

L

M

N

O

P

Q

R

S

vieweg